GREAT KINGDOM

그레이트킹덤 생각 키우기

이세돌 지음

인사말

창조적 전략으로 세기의 승부를 펼칩시다

30년 동안 프로 바둑 기사로서 바둑이 가진 예술적 가치와 전략적 깊이에 감탄하며 저만의 스타일을 담은 경기를 펼쳤습니다. '쎈돌'이라는 별명처럼 공격적인 수로 상대를 압박하며 저만의 영역을 구축하고 상대의 빈틈을 노리는 전략도 중요하지만, 상대에 대한 존중과 예의, 최고의 전략과 실력을 담은 페어플레이 정신, 그리하여 예술로 남은 대국까지, 이 모든 것이 제 바둑의 철학이었습니다.

인공지능의 등장으로 바둑의 예술로서의 가치가 외면당하는 것이 아쉬웠습니다. 바둑의 매력을 더 많은 사람들이 즐기게 할 수 있는 방법이 없을까? 고민 끝에 보드게임에 바둑의 정수를 담아 보기로 했습니다.

사람들과 편안히 웃으며 즐길 수 있으면서도 예전 바둑의 매력을 되살릴 수 있는 것, 누구나 쉽게 접할 수 있으면서도 깊이가 있는 '보드게임' 장르를 생각하게 되었습니다. 좋은 보드게임이란 배우기는 쉽지만 잘 하는 것은 어려운 것, 그렇기에 계속 도전하게 만드는 것이라는 철학 아래 저의 30년 바둑 인생의 정수와 바둑이 가지고 있는 전략성을 담은 위즈스톤이 탄생하였습니다.

위즈스톤 시리즈 중 '그레이트 킹덤'을 사람들이 좀 더 쉽게 익히고 즐길 수 있도록 〈그레이트 킹덤 생각 키우기〉를 준비했습니다. 지금까지 직접 여러 강연들을 다니면서 느꼈던 부분들과 게임을 개발하는 과정에서 플레이어가 알아두면 좋은 내용과 문제를 이 책에 담았습니다. 〈그레이트 킹덤 생각 키우기〉를 통해 미처 생각하지 못했던 새로운 전략들을 발견하며, 더 깊은 생각에서 오는 즐거움을 경험하시길 바랍니다.

예술로서의 바둑을 담다

위즈스톤

브레인 전략 게임, 바둑의 묘수를 담다

규칙은 간단하지만 무수한 경우의 수로 매번 새로운 판을 만드는 바둑.
브레인 전략 게임 시리즈 위즈스톤은 바둑의 전략적 다양성에서 아이디어를 얻어 만들었습니다. 때때로 단 하나의 묘수가 게임의 판도를 바꾸는 바둑처럼, 위즈스톤을 플레이할 때 여러분은 창조적 발상을 따라 새로운 차원을 만나는 경험을 하게 될 것입니다.

성장의 묘미, 경험하며 성장하다

바둑이 오랜 시간 동안 사랑받는 또 하나의 이유는, 나에게서도 상대에게서도 많은 것을 배울 수 있기 때문입니다. 게임이 끝난 후 자신의 선택을 되돌아보고 한 수 한 수의 판단이 올발랐는지 고찰하는 시간, 상대의 전략을 분석하고 그 전략에 대응하는 묘수를 고민하는 시간, 그리고 그 시간들을 통한 배움이야말로 바둑의 가장 멋진 매력일지도 모릅니다. 위즈스톤에는 그런 복기와 배움의 매력이 그대로 담겼습니다. 승리라는 성취감과 패배를 인정하는 용기, 나아가 다시 도전하는 끈기까지. 여러 번의 경험을 통해 어느새 스스로 성장한 감동의 순간을 만나 보세요.

창조적 승부사, 이세돌답게 생각하다

창의적인 생각으로 자신만의 경기를 펼친 천재 기사. 인공지능을 뛰어넘은 비장의 한 수. 이전과 다른 새로운 경지를 만들어낸 승부사 이세돌의 창조적 플레이처럼, 독창적인 발상과 전략, 어렵더라도 포기하지 않는 정신이 있다면 여러분도 자신만의 묘수를 만들 수 있습니다. 포기하지 않는 이세돌처럼 창조적 플레이를 완성해 주세요.

Contents

게임 소개 및 방법

게임 목표

**자기 성을 모두 지켜내면서 상대보다 더 많은 영토를 확보하거나,
상대의 성을 하나라도 파괴하면 승리!**

게임 방법

1. 게임판을 놓고 **중립 성**을 한가운데에 꽂습니다.
2. 선공, 후공을 정하고 **선공**은 **파란색 성**, **후공**은 **주황색 성**을 모두 가져옵니다.
3. **선공 플레이어**가 먼저 자기 차례를 진행합니다.
4. 자기 차례에 **성 1개**를 게임판 **원하는 칸**에 꽂거나, **패스**를 선언하고 차례를 넘깁니다.
5. 번갈아 가며 차례를 가집니다.

게임 종료

누군가 상대의 성을 하나라도 파괴하거나, 두 플레이어가 연달아 패스를 선언하면 게임 종료!

점수 계산

두 플레이어가 연달아 패스했다면 각자의 **영토 개수**를 세어 비교합니다.

게임 승리

1. 상대의 성을 하나라도 파괴하면 즉시 승리합니다.
2. 연달아 패스해서 게임이 종료되었을 경우, 선공 플레이어가 후공 플레이어보다 영토를 **3개 이상** 더 **확보**했다면 선공 플레이어가, 그렇지 않다면 후공 플레이어가 승리합니다.

이 책의 구성과 활용법

구성 설명

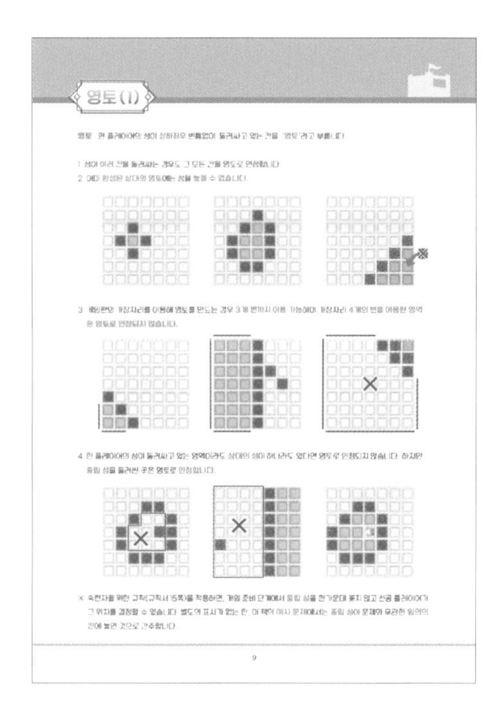

개념 소개 페이지 : 기본 규칙뿐만 아니라 〈그레이트 킹덤〉에 담긴 바둑의 개념을 배웁니다.
전략적인 플레이를 위한 기초 개념을 학습하고 다양한 예시를 살펴봅니다.

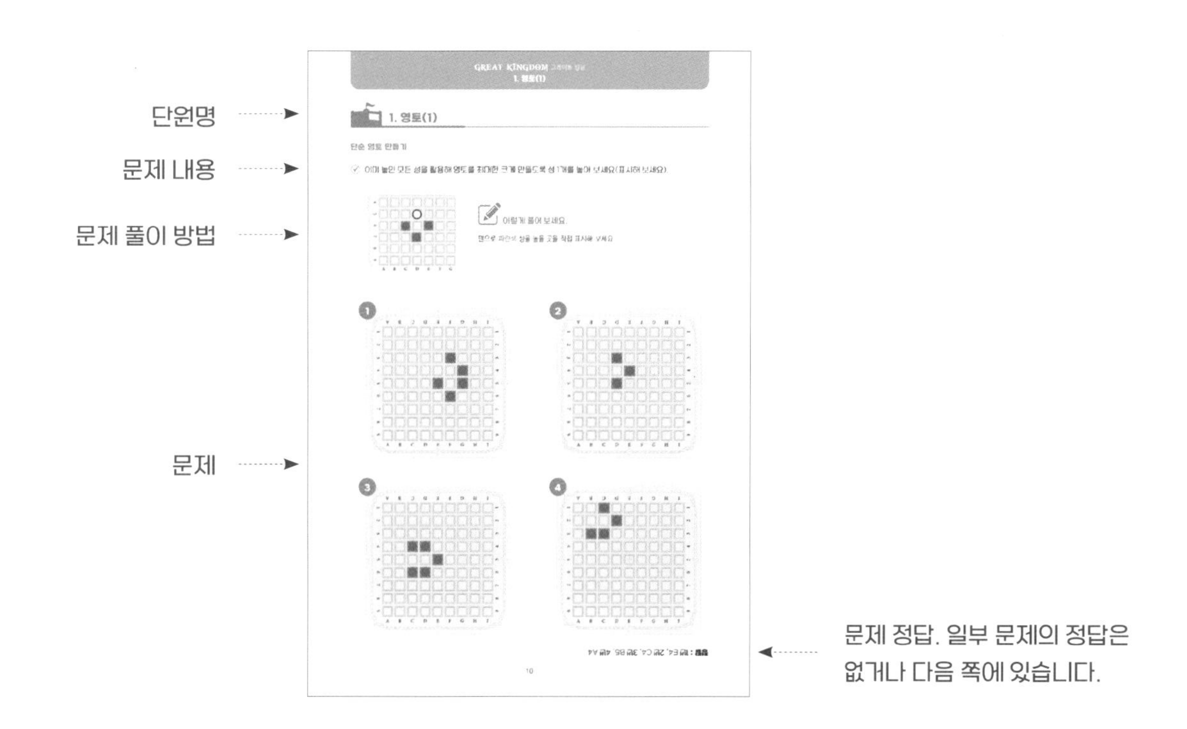

문제 페이지 : 단원에 해당하는 문제를 풀어 보며 〈그레이트 킹덤〉을 더 쉽게 익히고 즐기세요.

Q. 이세돌 사범님이 생각하는 바둑의 가장 큰 매력은 무엇일까요?

A. 바둑은 인류가 만들어 온 전무후무한 추상 전략* 이라고 생각해요.
그만큼 경우의 수가 많기 때문에 인간의 창의력과 사고력이 집약돼 있는 가장 지적인 게임입니다.

* 추상 전략이란, 보드게임 중에서 랜덤 요소나 비공개 정보가 없는 게임을 뜻합니다.

Q. 바둑에서 가장 중요한 요소는 무엇일까요?

A. 여러 가지 요소가 있겠지만 가장 중요한 것은 자신의 생각이에요. 자신의 스타일대로 창의력을 펼쳐보세요.

영토(1)

영토 : 한 플레이어의 성이 **상하좌우** 빈틈없이 둘러싸고 있는 칸을 '**영토**'라고 부릅니다.

1. 성이 **여러 칸**을 둘러싸는 경우도 그 모든 칸을 영토로 인정합니다.
2. 이미 **완성된 상대의 영토**에는 성을 **놓을 수 없습니다.**

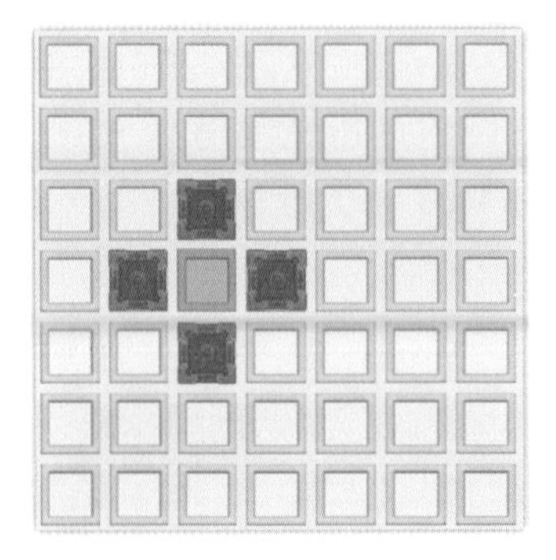

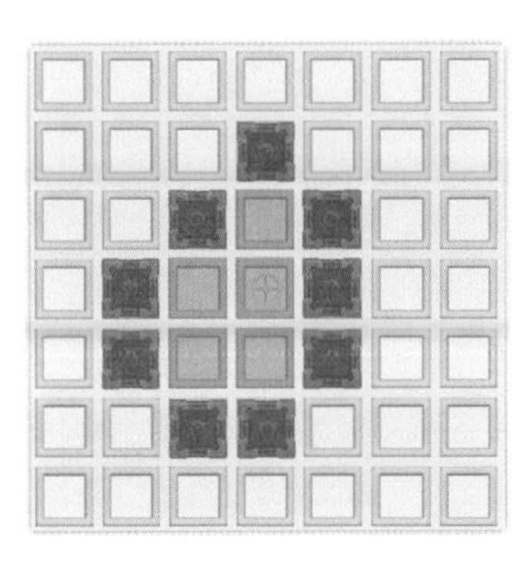

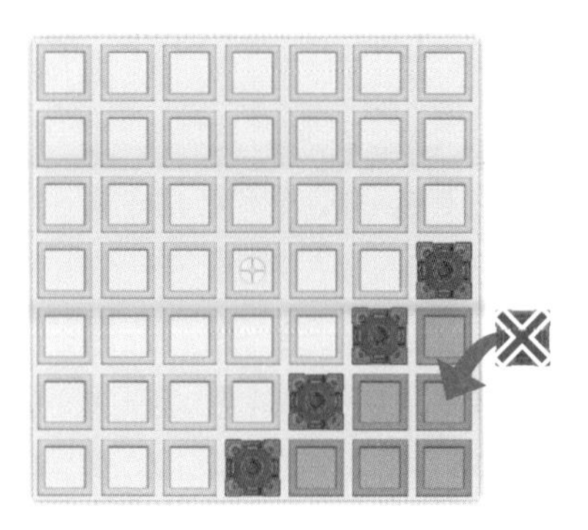

3. 게임판의 가장자리를 이용해 영토를 만드는 경우 **3개 변까지 이용 가능**하며 가장자리 **4개의 변을 이용한 영역은 영토로 인정되지 않습니다.**

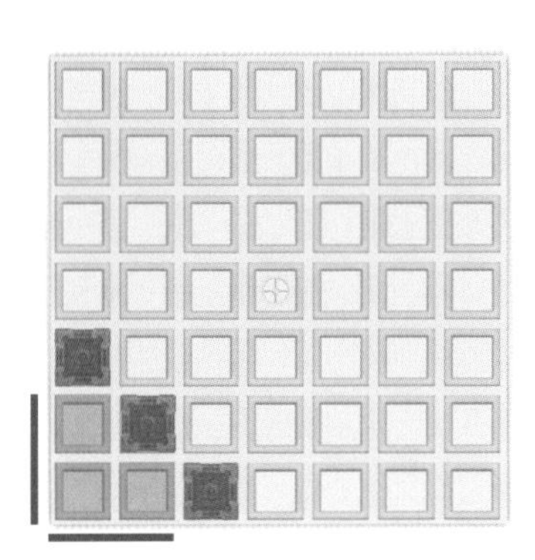

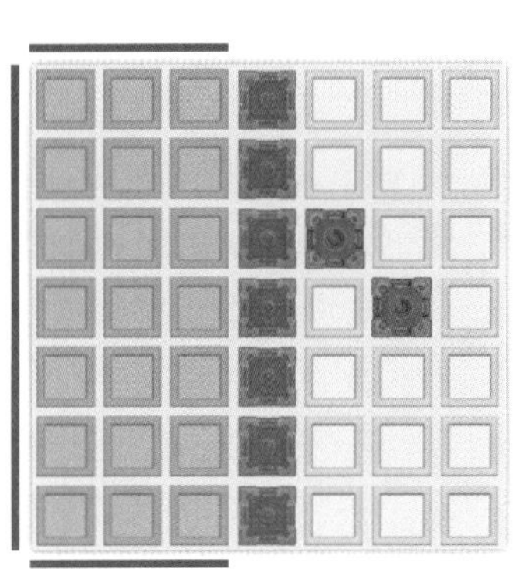

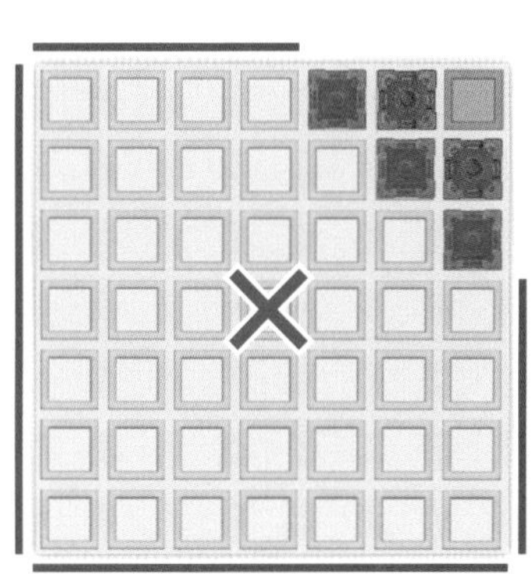

4. 한 플레이어의 성이 둘러싸고 있는 영역이라도 **상대의 성**이 하나라도 있다면 영토로 인정되지 않습니다. 하지만 **중립 성**을 둘러싼 곳은 영토로 **인정합니다.**

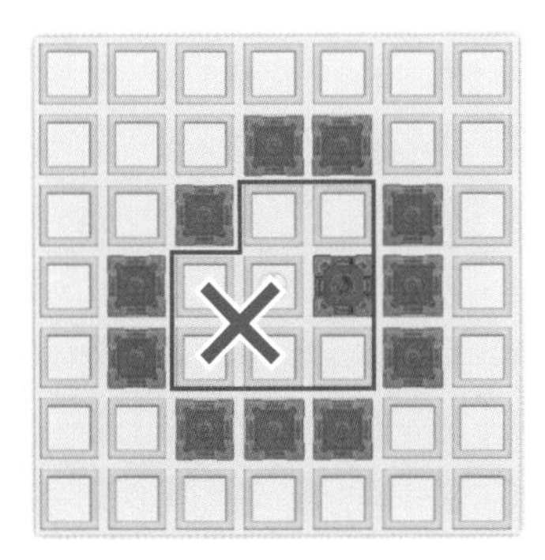

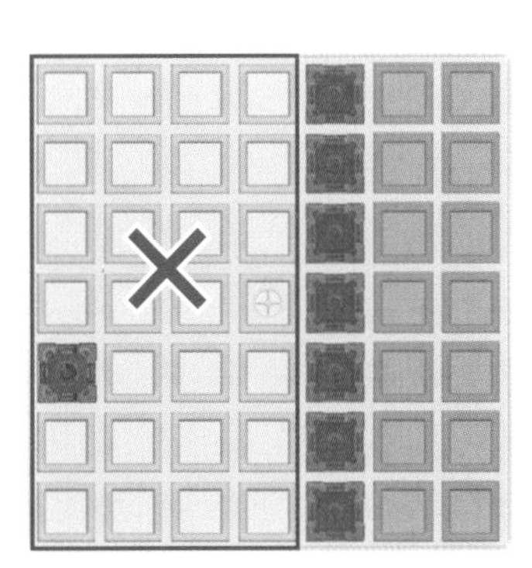

※ 숙련자를 위한 규칙(규칙서 15쪽)을 적용하면, 게임 준비 단계에서 **중립 성**을 한가운데 꽂지 않고 선공 플레이어가 그 위치를 결정할 수 있습니다. 별도의 표시가 없는 한, 이 책의 **예시 문제**에서는 **중립 성**이 문제와 무관한 **임의의 칸**에 놓인 것으로 간주합니다.

1. 영토(1)

단순 영토 만들기

✓ 이미 놓인 모든 성을 활용해 영토를 최대한 크게 만들도록 성 1개를 놓아 보세요(표시해 보세요).

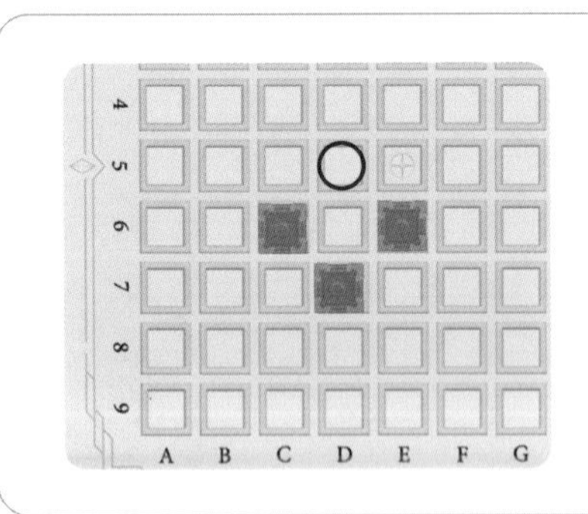

이렇게 풀어 보세요.

펜으로 파란색 성을 놓을 곳을 직접 표시해 보세요.

1

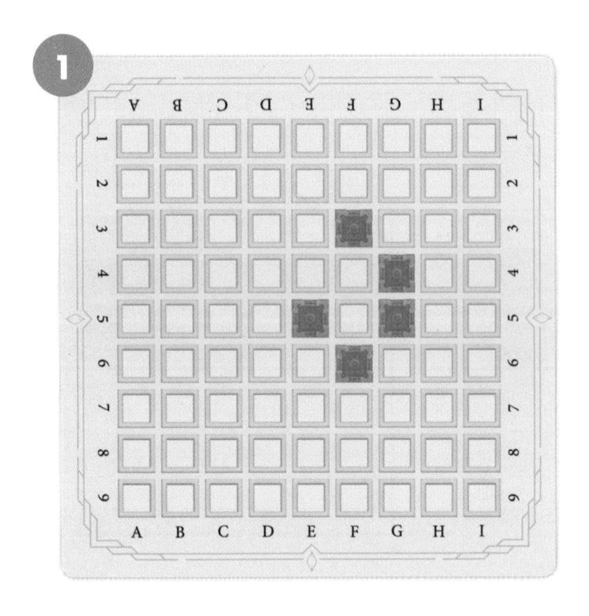

2

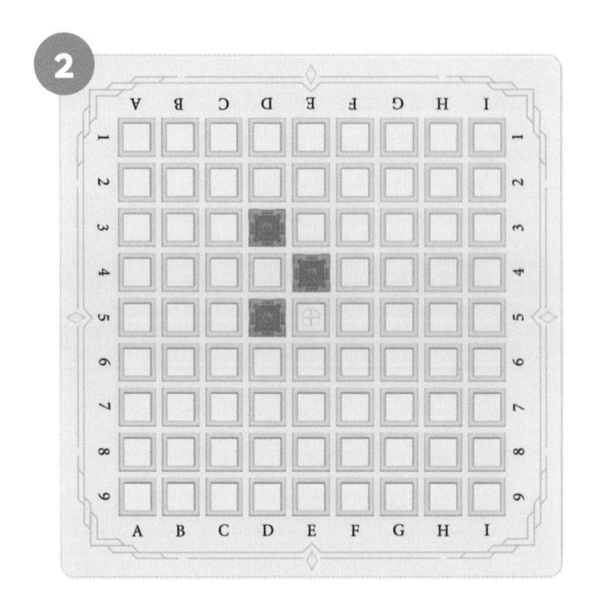

3

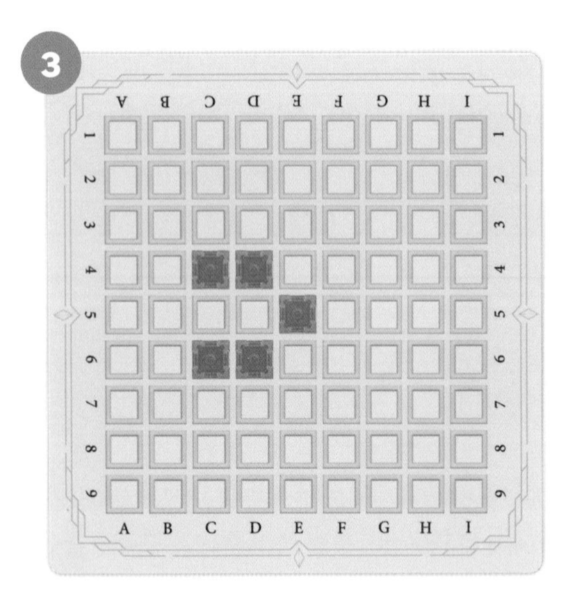

4

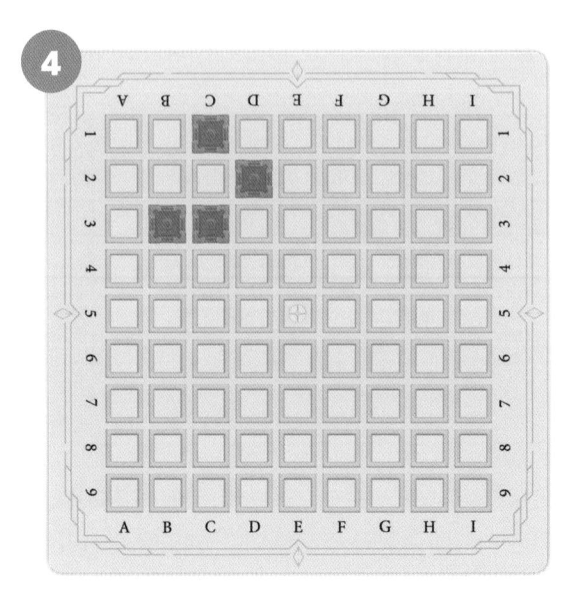

정답 : 1번 E4, 2번 C4, 3번 B5, 4번 A4

✓ 이미 놓인 모든 성을 활용해 영토를 최대한 크게 만들도록 성 1개를 놓아 보세요(표시해 보세요).

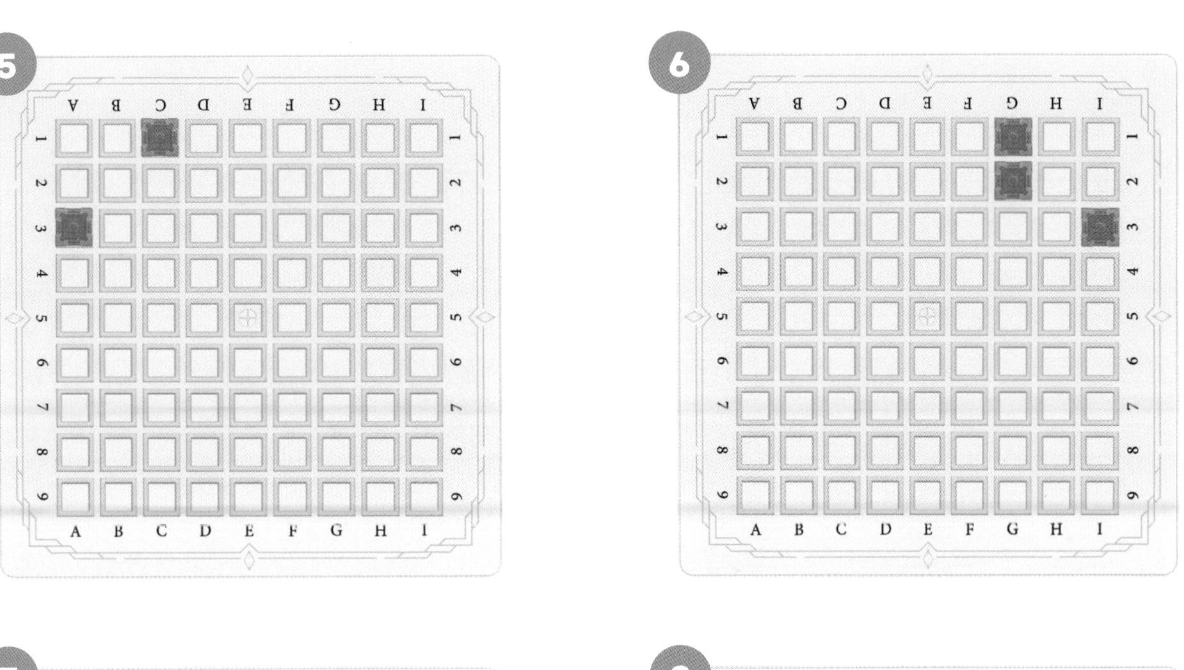

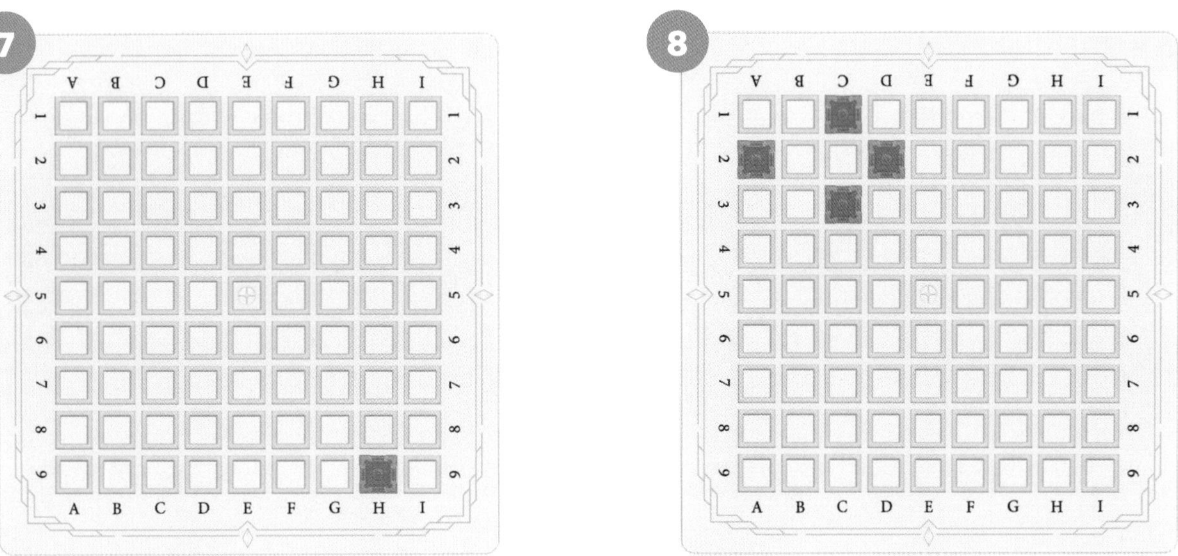

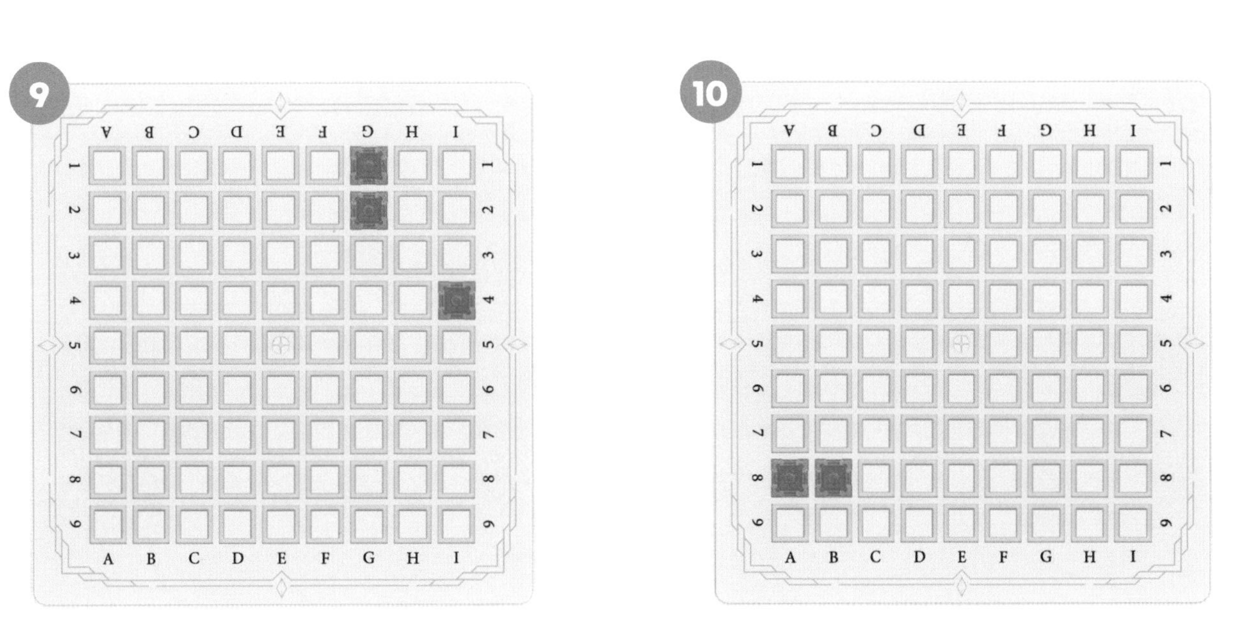

정답 : 5번 B2, 6번 H3, 7번 I8, 8번 B3, 9번 H3, 10번 C9

이미 놓인 모든 성을 활용해 영토를 최대한 크게 만들도록 성 1개를 놓아 보세요(표시해 보세요).

11

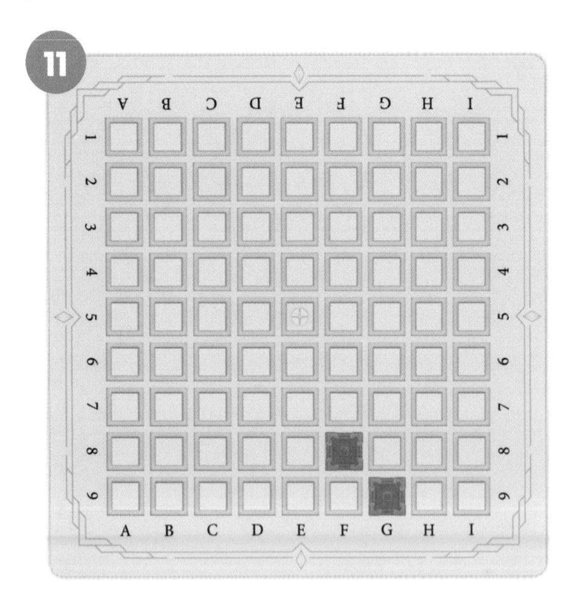

12

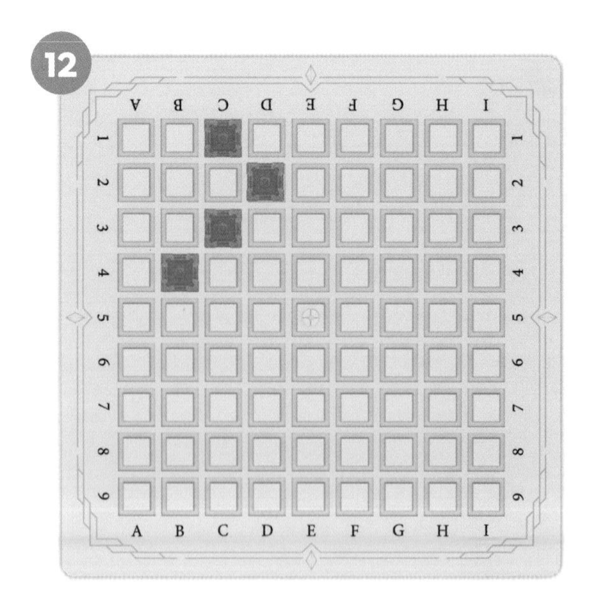

13

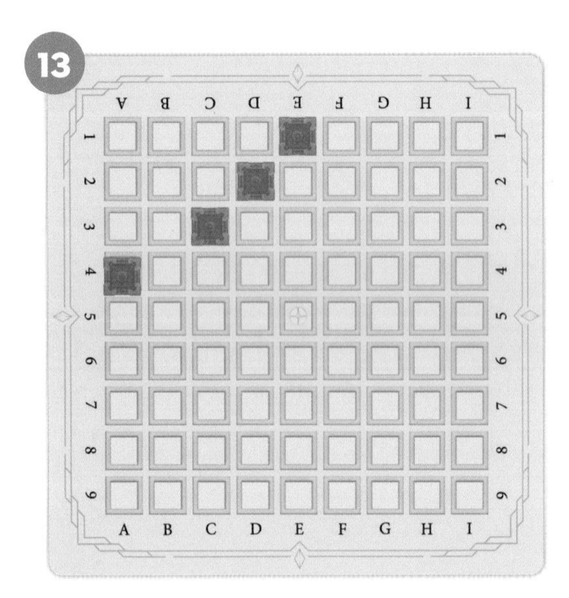

14

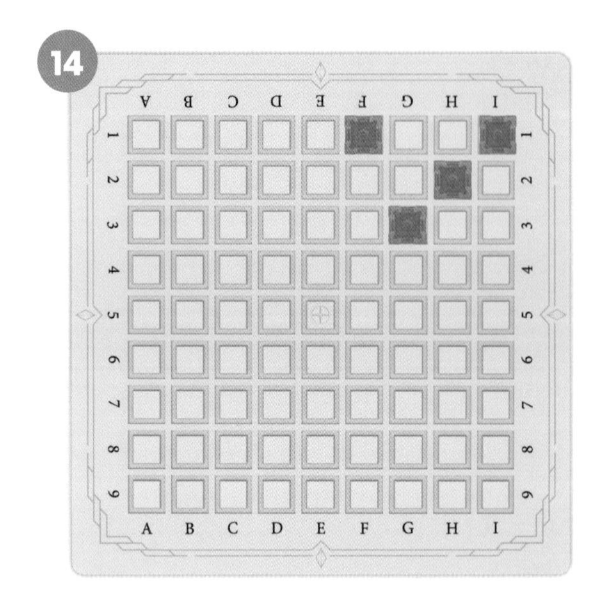

15

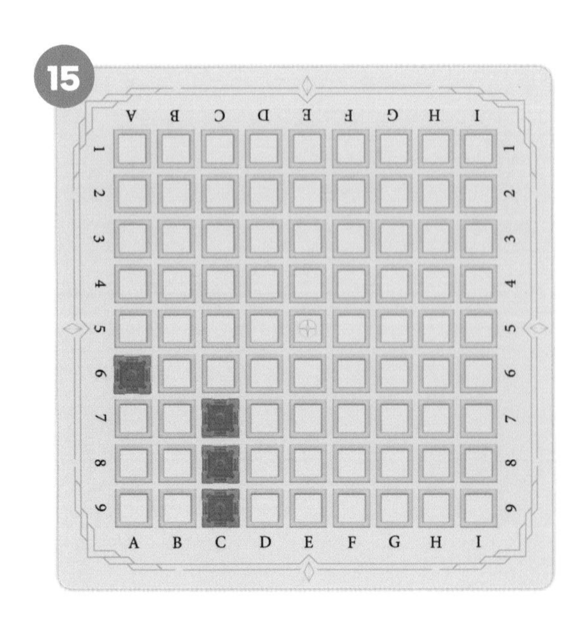

16

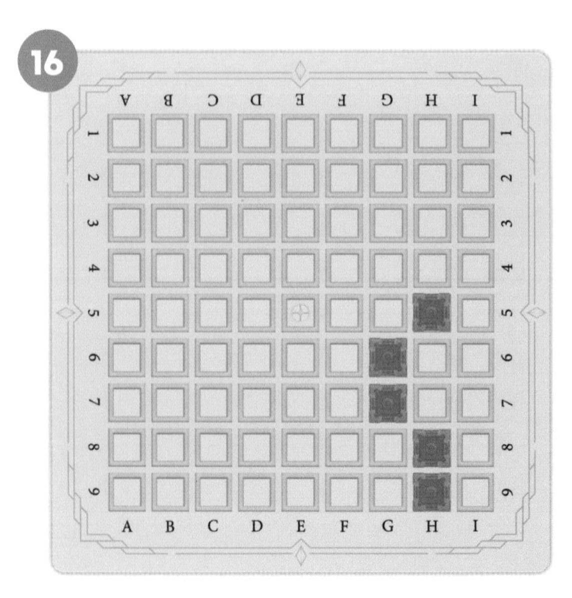

정답 : 11번 E9, 12번 A5, 13번 B4, 14번 F2, 15번 B6, 16번 I4

이미 놓인 모든 성을 활용해 영토를 최대한 크게 만들도록 성 1개를 놓아 보세요(표시해 보세요).

17

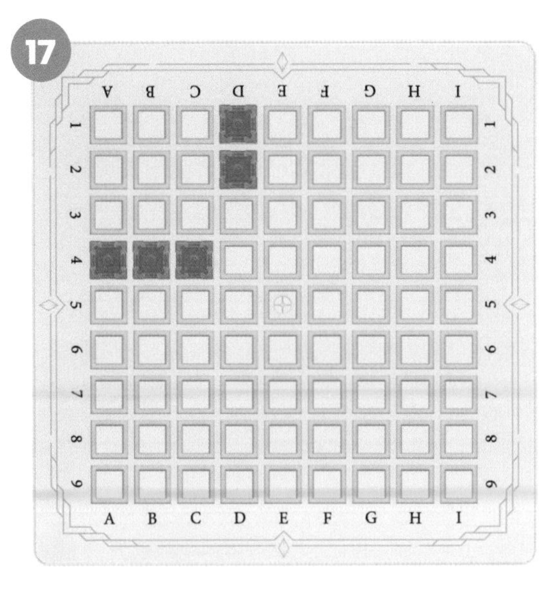

18

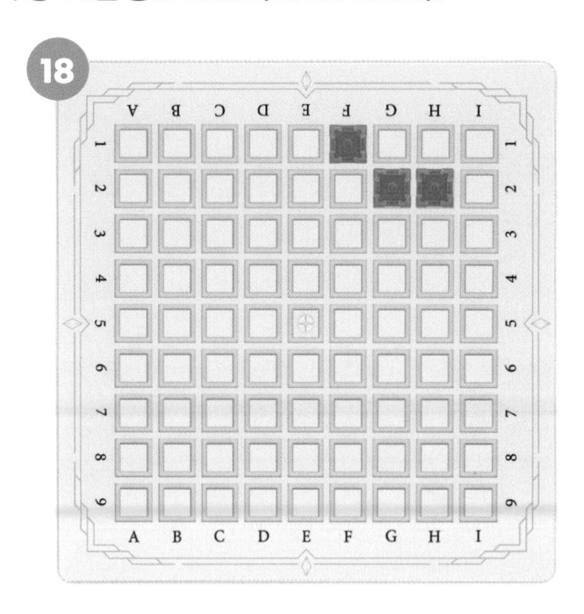

19

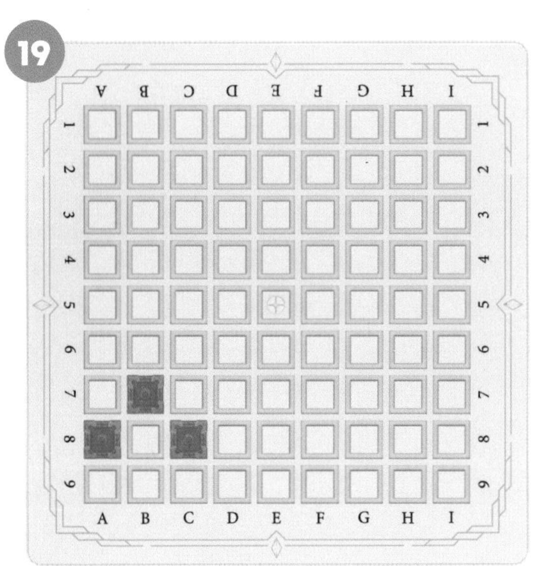

20

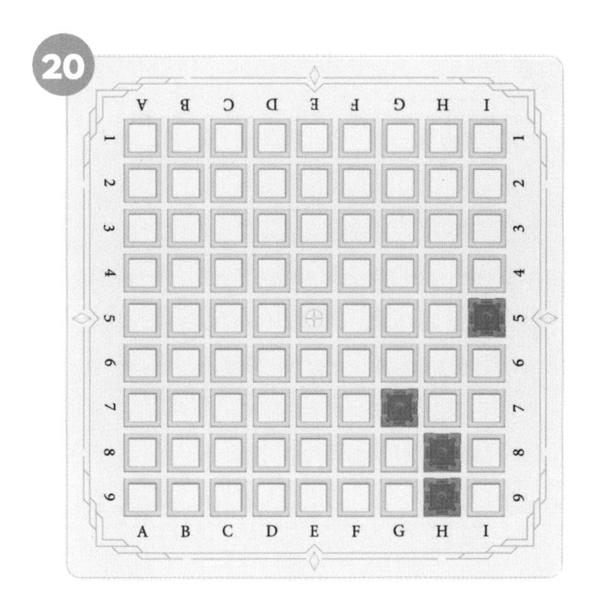

21

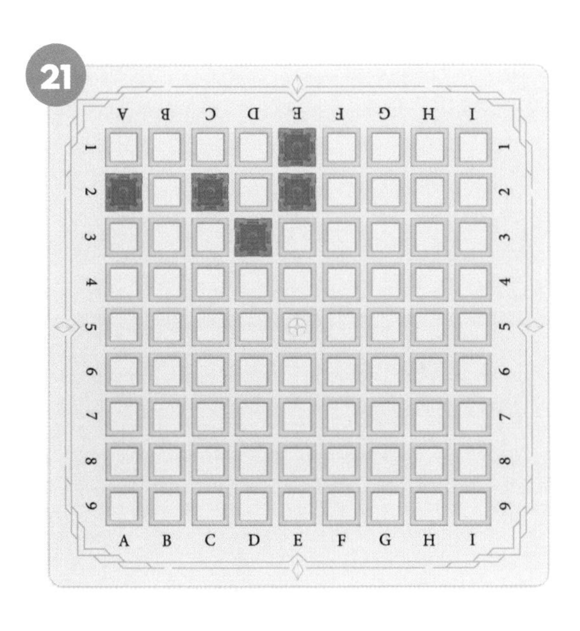

22

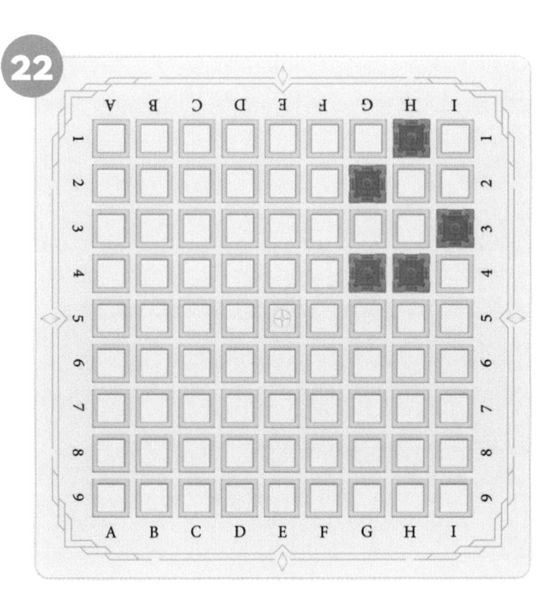

정답 : 17번 D3, 18번 I3, 19번 D9, 20번 H6, 21번 B3, 22번 F3

이미 놓인 모든 성을 활용해 영토를 최대한 크게 만들도록 성 1개를 놓아 보세요(표시해 보세요).

23

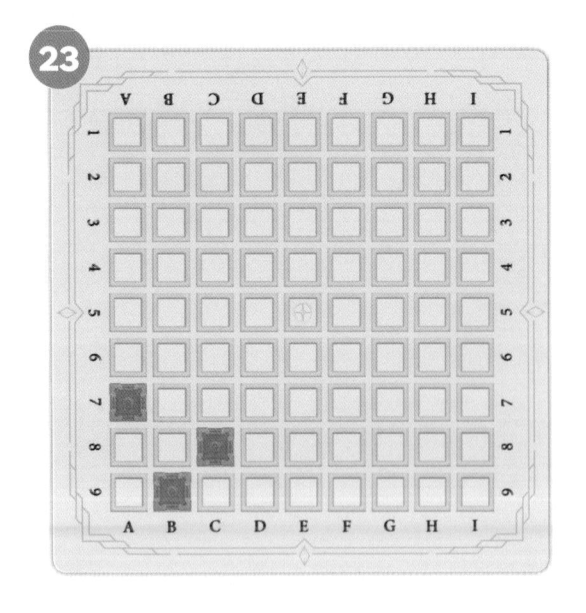

24

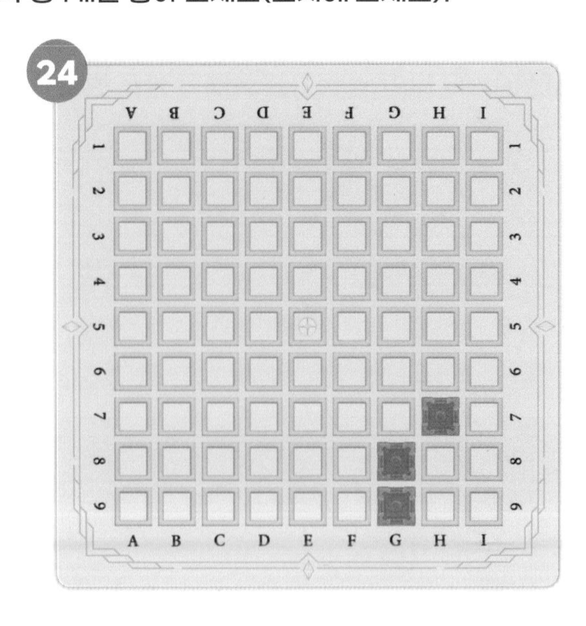

25

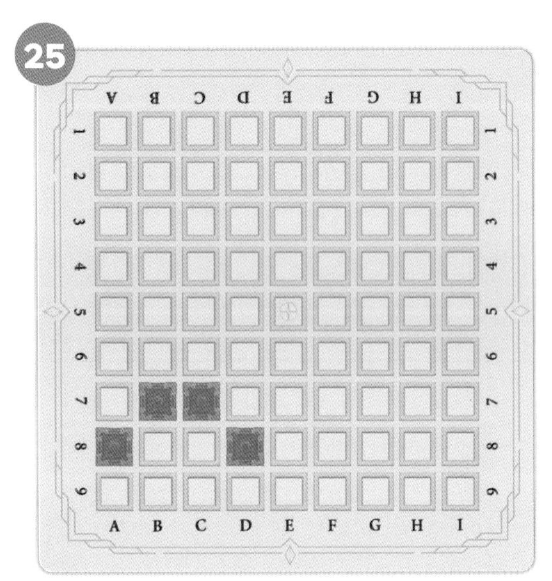

26

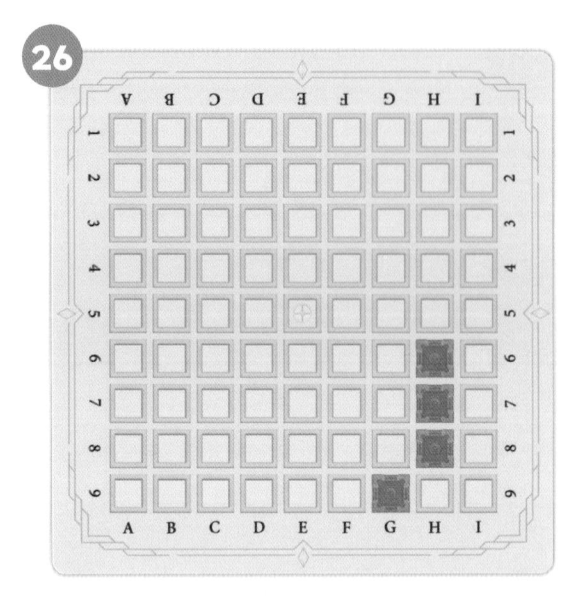

27

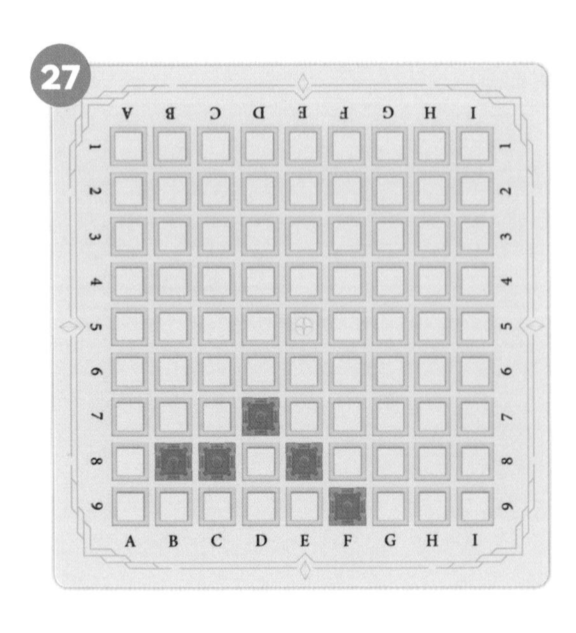

28

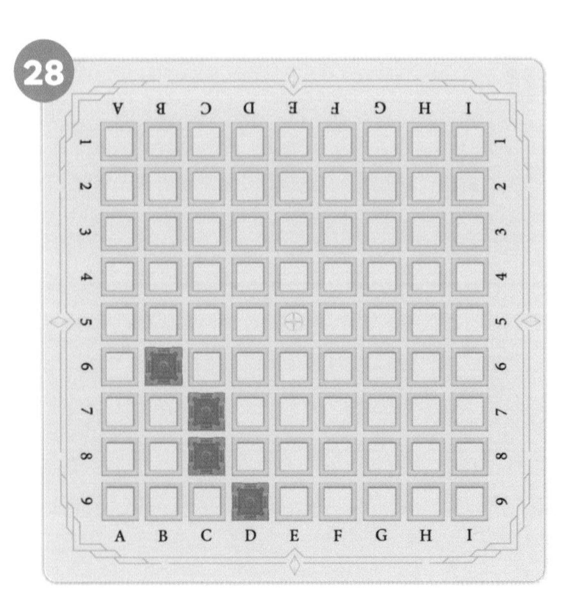

정답 : 23번 B7, 24번 I6, 25번 E9, 26번 I5, 27번 A7, 28번 A5

전략적 영토 확보

이미 완성된 나의 영토에는 상대가 성을 놓을 수 없습니다.

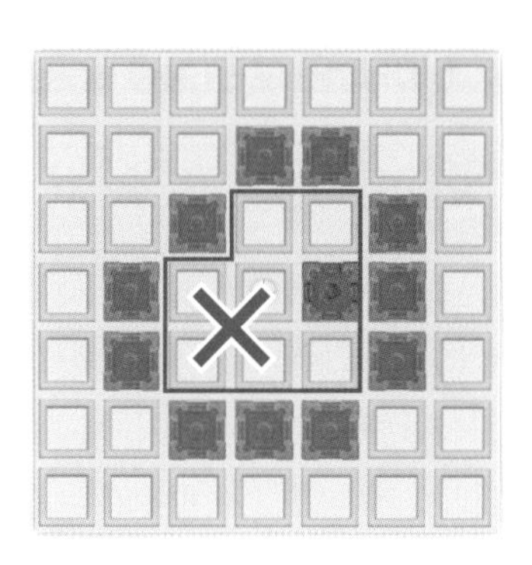

✓ 성을 1개만 놓아 영토를 만들어 나의 성(파란색)을 지키세요.
최대한 영토를 크게 만드세요. 파란색과 주황색 성 개수가 다르다는 점은 고려하지 않아도 됩니다.
파란색 성을 어디에다 놓으면 될까요?

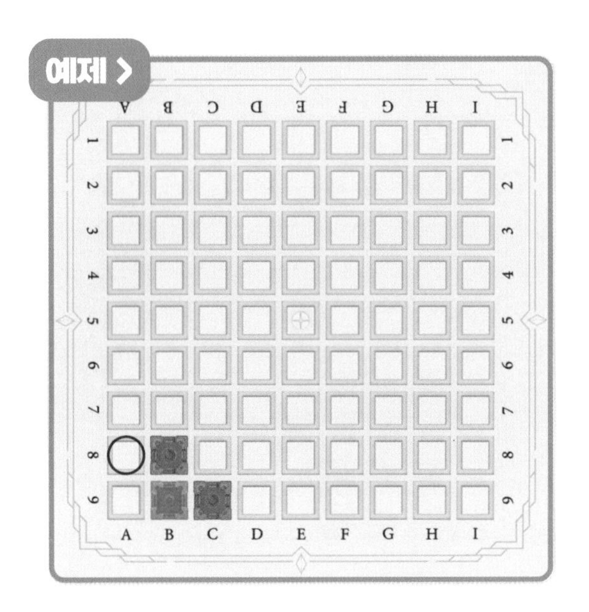

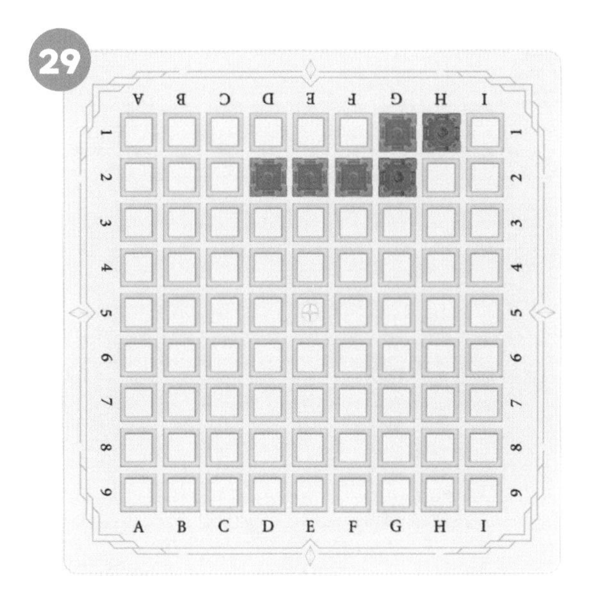

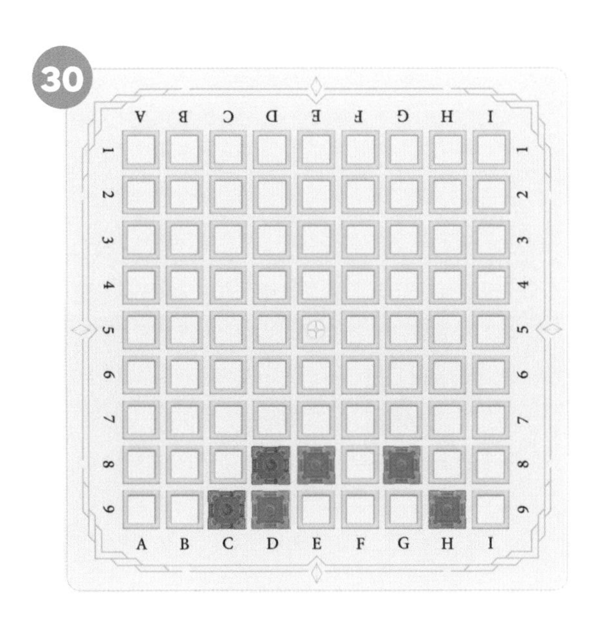

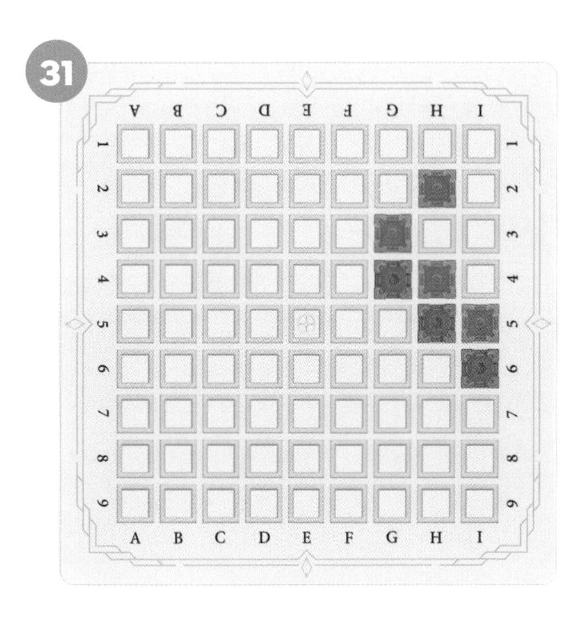

정답 : 29번 C1, 30번 F7, 31번 G1

파란색 성 1개를 놓아 영토를 최대한 크게 만들어 나의 성을 지키세요.

32

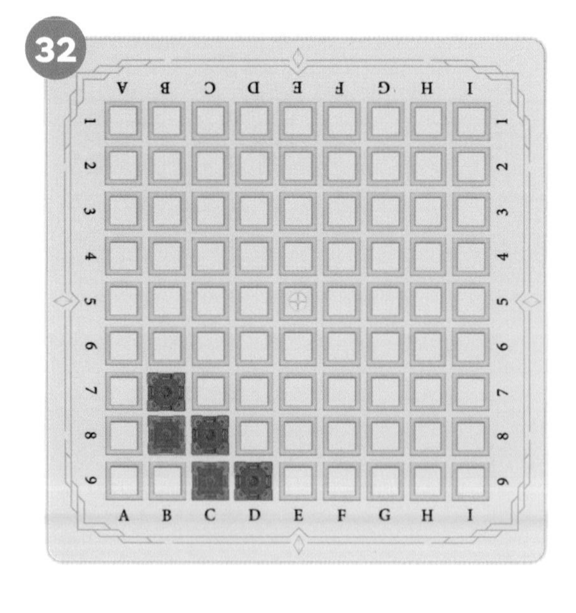

33

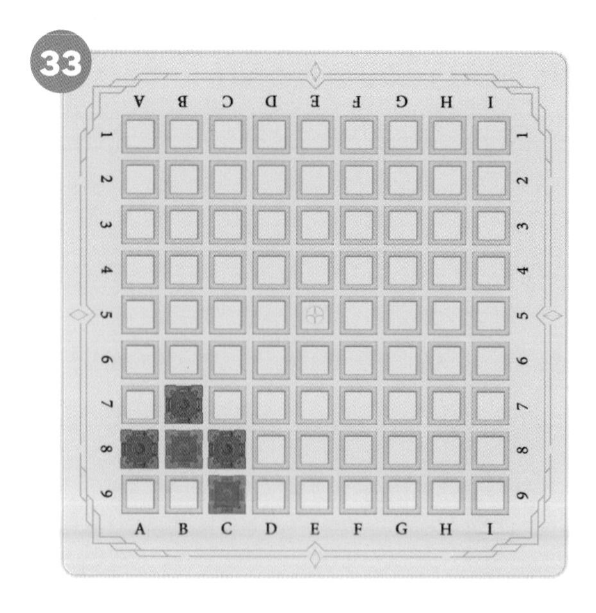

34

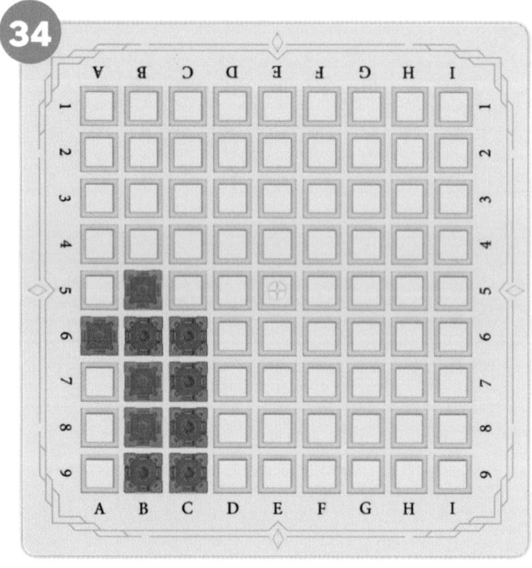

35

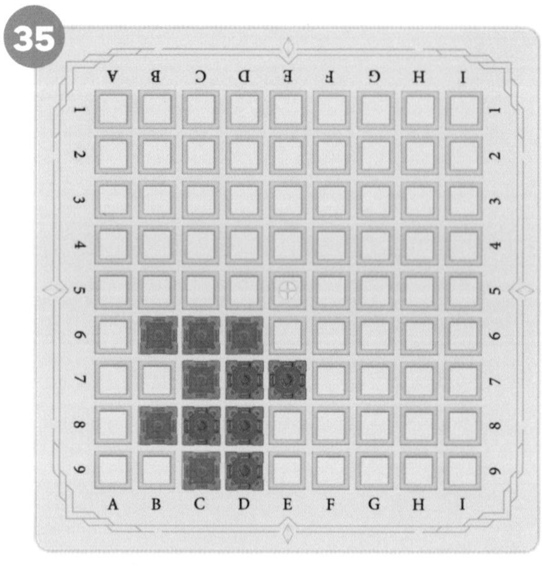

36

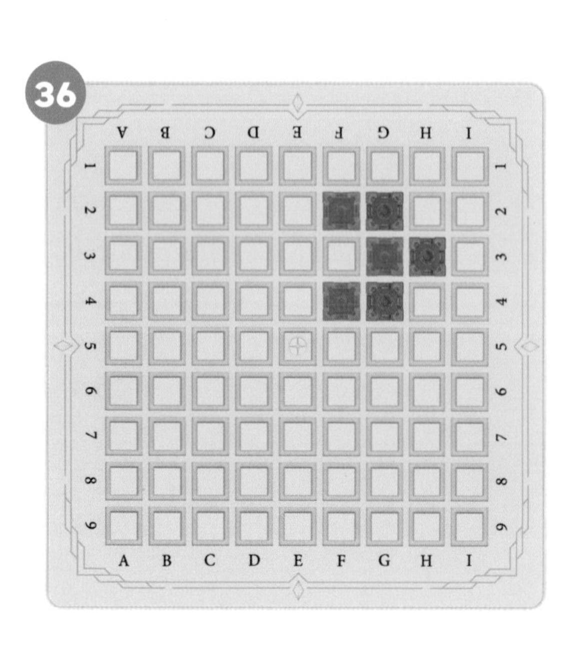

37

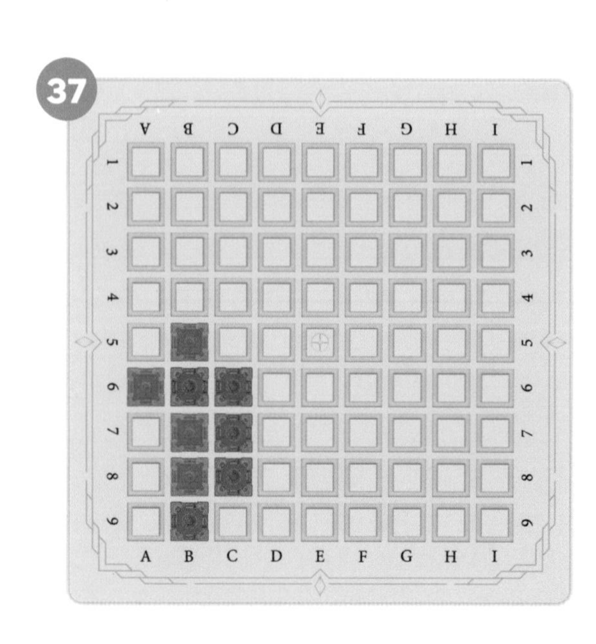

정답 : 32번 A7, 33번 A9, 34번 A9, 35번 A5, 36번 E3, 37번 A9

파란색 성 1개를 놓아 영토를 최대한 크게 만들어 나의 성을 지키세요.

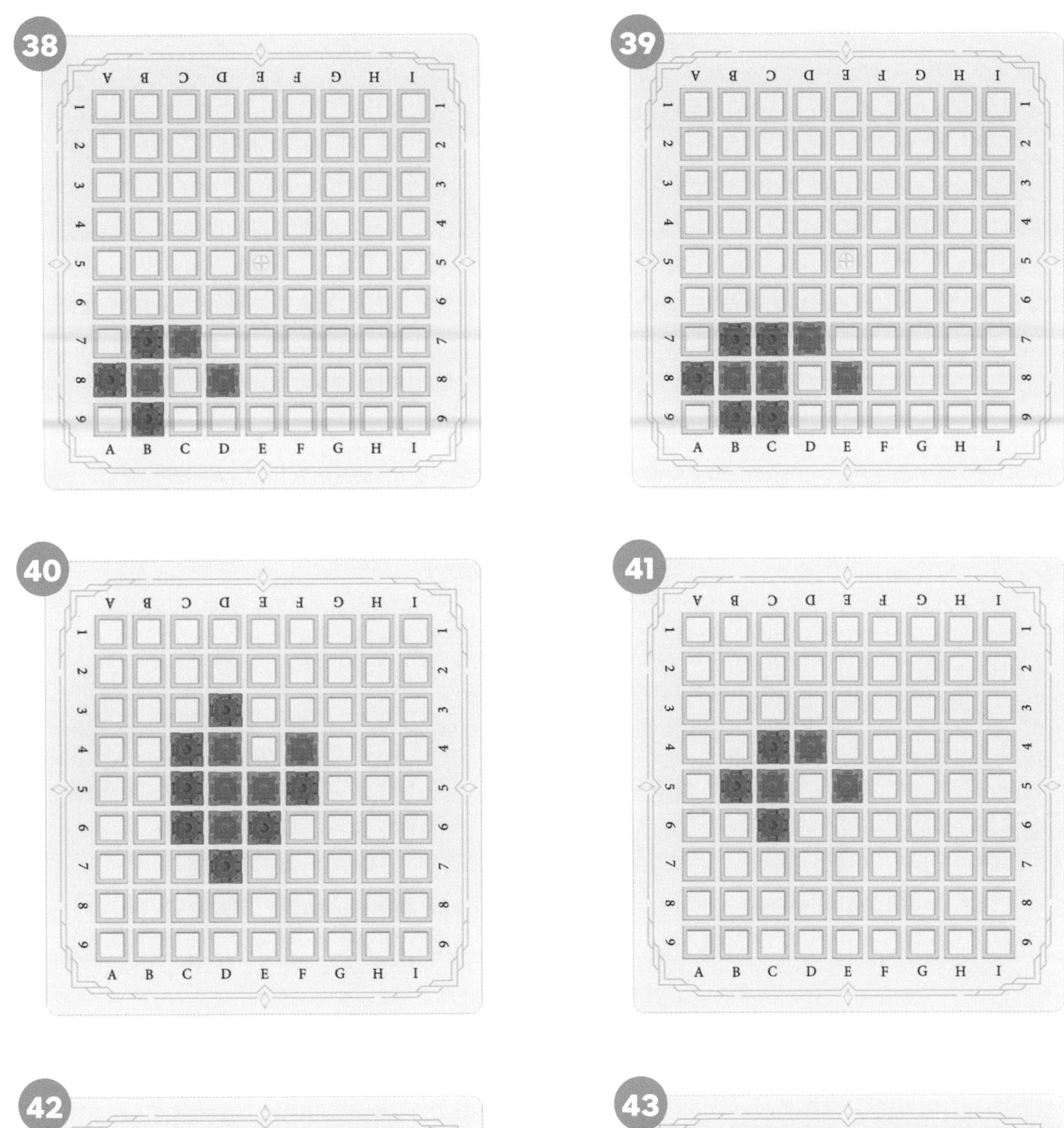

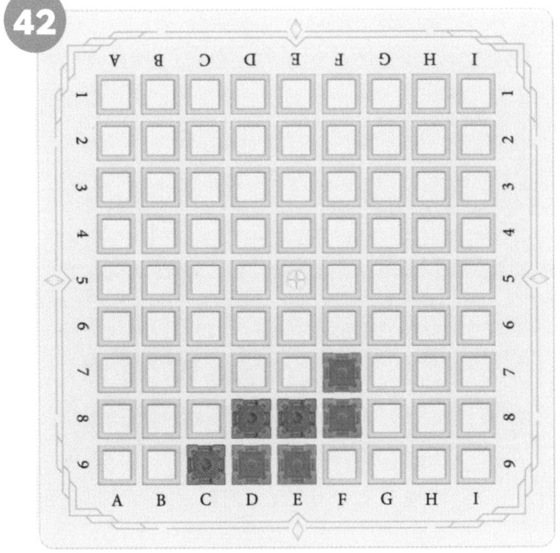

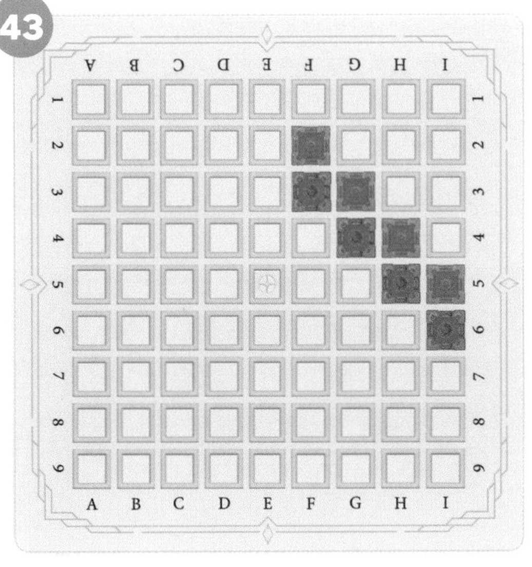

정답 : 38번 C9, 39번 D9, 40번 E3, 41번 D6, 42번 G9, 43번 E1

파란색 성 1개를 놓아 영토를 최대한 크게 만들어 나의 성을 지키세요.

44

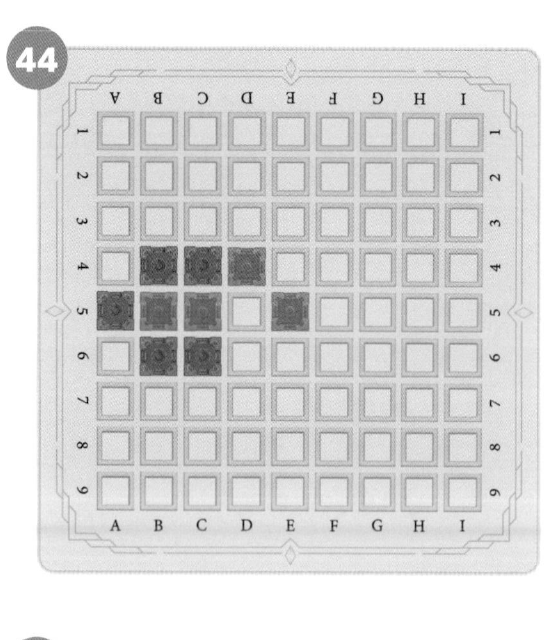

45

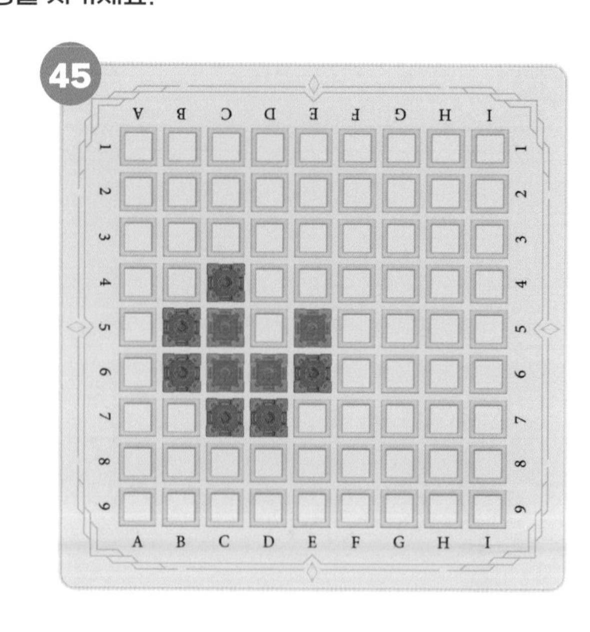

46

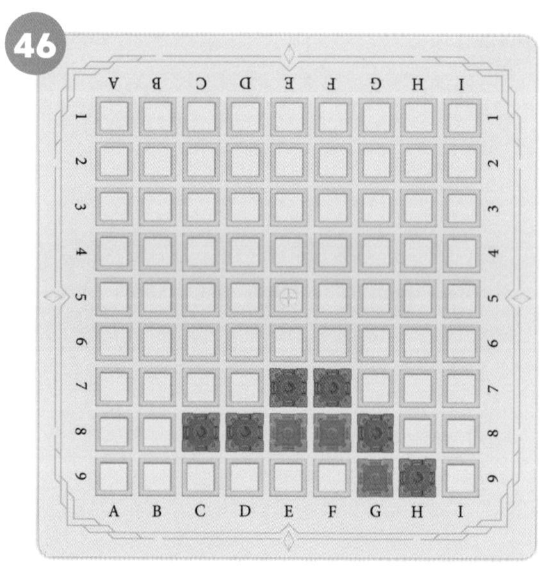

47

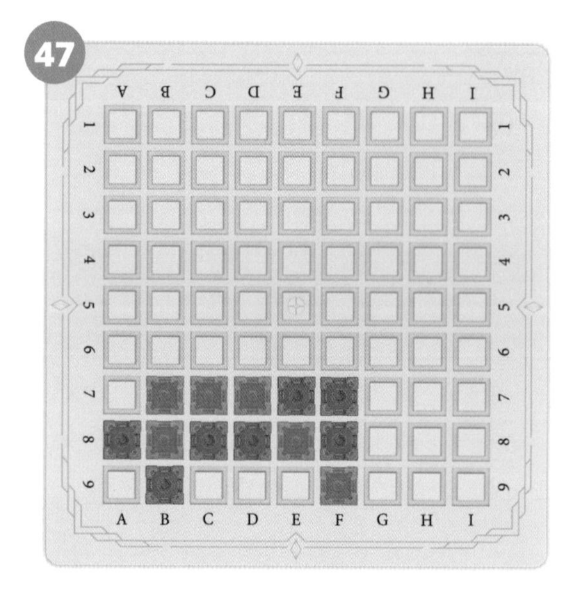

48

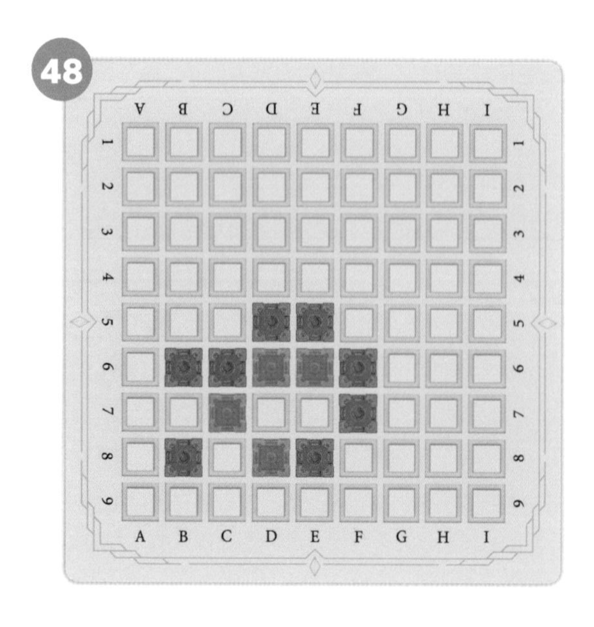

49

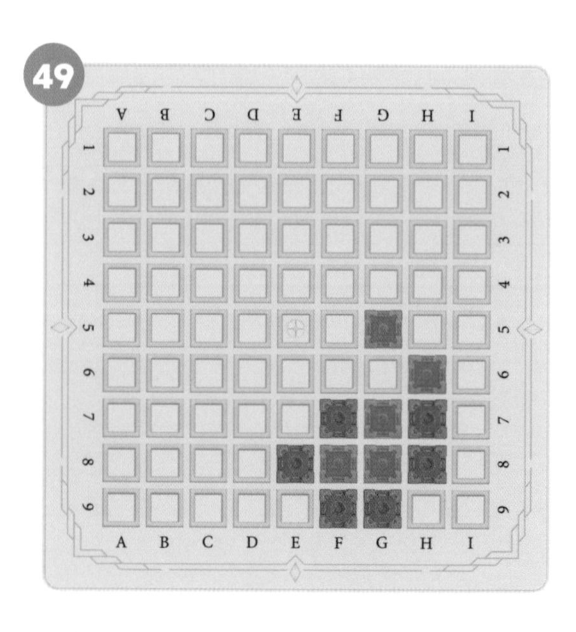

정답 : 44번 D6, 45번 D4, 46번 D9, 47번 D9, 48번 E7, 49번 F6

파란색 성 1개를 놓아 영토를 최대한 크게 만들어 나의 성을 지키세요.

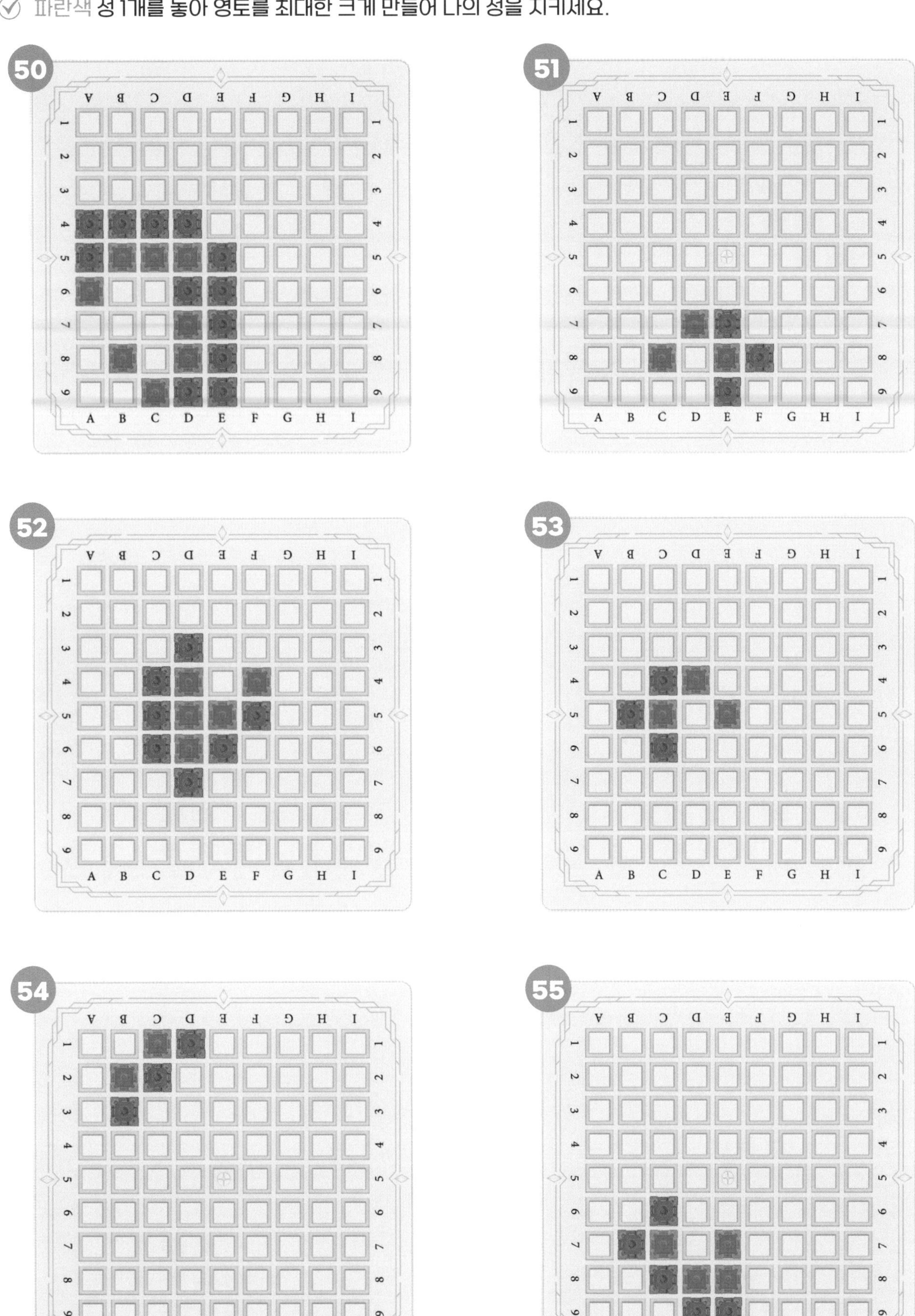

정답 : 50번 C6, 51번 D9, 52번 E3, 53번 D6, 54번 A3, 55번 D6

파란색 성 1개를 놓아 영토를 최대한 크게 만들어 나의 성을 지키세요.

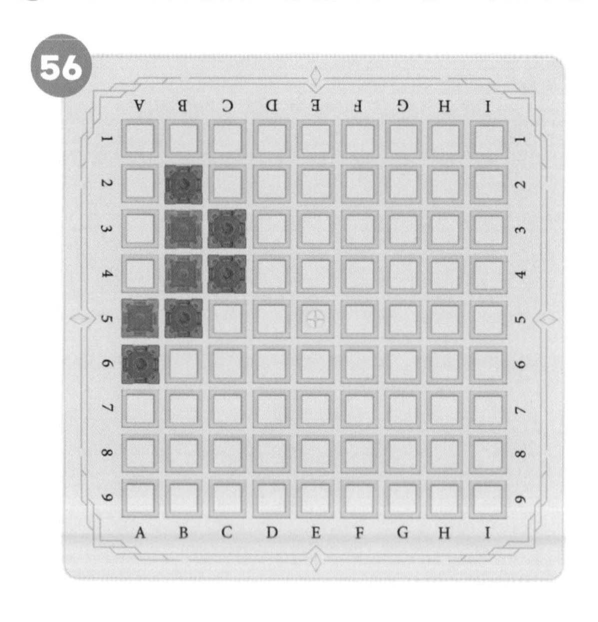

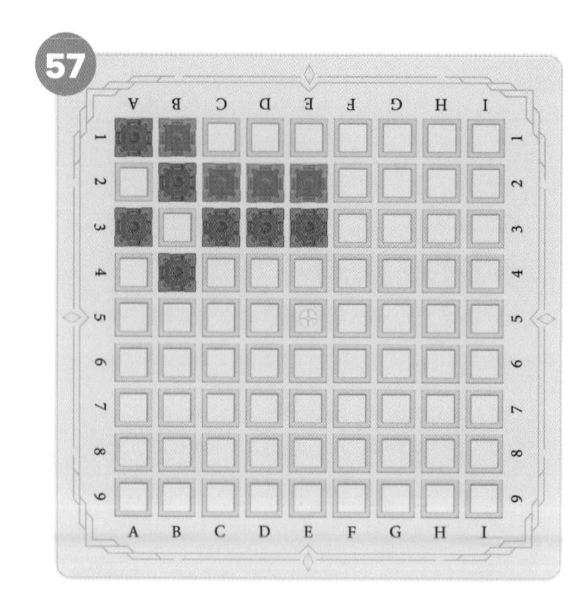

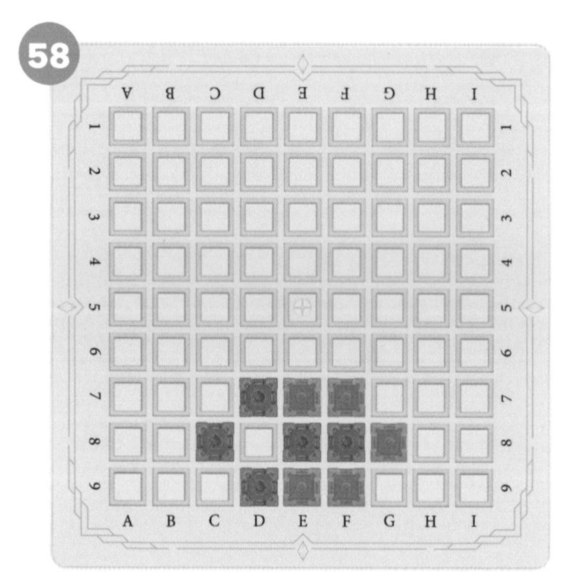

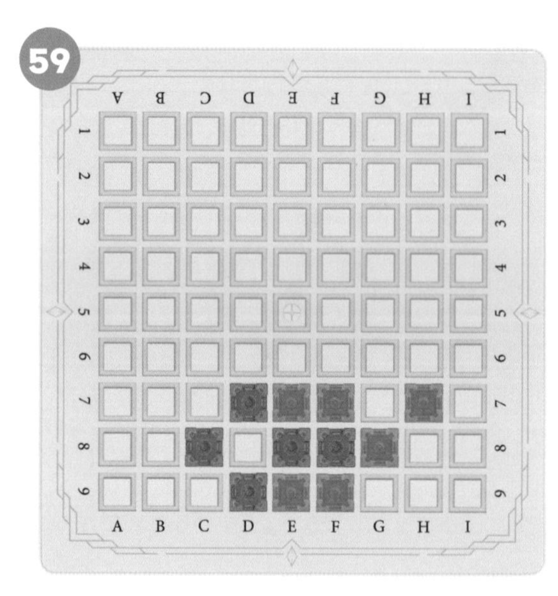

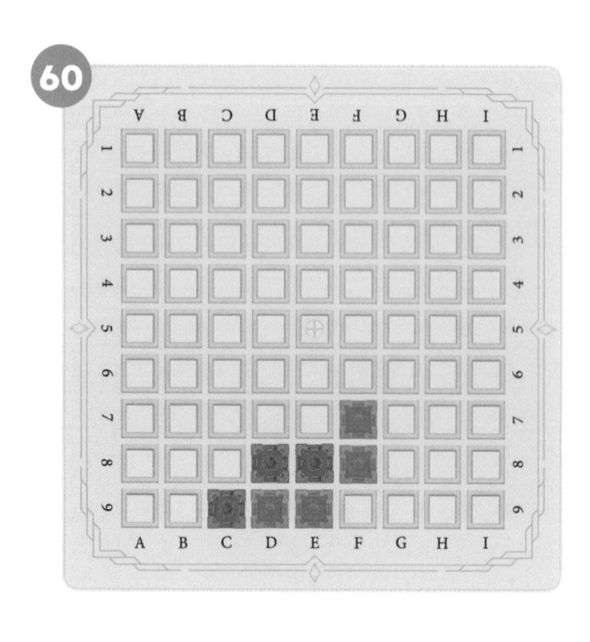

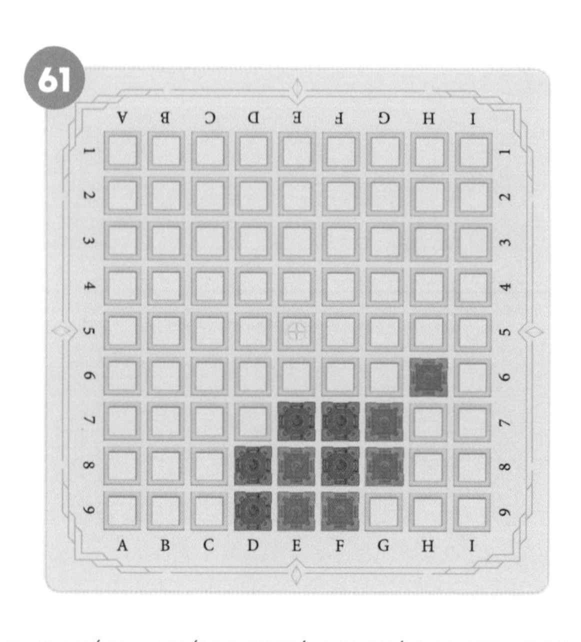

정답 : 56번 A2, 57번 F1, 58번 H9, 59번 I6, 60번 G9, 61번 I5

파란색 성 1개를 놓아 영토를 최대한 크게 만들어 나의 성을 지키세요.

62

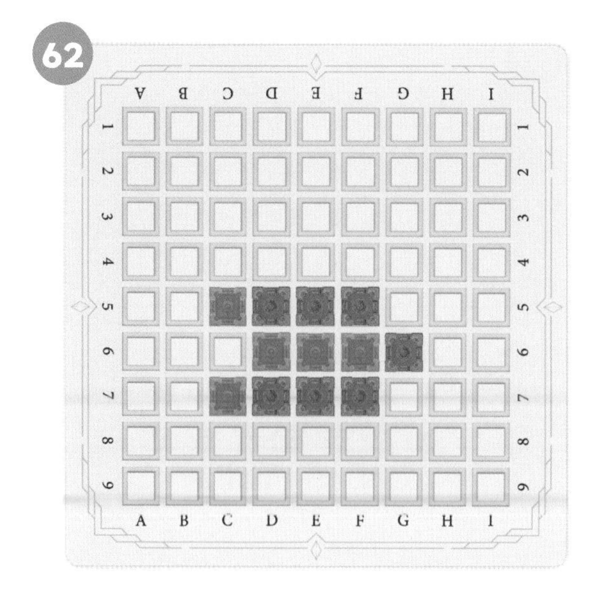

63

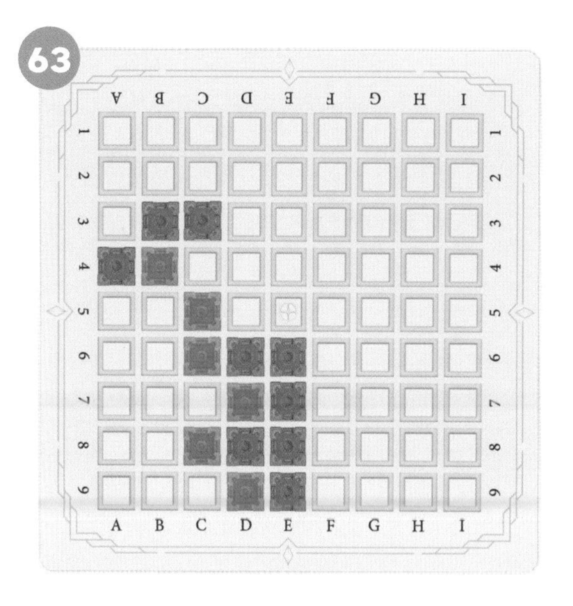

64

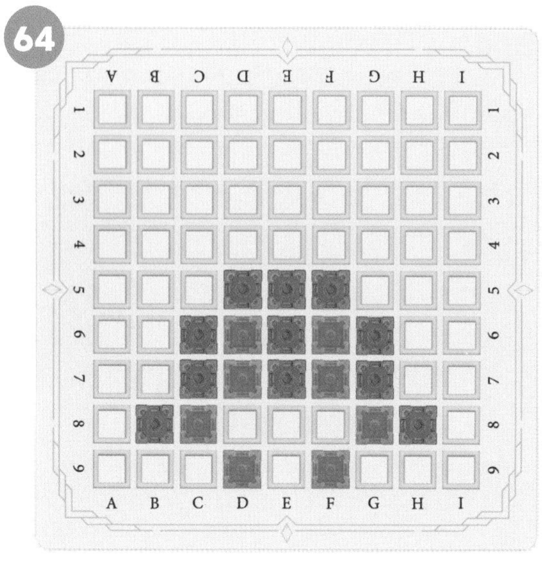

65

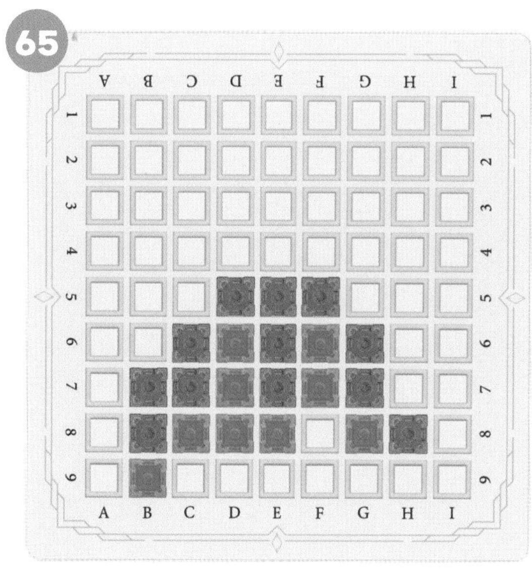

66

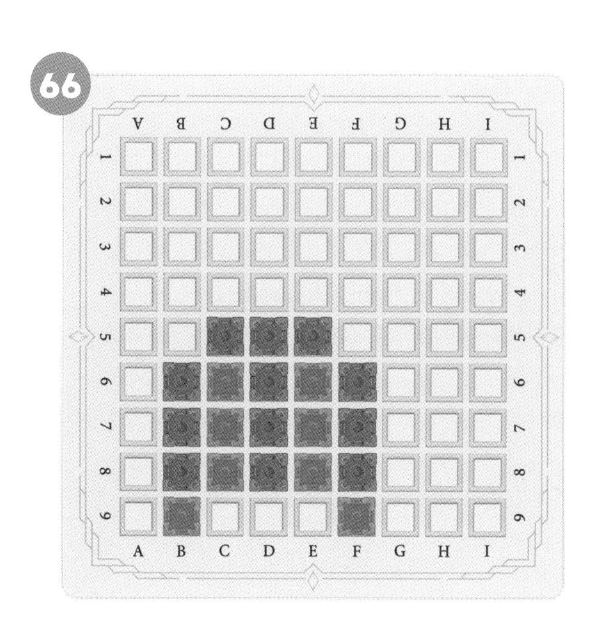

67

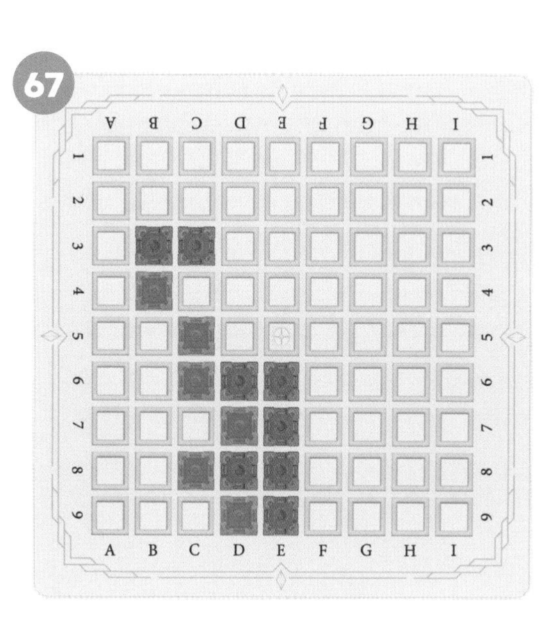

정답 : 62번 B6, 63번 A5, 64번 E8, 65번 H9, 66번 D9, 67번 A3

파란색 성 1개를 놓아 영토를 최대한 크게 만들어 나의 성을 지키세요.

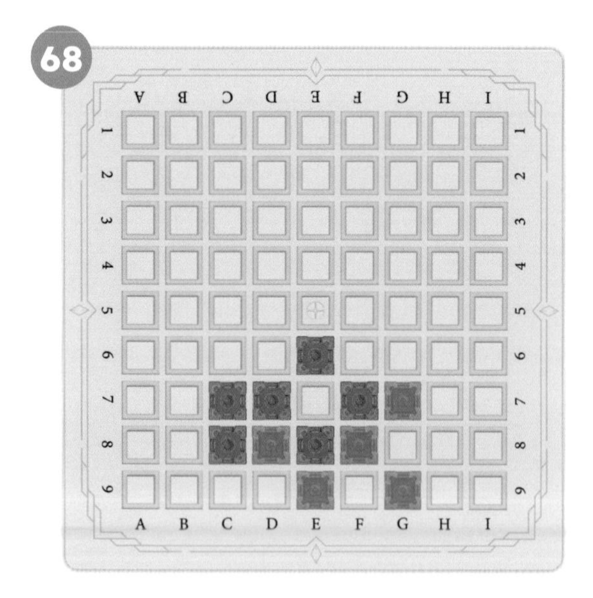

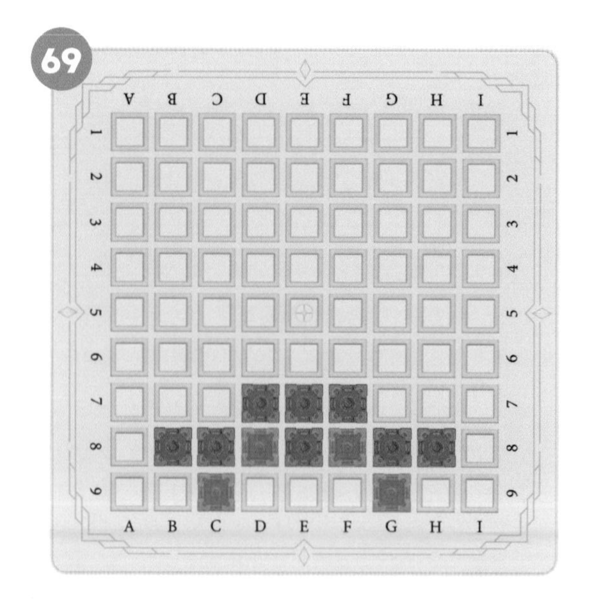

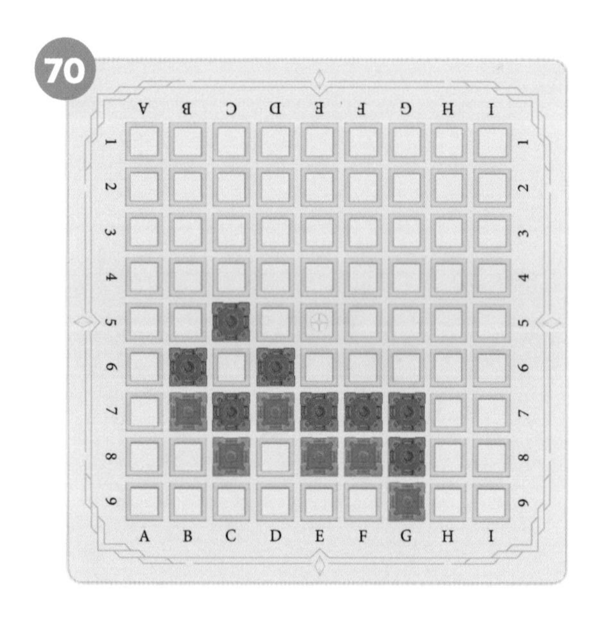

정답 : 68번 C9, 69번 E9, 70번 A6, 71번 E9

공성(1)

1. 한 플레이어의 성을 상하좌우 빈틈없이 둘러싸면 해당 성이 모두 파괴되고, 성을 파괴한 플레이어가 즉시 승리하며 게임이 끝납니다.

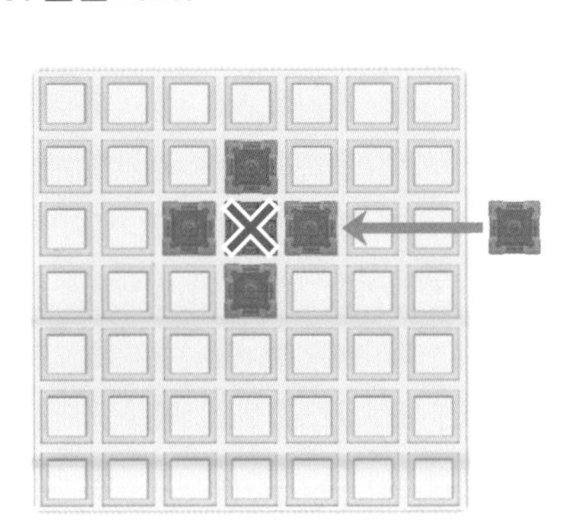

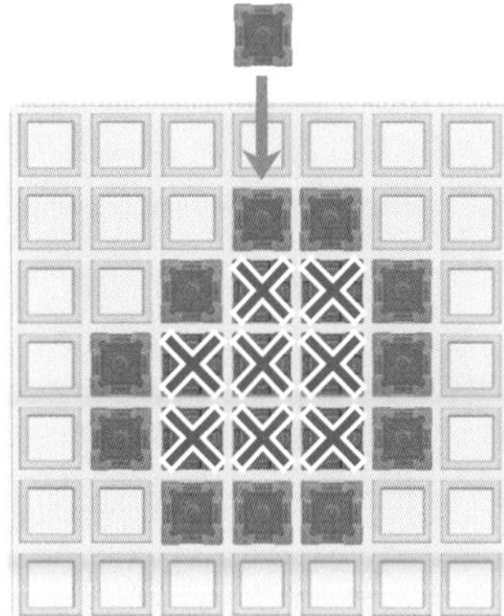

2. 빈틈이 하나 이상 있는 경우 상대의 성은 파괴되지 않습니다.

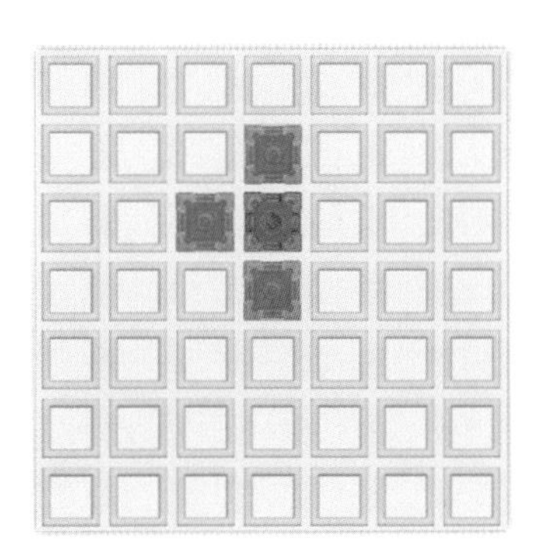

3. 성을 놓았을 때 두 플레이어의 **성 모두가 파괴되는 상황이**라면 성을 놓은 플레이어의 성은 그대로 두고, **상대의 성만 파괴**됩니다.

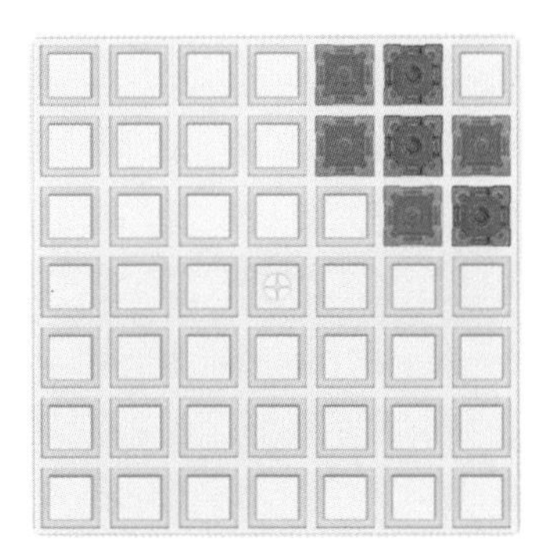

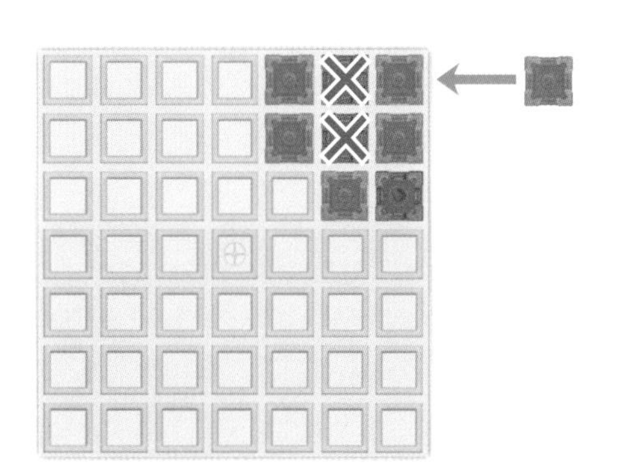

4. **빅** : 누구도 성을 먼저 놓지 못하는 상황으로, 누군가 먼저 성을 놓으면 다음에 상대가 놓은 수로 인접한 성들이 파괴되어 게임에서 패배합니다.
※ '비김수'를 줄여 부르는 바둑 용어입니다.

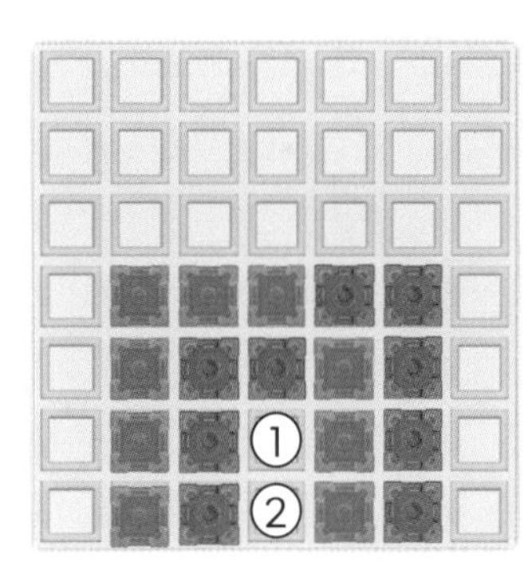

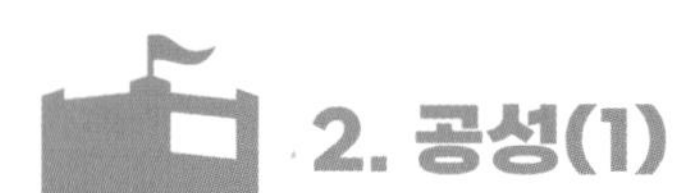

2. 공성(1)

상대의 성을 파괴하기

주황색 성 1개를 놓아 상대의 성을 파괴하세요.

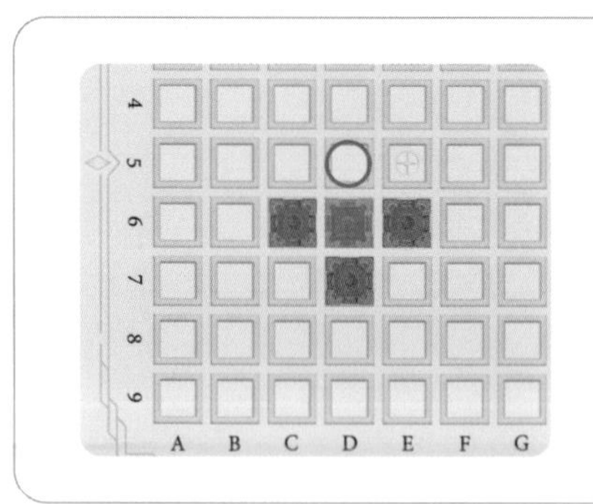

이렇게 풀어 보세요.

펜으로 **주황색** 성을 놓을 곳을 직접 표시해 보세요.

예제 >

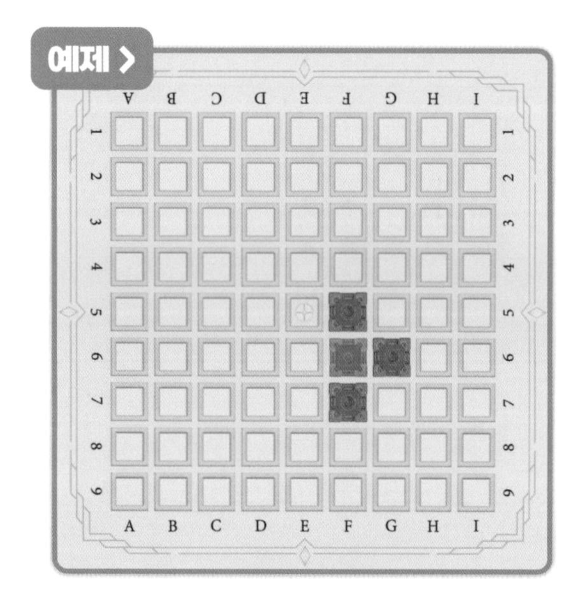

정답 O

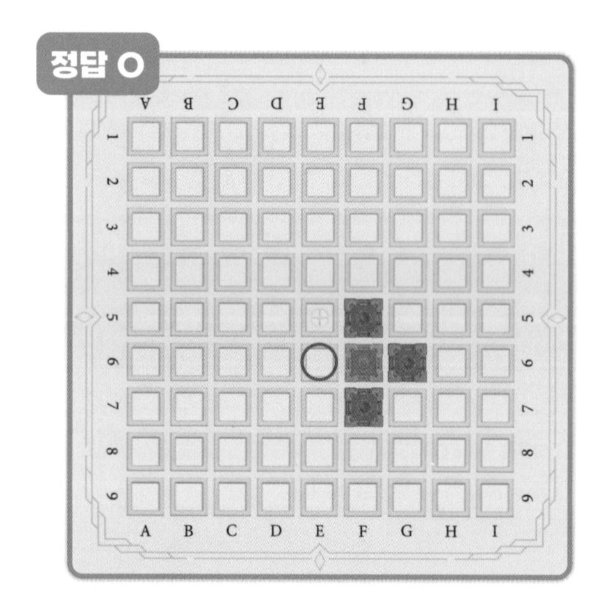

1

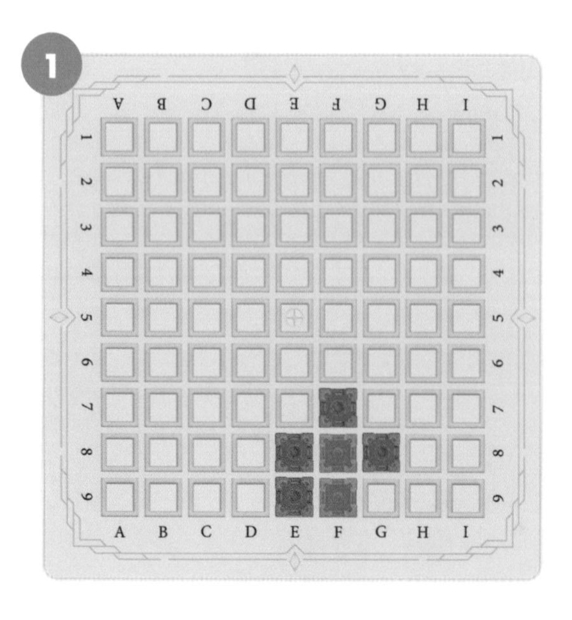

2

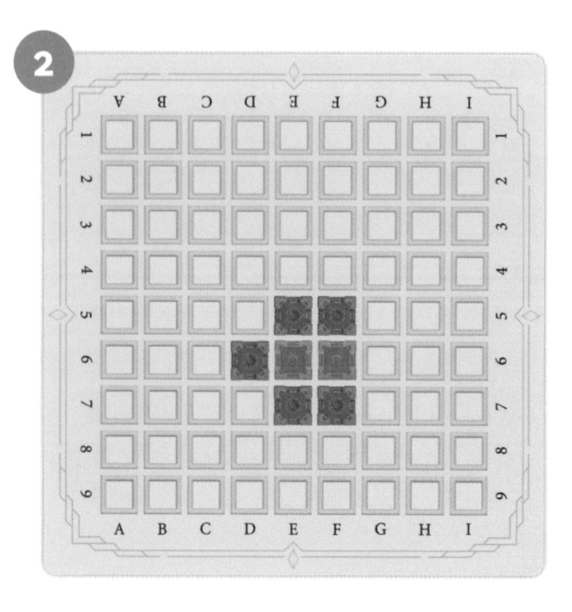

정답 : 1번 G9, 2번 G6

주황색 성 1개를 놓아 상대의 성을 파괴하세요.

3
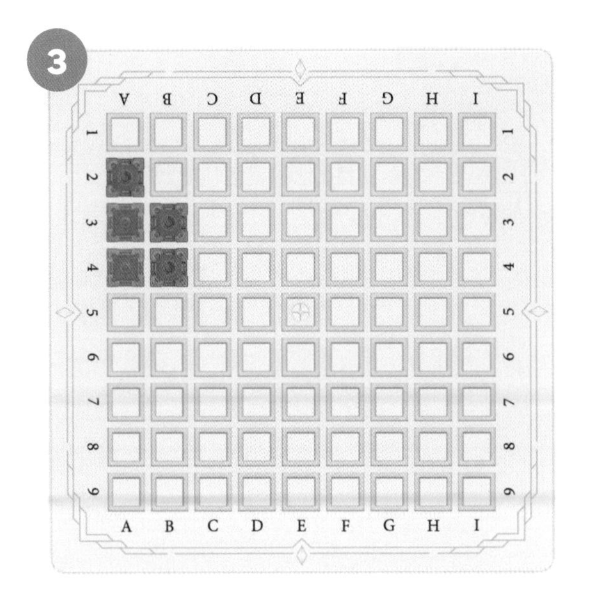

4
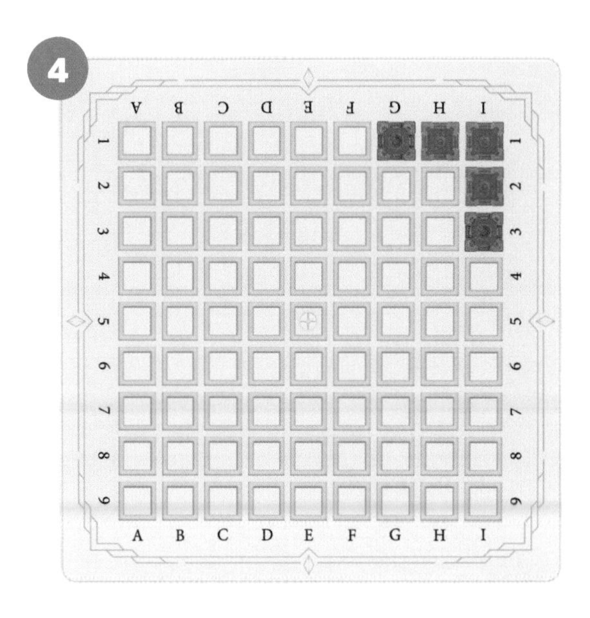

5
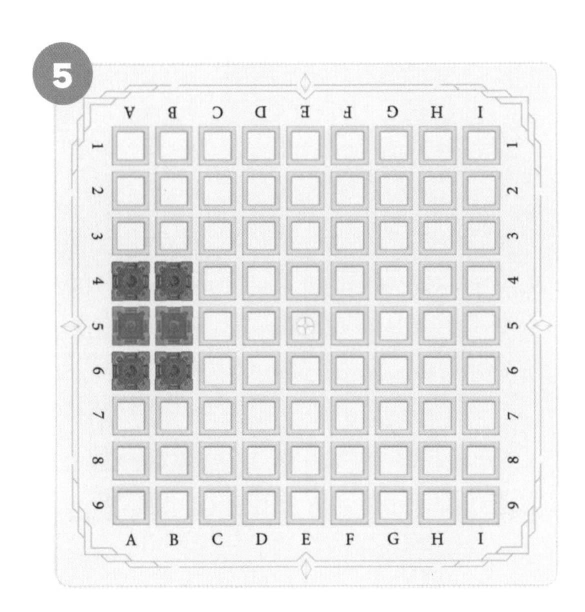

6
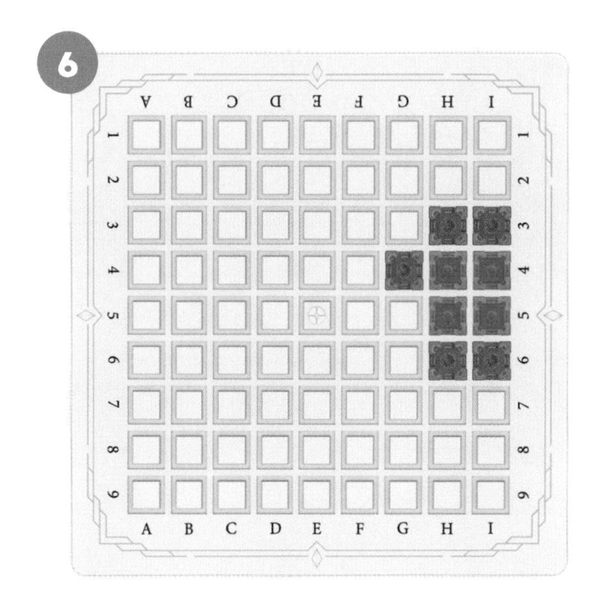

7
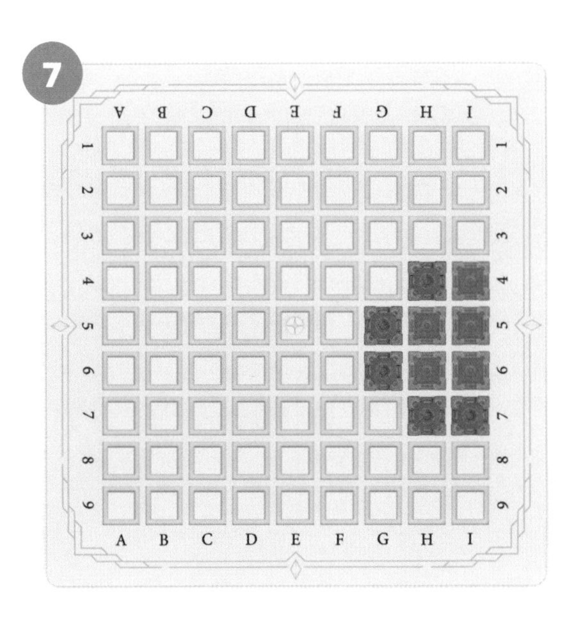

8
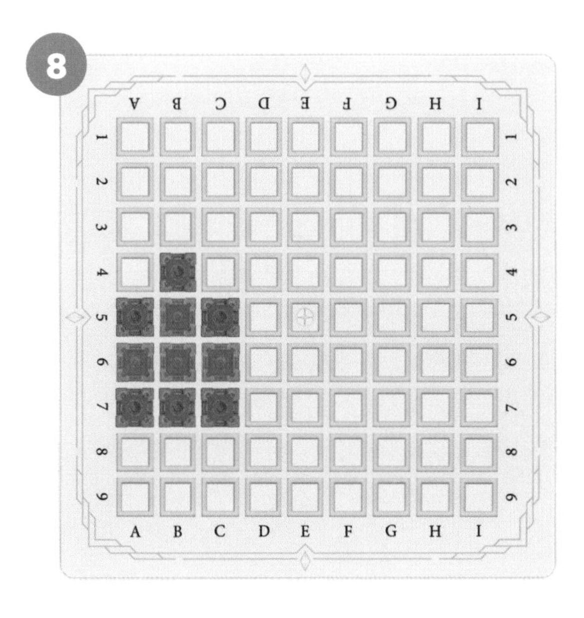

정답 : 3번 A5, 4번 H2, 5번 C5, 6번 G5, 7번 I3, 8번 D6

주황색 성 1개를 놓아 상대의 성을 파괴하세요.

9

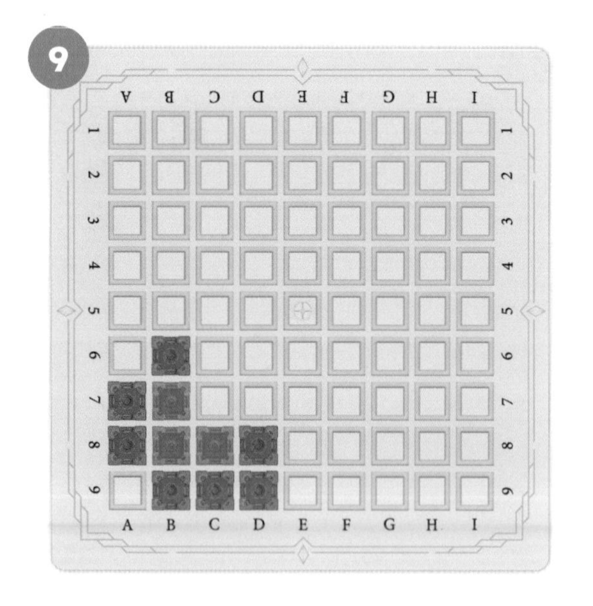

10

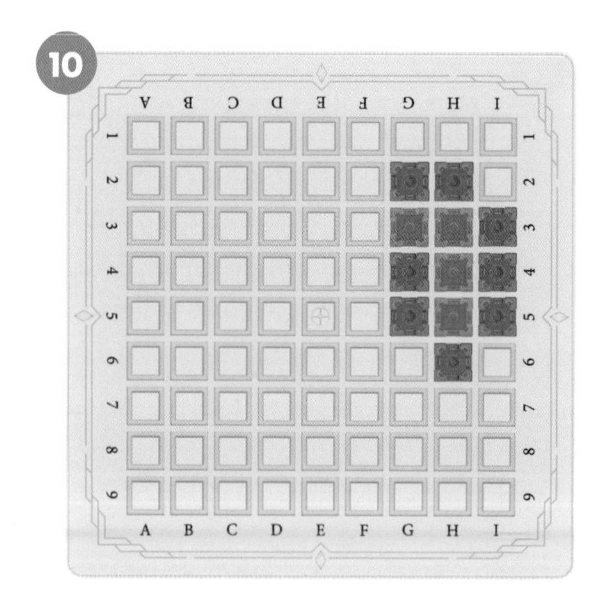

11

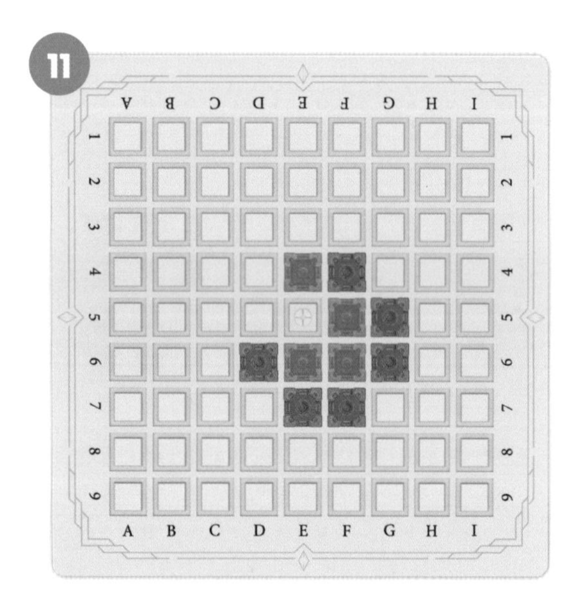

12

13

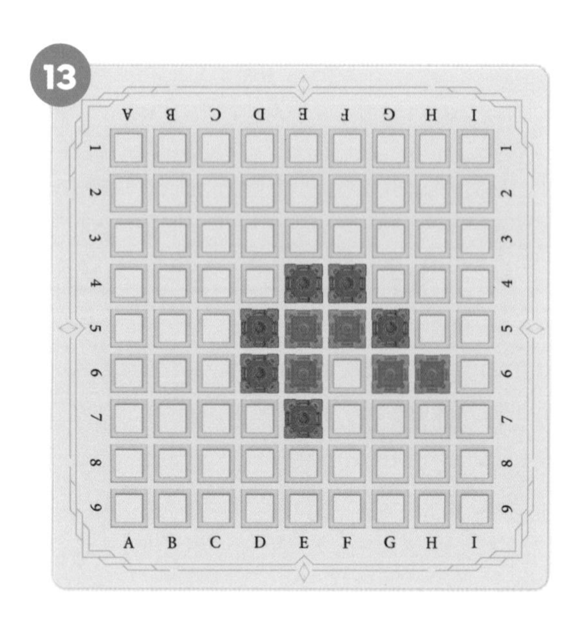

14

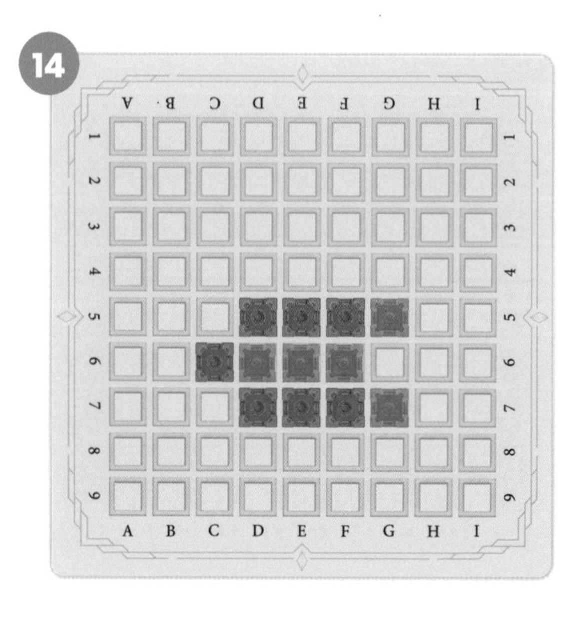

정답 : 9번 C7, 10번 F3, 11번 E5, 12번 G9, 13번 F6, 14번 G6

주황색 성 1개를 놓아 상대의 성을 파괴하세요.

15

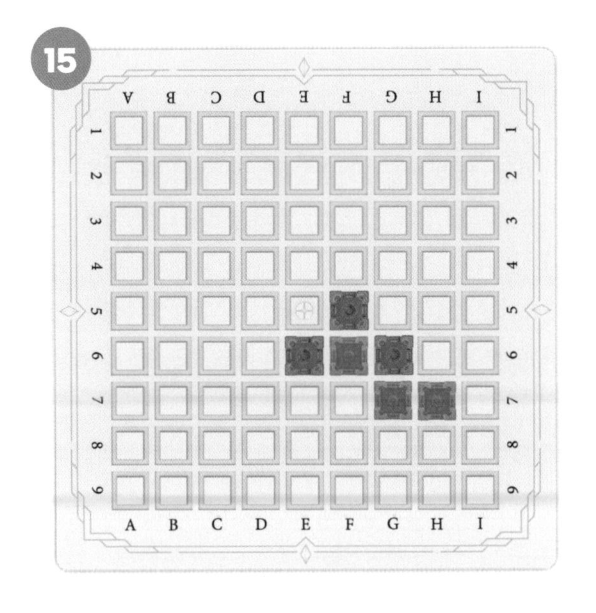

16

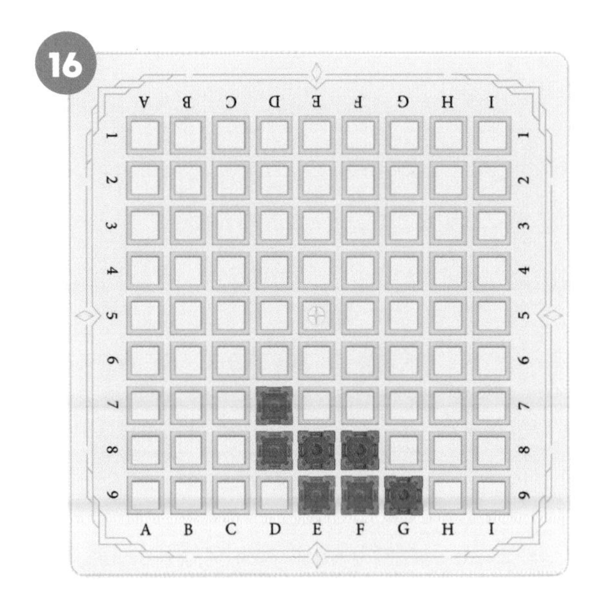

17

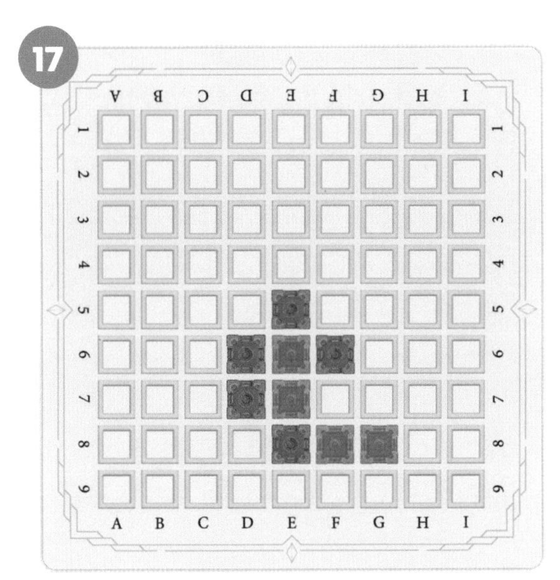

18

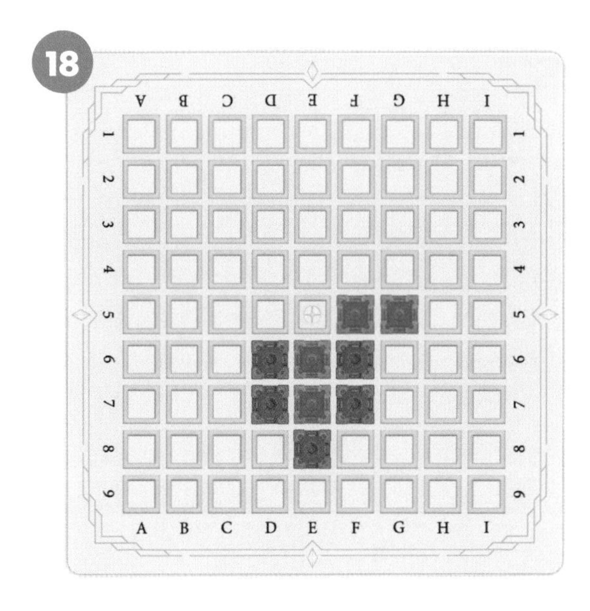

19

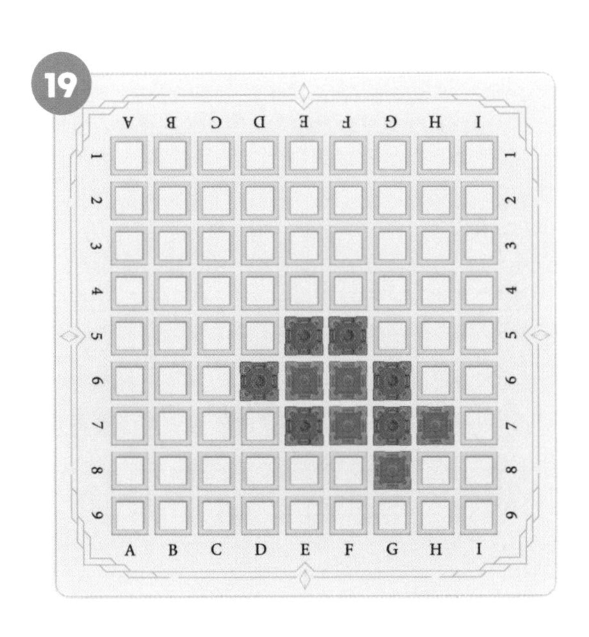

20

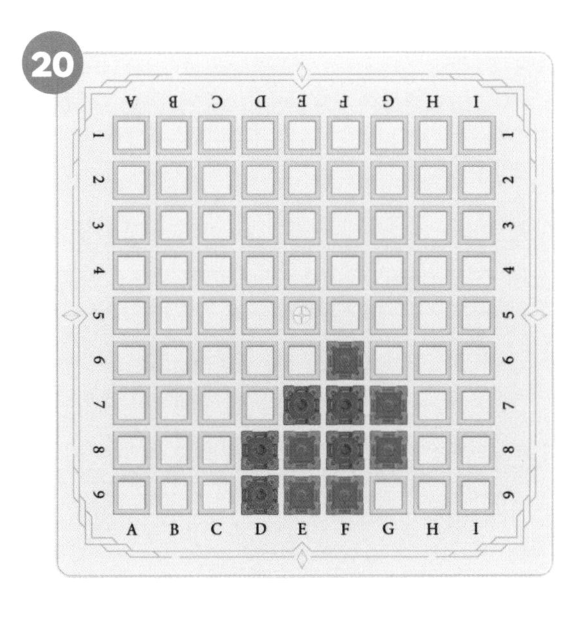

정답 : 15번 F7, 16번 D9, 17번 F7, 18번 E5, 19번 F8, 20번 G9

주황색 성 1개를 놓아 상대의 성을 파괴하세요.

21

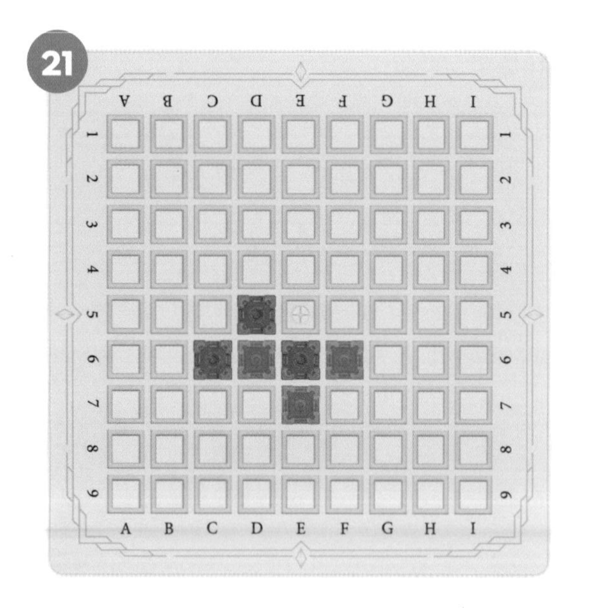

22

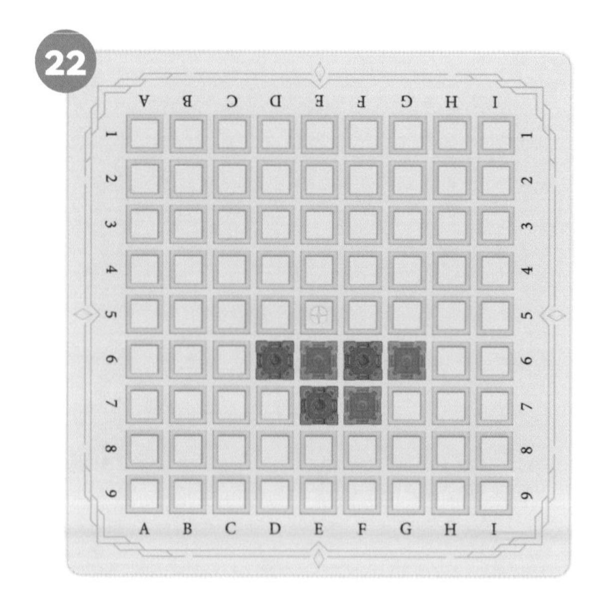

23

24

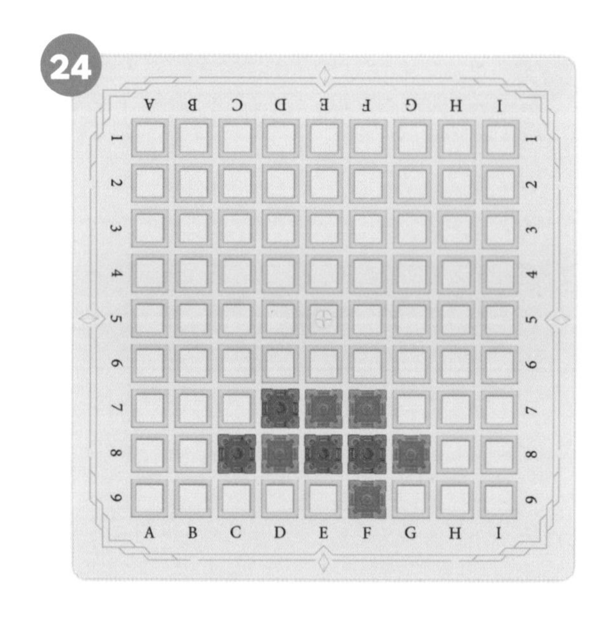

25

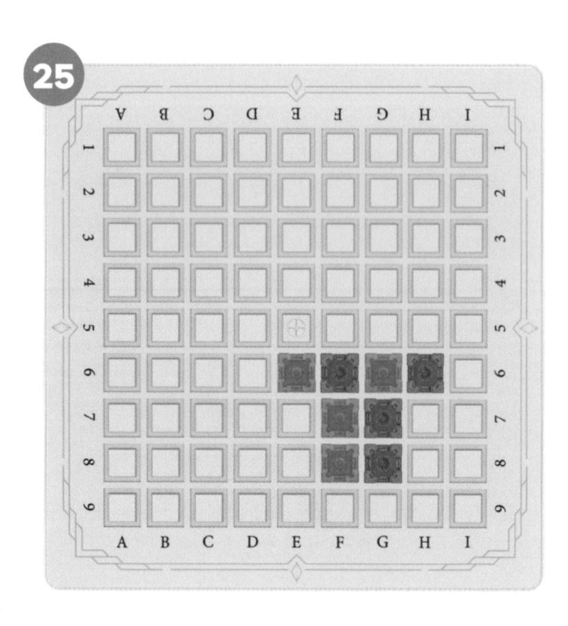

26

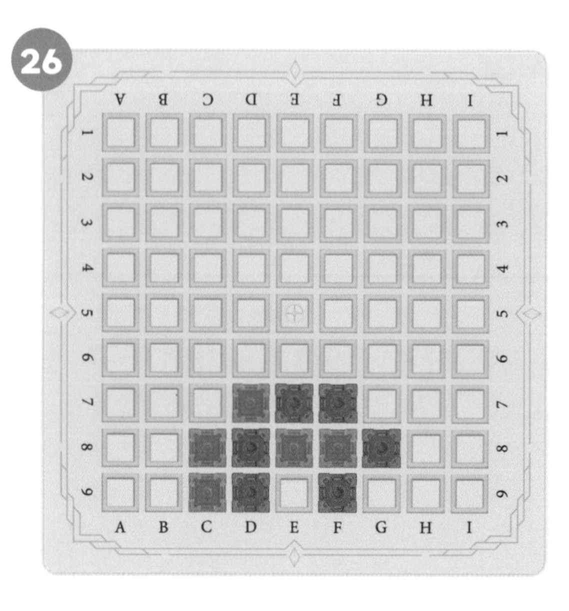

정답 : 21번 D7, 22번 E5, 23번 E9, 24번 D9, 25번 G5, 26번 E9

주황색 성 1개를 놓아 상대의 성을 파괴하세요.

27

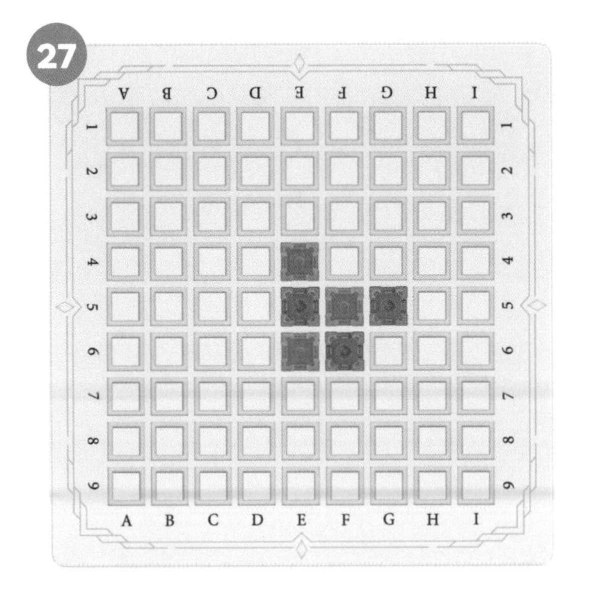

28

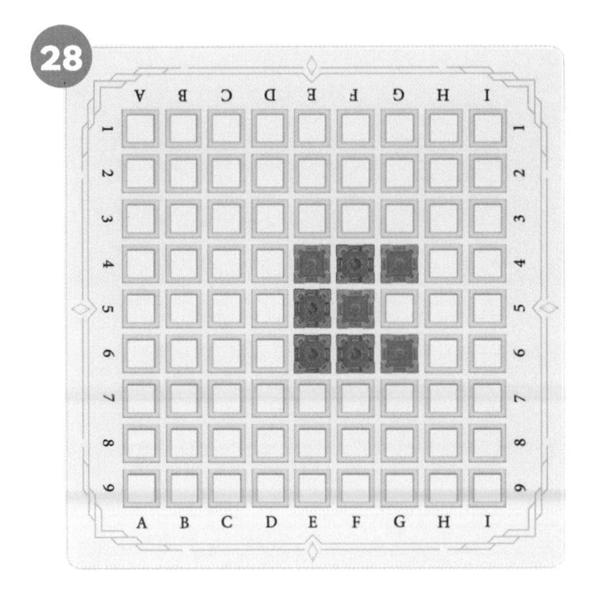

29

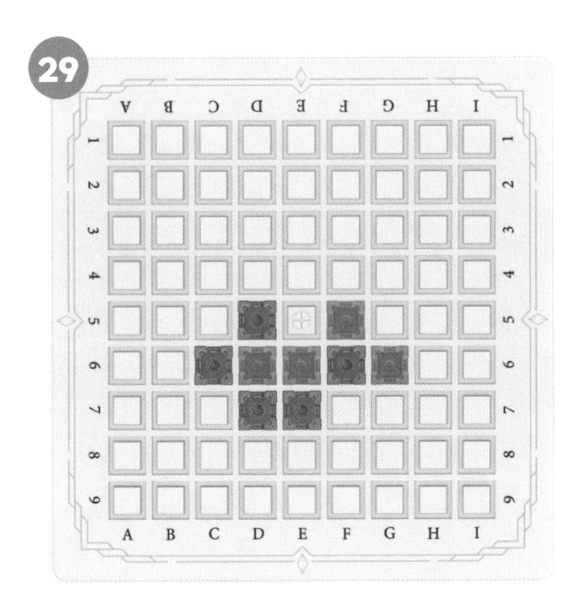

30

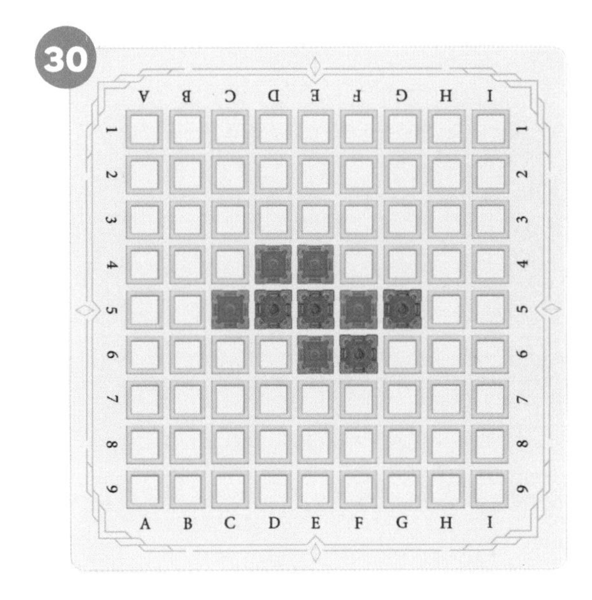

정답 : 27번 F4, 28번 G5, 29번 E5, 30번 F4

Q. 바둑에는 복기 과정이 있다고 들었어요. 복기 과정은 왜 중요할까요?

A. 복기는 이미 끝난 바둑의 승부를 그대로 두고 다시 처음부터 경기를 재현하는 것이에요.
바둑에서는 복기가 끝나야 경기가 끝났다고 봅니다. 중요함을 떠나서 복기를 해야 그 경기가 끝나는 겁니다.

Q. 바둑을 잘하면 일상에서 어떤 점이 좋을까요?

A. 오랜 시간 동안 생각을 하고 창의적인 생각을 했다면 다른 것에도 분명히 그것이 접목되어 조금 도움이 되지 않을까요? 그런 것들을 생각의 연습이라고 할 수 있어요.

활로 : <그레이트 킹덤>에서는 성이 하나라도 파괴되면 바로 패배합니다. 따라서 성을 놓기 전에, 그 성을 놓았을 때 공격당할 위험이 없는지 미리 계산해 봐야 합니다. 기본적으로 활로가 많은 곳에 놓는 것이 유리합니다.

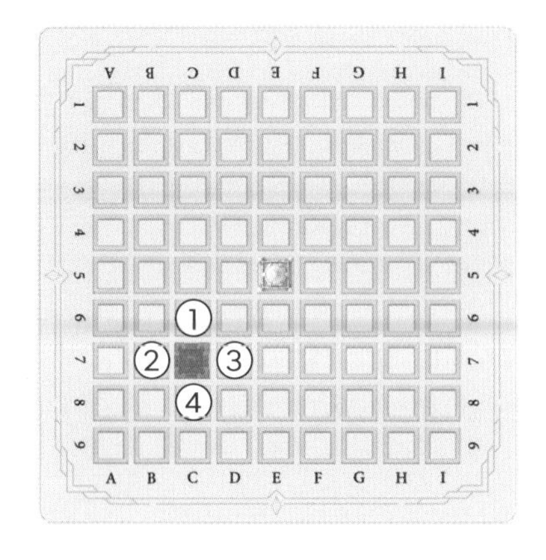

4개의 활로

활로는 내 성이 살아가는 길입니다.

판에 놓인 성은 ①~④까지 4개의 활로를 갖고 있습니다.

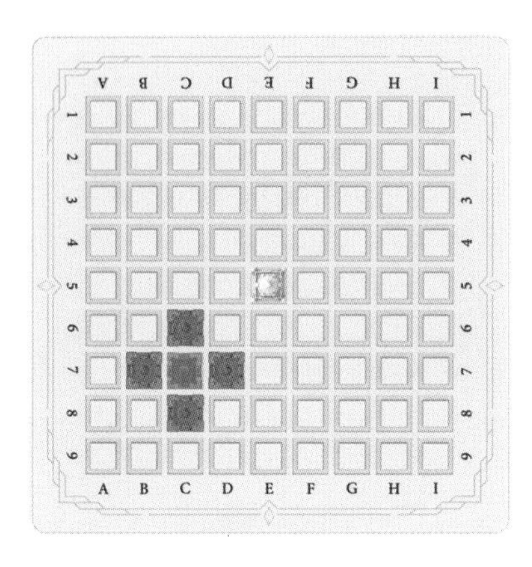

활로가 막힘

주황색 성이 파란색 성의 활로를 모두 막으면, 파란색 플레이어는 성이 파괴되면서 게임에서 즉시 패배합니다.

3개의 활로

판에 놓인 파란색 성들은 각자 3개의 활로가 있습니다.

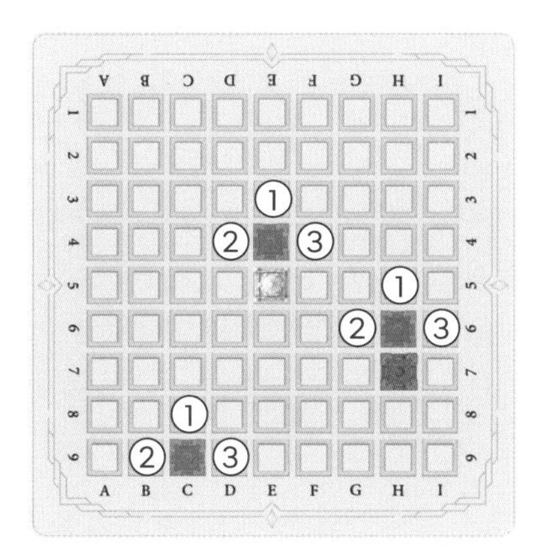

2개의 활로

2개의 활로를 갖는 곳도 있습니다. 영토를 만들 수 없거나 끊기게 되면 위험할 수 있습니다.

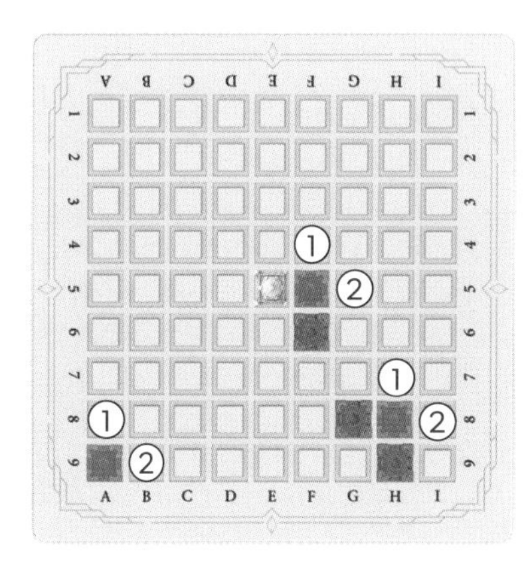

3. 활로

활로가 몇 개인가요? 게임판 위에 활로를 표시하고 그 개수를 아래에 적으세요.

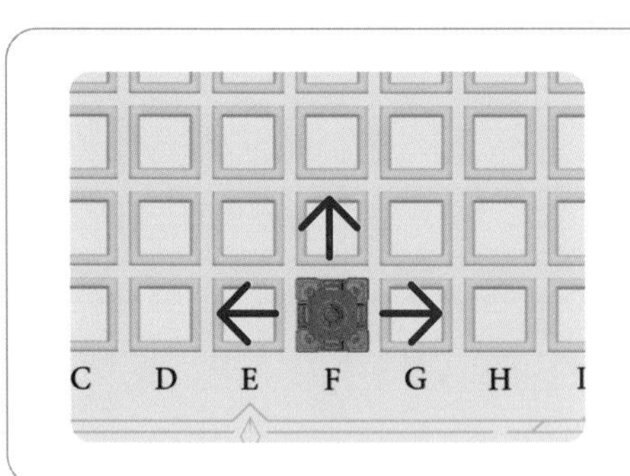

이렇게 풀어 보세요.

펜으로 성이 연결될 수 있는 방향을 화살표로 표시해 보세요.
그런 다음, 화살표 개수를 아래에 적으세요.

예제 >

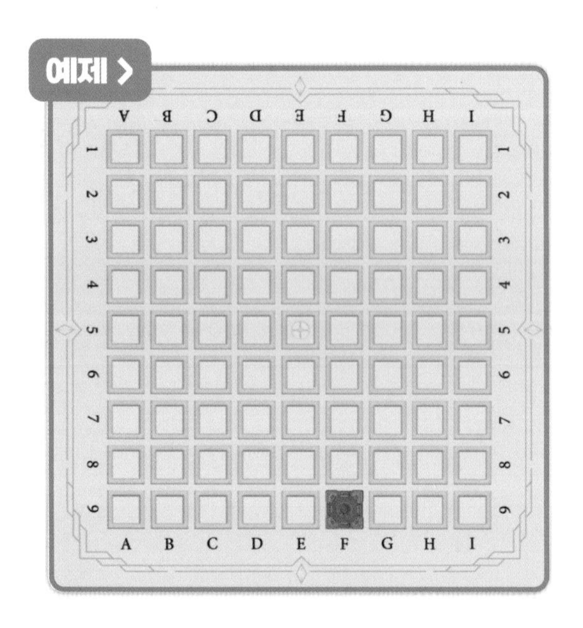

정답 O

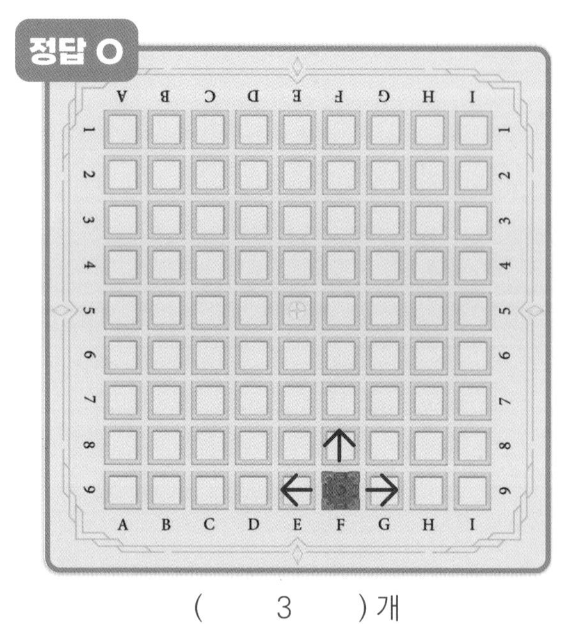

(3) 개

1

( ) 개

2

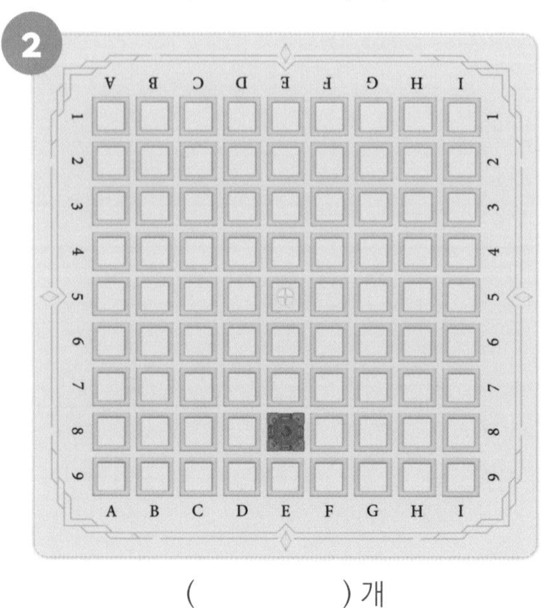

( ) 개

정답 : 1번 2, 2번 4

활로가 몇 개인가요? 게임판 위에 활로를 표시하고 그 개수를 아래에 적으세요.

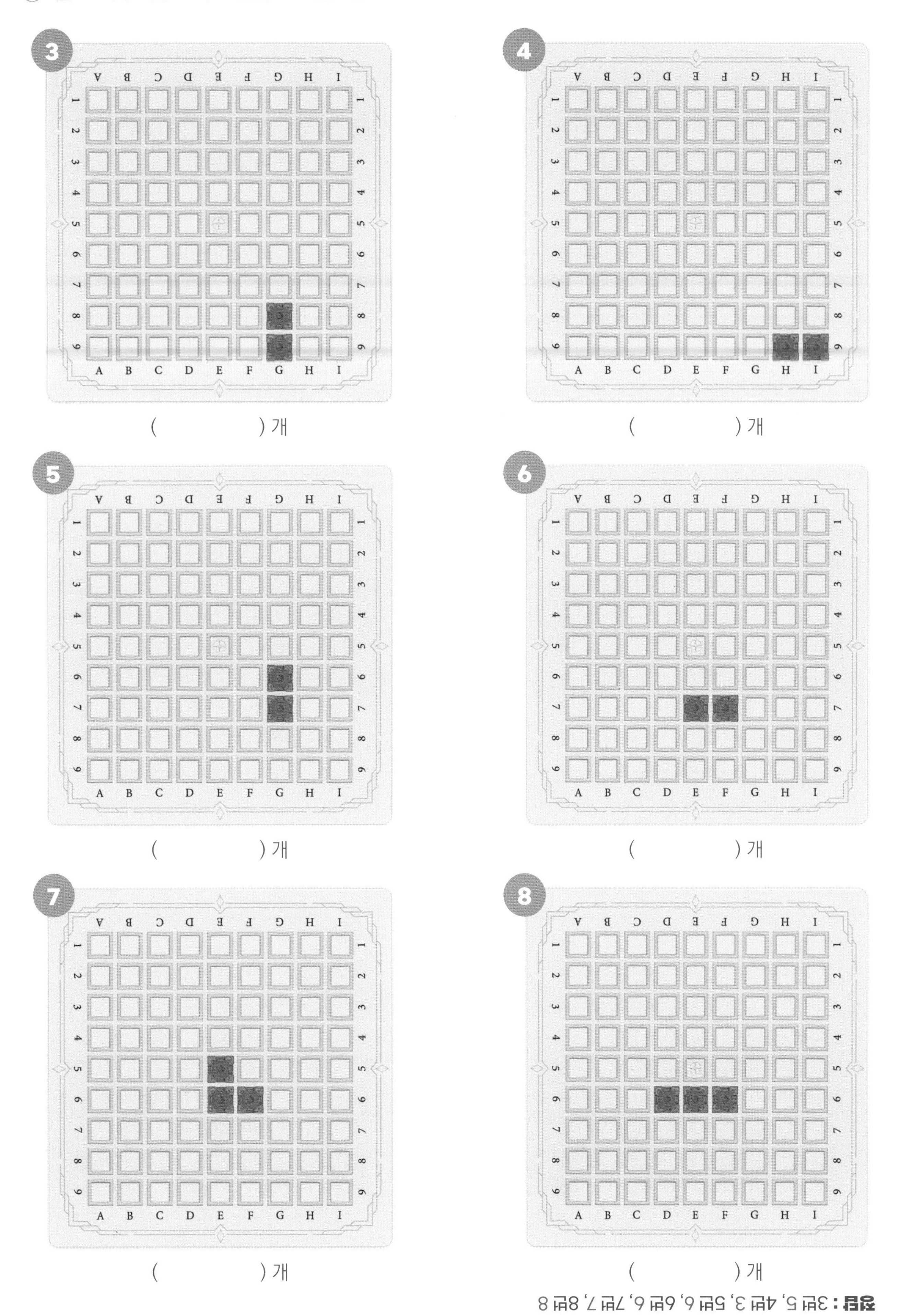

3 (　　　　) 개

4 (　　　　) 개

5 (　　　　) 개

6 (　　　　) 개

7 (　　　　) 개

8 (　　　　) 개

정답 : 3번 5, 4번 3, 5번 6, 6번 6, 7번 7, 8번 8

주황색 성의 활로를 모두 찾아 막아 보세요.

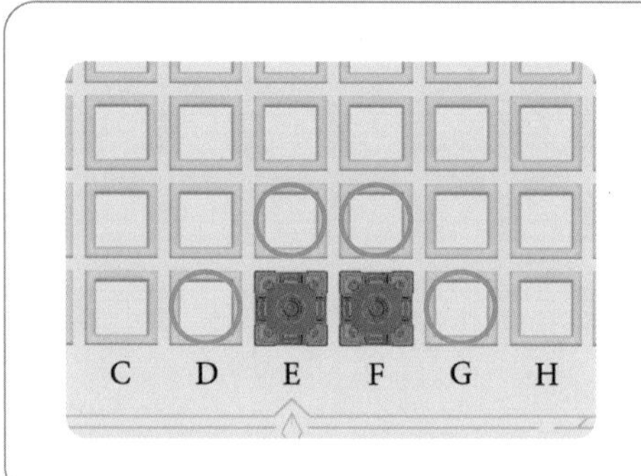

펜으로 주황색 활로를 모두 막을 수 있는 곳에 직접 표시해 보세요.

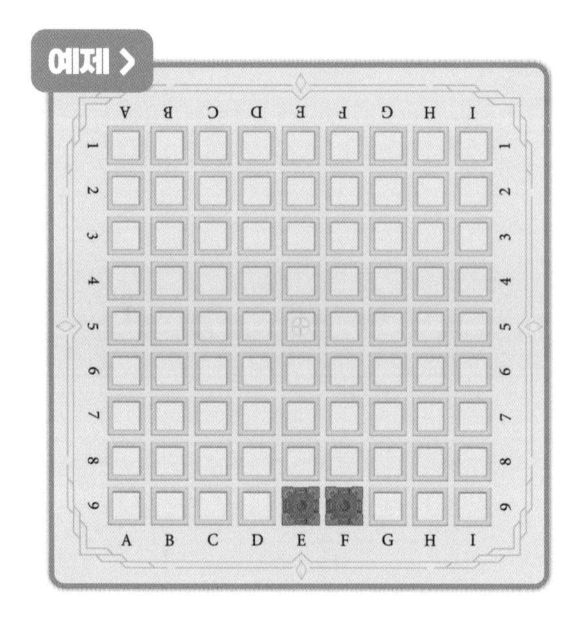

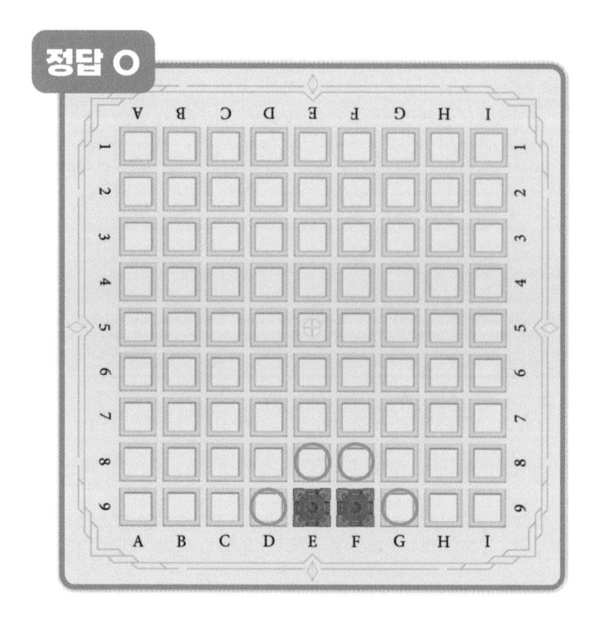

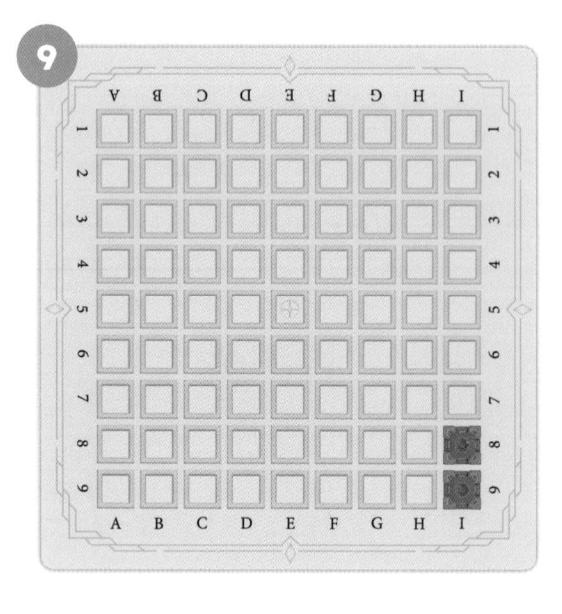

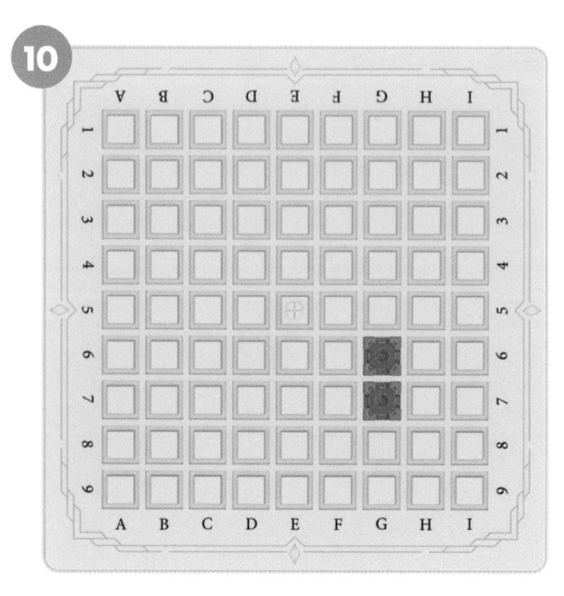

주황색 성의 활로를 모두 찾아 막아 보세요.

11
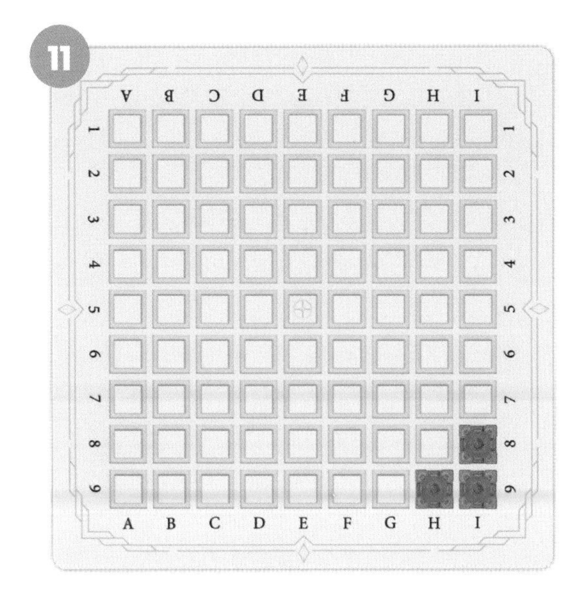

12
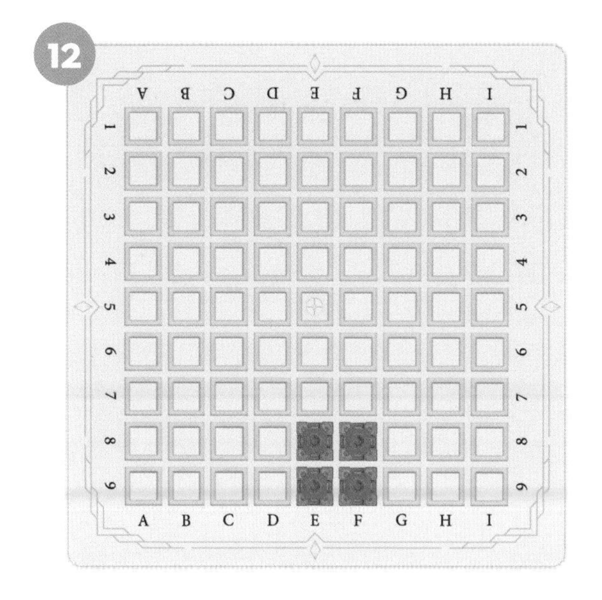

13
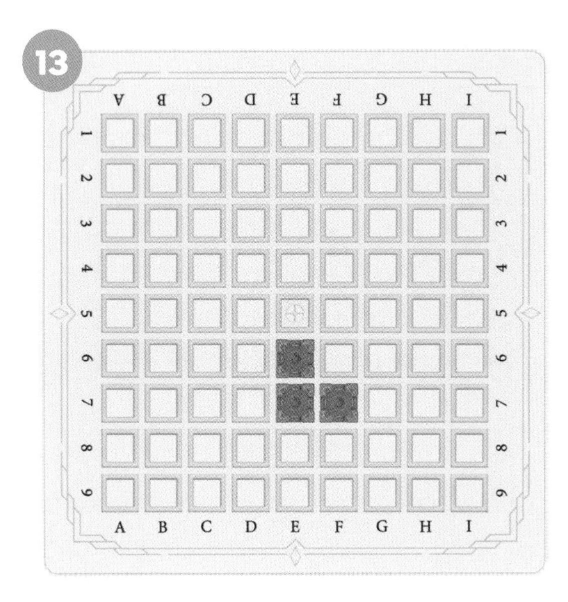

14
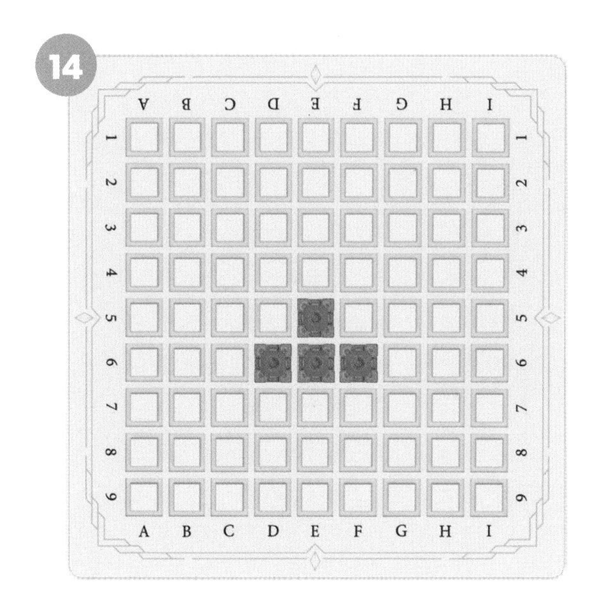

15
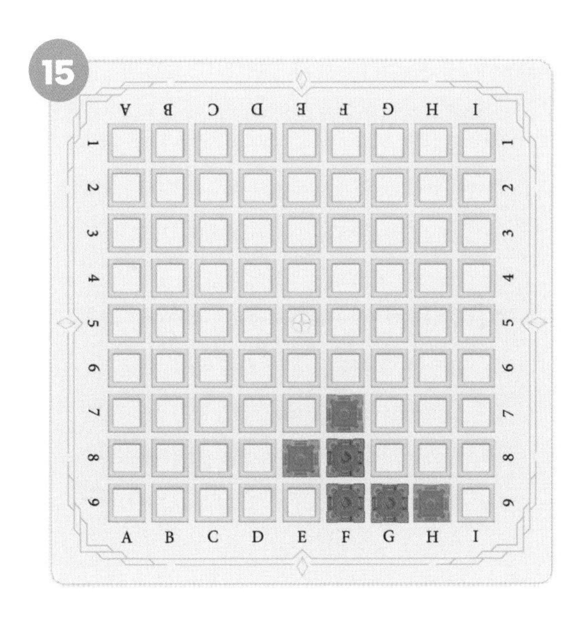

16
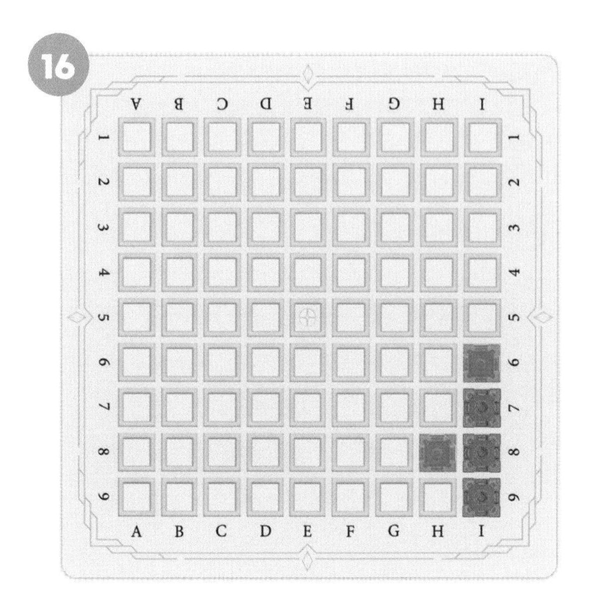

주황색 성의 활로를 모두 찾아 막아 보세요.

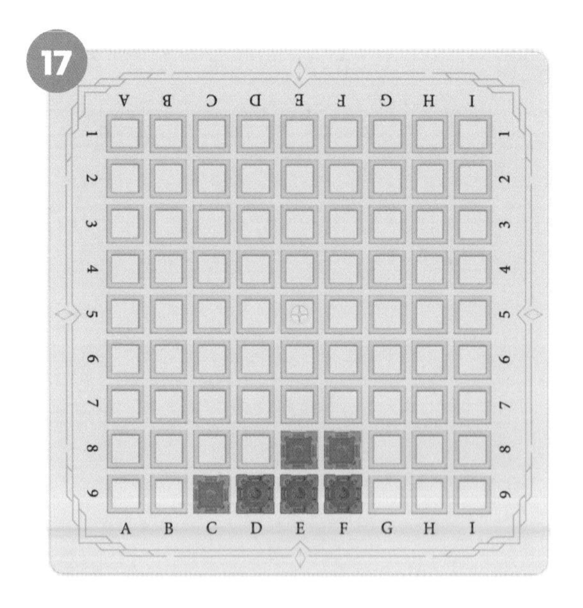

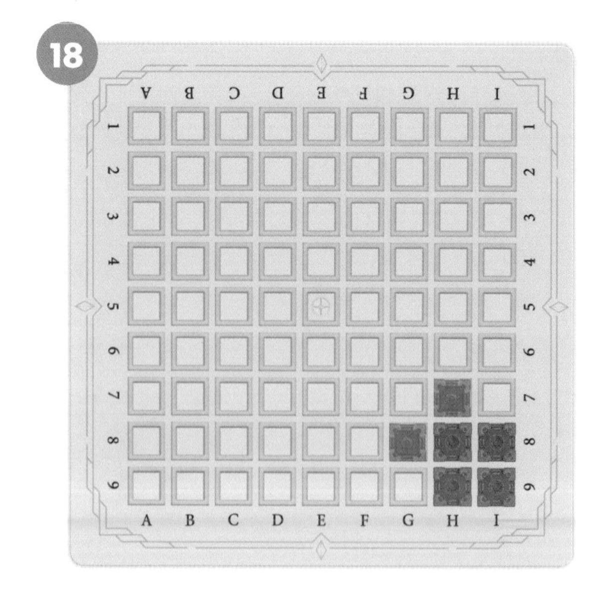

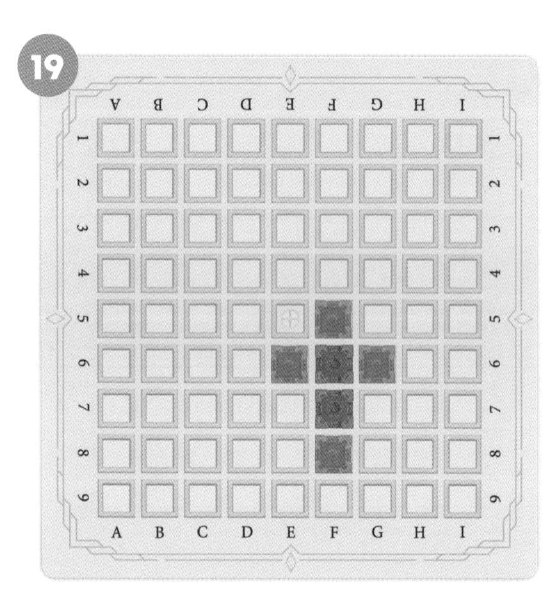

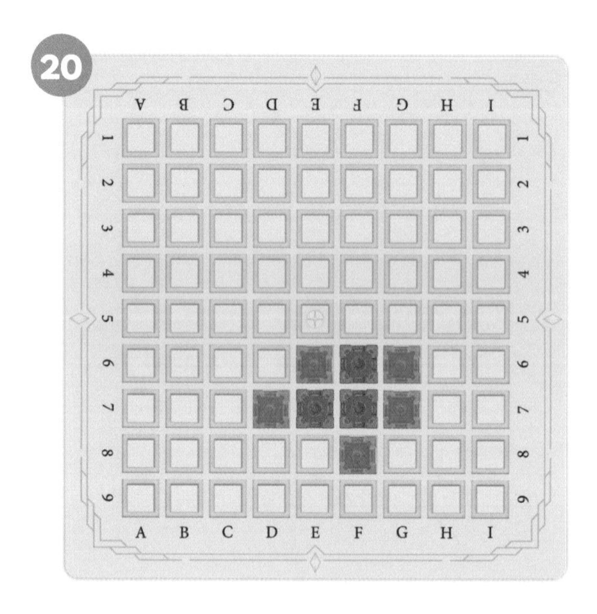

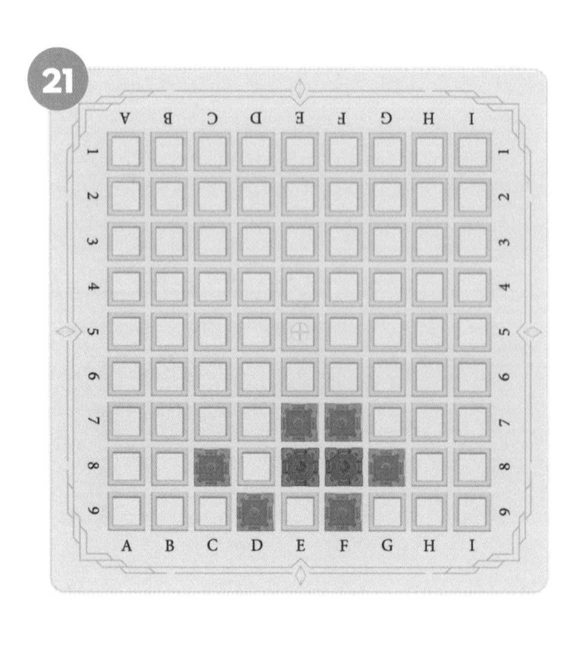

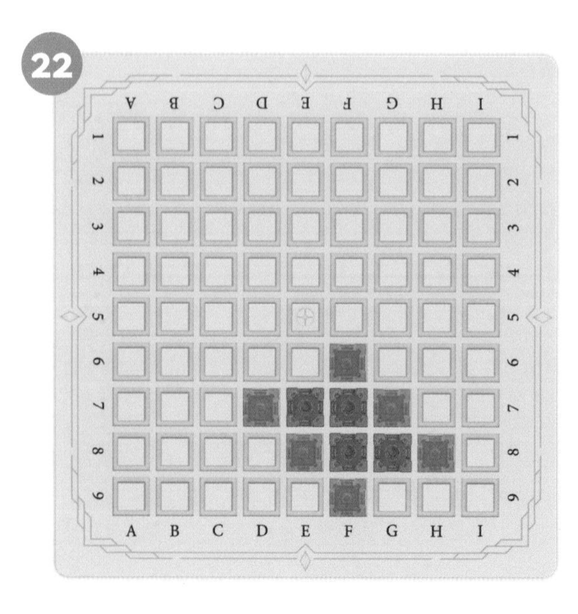

주황색 성의 활로를 모두 찾아 막아 보세요.

23
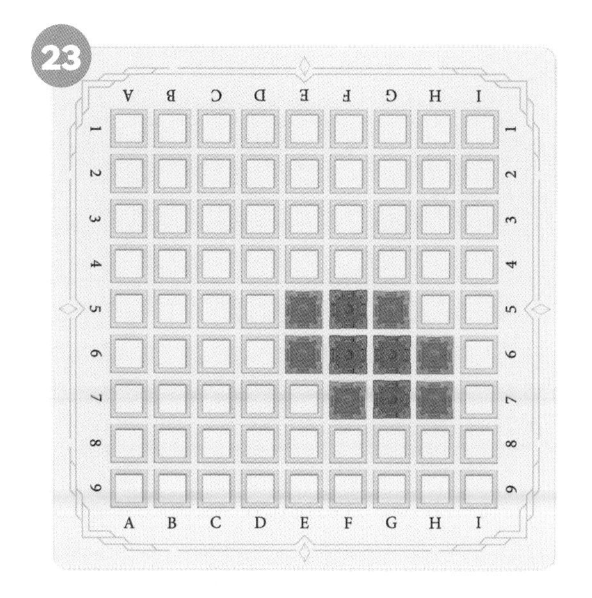

24
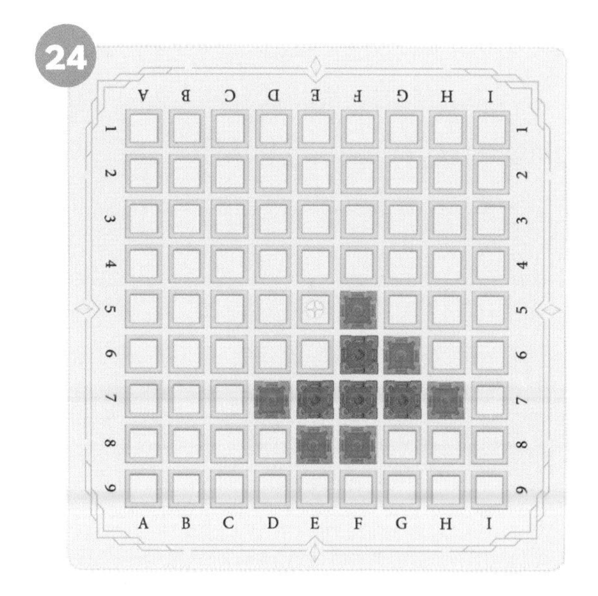

25
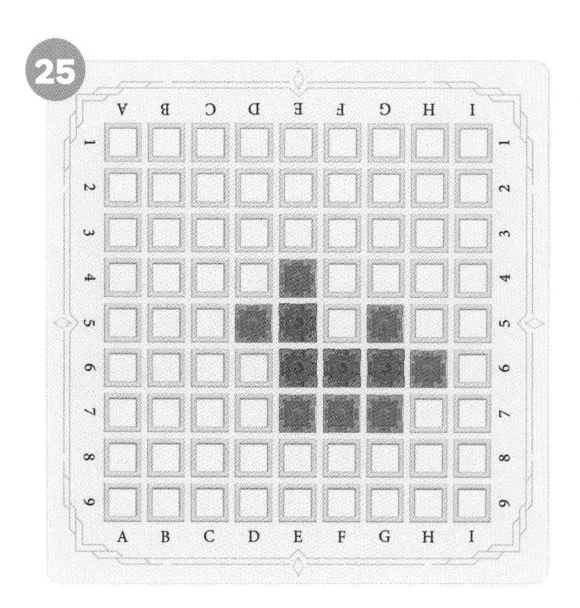

26
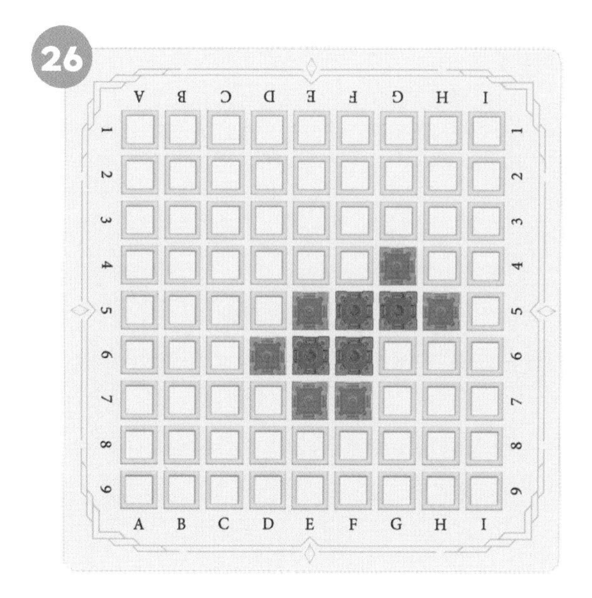

파란색 성을 놓아 활로를 늘려 보세요.

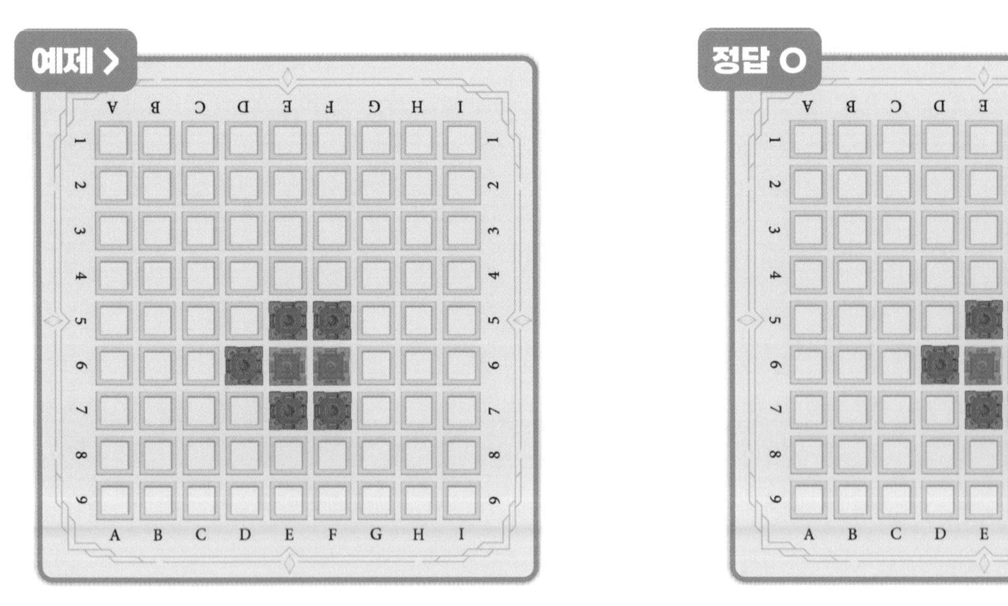

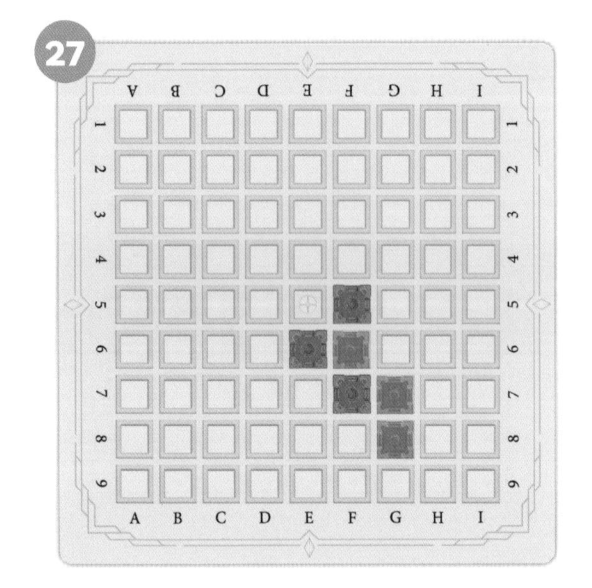

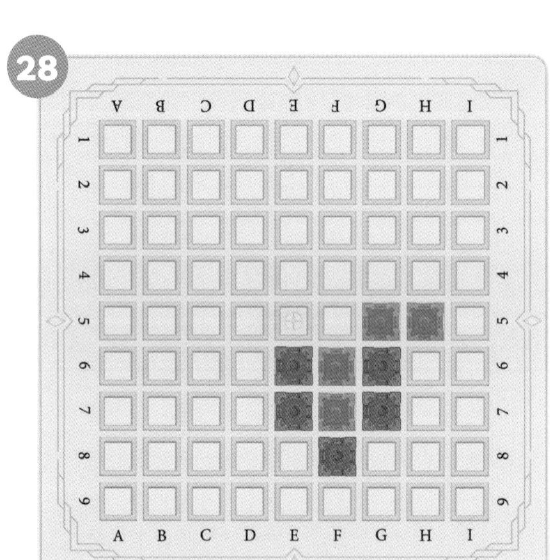

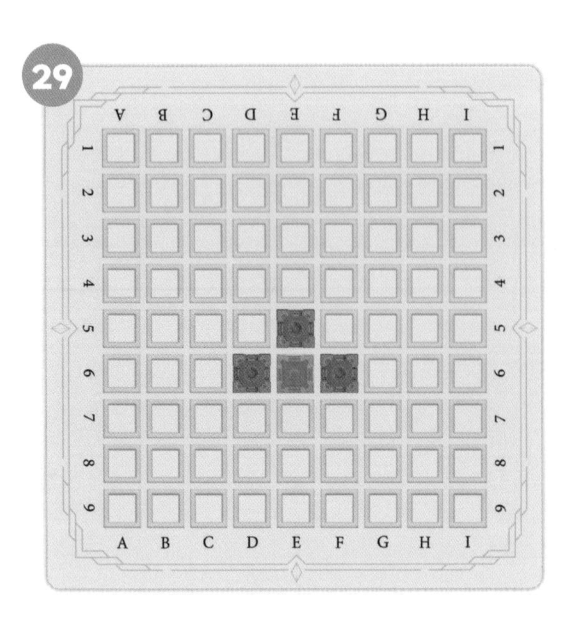

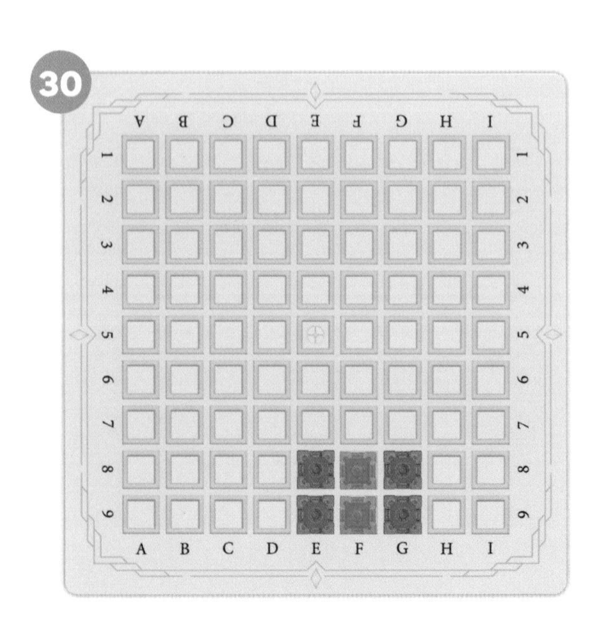

정답 : 27번 G6, 28번 F5, 29번 E7, 30번 F7

파란색 성을 놓아 활로를 늘려 보세요.

31

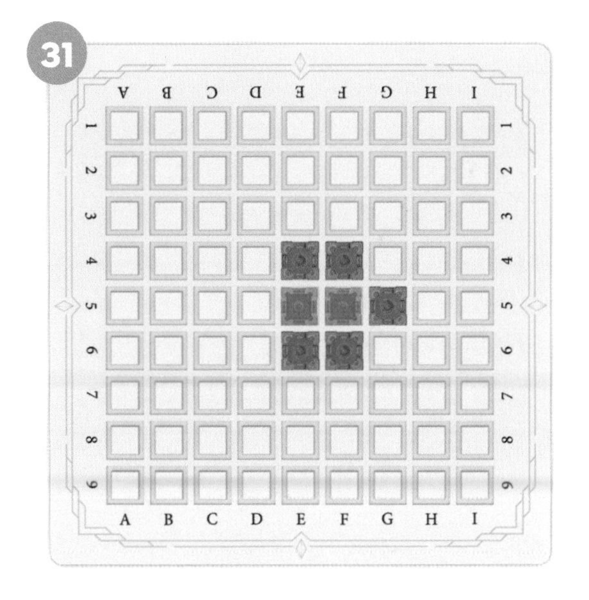

32

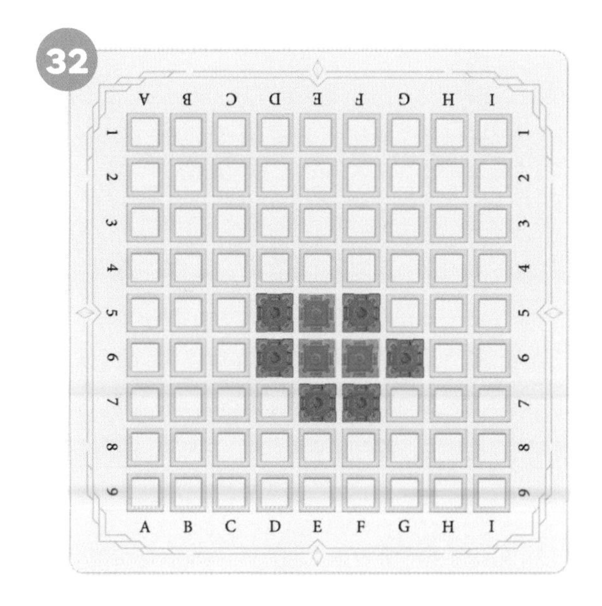

33

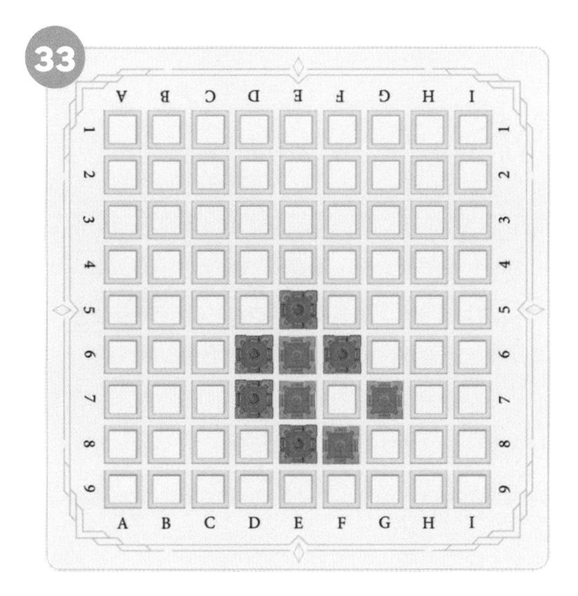

34

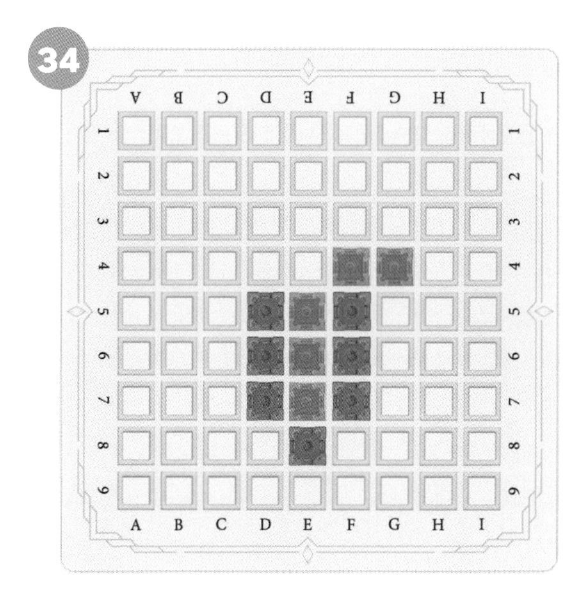

35

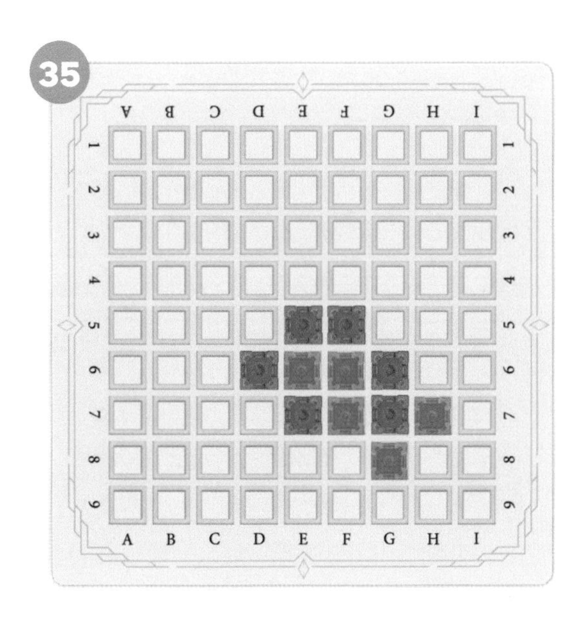

36

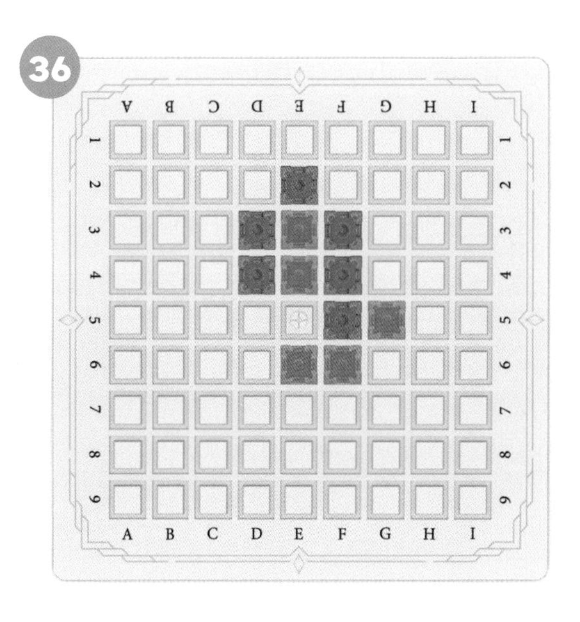

정답 : 31번 D5, 32번 E4, 33번 F7, 34번 E4, 35번 F8, 36번 E5

이세돌 사범님, 궁금해요!

Q. 〈그레이트 킹덤〉을 비롯한 보드게임 위즈스톤 시리즈를 만들게 된 과정이 궁금해요.

A. 기본적으로는 바둑이 너무 어렵기 때문에 좀 단순하게 만들려고 했어요. 조금 더 바둑에 대한 문턱을 낮추려고 시작을 했던 게 첫 번째, 〈그레이트 킹덤〉입니다. 나머지 두 게임은 보드게임 자체에 매력을 느껴서 만들게 되었어요. 모두 저한테는 굉장히 소중합니다.

Q. 〈그레이드 킹덤〉을 잘하고 싶어요. 방법을 알려 주세요.

A. 지금 여러분들이 읽고 있는 이 생각 키우기 속 문제들을 계속 푼다면, 처음에는 힘들더라도 참으며 계속하다 보면 나중에 큰 도움이 되지 않을까 싶습니다.

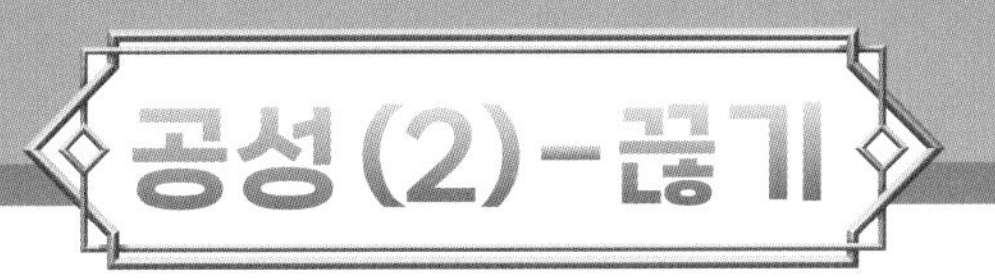

상대의 성을 끊기

1. 끊는다는 것은 상대의 연결을 막고 활로를 줄이는 것입니다. 상대의 활로를 막으려다 내 성이 끊어지게 놓지 않도록 주의하세요.

끊기

C7의 자리에 파란색 성을 놓으면
주황색 성이 끊어집니다.

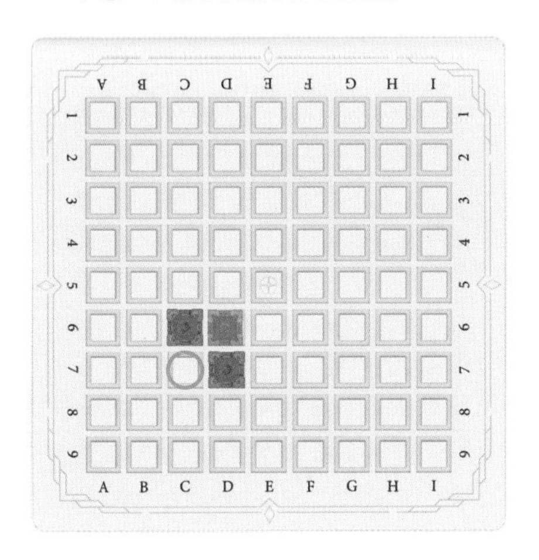

끊기

D7의 자리에 주황색 성을 놓으면
파란색 성이 끊어집니다.

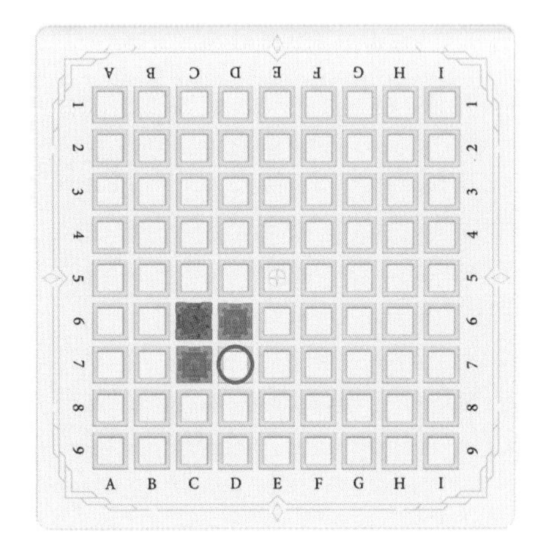

2. <그레이트 킹덤>에서는 자기 성을 연결하면서 상대의 성은 끊는 것이 중요합니다.

끊기 & 연결하기

D5의 자리에 파란색 성을 놓으면
주황색 성은 끊어지고,
파란색 성은 연결됩니다.

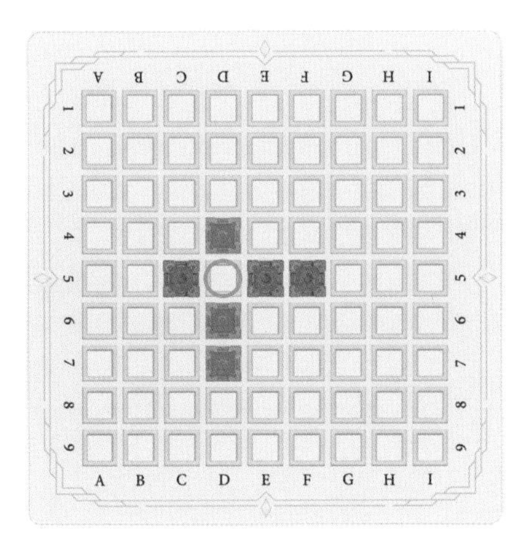

끊기 & 연결하기

D5의 자리에 주황색 성을 놓으면
파란색 성은 끊어지고,
주황색 성은 연결됩니다.

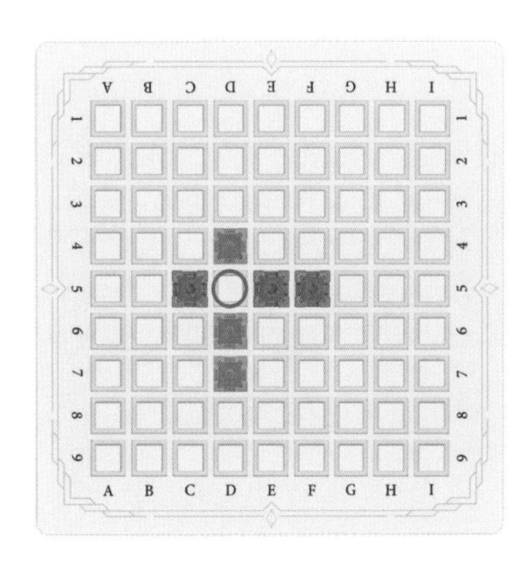

4. 공성(2) - 끊기

파란색 성을 놓아 주황색 성을 끊어 보세요.

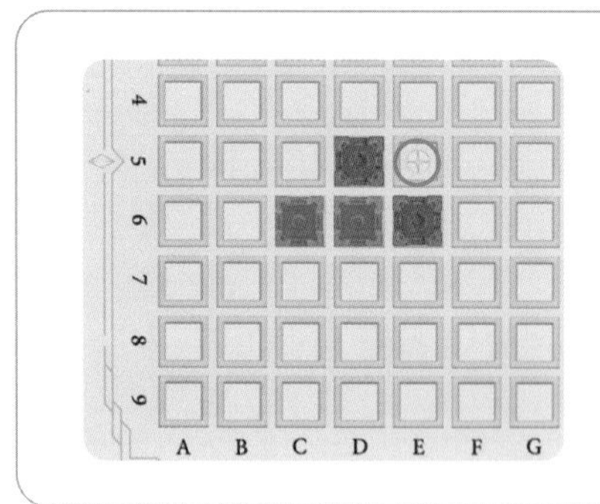

이렇게 풀어 보세요.

펜으로 파란색 성을 놓을 곳을 직접 표시해 보세요.

예제 >

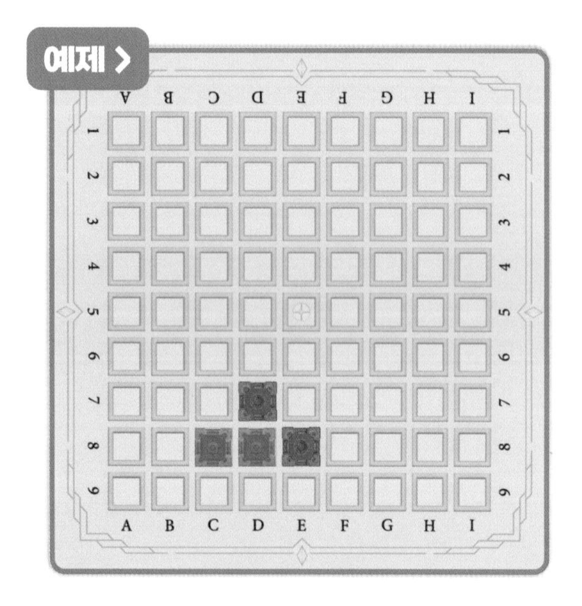

정답 O

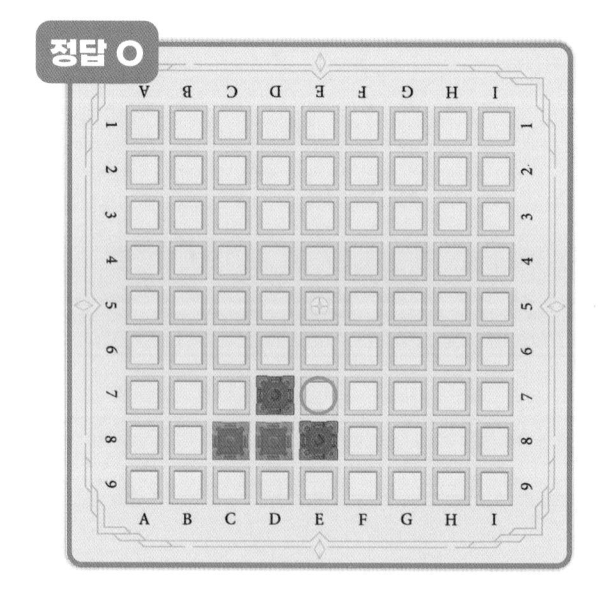

1

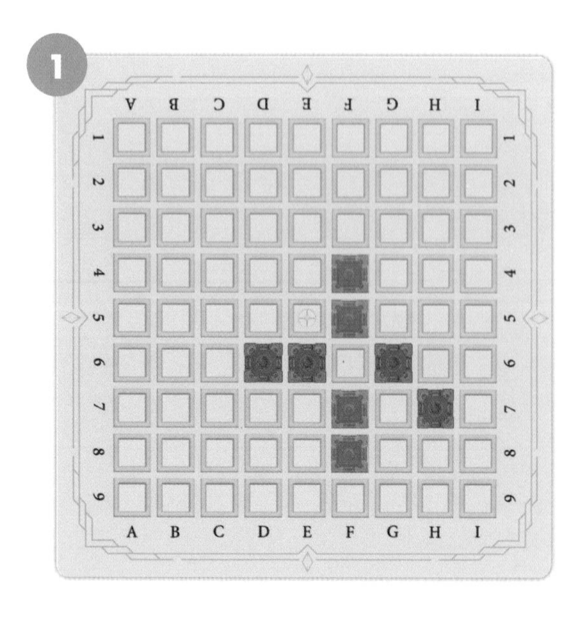

2

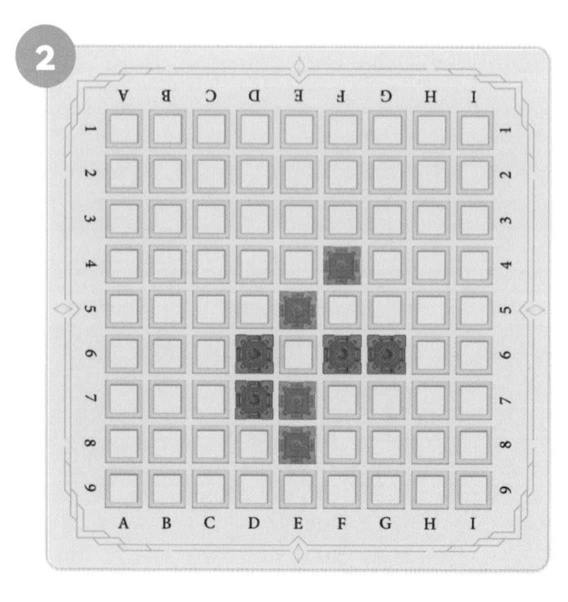

정답 : 1번 F6, 2번 E6

파란색 성을 놓아 주황색 성을 끊어 보세요.

3

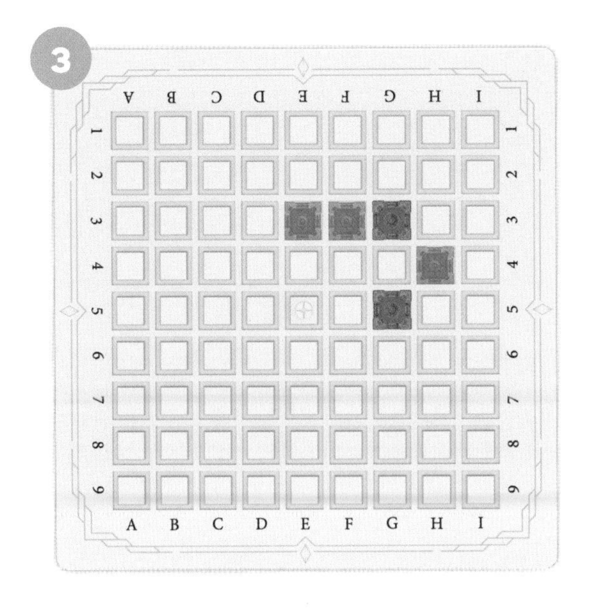

4

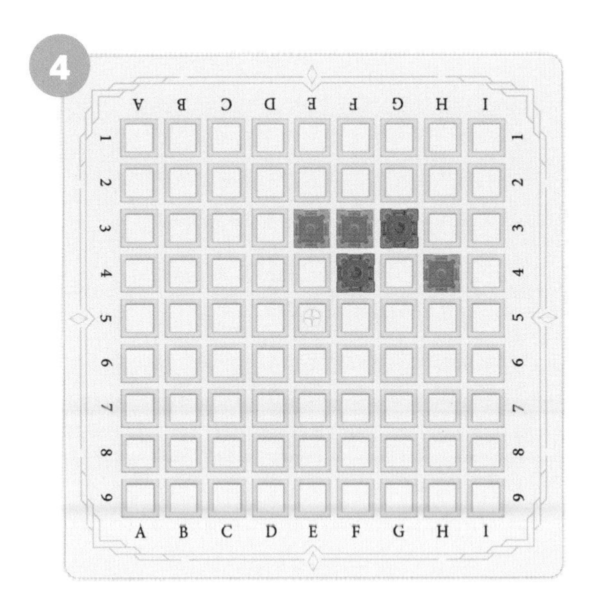

5

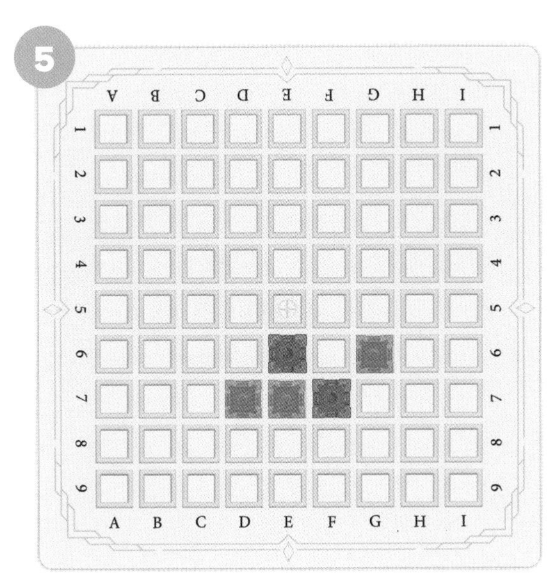

6

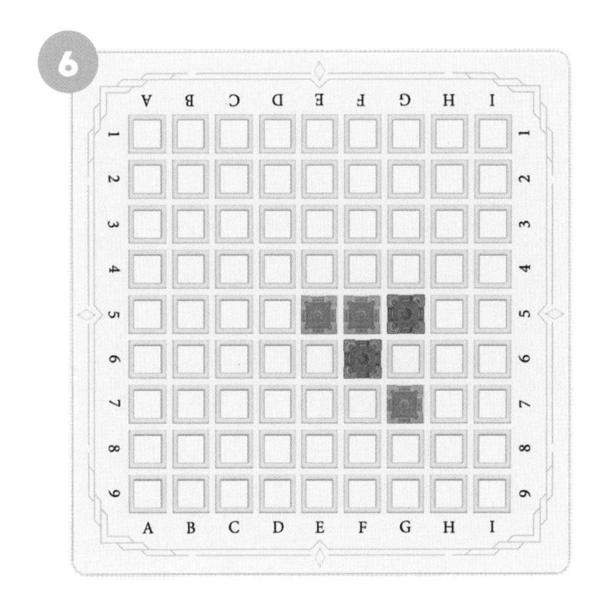

7

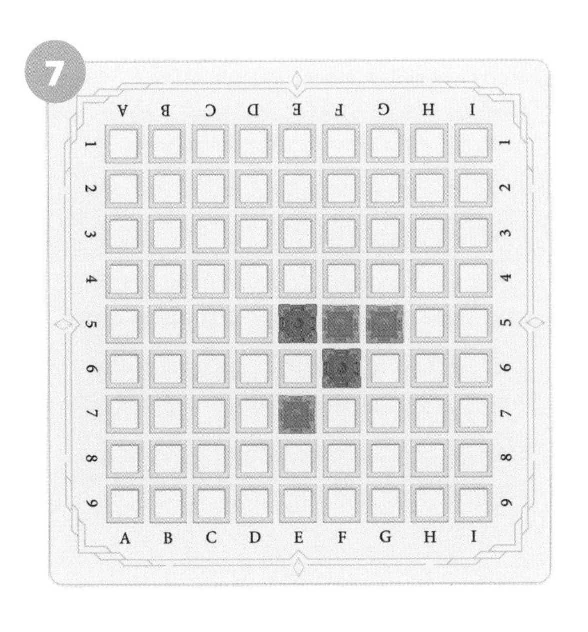

8

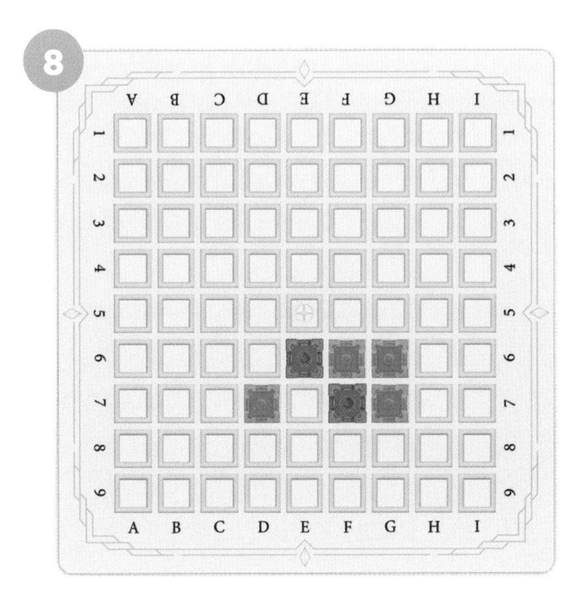

정답 : 3번 G4, 4번 G4, 5번 F6, 6번 G6, 7번 E6, 8번 E7

✓ 파란색 성을 놓아 주황색 성을 끊어 보세요.

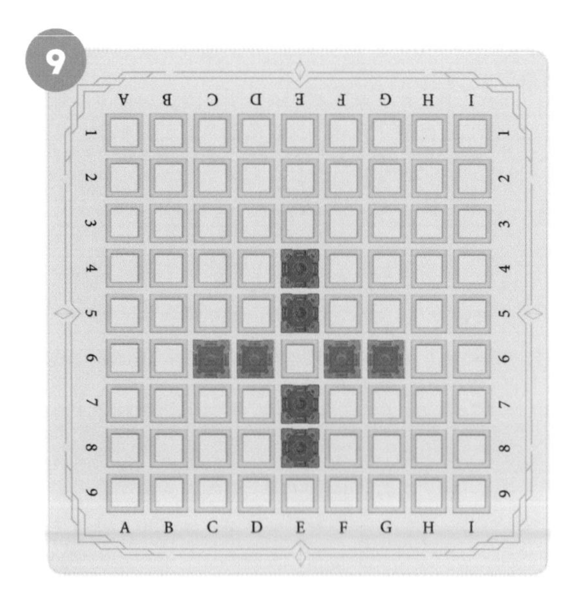

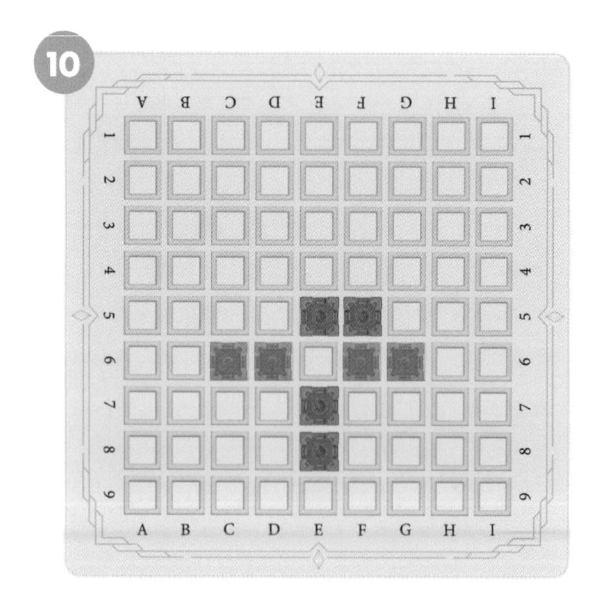

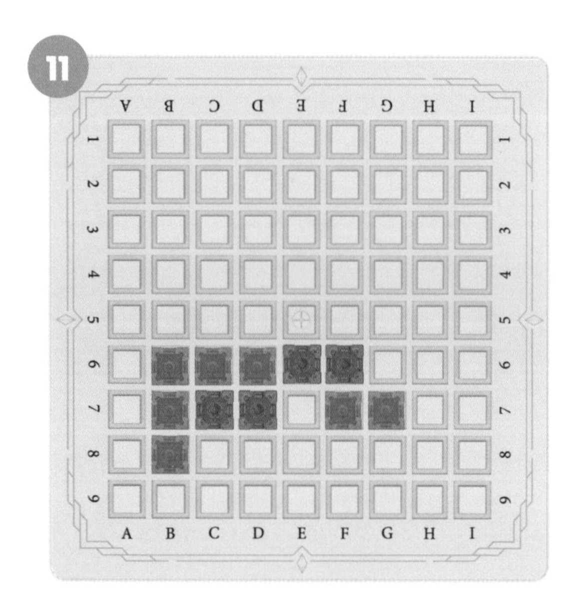

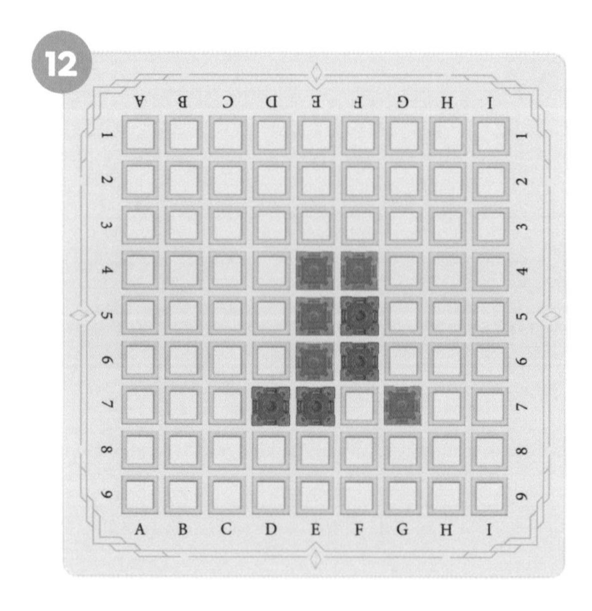

정답 : 9번 E6, 10번 E6, 11번 E7, 12번 F7

✓ 파란색 성을 놓아 주황색 성을 끊어 보세요. 차례를 이어 나가면 주황색 성은 결국 파괴될 것입니다.

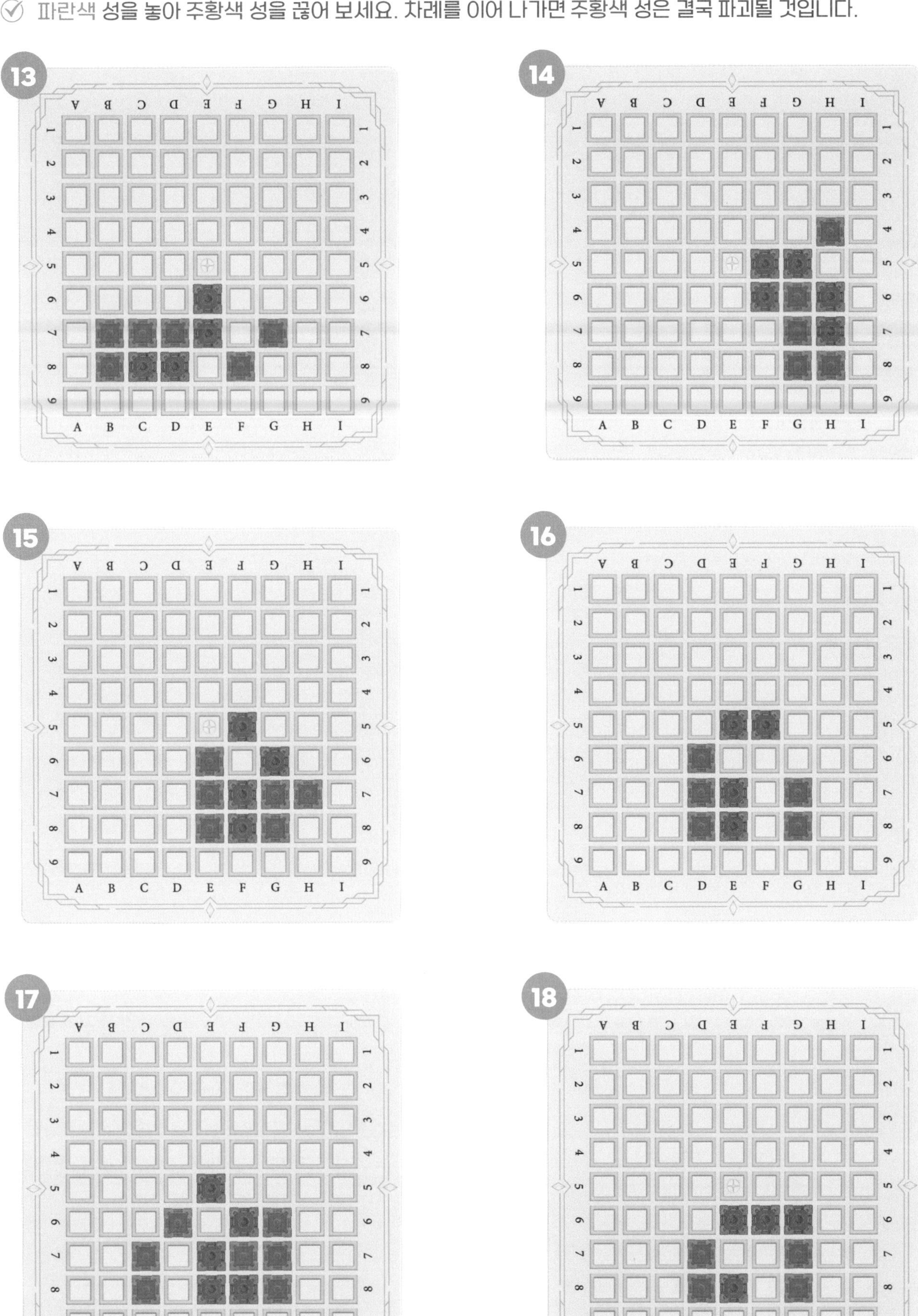

정답 : 13번 E8, 14번 H5, 15번 F6, 16번 E6, 17번 E6, 18번 E7

파란색 성을 놓아 주황색 성을 끊어 보세요. 차례를 이어 나가면 주황색 성은 결국 파괴될 것입니다.

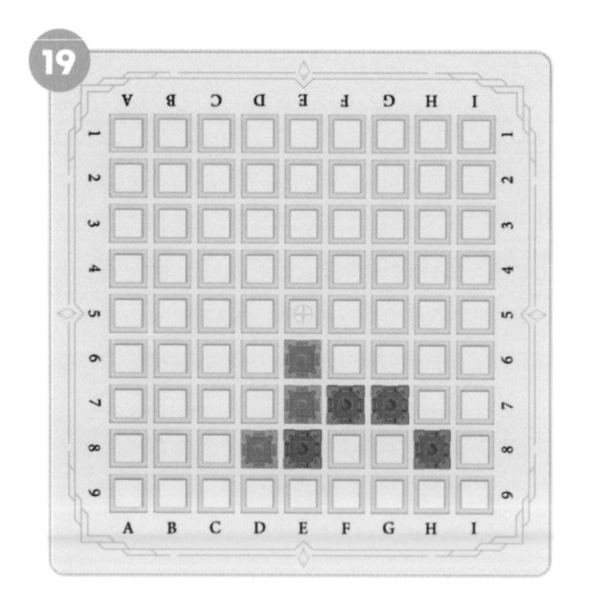

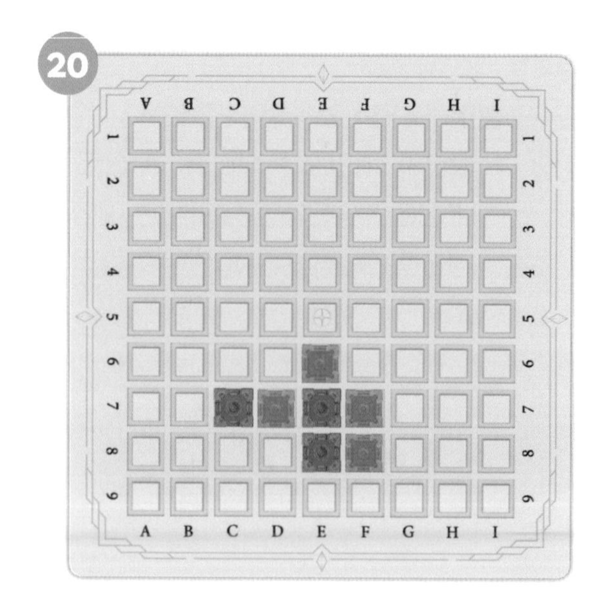

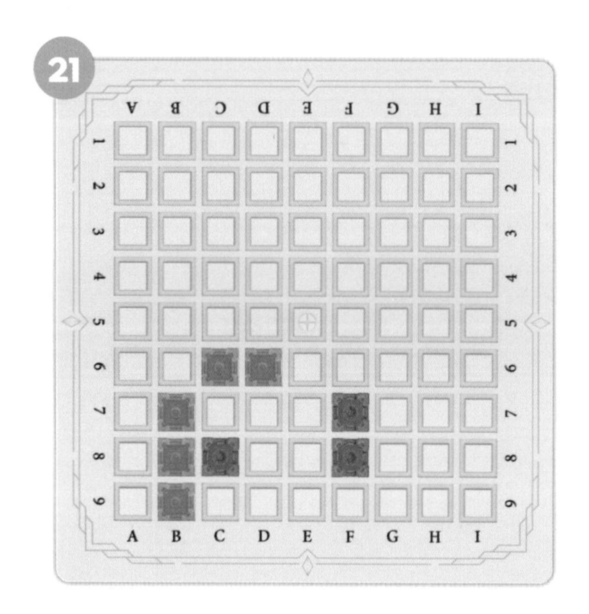

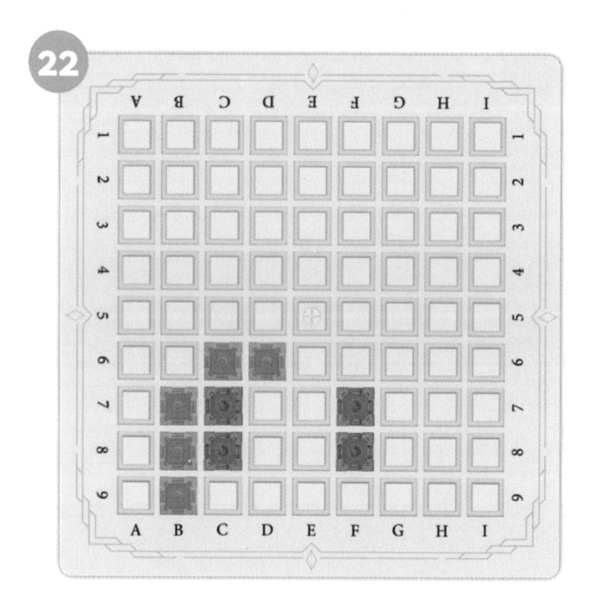

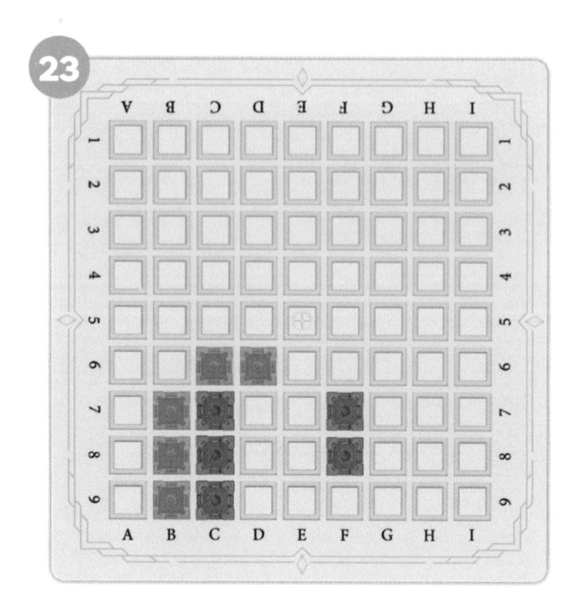

* 20~23번 문제는 차단을 활용한 문제입니다.

차단 : 차단이란 상대 성이 연결되지 않도록 방해하는 것을 말합니다. 차단된 채로 차례를 이어 나가면, 결과적으로 상대 성은 끊어질 것입니다.

정답 : 19번 D8, 20번 D8, 21번 D8, 22번 D8, 23번 D8

5. 공성(3)-단수, 양단수

단수 : 활로가 1개만 있는 경우입니다.

양단수 : 활로가 1개만 있는 성이 두 개 있는 경우입니다.
내 성들이 양단수 모양이 되면 게임에서 이길 수 없습니다.

끝내기 : 성을 한 개 놓음으로써 상대의 성이 파괴되는 수순을 밟게 되는 것입니다.

단수(끝내기)

파란색 성의 입장에서 끝내기 자리로 C8을 선택하였습니다. 주황색 성은 단수(D8)가 되었고 활로를 더 이상 늘릴 수 없어 이대로 차례를 이어나가면 결국 주황색 성은 파괴됩니다.

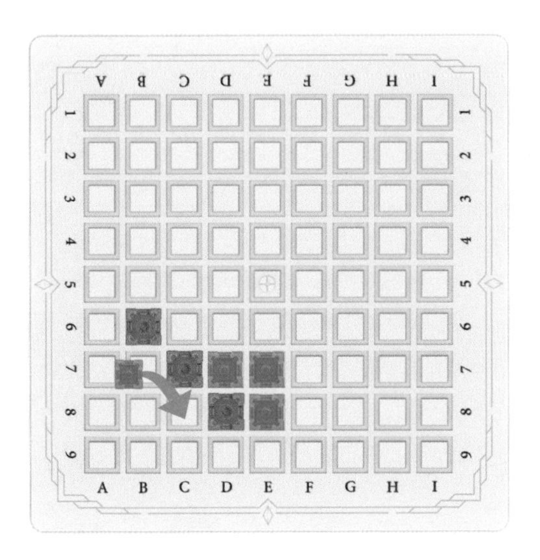

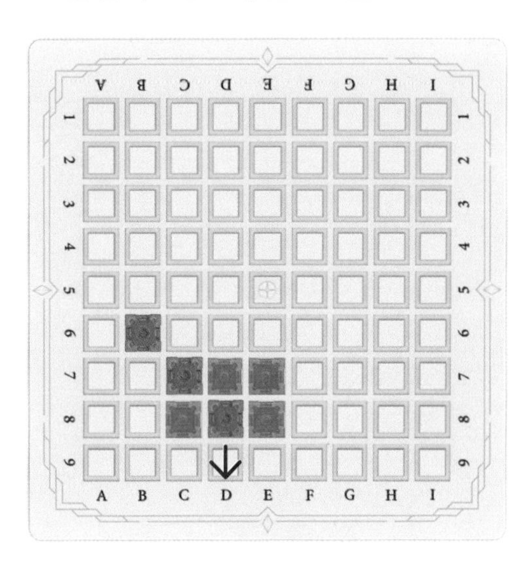

양단수(끝내기)

파란색 성의 입장에서 끝내기 자리로 D6을 선택하였습니다. 주황색 성은 양단수가 되었고 동시에 두 개의 성(C6, D7)으로부터 활로를 늘릴 수 없어 주황색 성은 머지 않아 파괴됩니다.

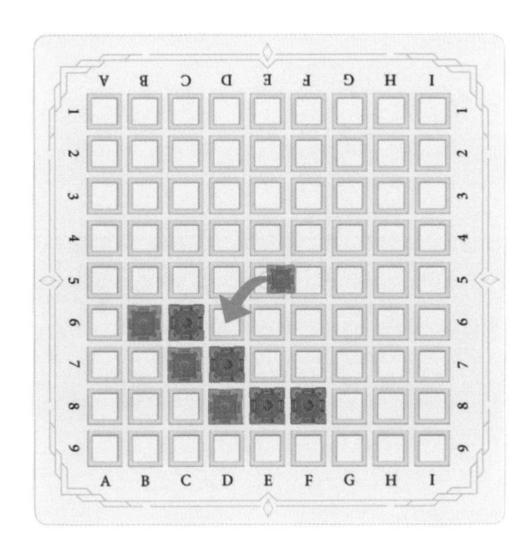

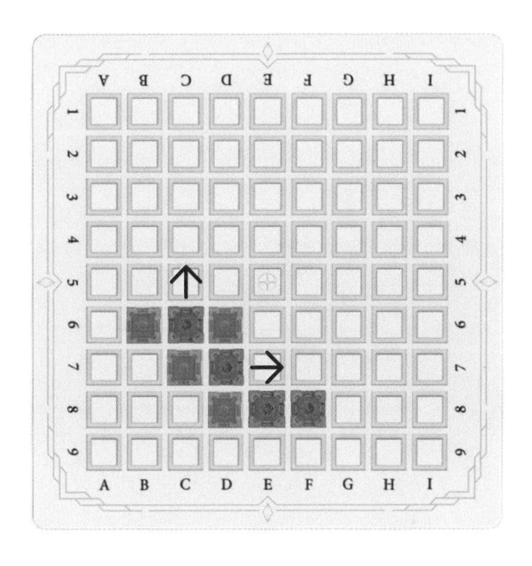

✓ 파란색과 주황색 모두 단수인 모양입니다. 파란색 성을 놓아 주황색 성을 파괴해 보세요.

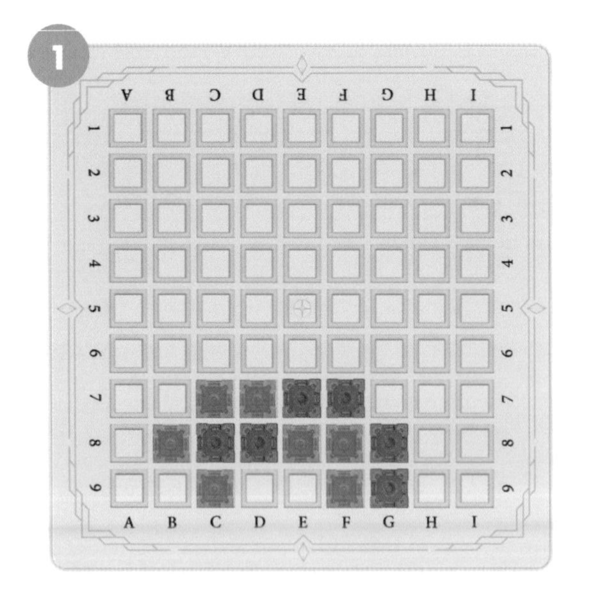

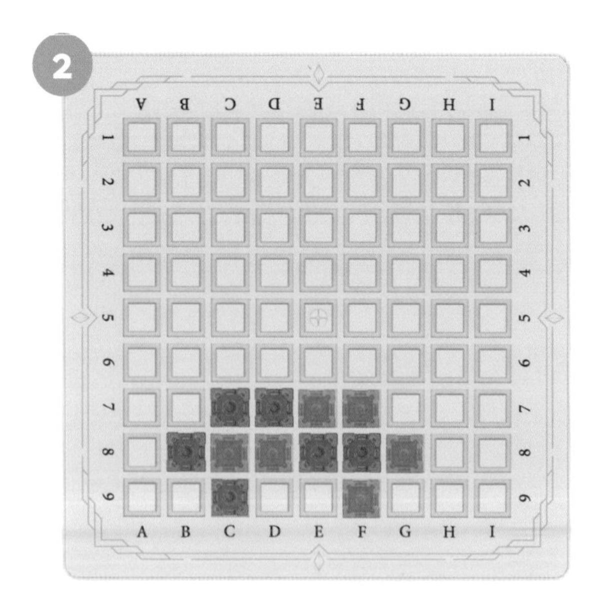

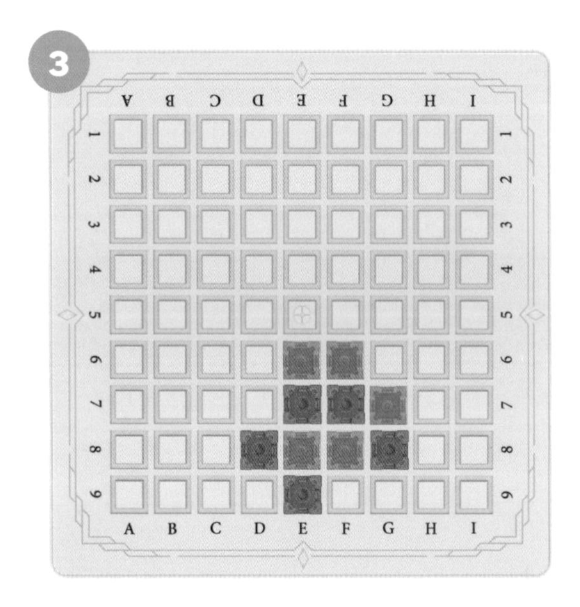

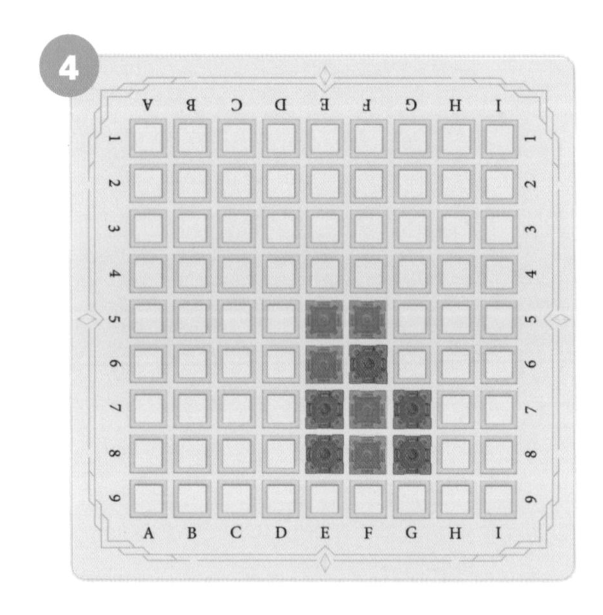

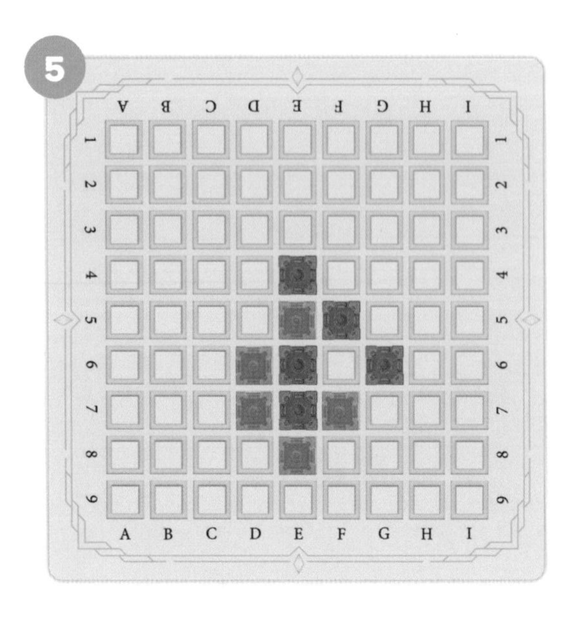

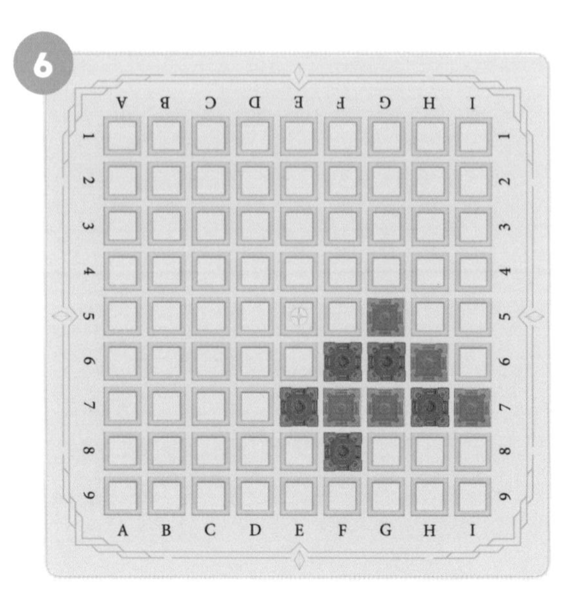

정답 : 1번 D9, 2번 E9, 3번 D7, 4번 G6, 5번 F6, 6번 H8

파란색과 주황색 모두 단수인 모양입니다. 파란색 성을 놓아 주황색 성을 파괴해 보세요.

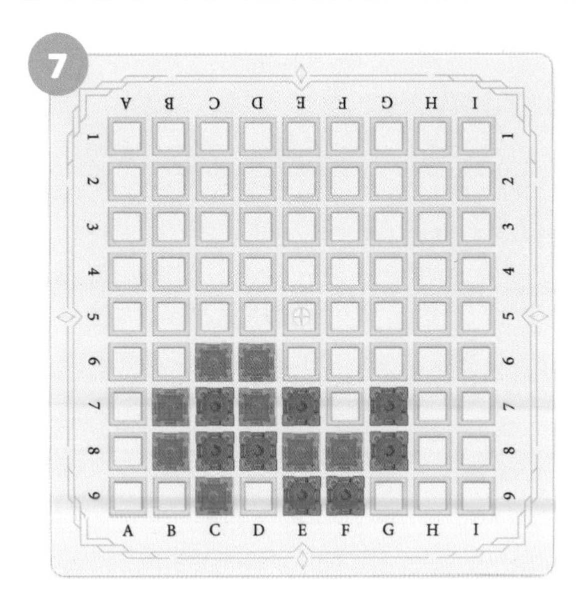

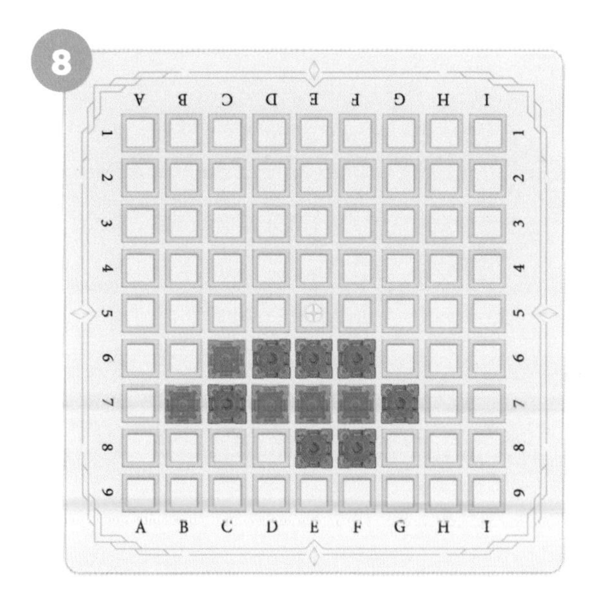

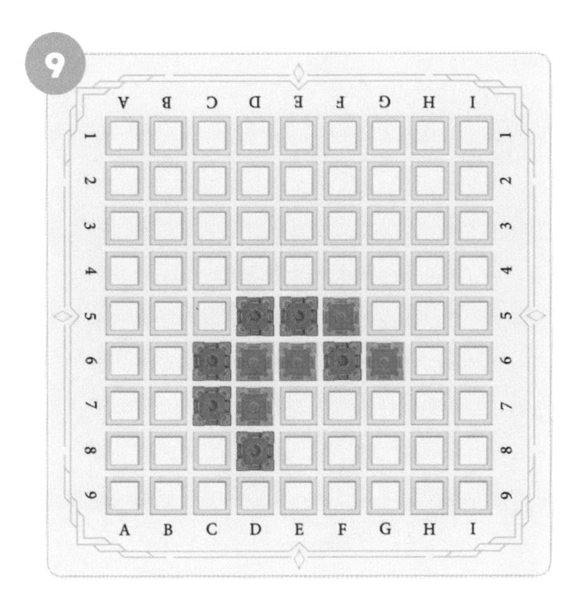

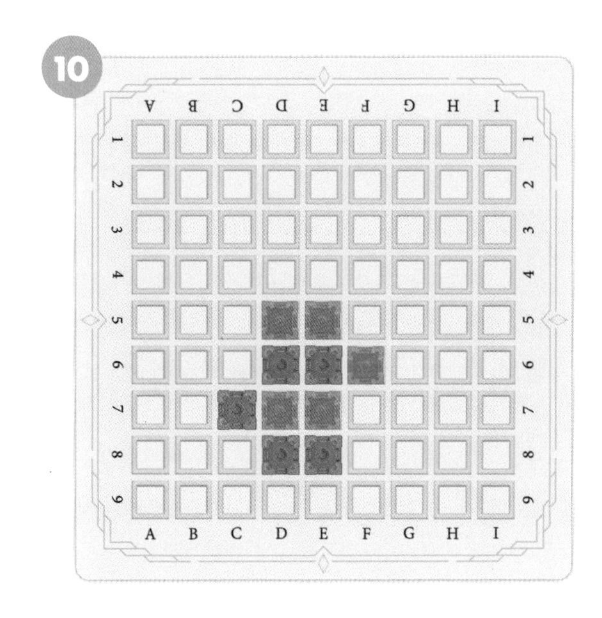

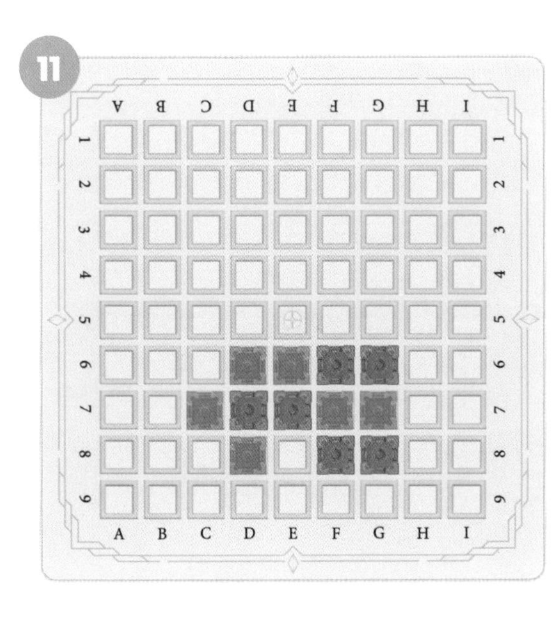

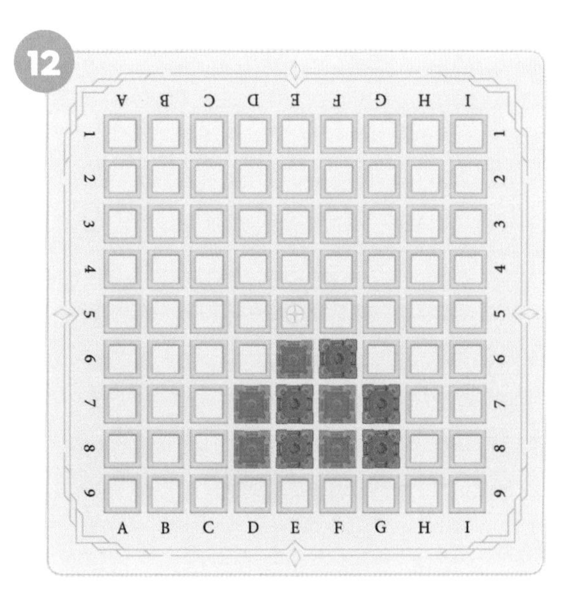

정답 : 7번 D9, 8번 C8, 9번 F7, 10번 C6, 11번 E8, 12번 E9

주황색 성이 1선 방향으로 단수에 몰리도록 파란색 성을 놓으세요.

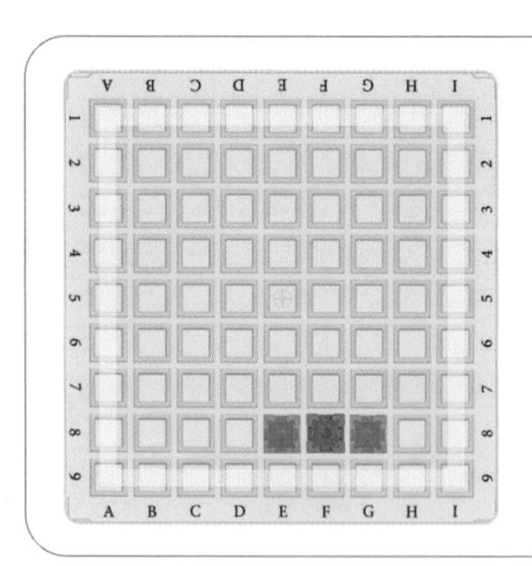

1선이란, 〈그레이트 킹덤〉 게임판 가장자리 첫 줄을 말합니다.
(노란색 부분)

예제 >

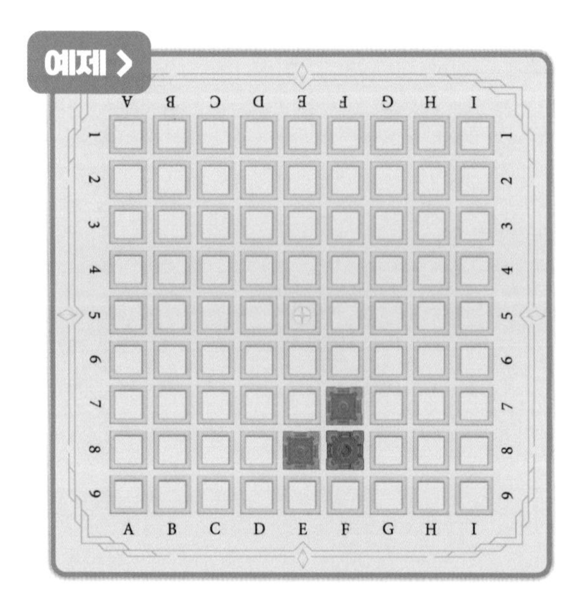

정답 O

13

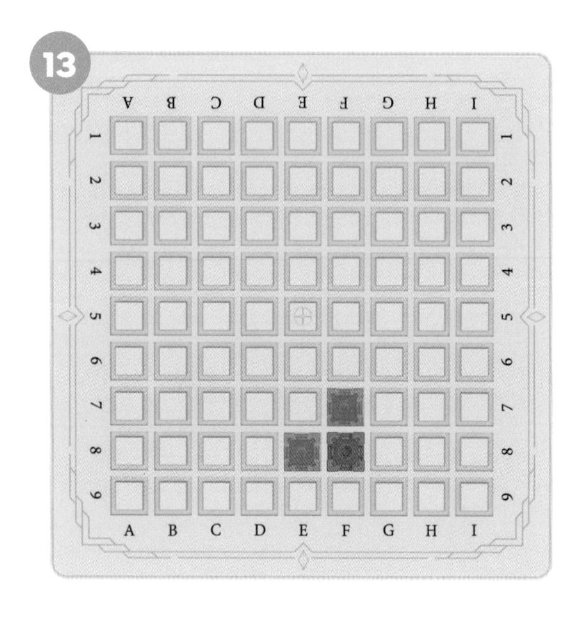

14

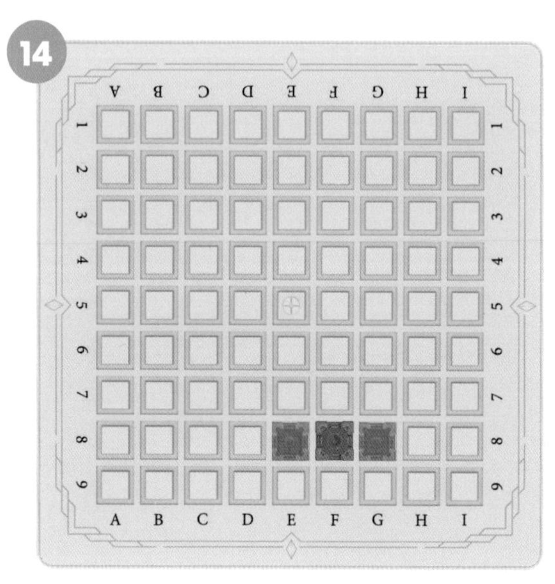

정답 : 13번 G8, 14번 F7

주황색 성이 1선 방향으로 단수에 몰리도록 파란색 성을 놓으세요.

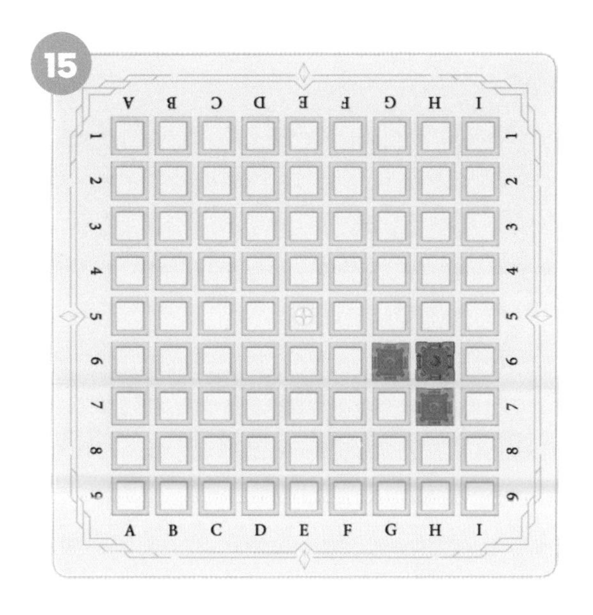

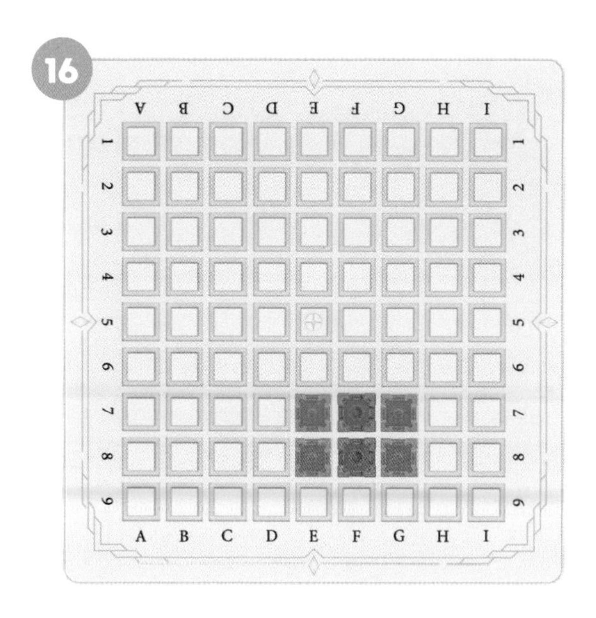

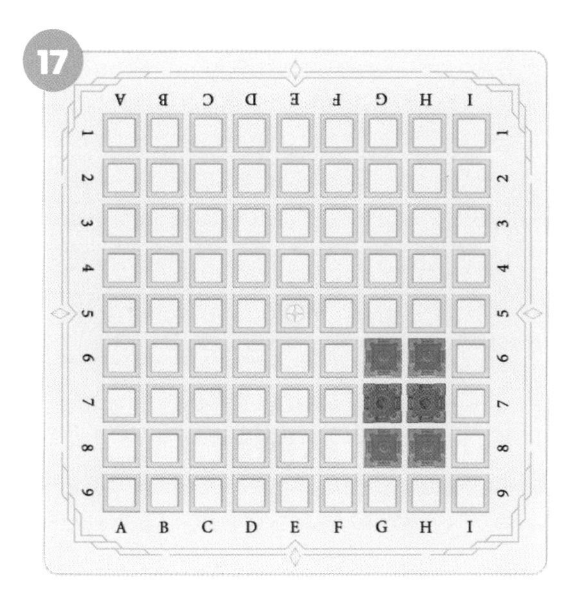

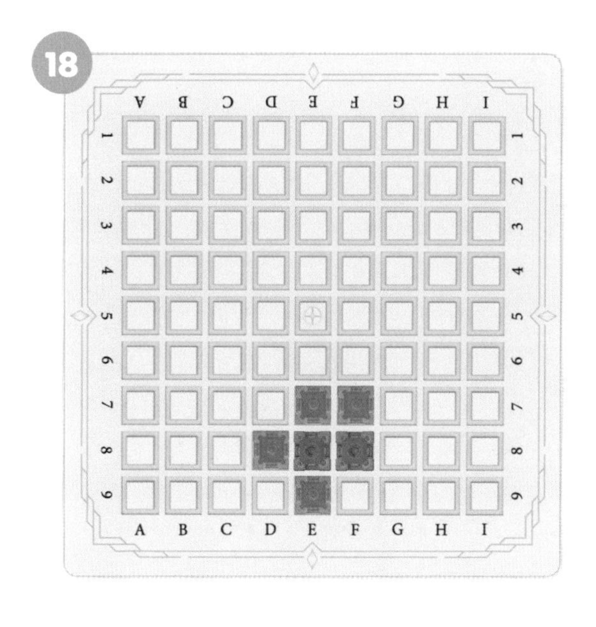

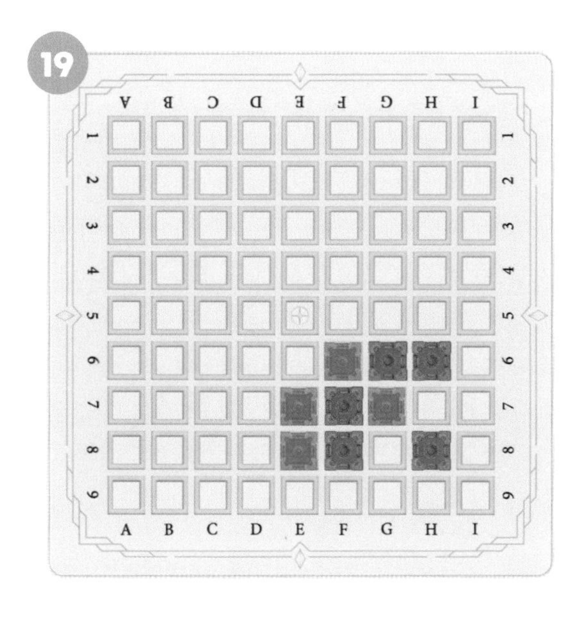

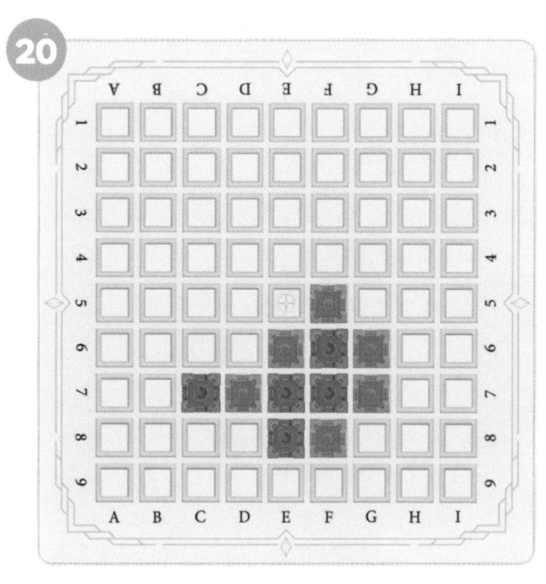

정답 : 15번 H5, 16번 F6, 17번 F7, 18번 G8, 19번 G8, 20번 D8

주황색 성이 1선 방향으로 단수에 몰리도록 파란색 성을 놓으세요.

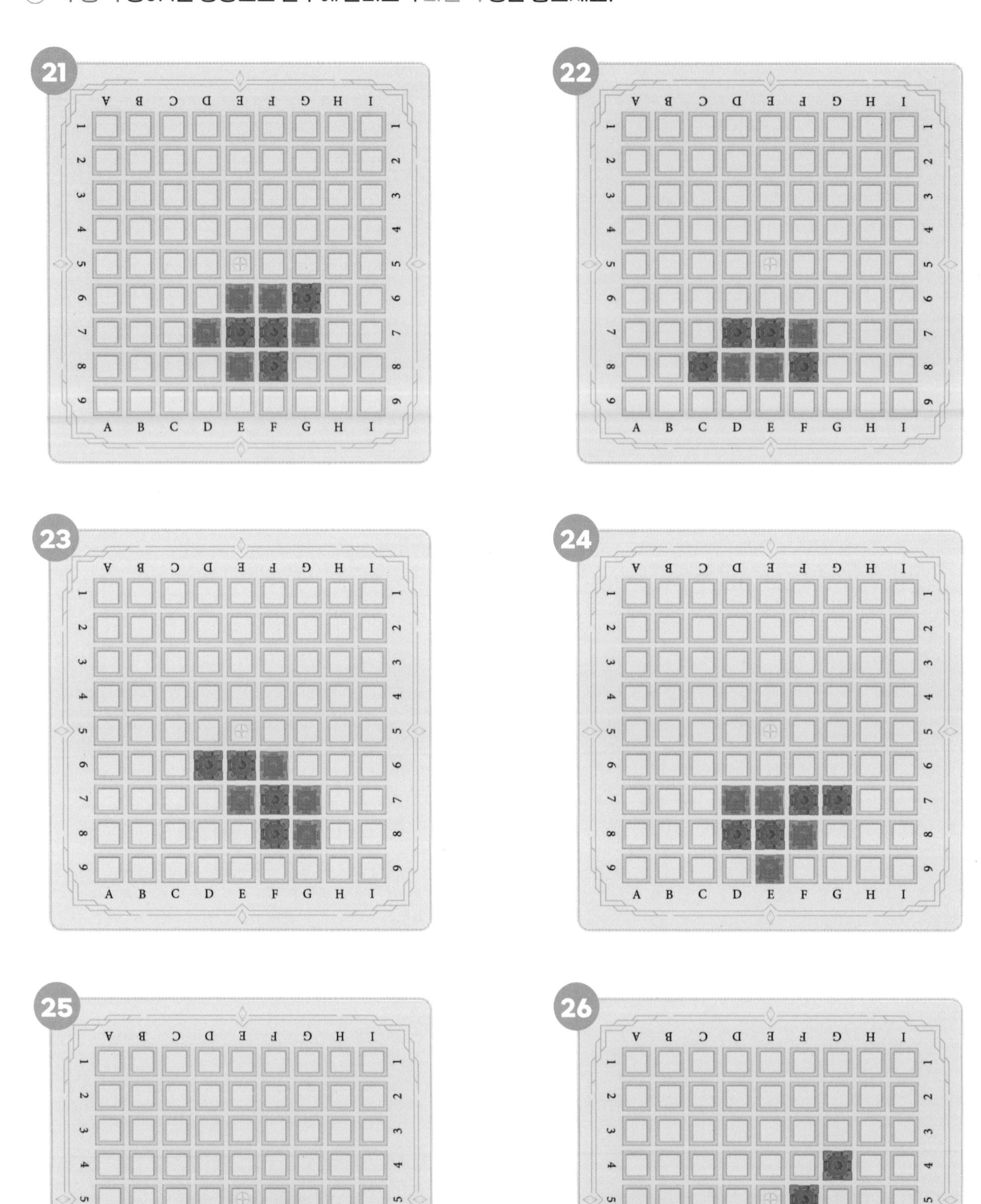

정답 : 21번 G8, 22번 G8, 23번 E8, 24번 C8, 25번 G8, 26번 H6

주황색 성이 1선 방향으로 단수에 몰리도록 파란색 성을 놓으세요.

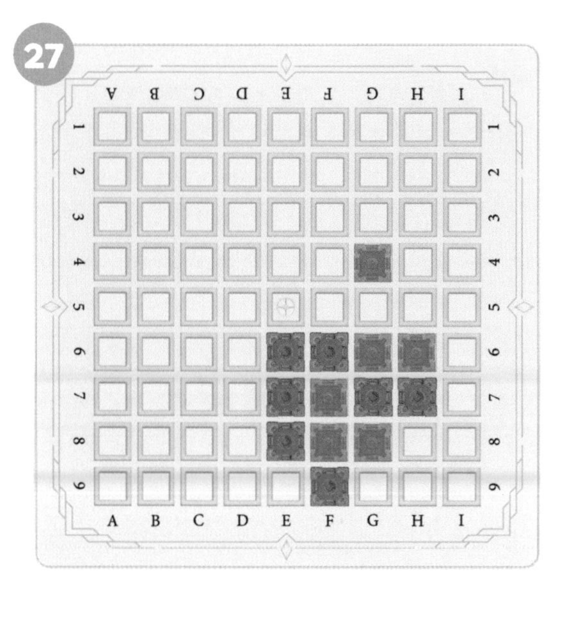

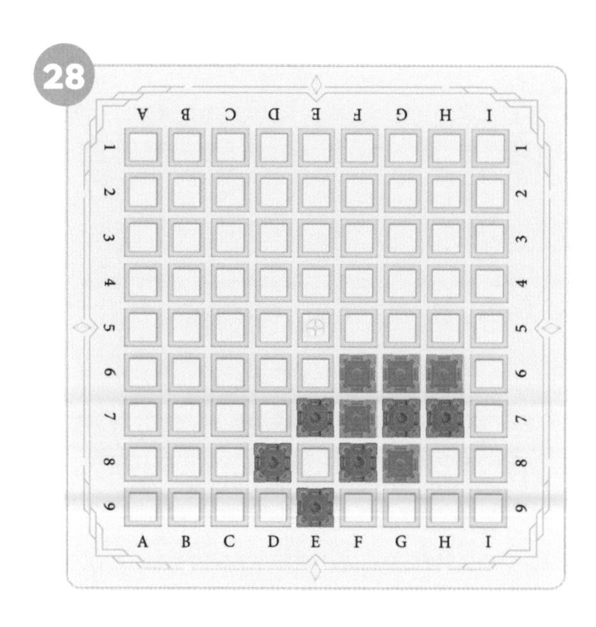

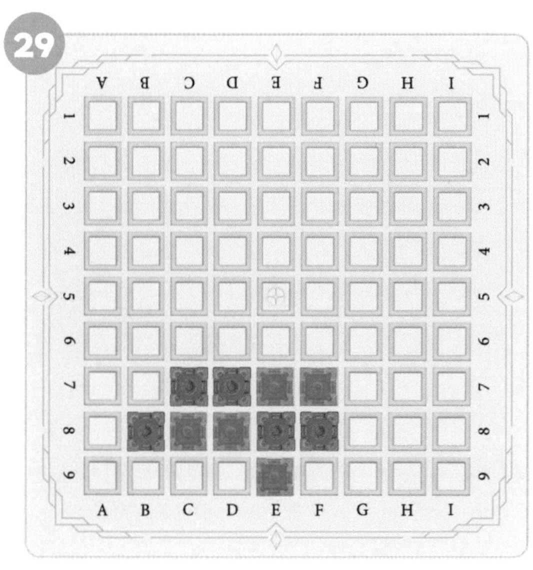

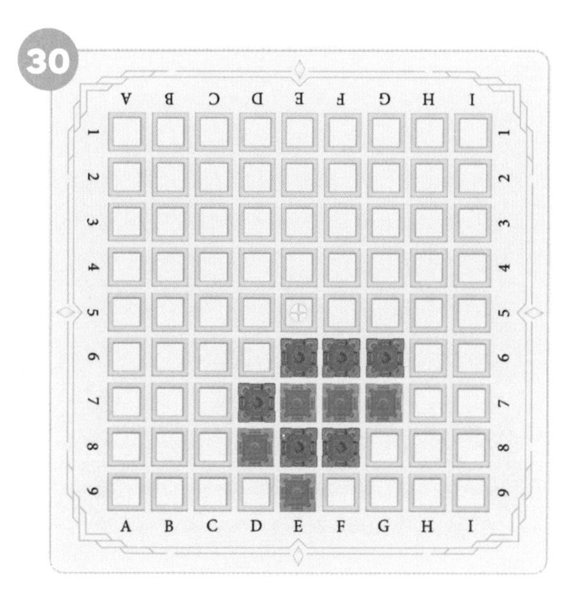

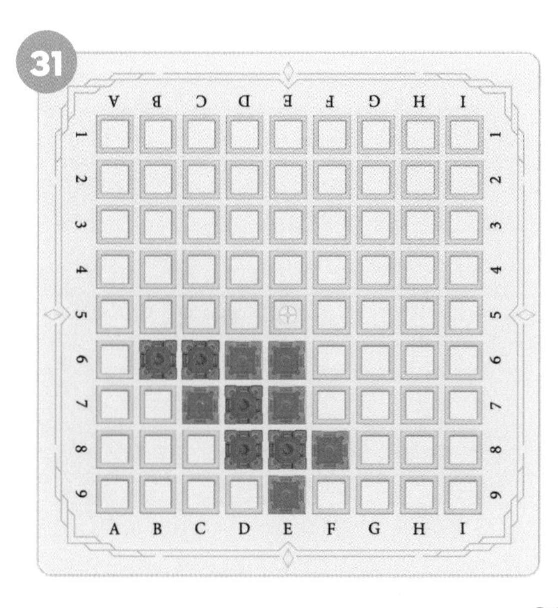

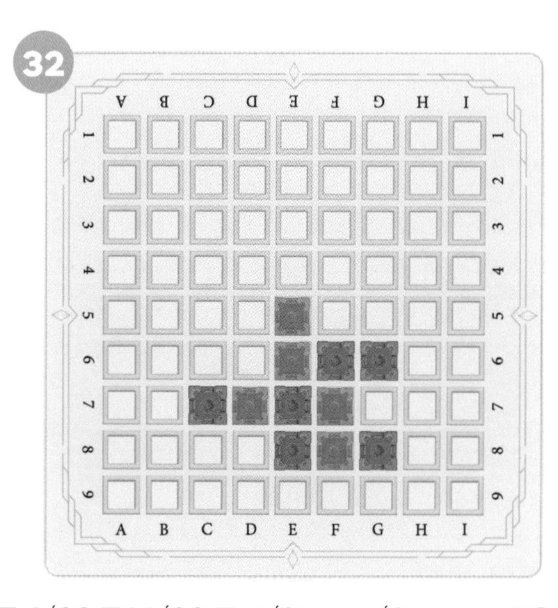

정답 : 27번 H8, 28번 H8, 29번 G8, 30번 G8, 31번 C8, 32번 D8

주황색 성을 단수로 몰아 파괴하려면, 파란색 성을 지금은 어디에 둬야 할까요?

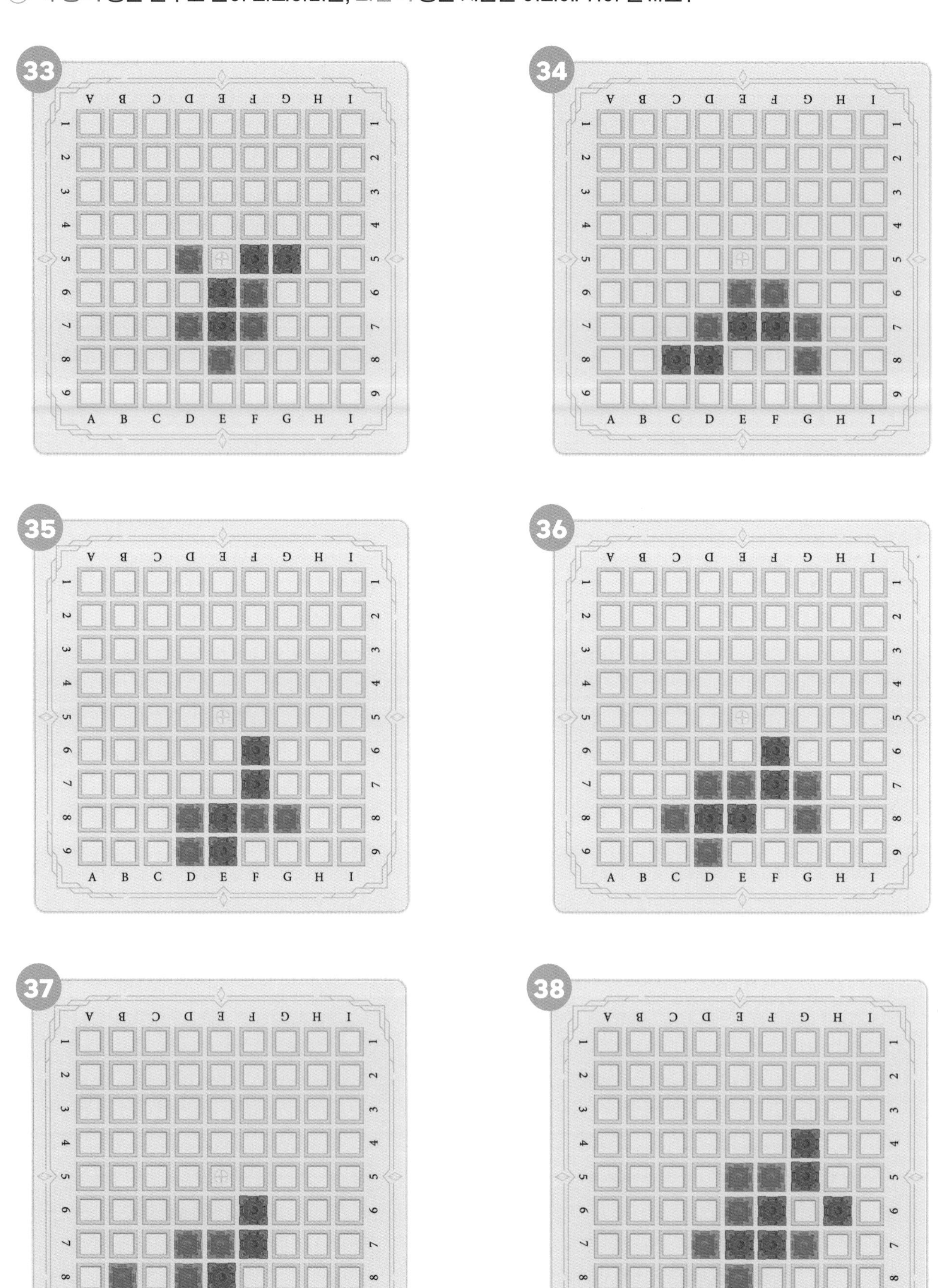

정답 : 33번 E5, 34번 E8, 35번 E7, 36번 F8, 37번 F8, 38번 G6

주황색 성을 단수로 몰아 파괴하려면, 파란색 성을 지금은 어디에 둬야 할까요?

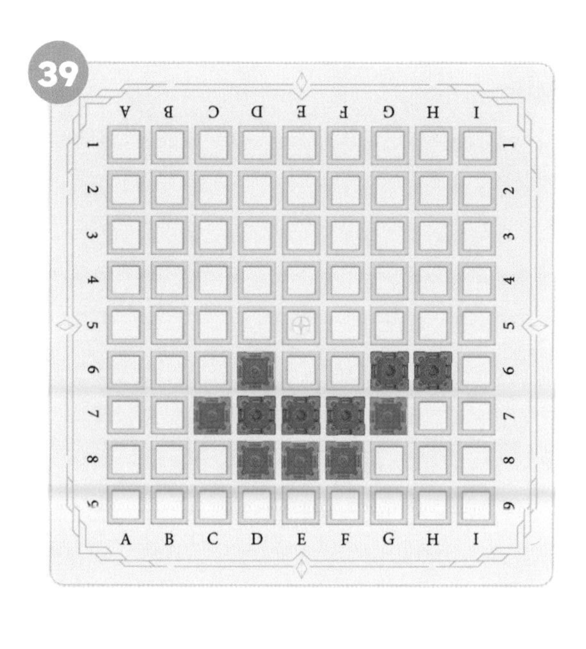

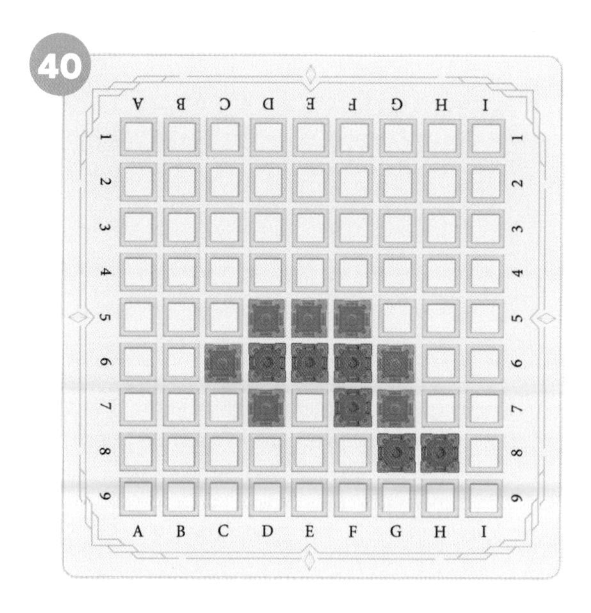

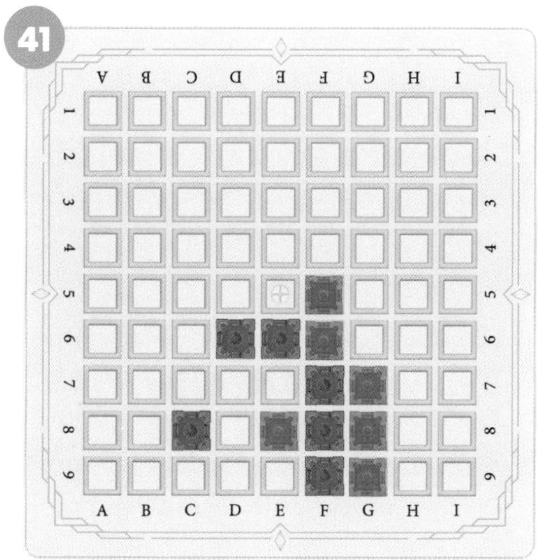

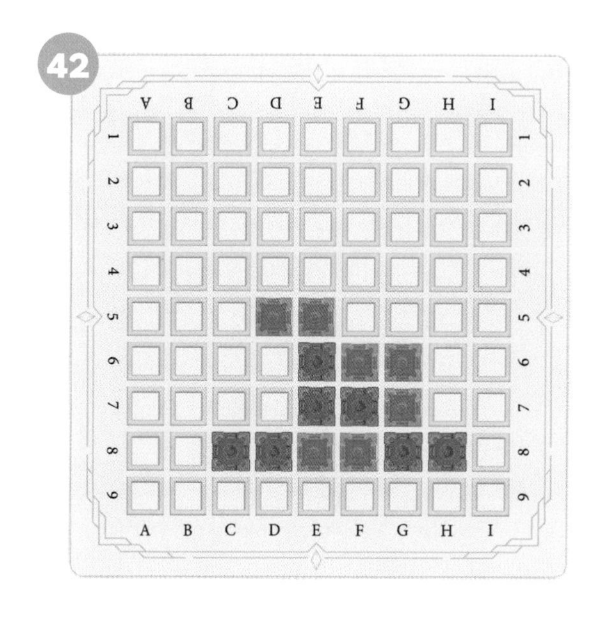

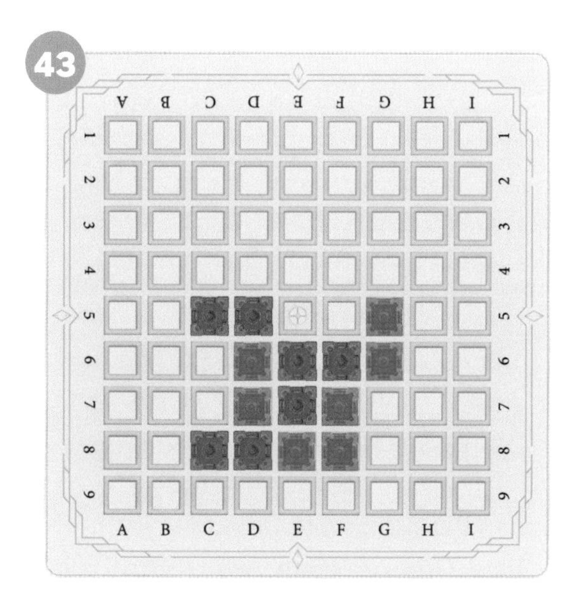

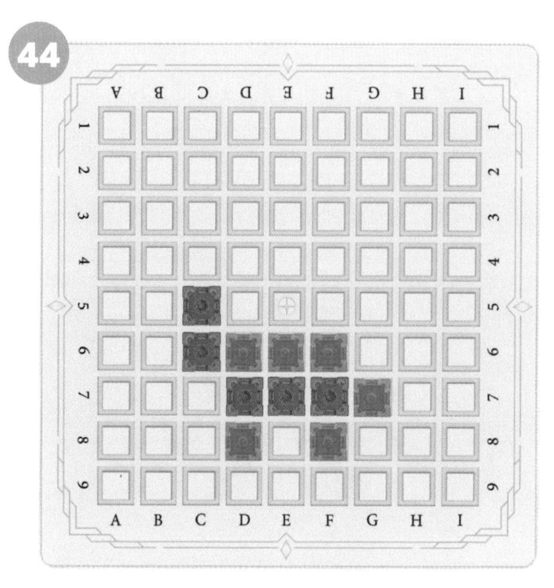

정답 : 39번 F6, 40번 F8, 41번 E7, 42번 D7, 43번 E5, 44번 C7

주황색 성을 단수로 몰아 파괴하려면, 파란색 성을 지금은 어디에 둬야 할까요? 이때 자충을 조심하세요.
* **자충 :** 자기의 성을 놓아 스스로 자신의 활로를 줄이는 것.

45

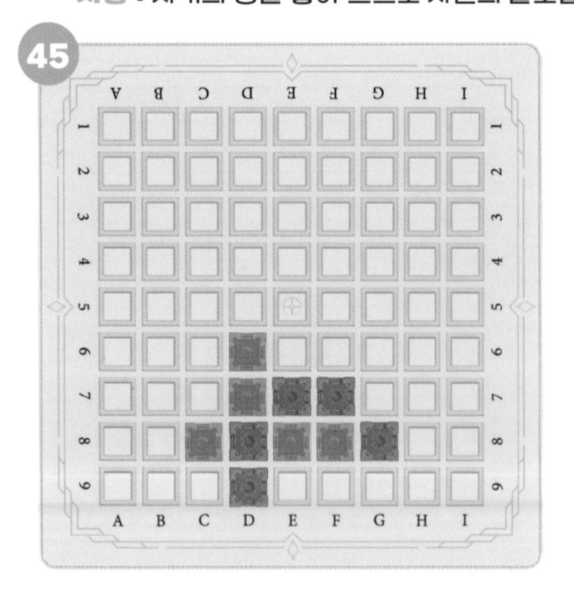

46

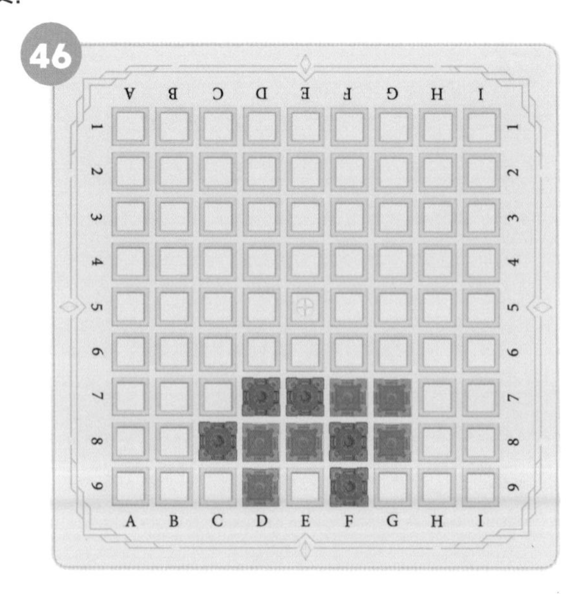

47

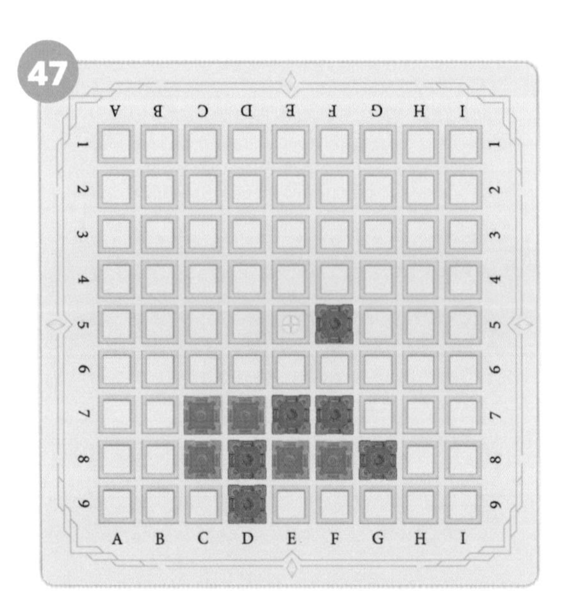

48

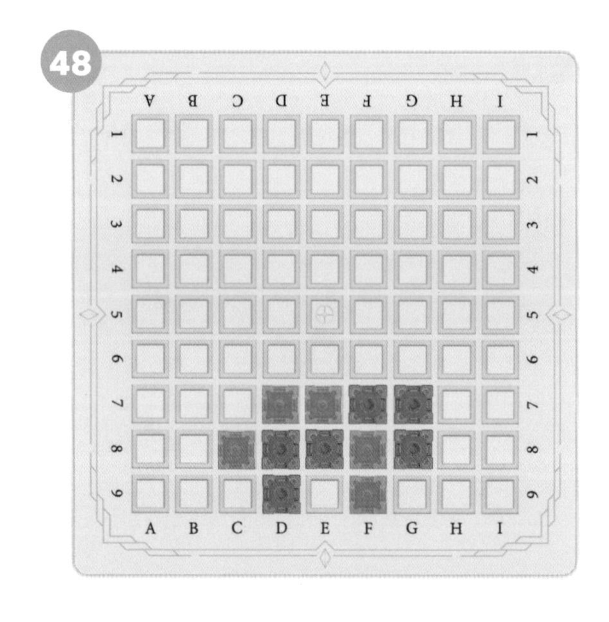

49

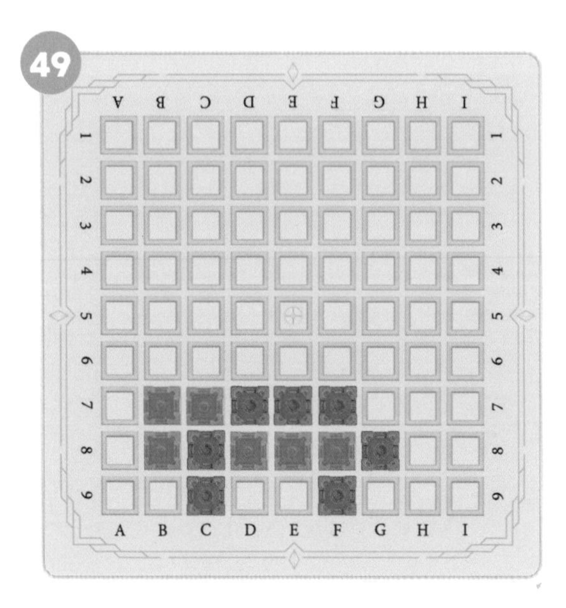

50

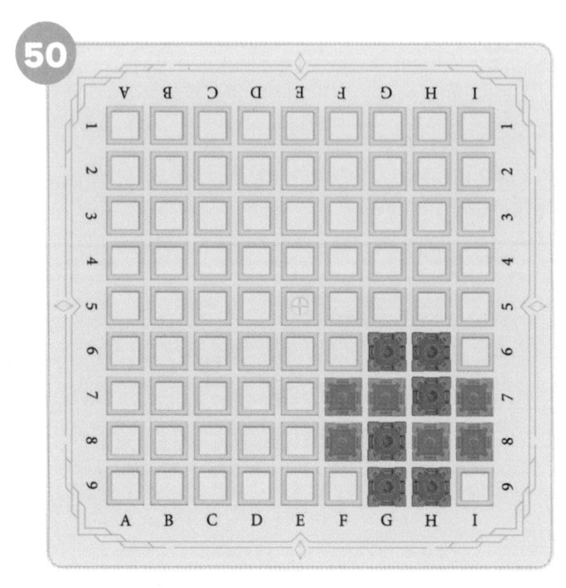

정답 : 45번 C9, 46번 G9, 47번 C9, 48번 C9, 49번 B9, 50번 F9

✓ 주황색 성을 단수로 몰아 파괴하려면, 파란색 성을 지금은 어디에 둬야 할까요? 이때 자충을 조심하세요.

51

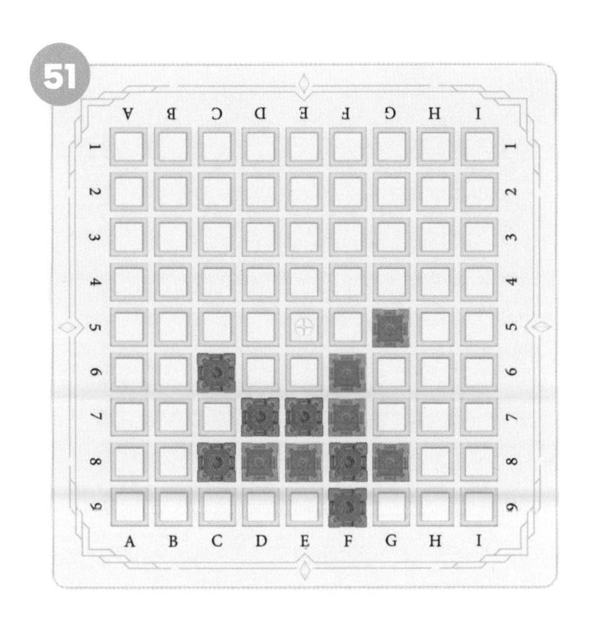

52

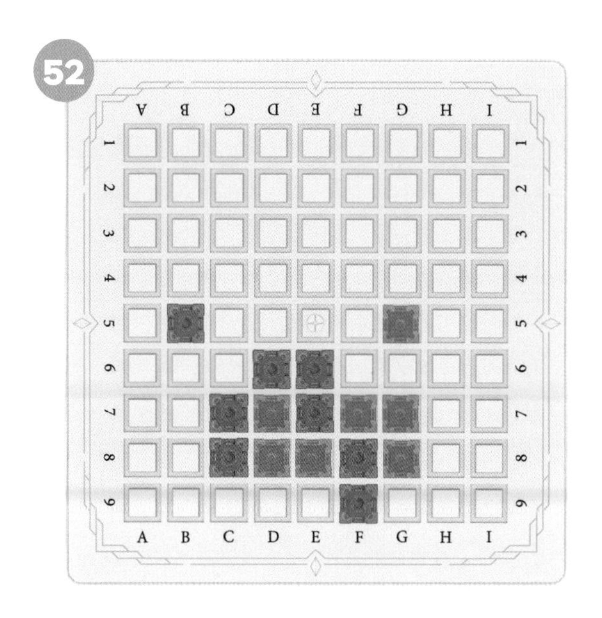

53

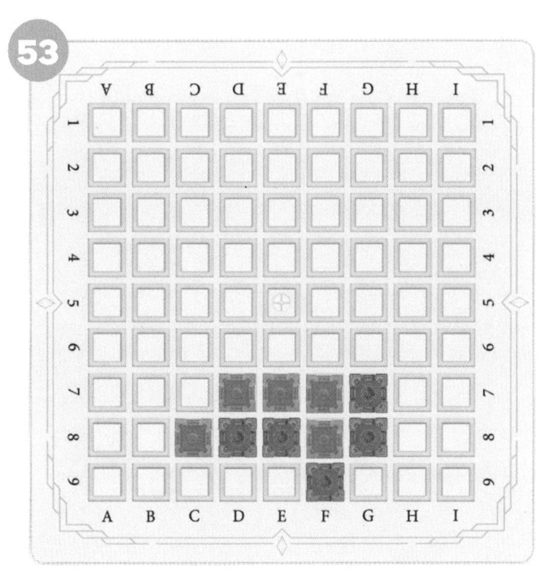

54

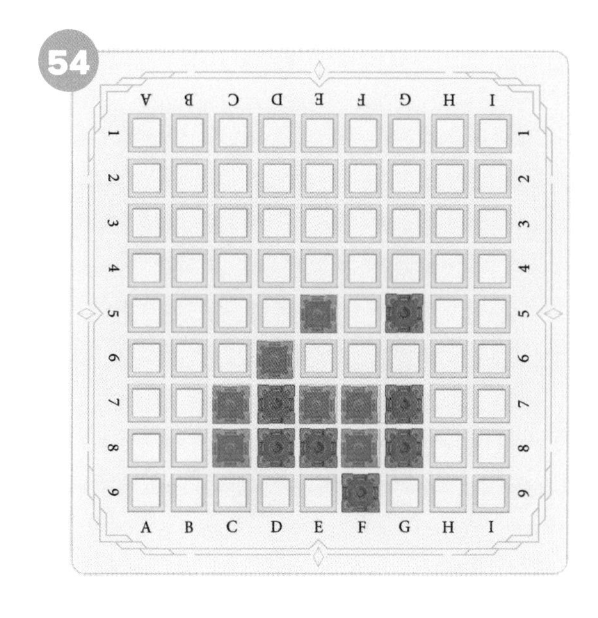

55

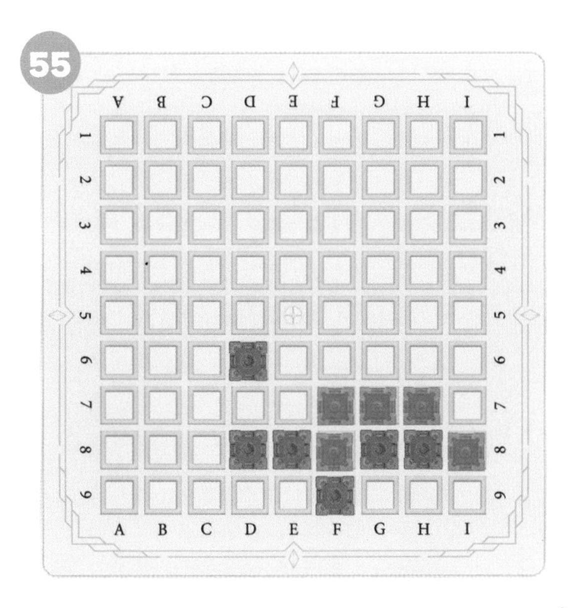

56

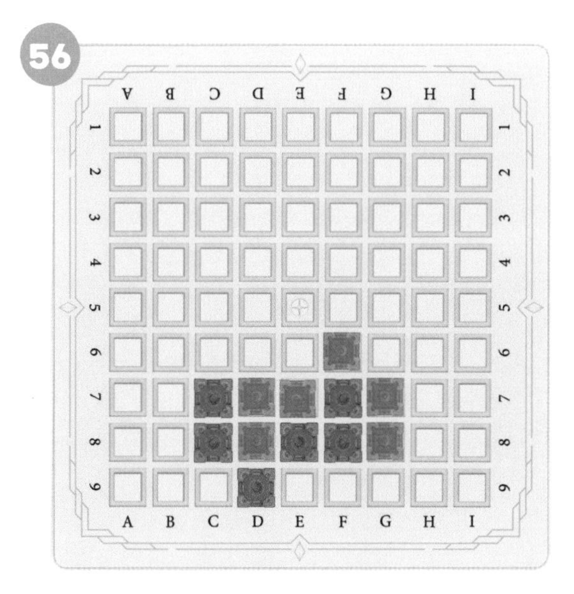

정답 : 51번 G9, 52번 G9, 53번 D9, 54번 D9, 55번 H9, 56번 F9

주황색 성을 단수로 몰아 파괴하려면, 파란색 성을 지금은 어디에 둬야 할까요? 이때 자충을 조심하세요.

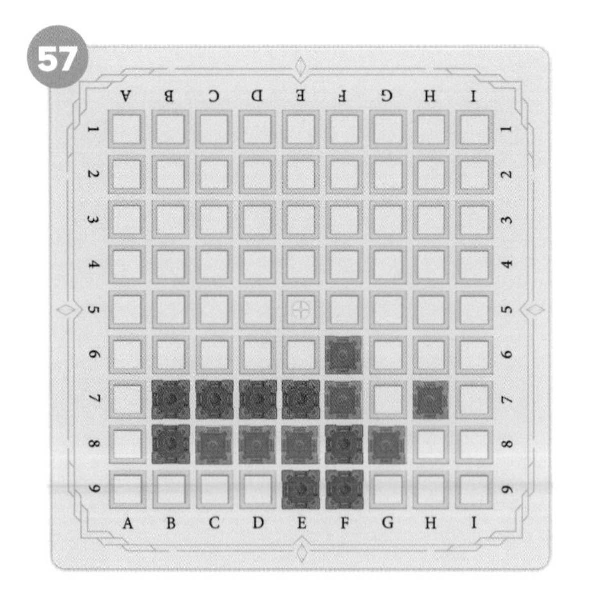

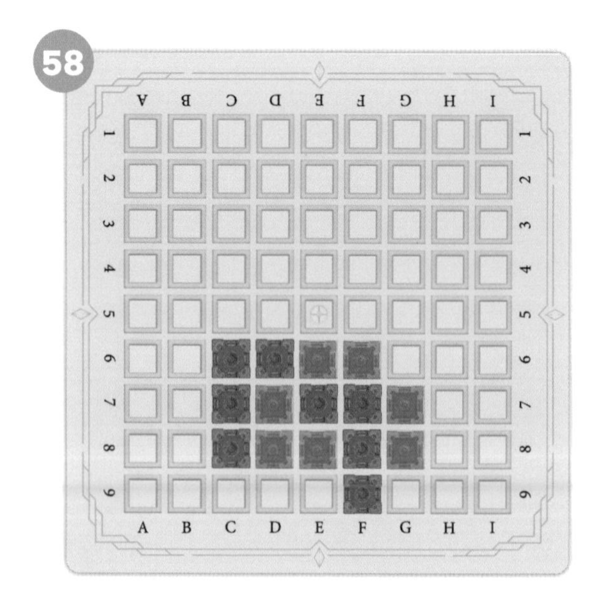

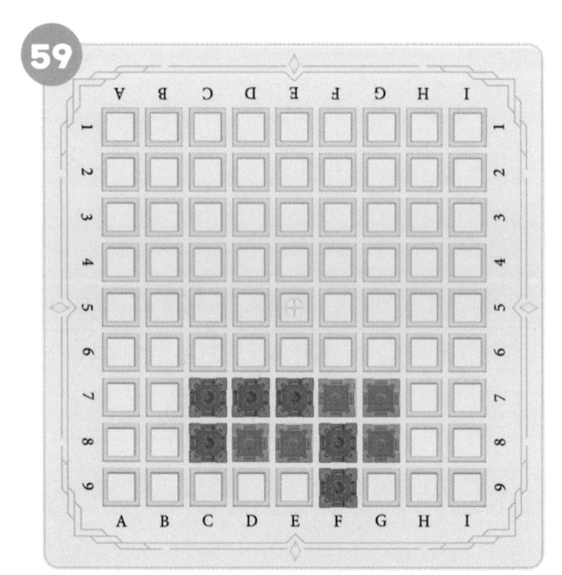

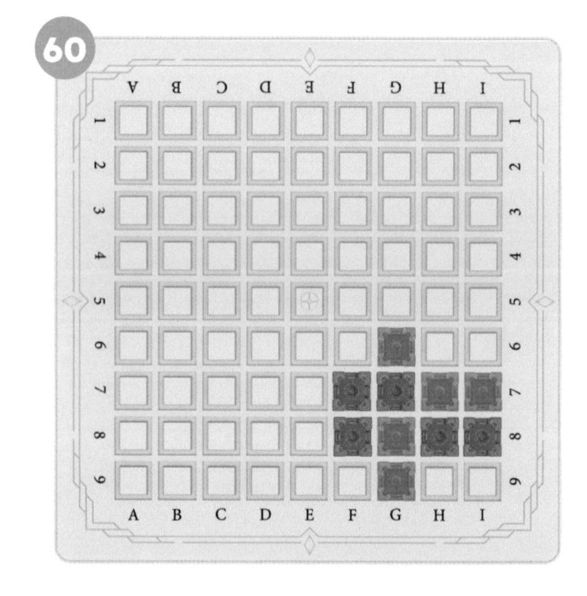

정답 : 57번 G9, 58번 G9, 59번 G9, 60번 H9

✓ 파란색 성을 놓아 주황색 성을 양단수로 만들어 보세요.

양단수 : 성을 한 개 놓음으로써 단수가 두 개 만들어지는 경우입니다. 양단수가 되면 게임을 이길 수 없습니다.

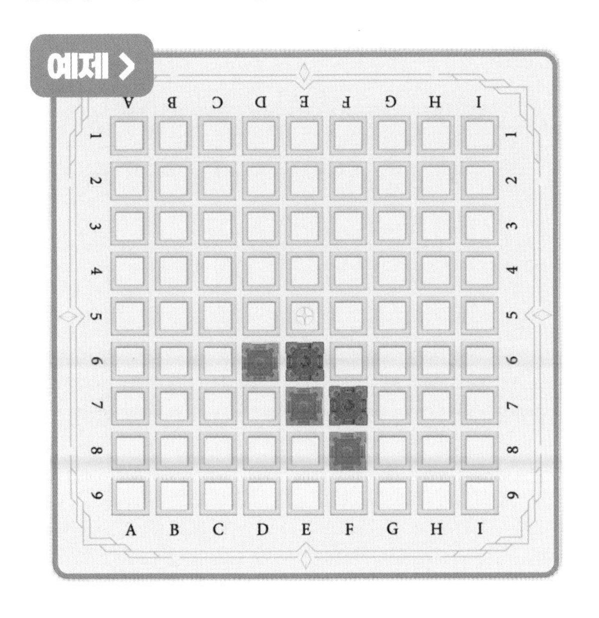

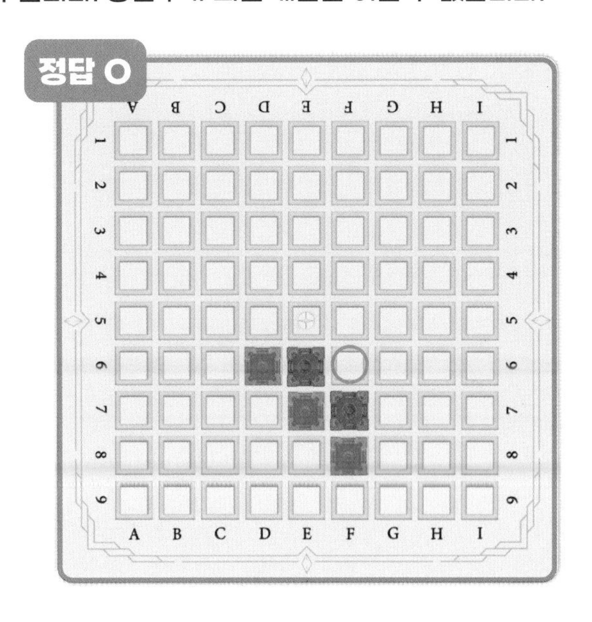

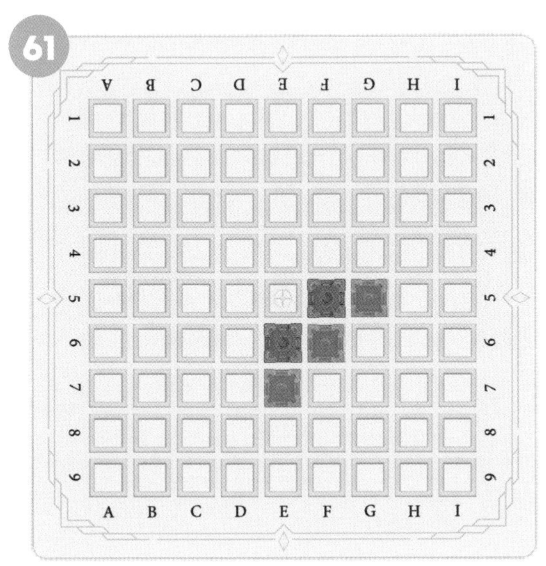

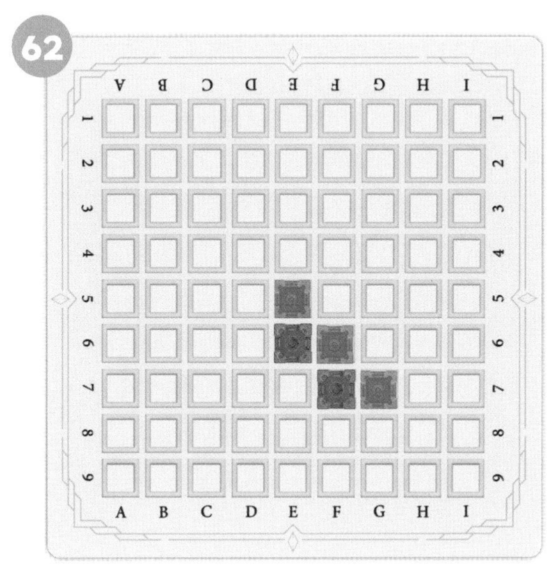

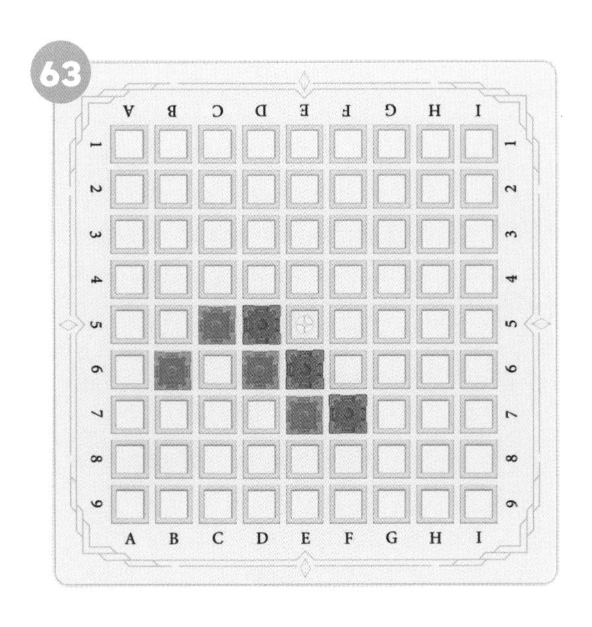

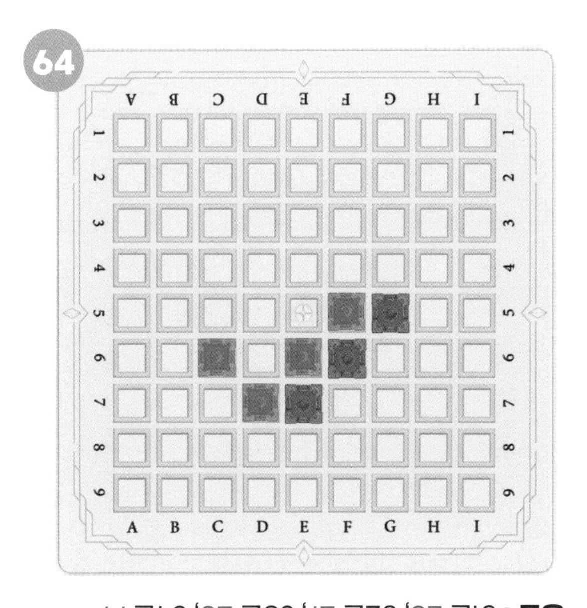

정답 : 61번 E5, 62번 E7, 63번 E5, 64번 F7

파란색 성을 놓아 주황색 성을 양단수로 만들어 보세요.

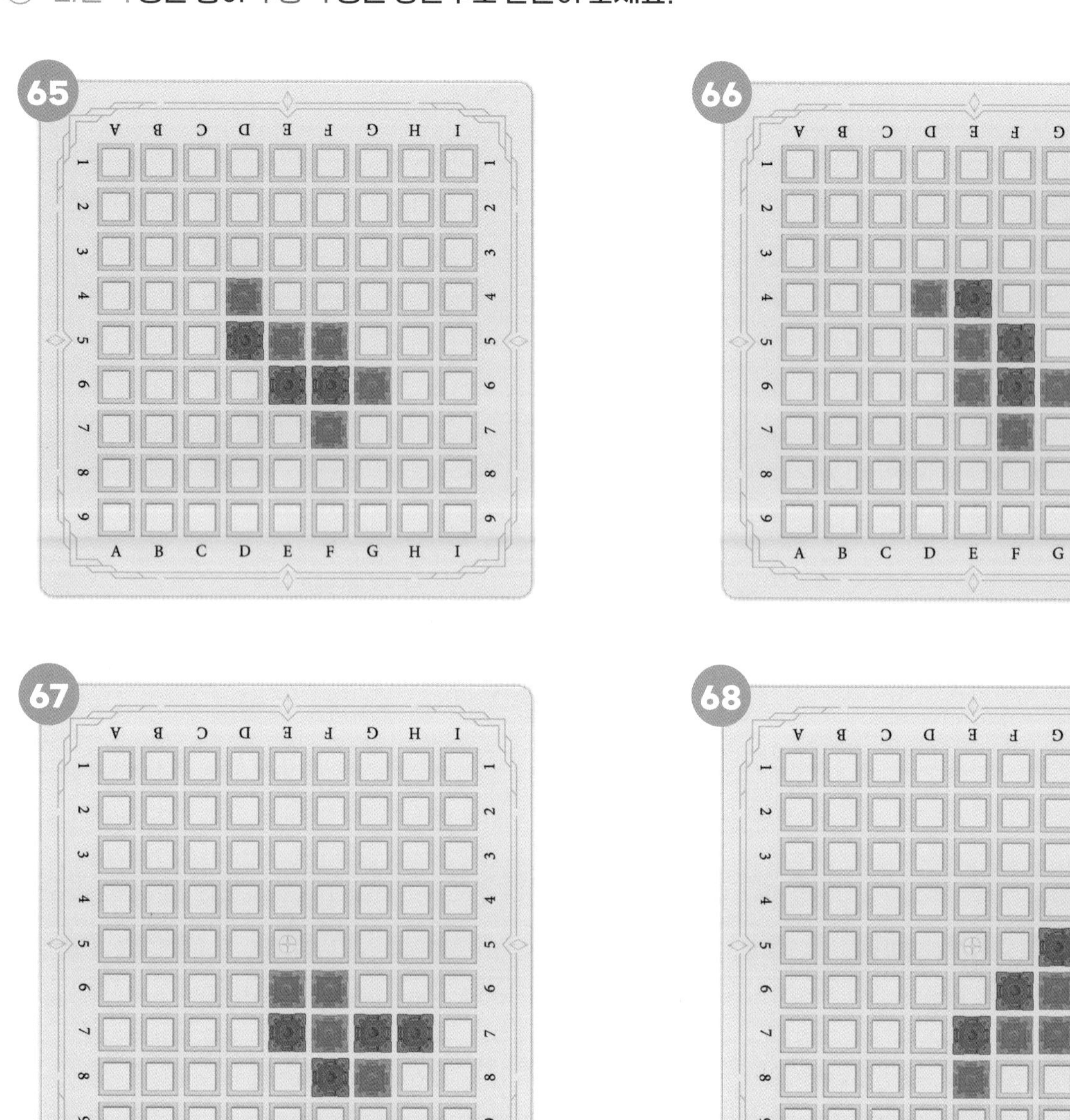

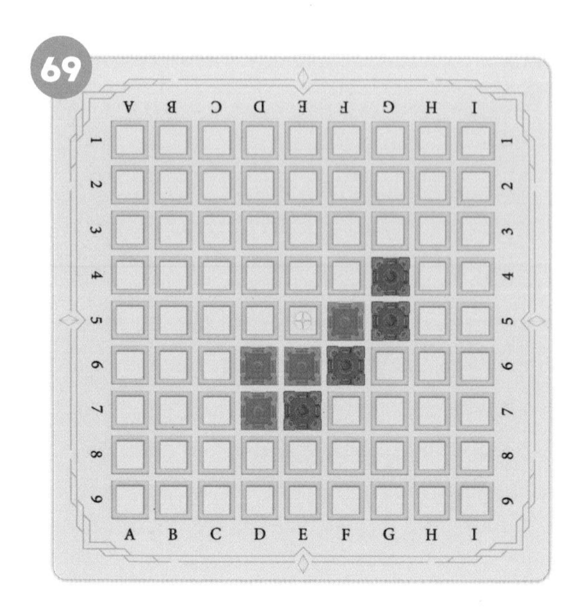

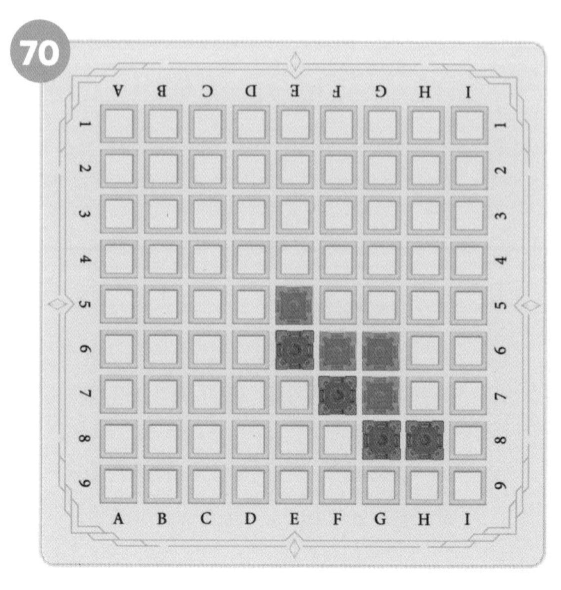

정답 : 65번 D6, 66번 F4, 67번 E8, 68번 E6, 69번 F7, 70번 E7

✓ 파란색 성을 놓아 주황색 성을 양단수로 만들어 보세요.

71

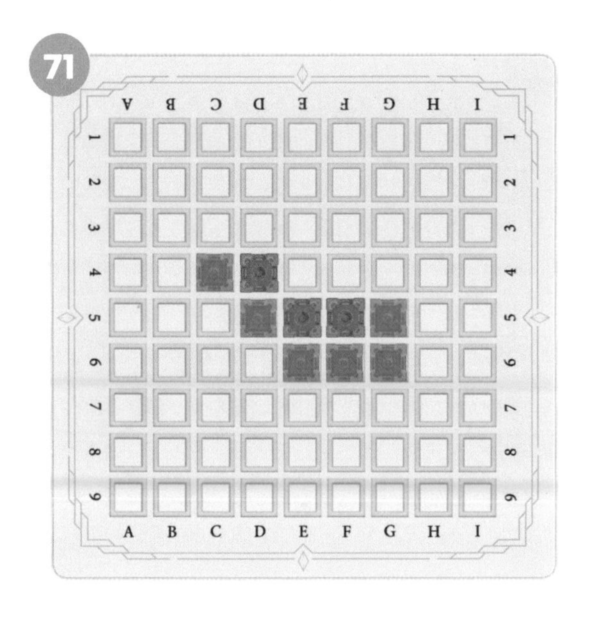

72

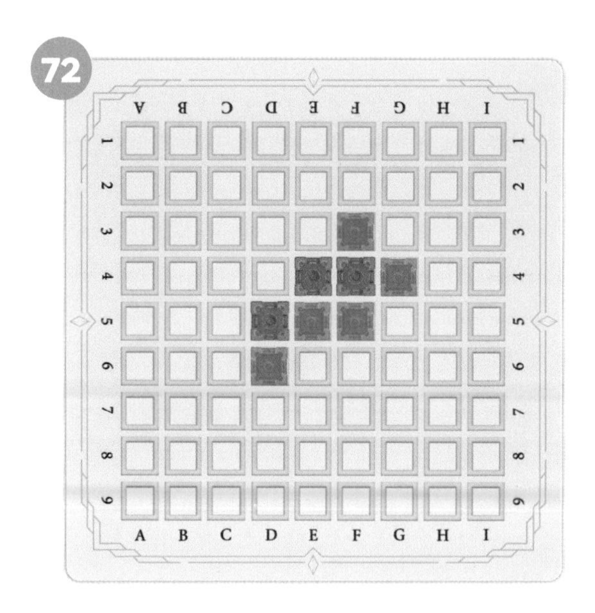

73

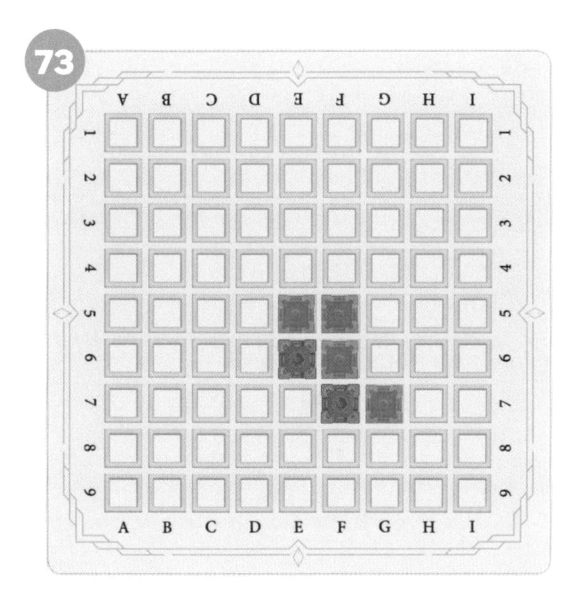

74

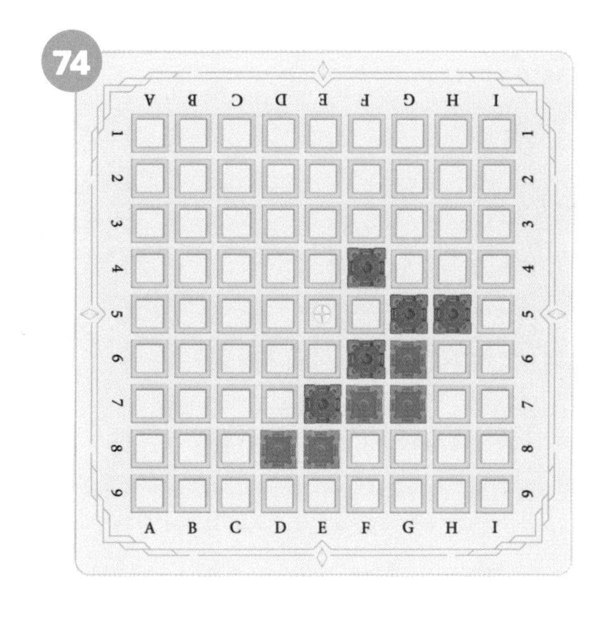

75

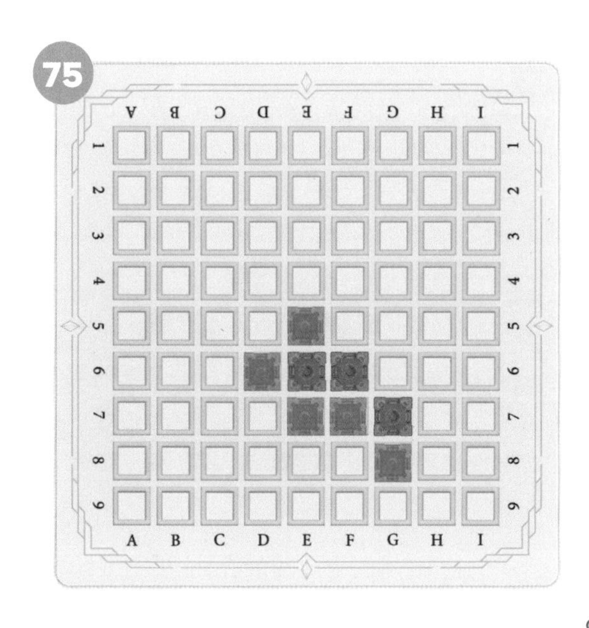

76

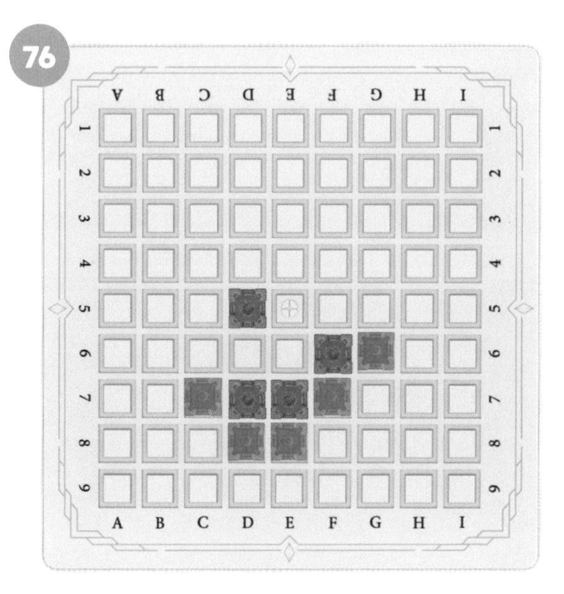

정답 : 71번 E4, 72번 D4, 73번 E7, 74번 E6, 75번 G6, 76번 E6

파란색 성을 놓아 주황색 성을 양단수로 만들어 보세요.

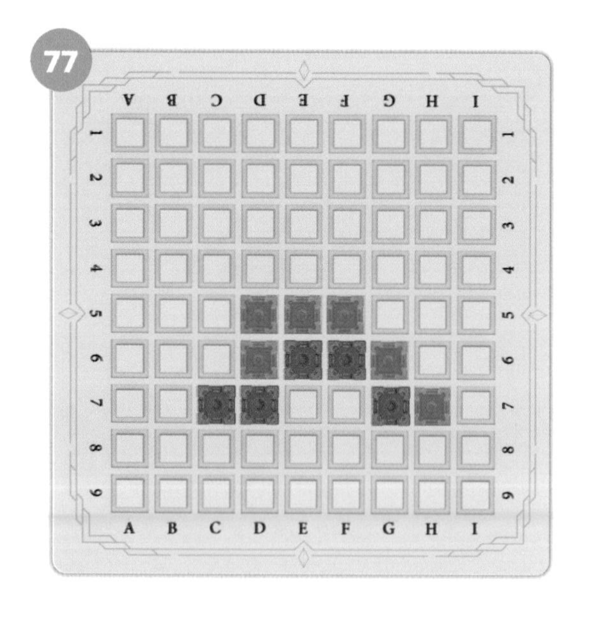

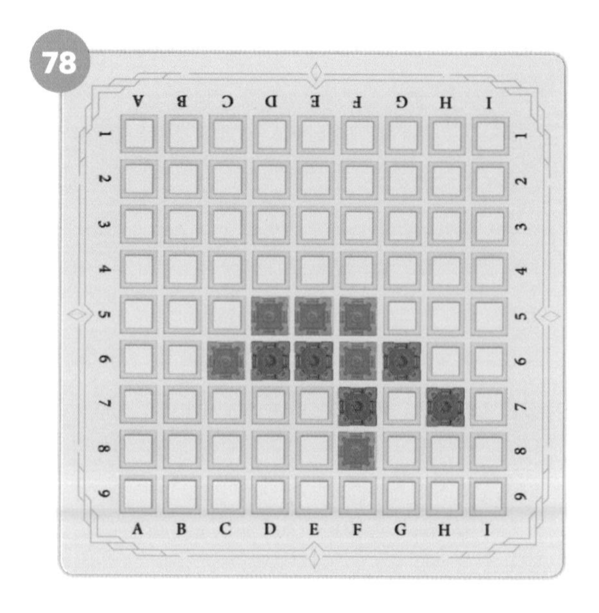

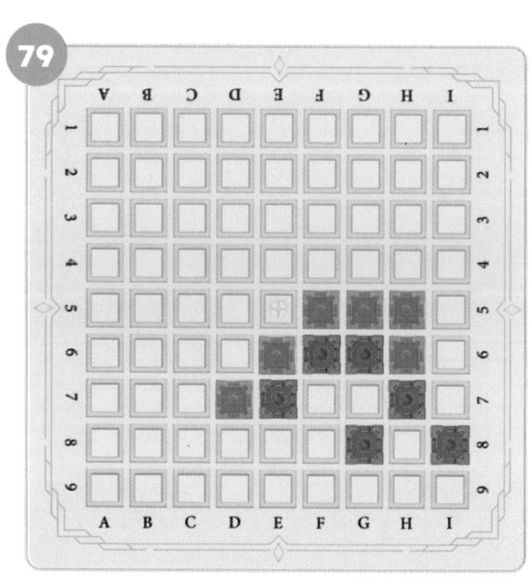

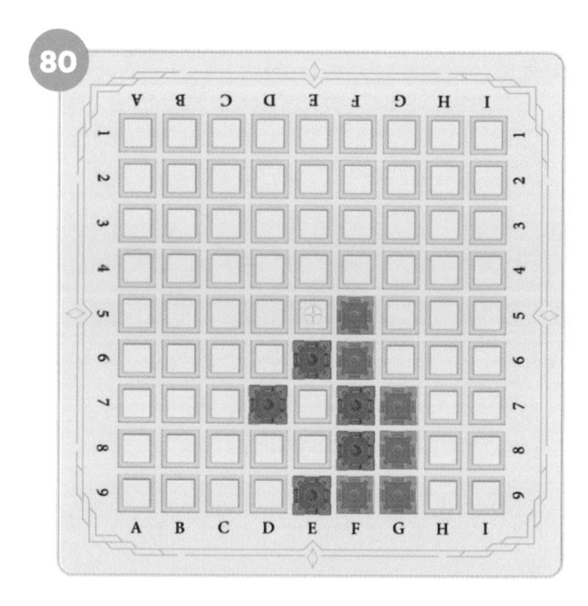

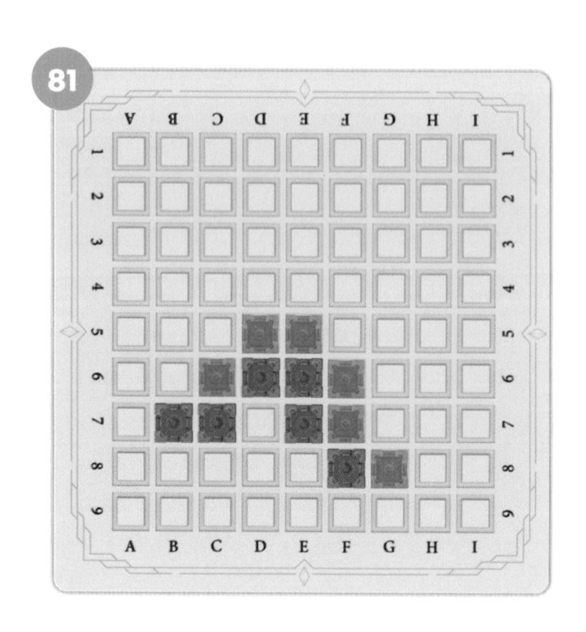

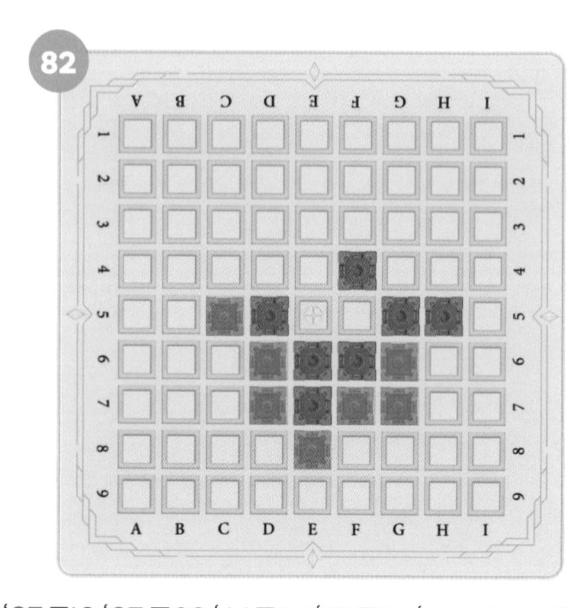

정답 : 77번 F7, 78번 E7, 79번 F7, 80번 E8, 81번 E8, 82번 E5

✓ 파란색 성을 놓아 주황색 성을 양단수로 만들어 보세요.

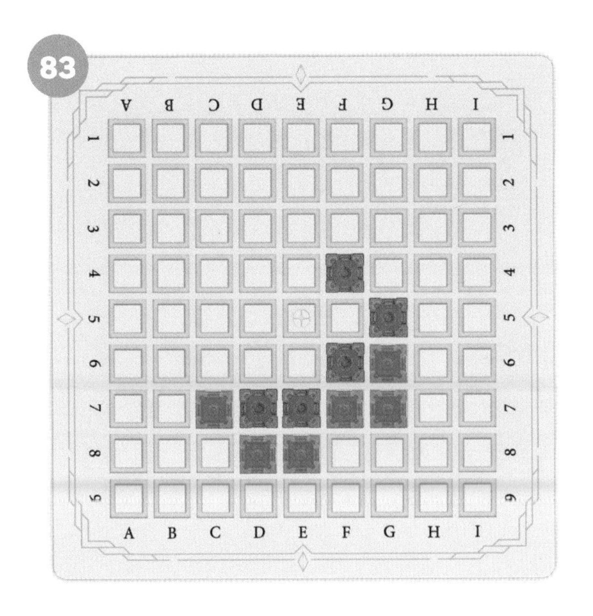

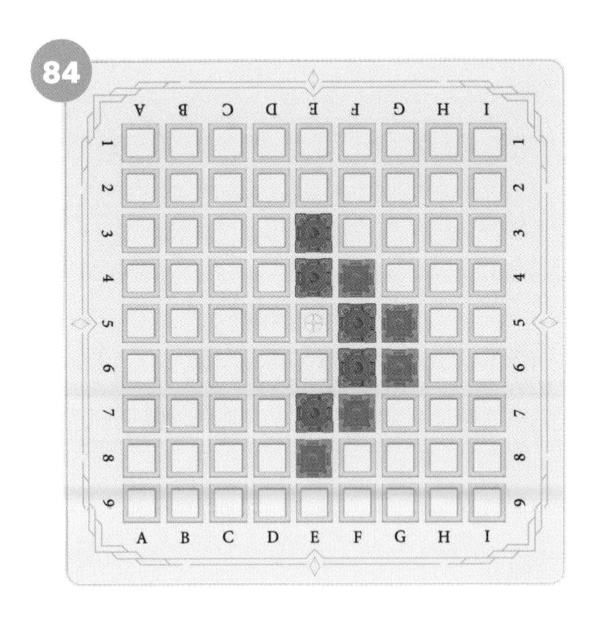

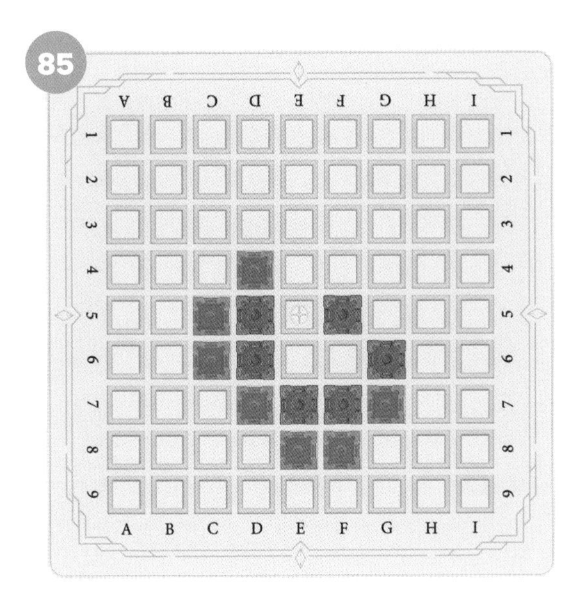

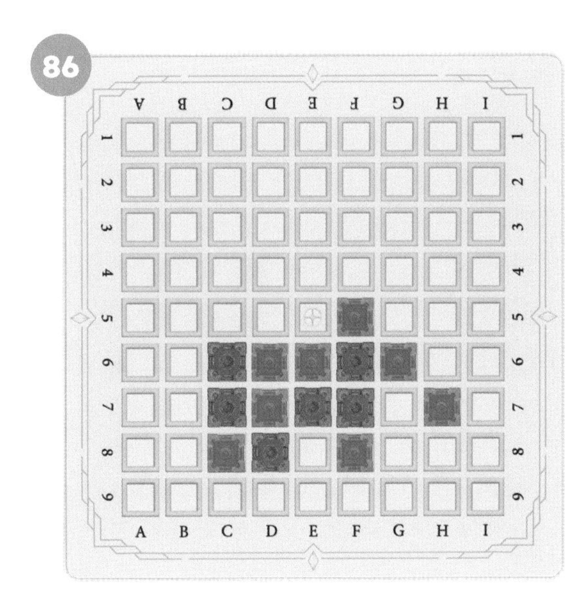

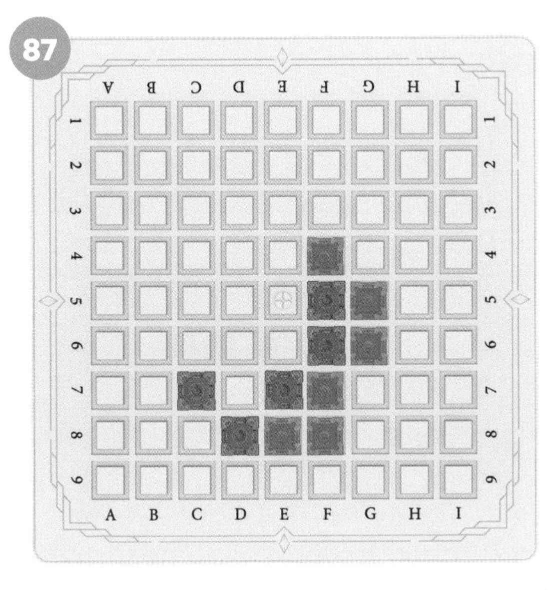

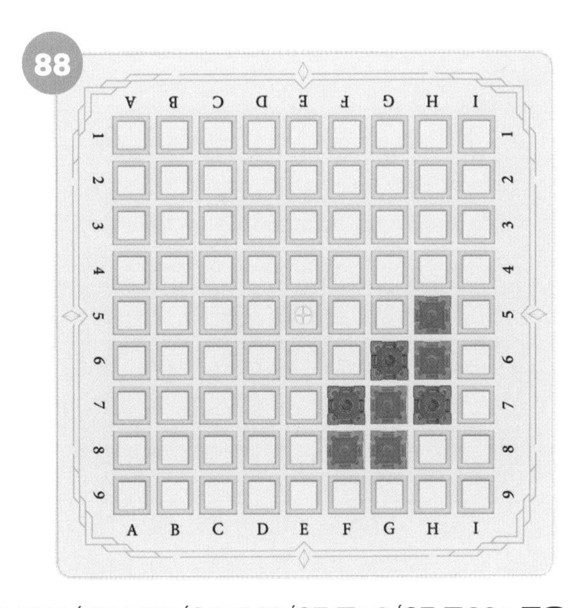

정답 : 83번 E6, 84번 E6, 85번 E6, 86번 E8, 87번 E6, 88번 F6

주황색 성을 놓아 파란색 성을 양단수로 만들어 보세요.

89

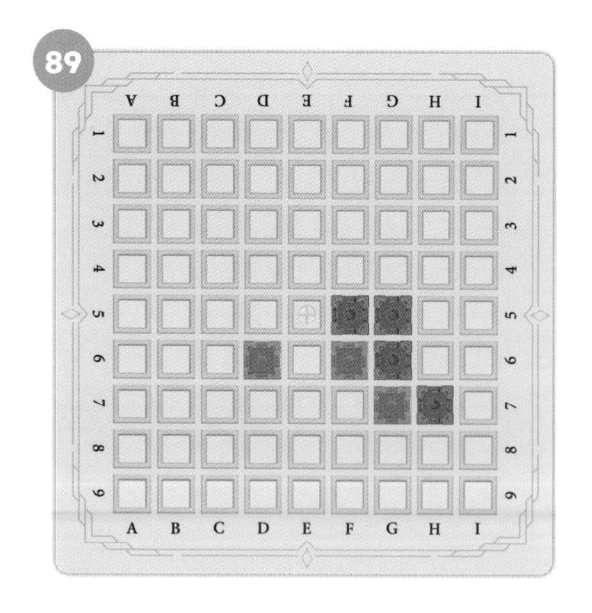

90

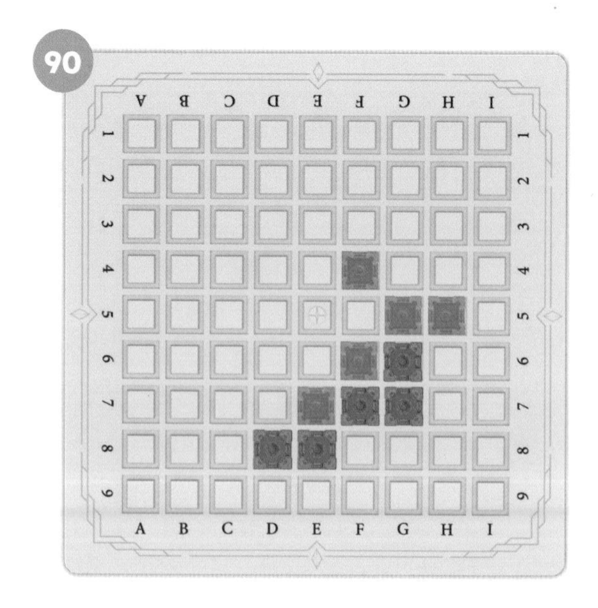

91

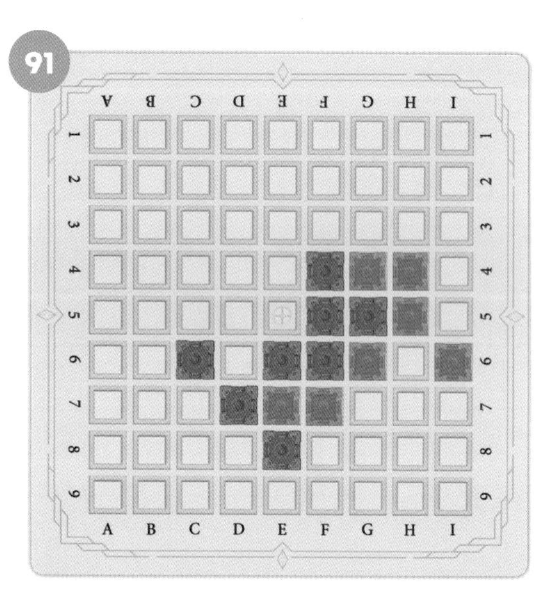

92

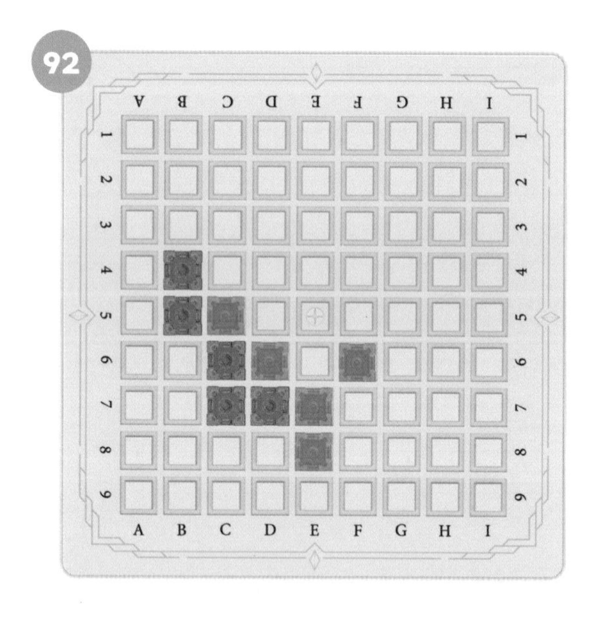

93

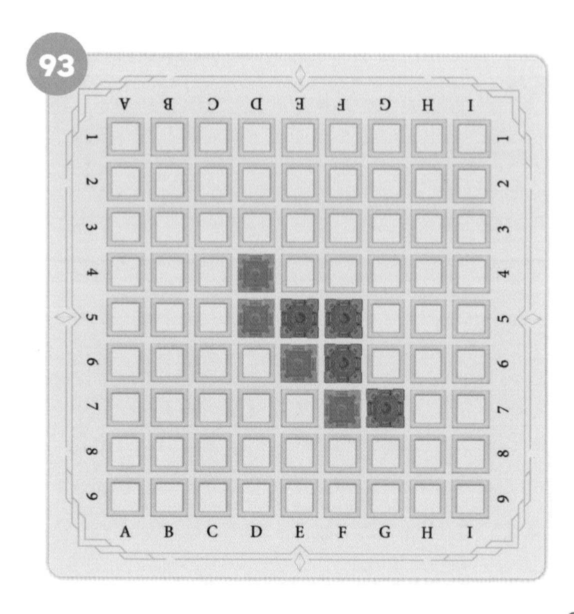

94

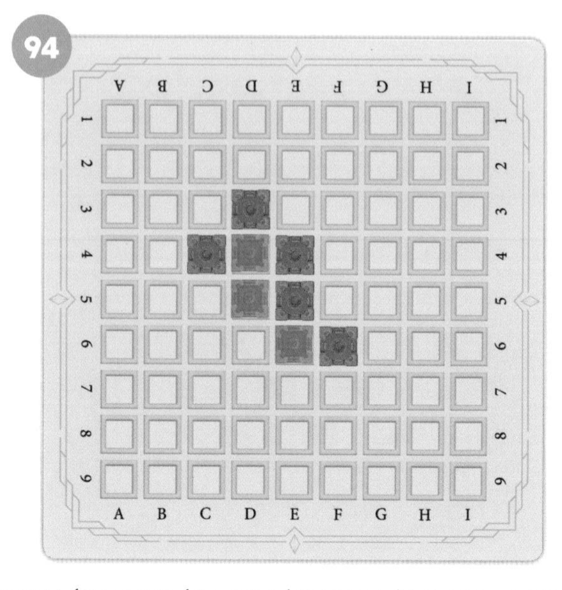

정답 : 89번 F7, 90번 E6, 91번 G7, 92번 D5, 93번 E7, 94번 D6

주황색 성을 놓아 파란색 성을 양단수로 만들어 보세요.

95

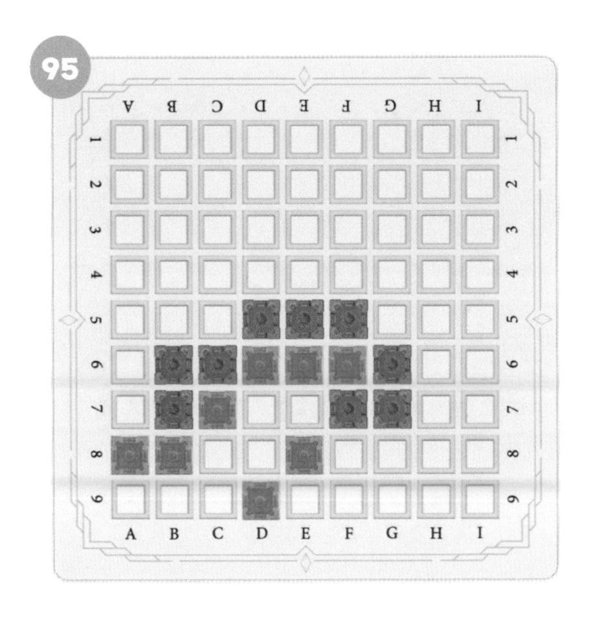

96

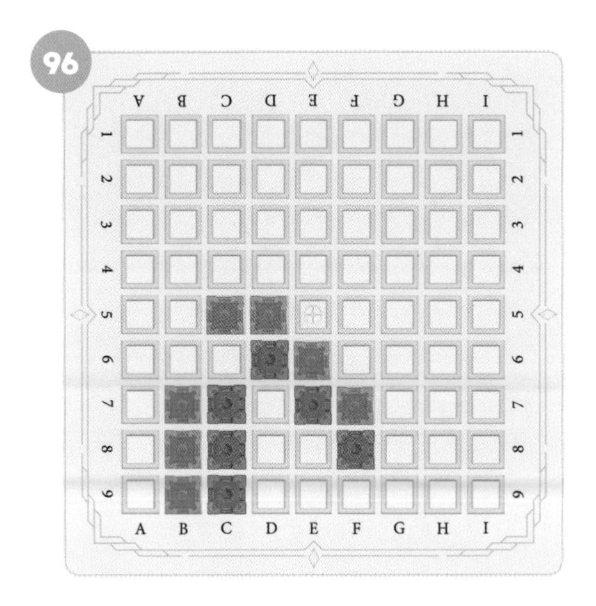

97

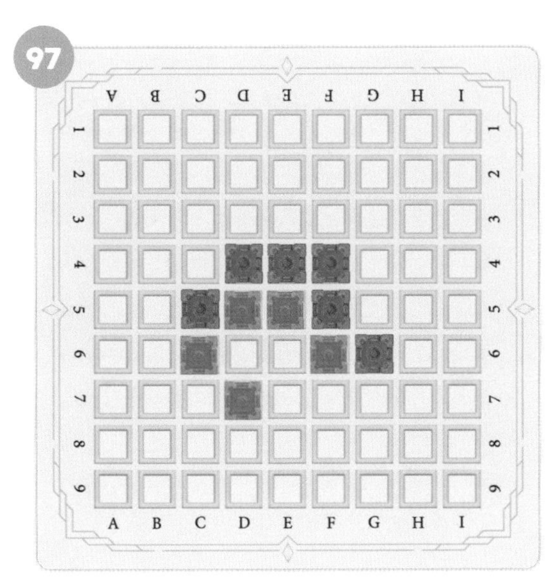

98

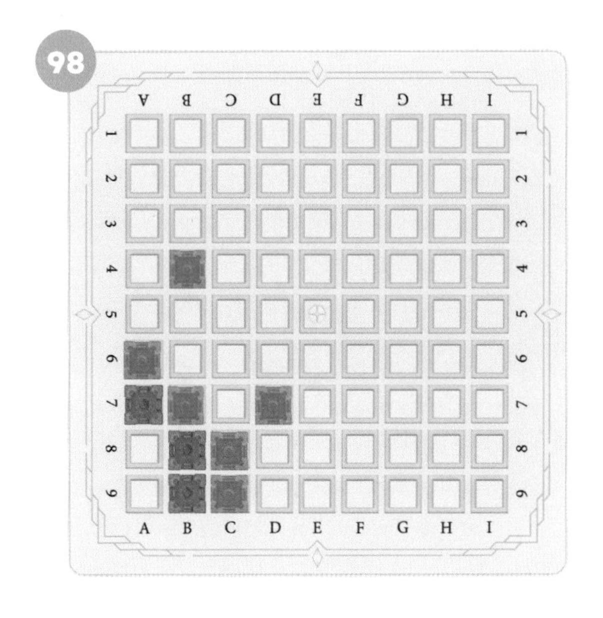

99

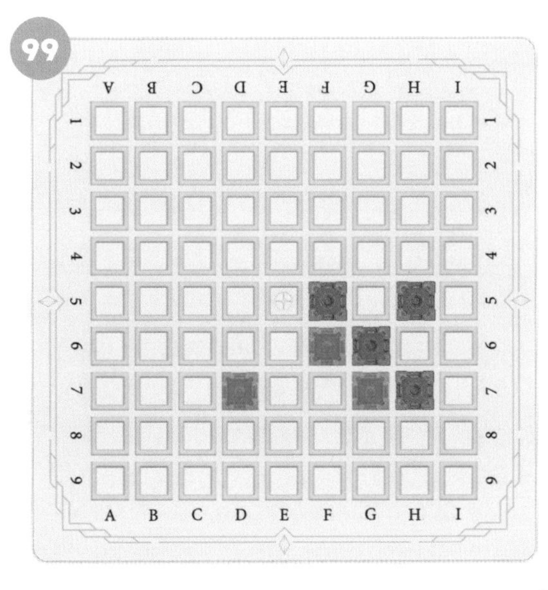

100

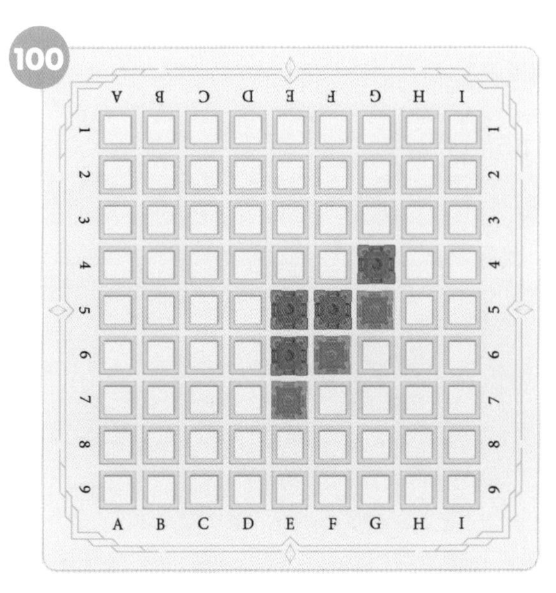

정답 : 95번 D7, 96번 F6, 97번 E6, 98번 B6, 99번 F7, 100번 G6

주황색 성을 놓아 파란색 성을 양단수로 만들어 보세요.

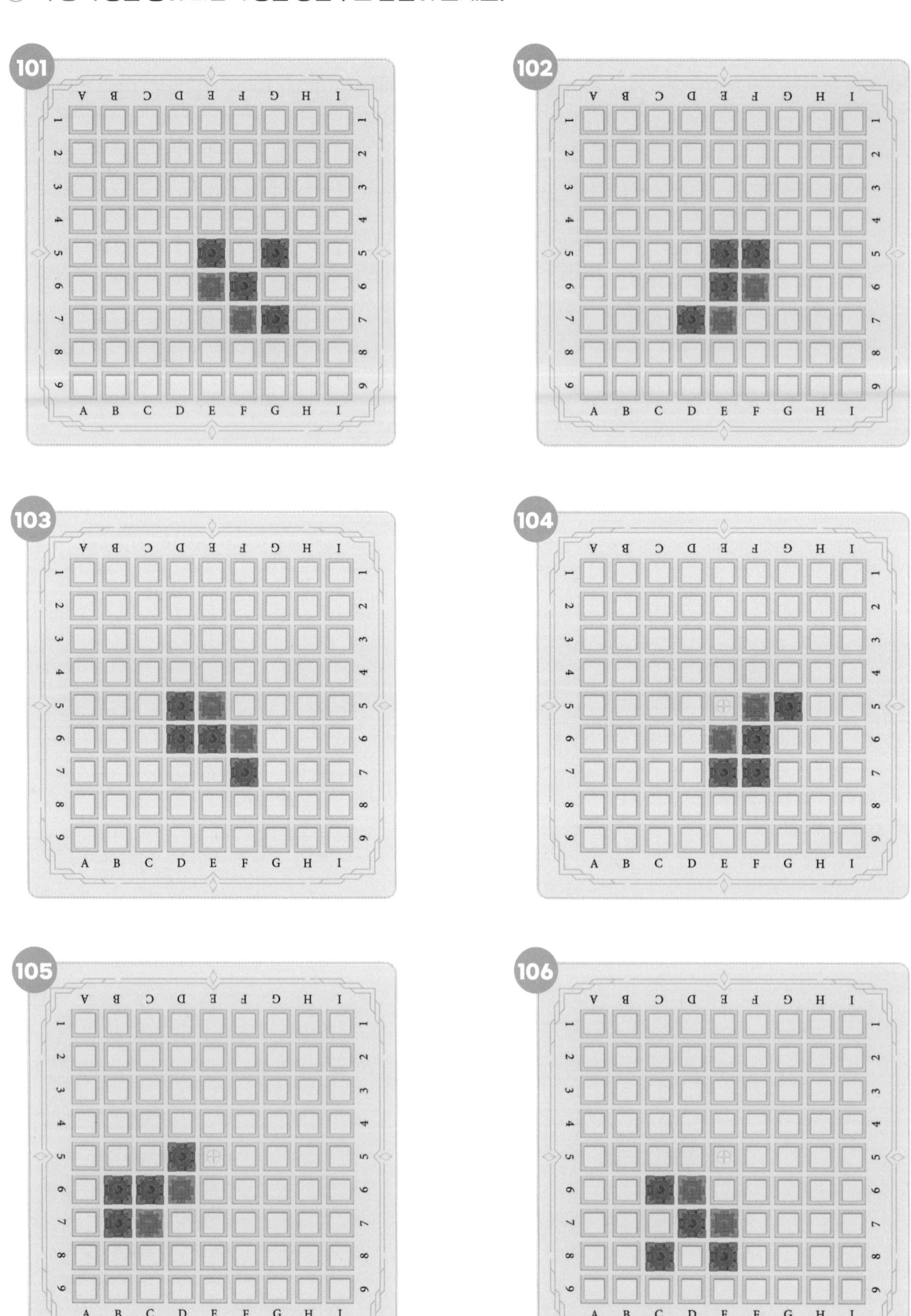

정답 : 101번 E7, 102번 F7, 103번 F5, 104번 E5, 105번 D7, 106번 E6

연결하기

연결 : <그레이트 킹덤>에서는 성이 하나라도 파괴되면 즉시 패배합니다. 따라서 성을 놓을 때는 내 성을 지키기 위해 서로 연결해서 놓는 것이 좋습니다.

내 성은 연결하고 상대의 성은 끊기

- 내 성을 지키면서 영토를 만들기 위해서는 내 성은 연결하고 상대의 성은 끊어야 합니다.
- 1번의 D7, 2번의 G6, 3번의 D3, 4번의 C4 자리는 파란색 성을 놓든 주황색 성을 놓든, 놓은 색깔의 성은 연결되고 상대의 성은 끊어지게 됩니다.

1. 연결하면서 끊기

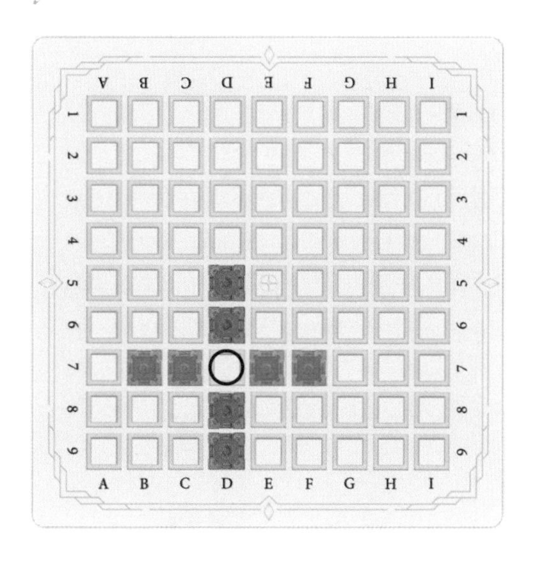

2. 연결하면서 끊기

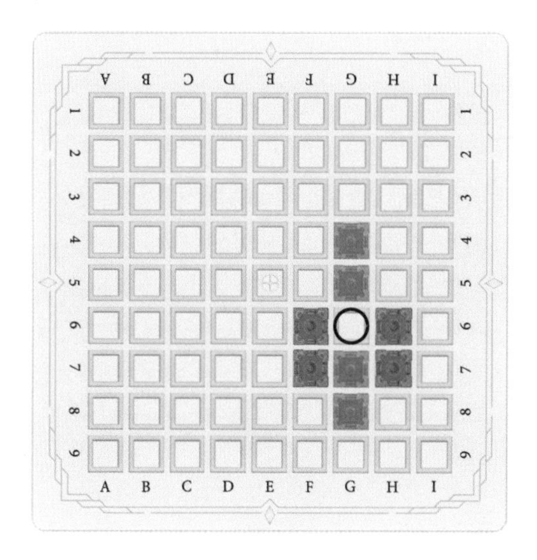

3. 연결하면서 끊기

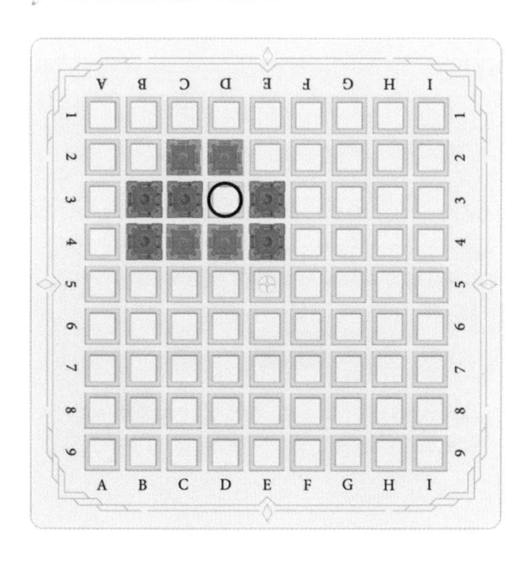

4. 연결하면서 끊기

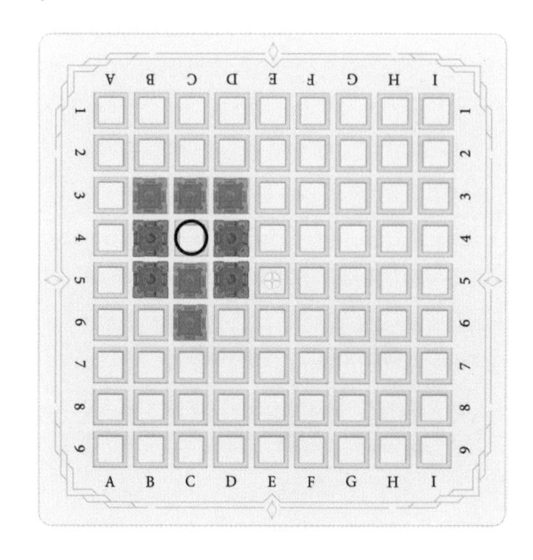

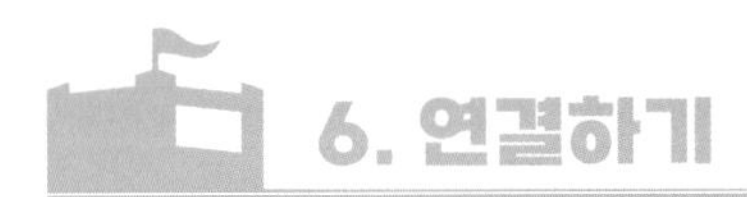

6. 연결하기

파란색 성이 서로 연결되게 놓아 파란색 성을 더욱 튼튼하게 만드세요.

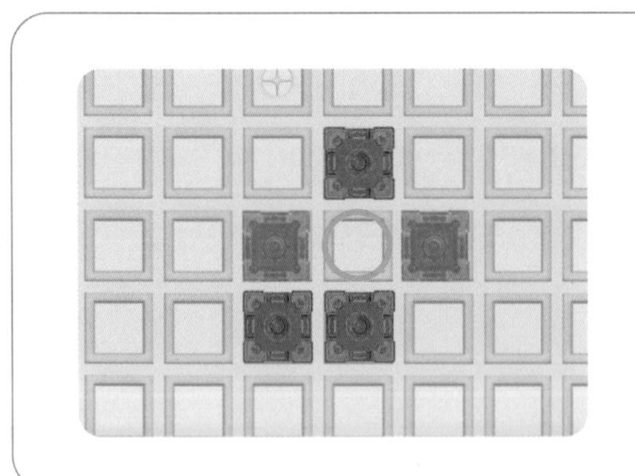

이렇게 풀어 보세요.

펜으로 파란색 성을 놓을 곳을 직접 표시해 보세요.

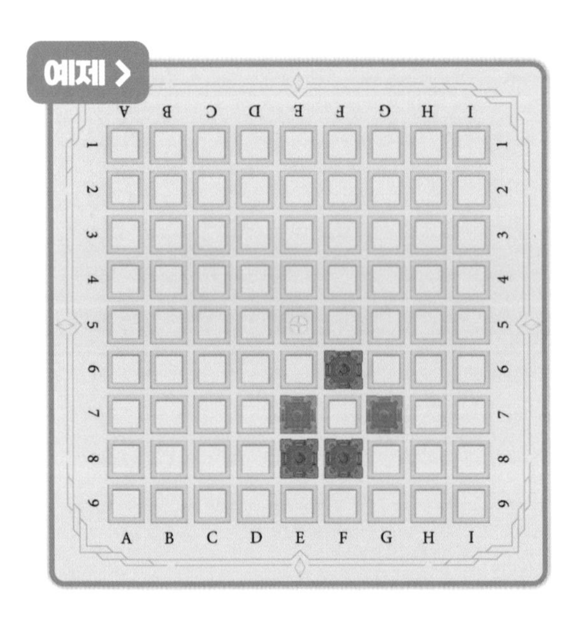

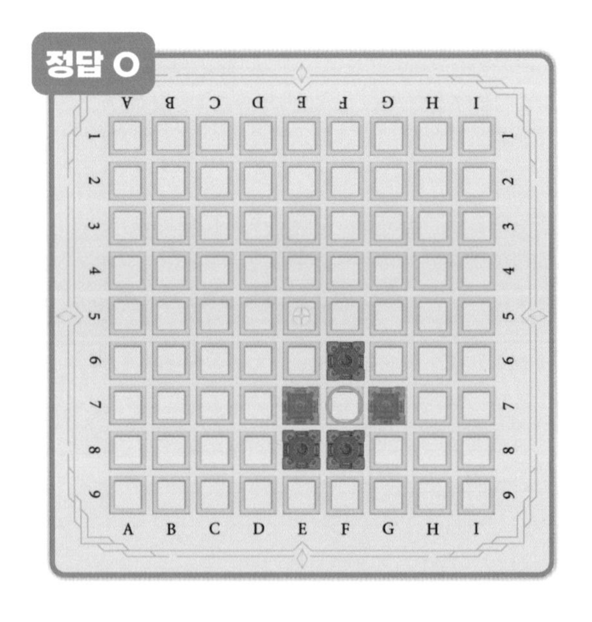

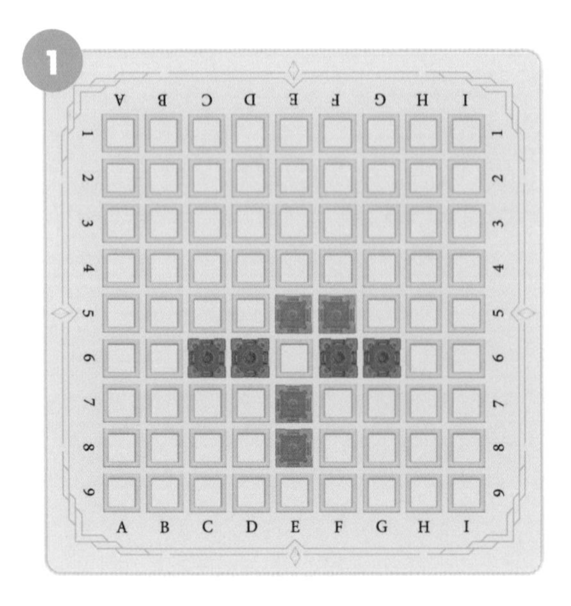

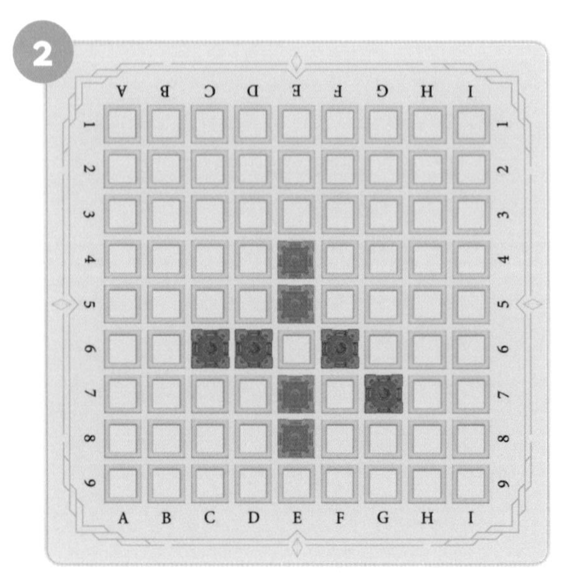

정답 : 1번 E6, 2번 E6

파란색 성이 서로 연결되게 놓아 파란색 성을 더욱 튼튼하게 만드세요.

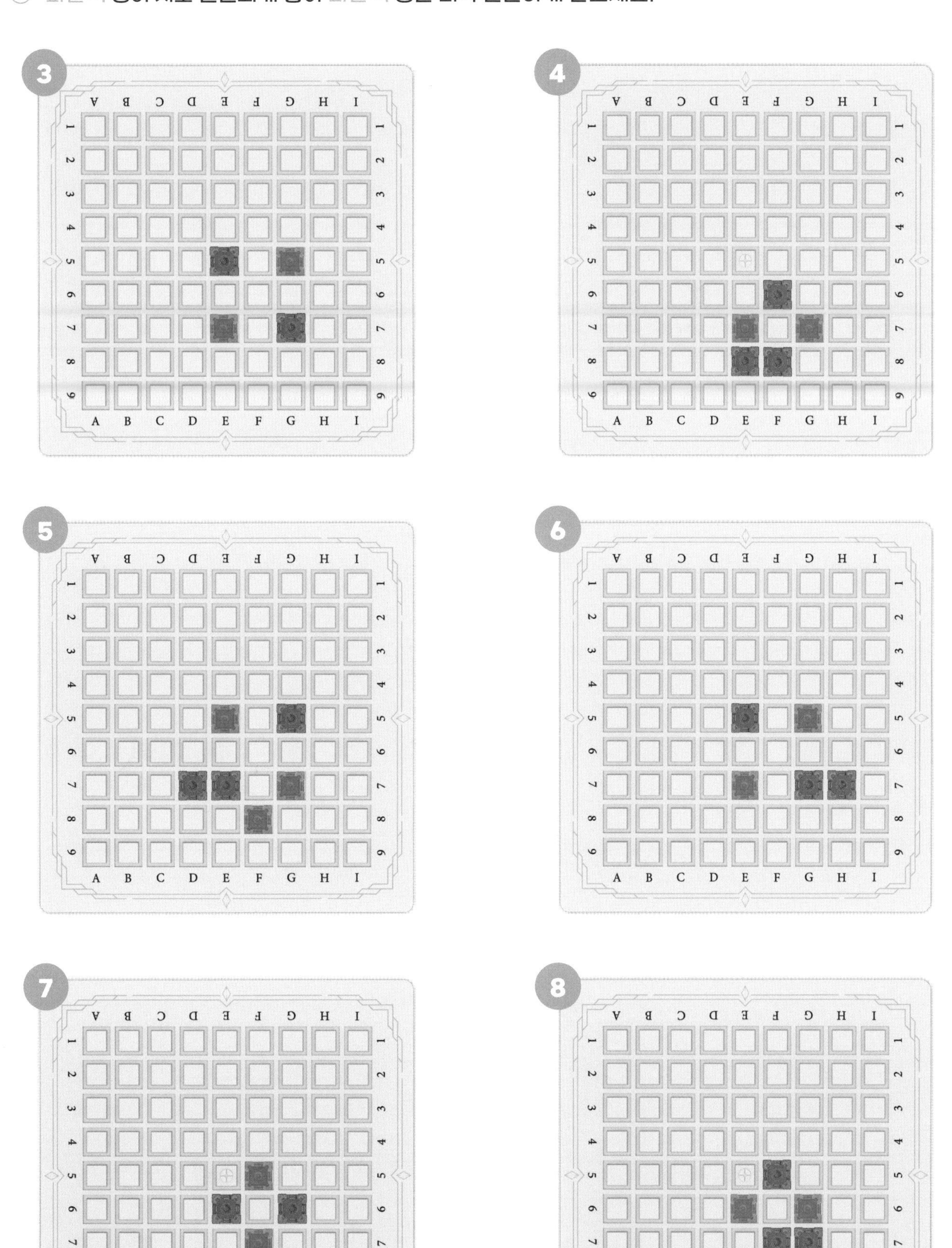

정답 : 3번 F6, 4번 F7, 5번 F6, 6번 F6, 7번 F6, 8번 F6

✓ 파란색 성이 서로 연결되게 놓아 파란색 성을 더욱 튼튼하게 만드세요.

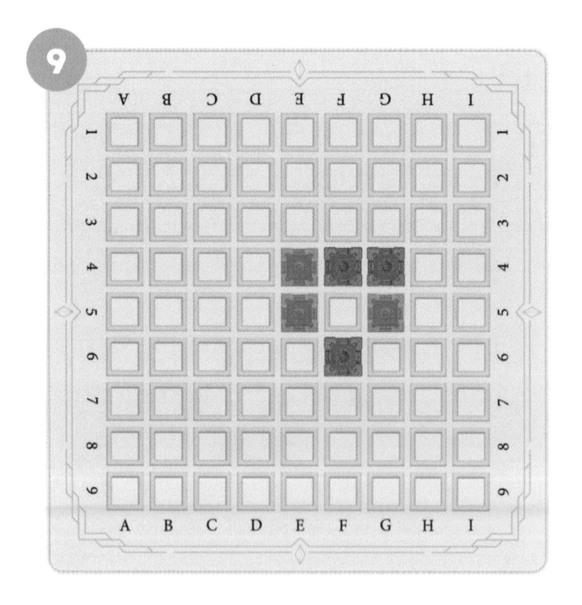

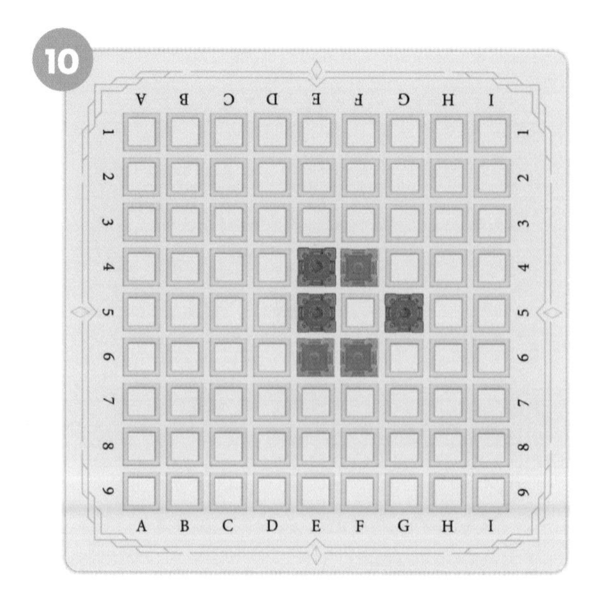

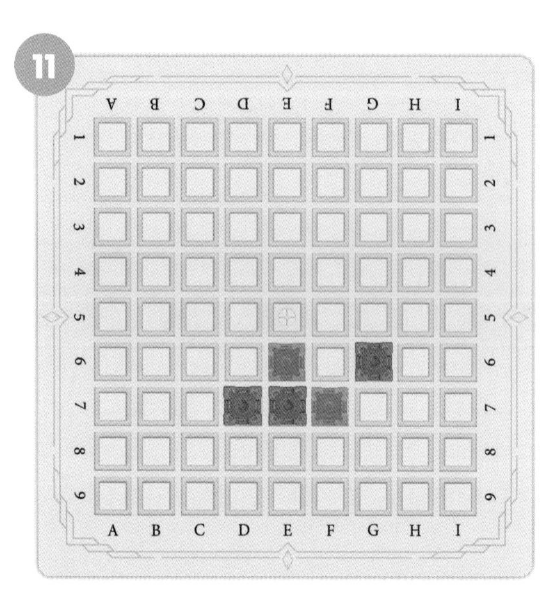

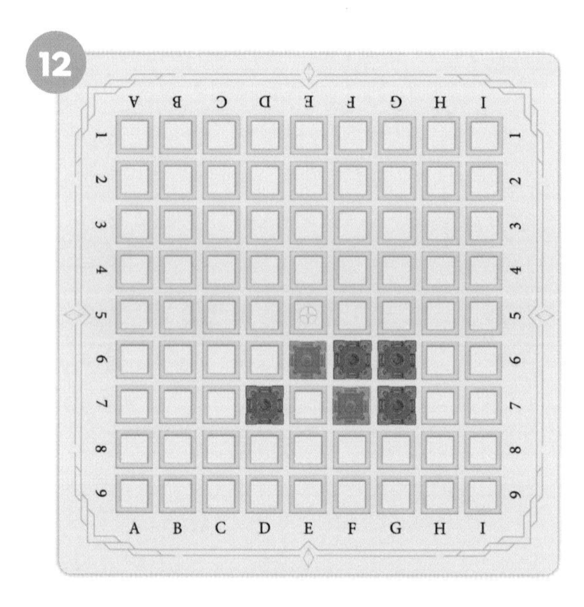

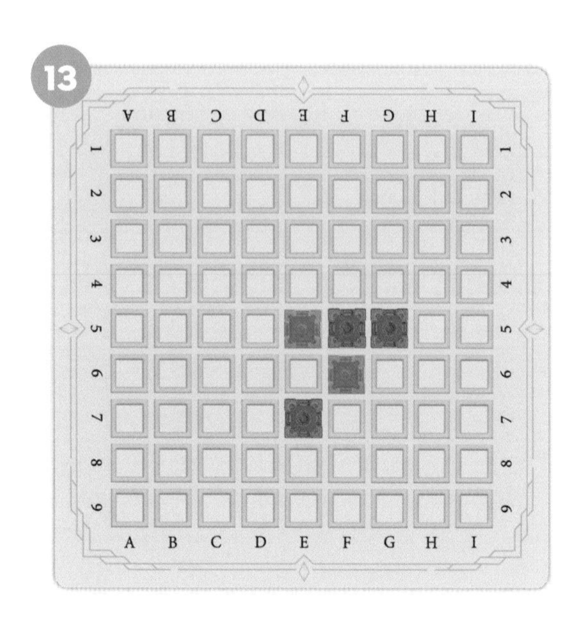

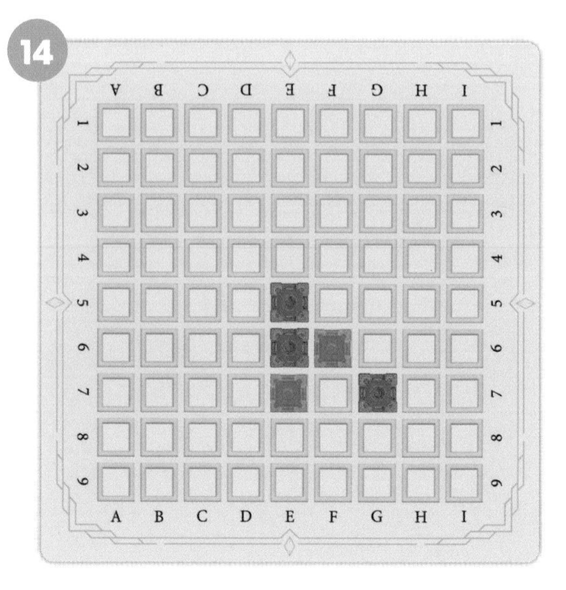

정답 : 9번 F5, 10번 F5, 11번 F6, 12번 E7 ,13번 E6, 14번 F7

파란색 성이 서로 연결되게 놓아 파란색 성을 더욱 튼튼하게 만드세요.

15

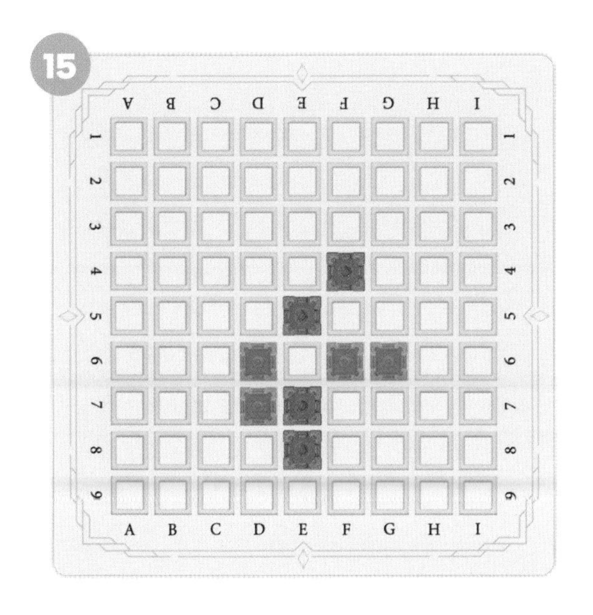

16

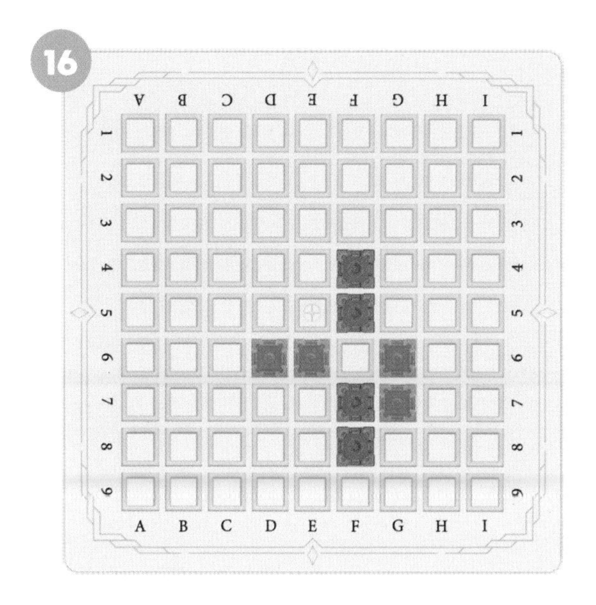

17

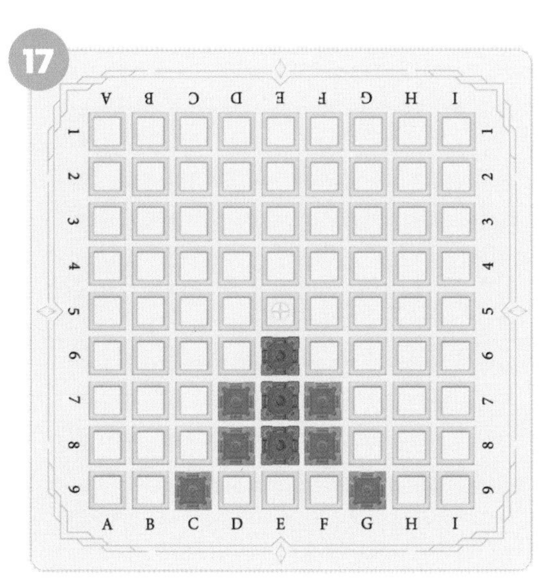

18

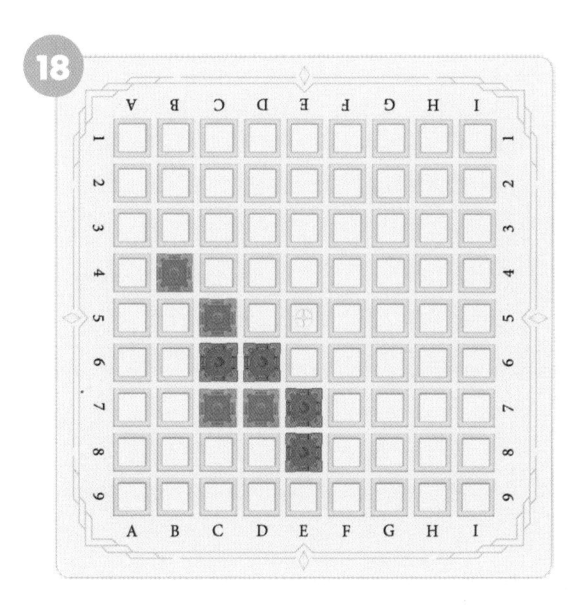

19

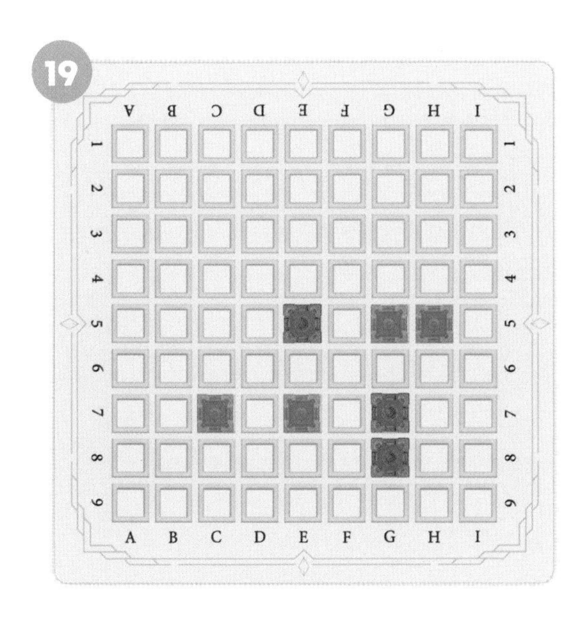

20

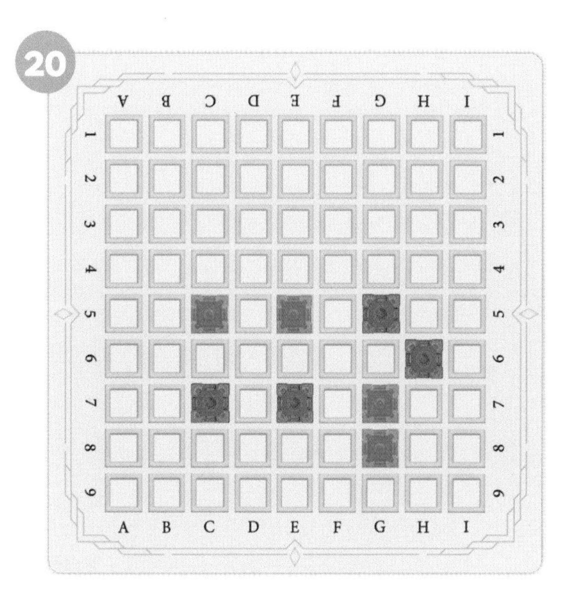

정답 : 15번 E6, 16번 F6, 17번 E9, 18번 B6, 19번 F6, 20번 F6

파란색 성이 서로 연결되게 놓아 파란색 성을 더욱 튼튼하게 만드세요.

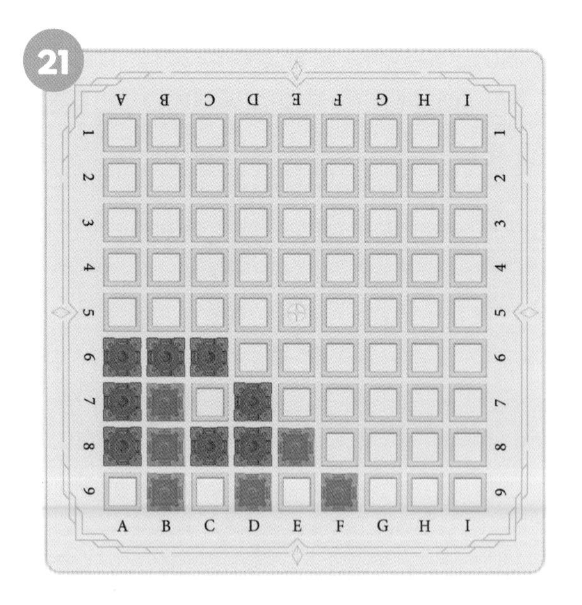

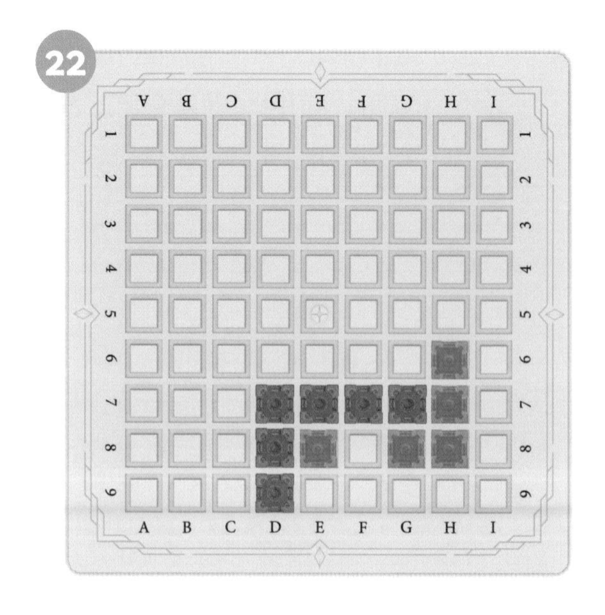

정답 : 21번 C9, 22번 F8

✓ 파란색 성이 끊어지는 곳을 찾아 연결해 보세요.

쌍립 연결 : 쌍립 모양(나란한 줄이 두 칸 떨어진 모양)으로 연결하면 효율적으로 연결할 수 있습니다. 예제에서 파란색 성을 연결할 때 F6으로 연결할 수도 있지만 E7로 연결하는 것이 더 효율적입니다. 이렇게 연결하는 것을 쌍립 연결이라고 합니다.

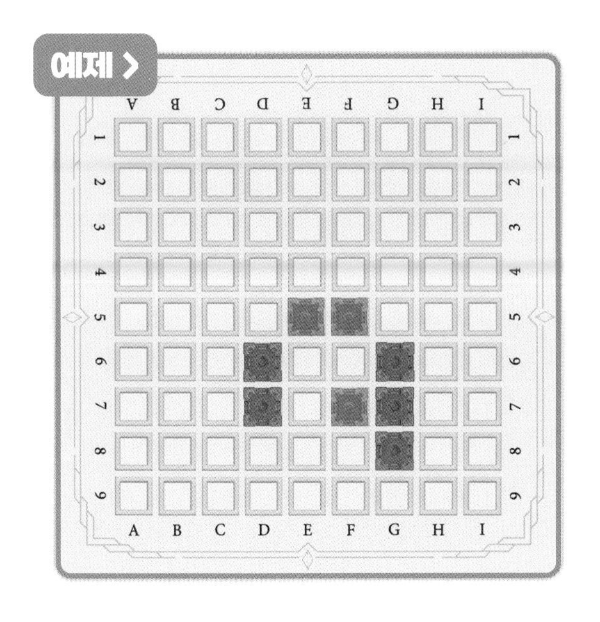

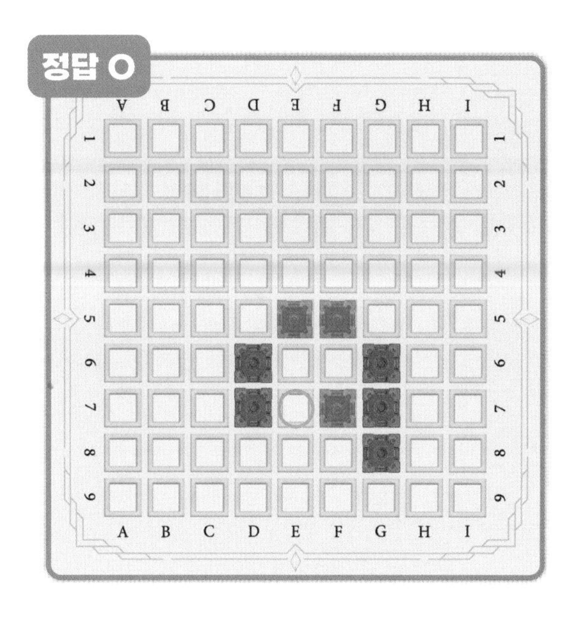

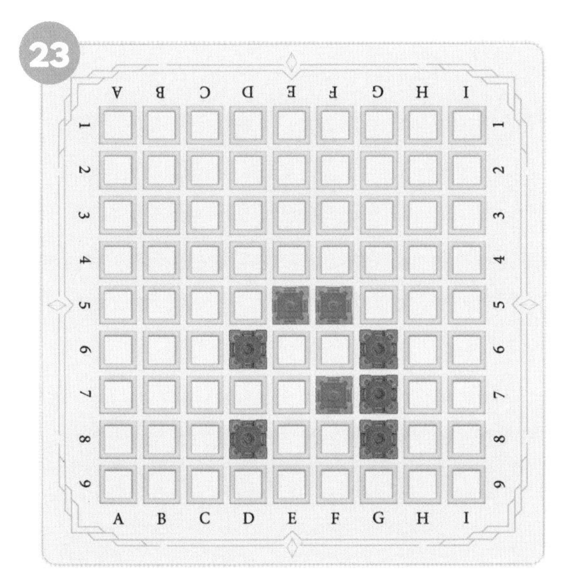

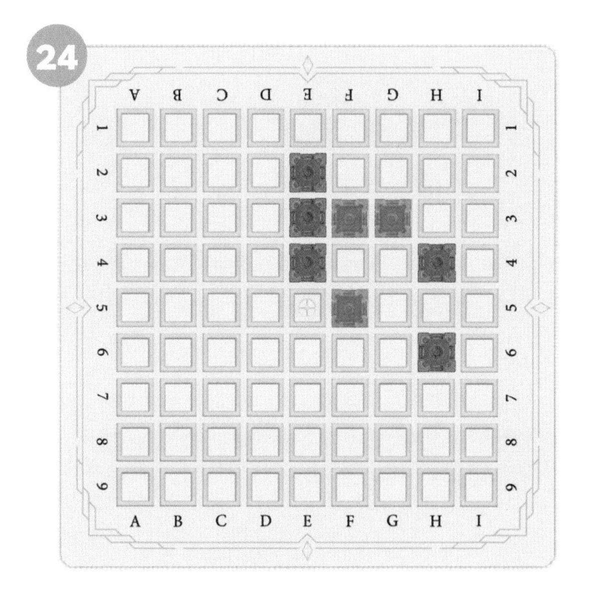

정답 : 23번 E7, 24번 G5

파란색 성이 끊어지는 곳을 찾아 연결해 보세요.

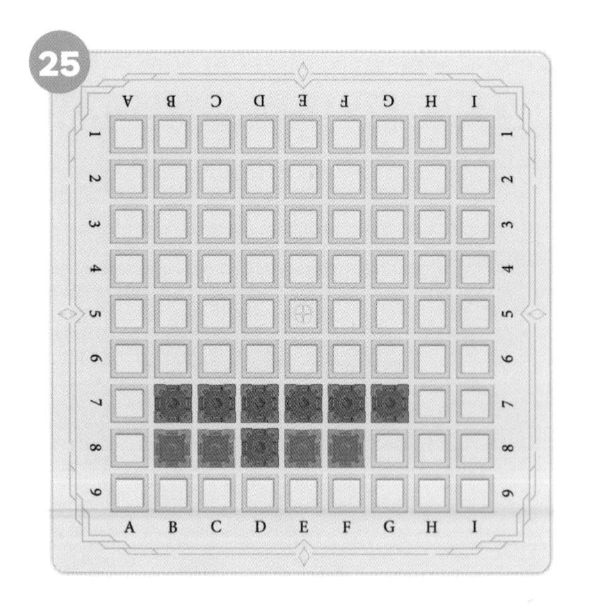

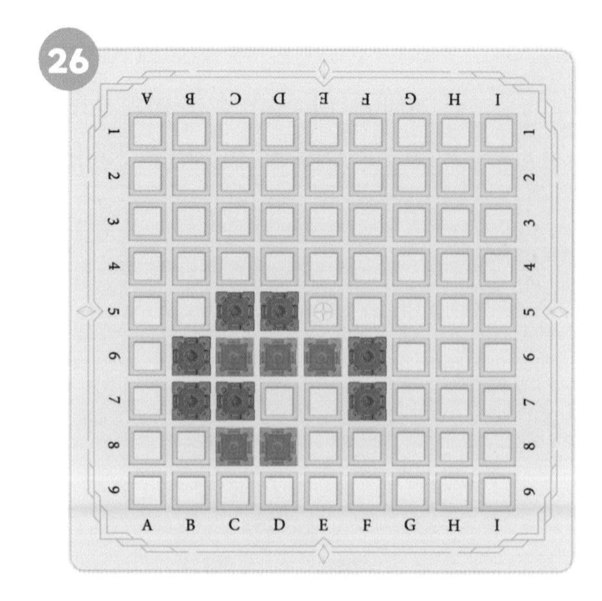

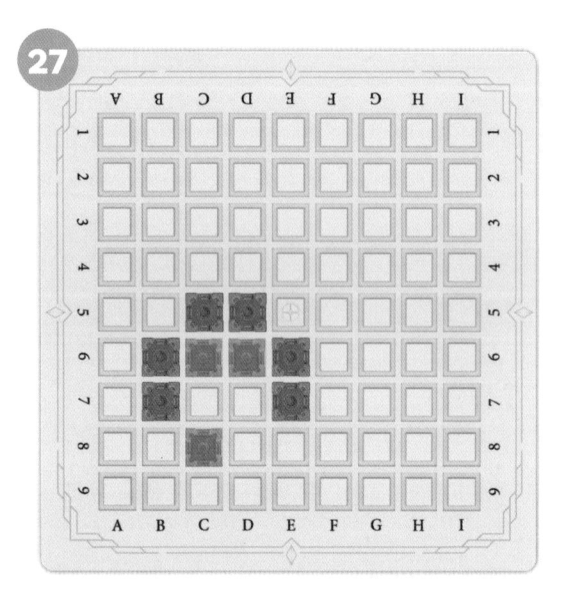

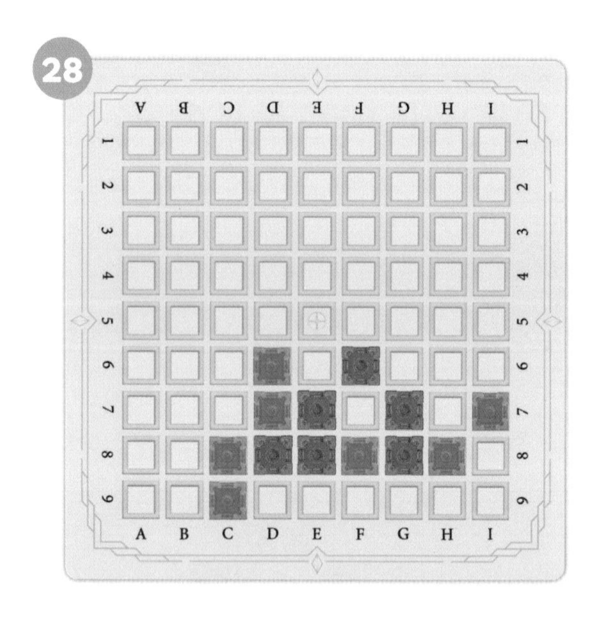

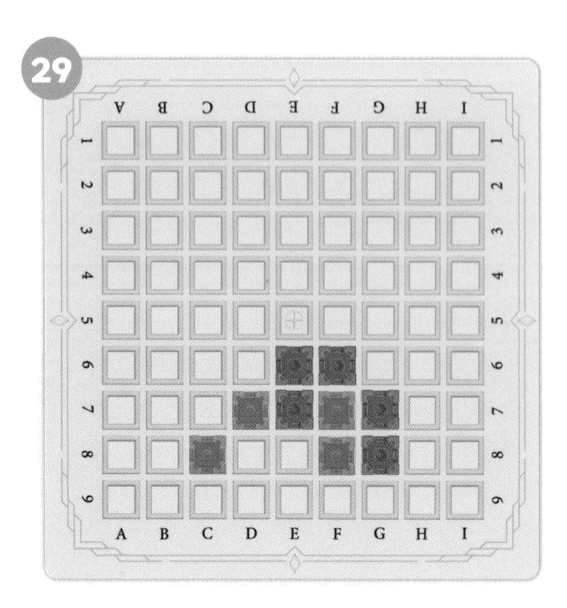

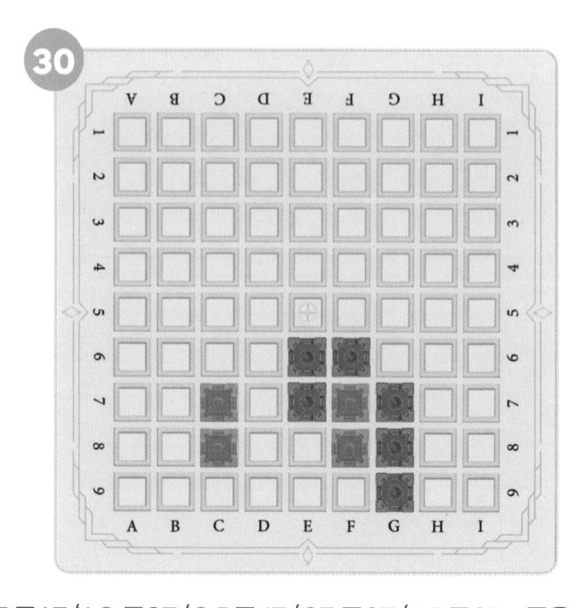

정답 : 25번 D9, 26번 E8, 27번 D8, 28번 G9, 29번 E8, 30번 E8

✓ 파란색 성이 끊어지는 곳을 찾아 연결해 보세요.

31

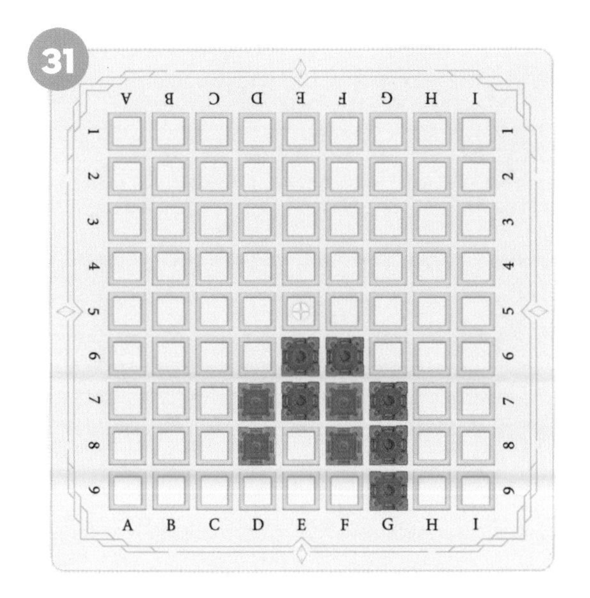

32

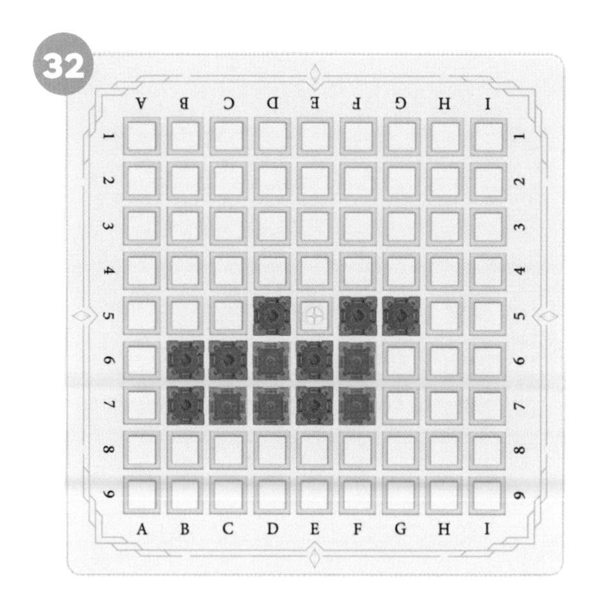

정답 : 31번 E8, 32번 E8

파란색 성을 효율적으로 연결해 보세요.

파란색 성을 잘못 두면 파괴될 수 있습니다. 파란색 성을 보호하려면 성을 어디에 놓아야 할까요?

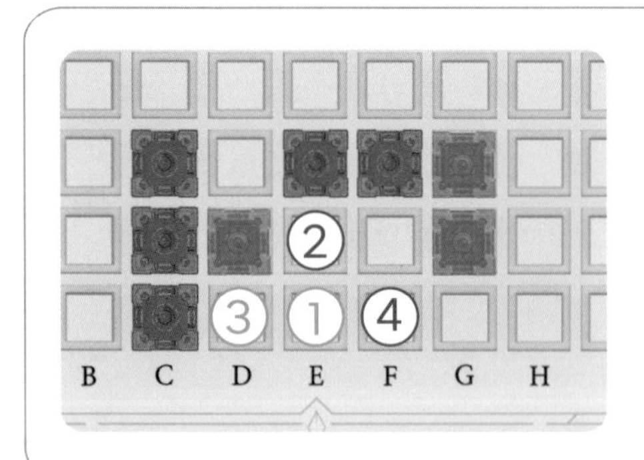

이렇게 풀어 보세요.

파란색 성부터 순서대로 숫자를 표시해 보세요.
문제를 푼 후 정답을 확인해 보세요.

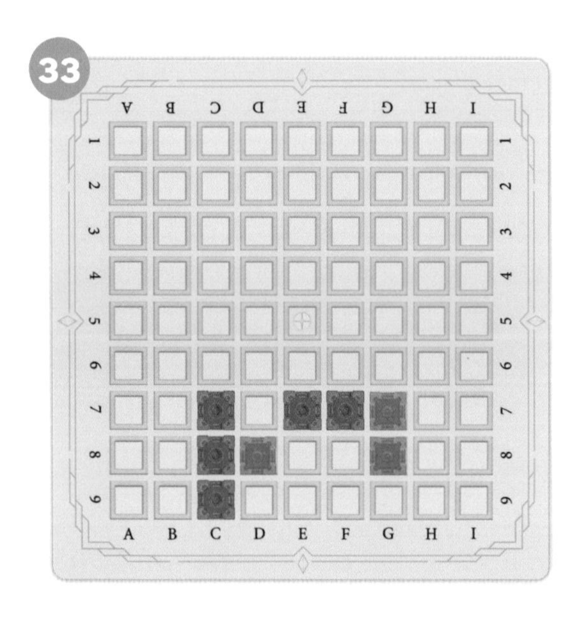

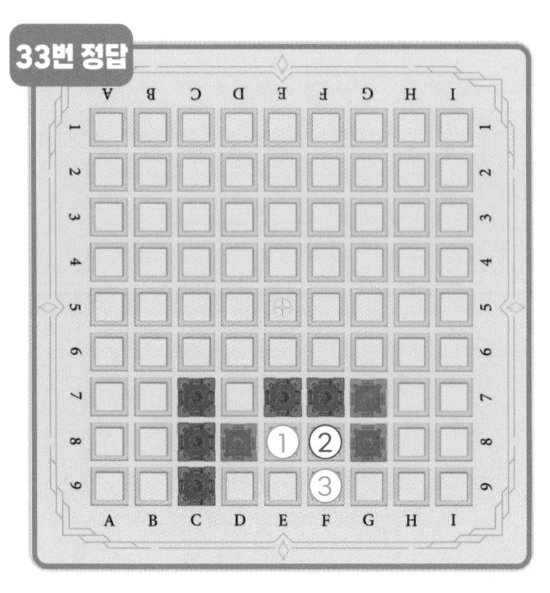

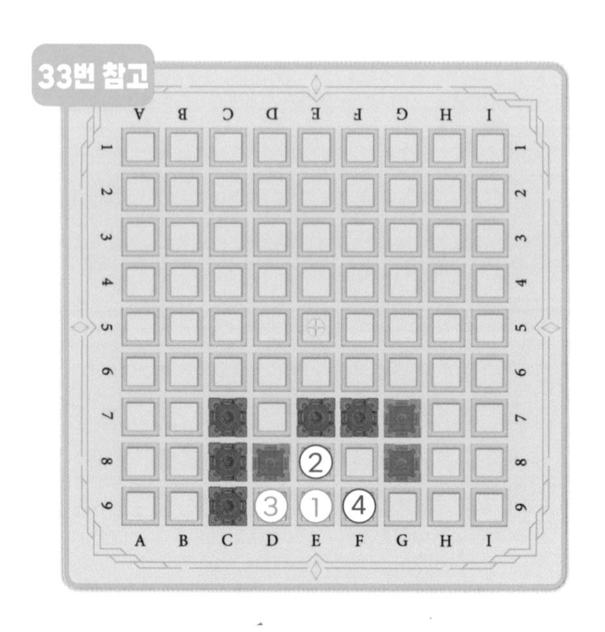

* 정답에 표시된 번호 순서대로 파란색 성을 놓아야 합니다. 참고 그림처럼 놓으면 파란색 성이 파괴됩니다.

파란색 성을 효율적으로 연결해 보세요.

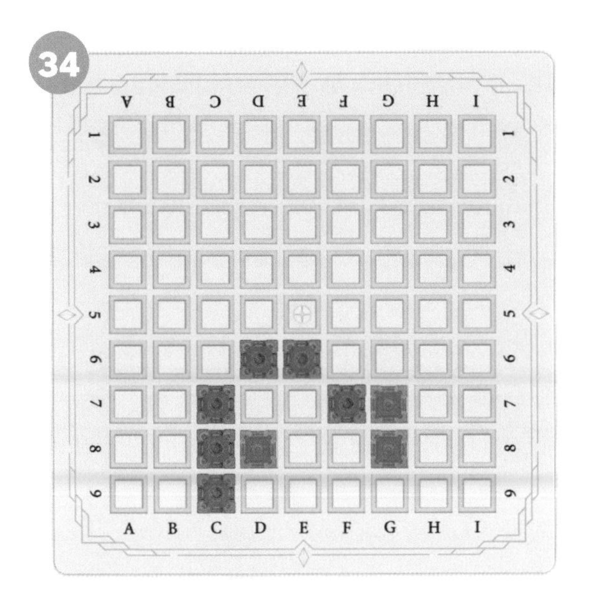

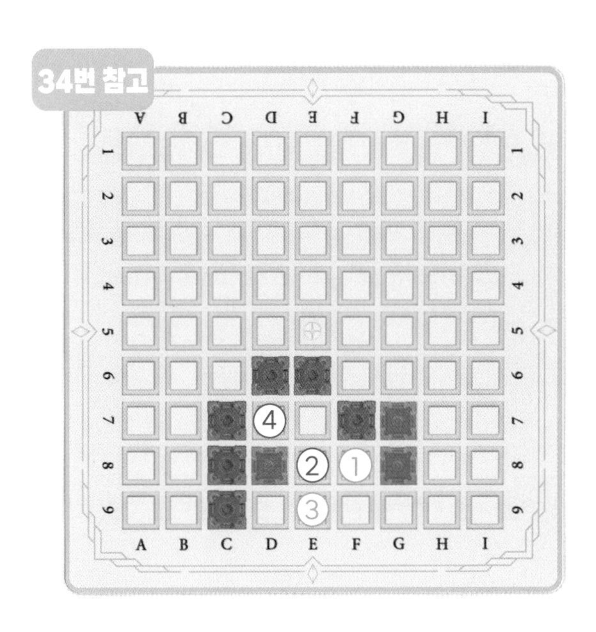

* 정답에 표시된 번호 순서대로 파란색 성을 놓아야 합니다. 참고 그림처럼 놓으면 파란색 성이 파괴됩니다.

상대의 성을 끊기

- 내 성을 지키면서 영토를 만들기 위해서는 내 성은 연결하고 상대의 성은 끊어야 합니다.

호구 : 호랑이 입이란 뜻으로 상대 호구 모양에 성을 놓으면 활로가 하나뿐이라서 게임에서 패배합니다.

1. 연결하면서 끊고 호구 만들기(D6)

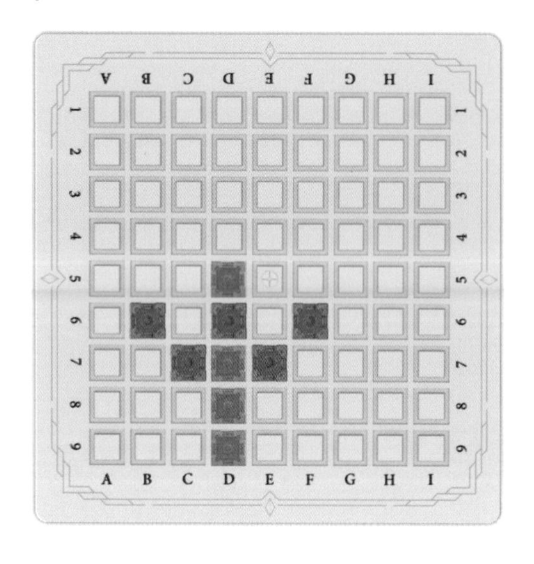

2. 연결하면서 끊고 호구 만들기(G6)

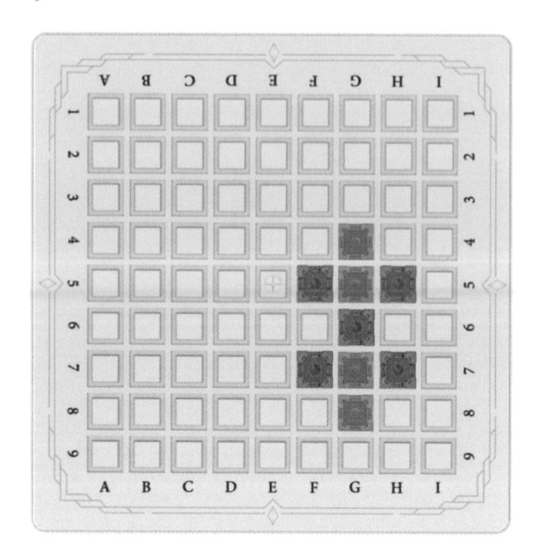

주황색 성을 D6과 G6 자리에 놓음으로써 내 성을 튼튼하게 연결하고 상대의 성은 들어오지 못하도록 호구 모양을 만들었습니다.

파란색 성을 놓으면서, 끊어질 곳을 찾아 호구 모양으로 튼튼하게 연결해 보세요.

예제 >

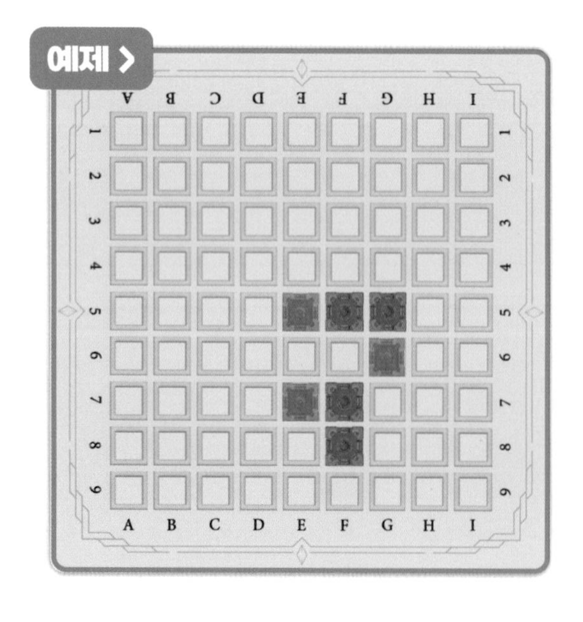

정답 O

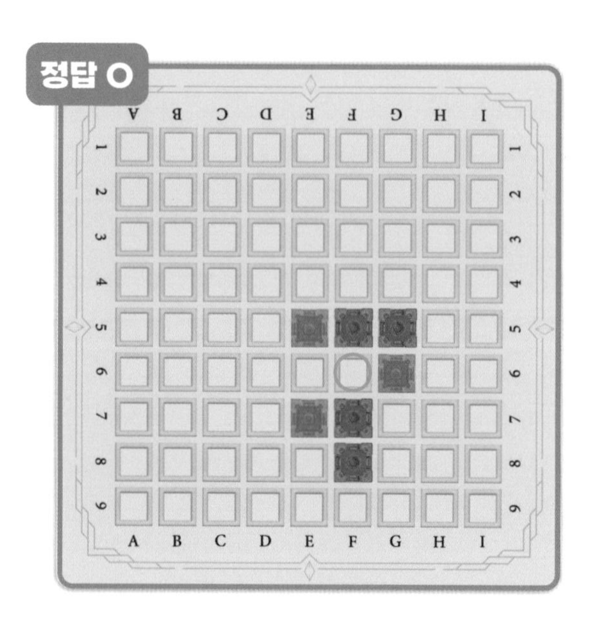

파란색 성을 호구 모양이 되도록 연결해 보세요.

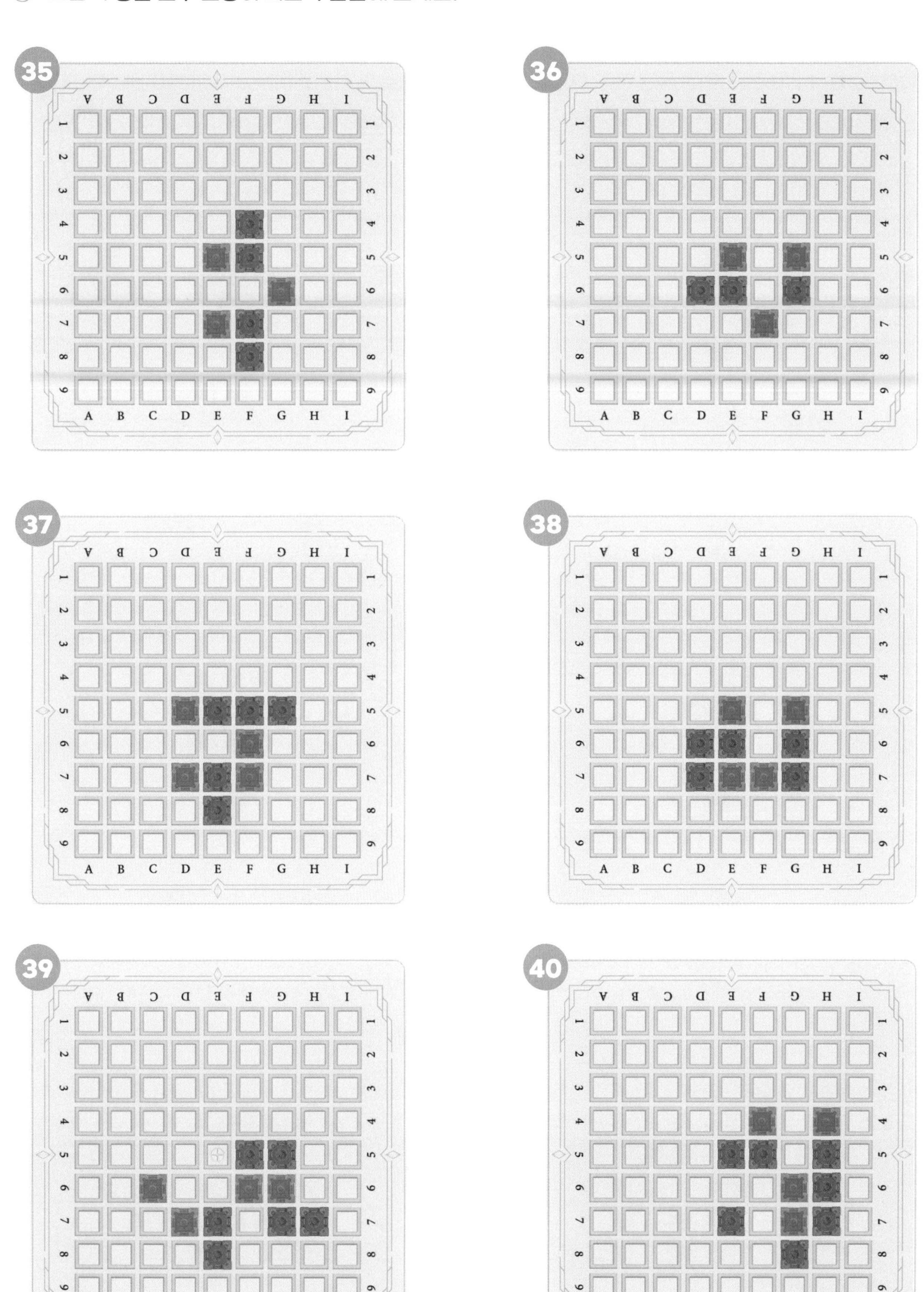

정답 : 35번 F6, 36번 F6, 37번 E6, 38번 F6, 39번 E6, 40번 G5

파란색 성을 호구 모양이 되도록 연결해 보세요.

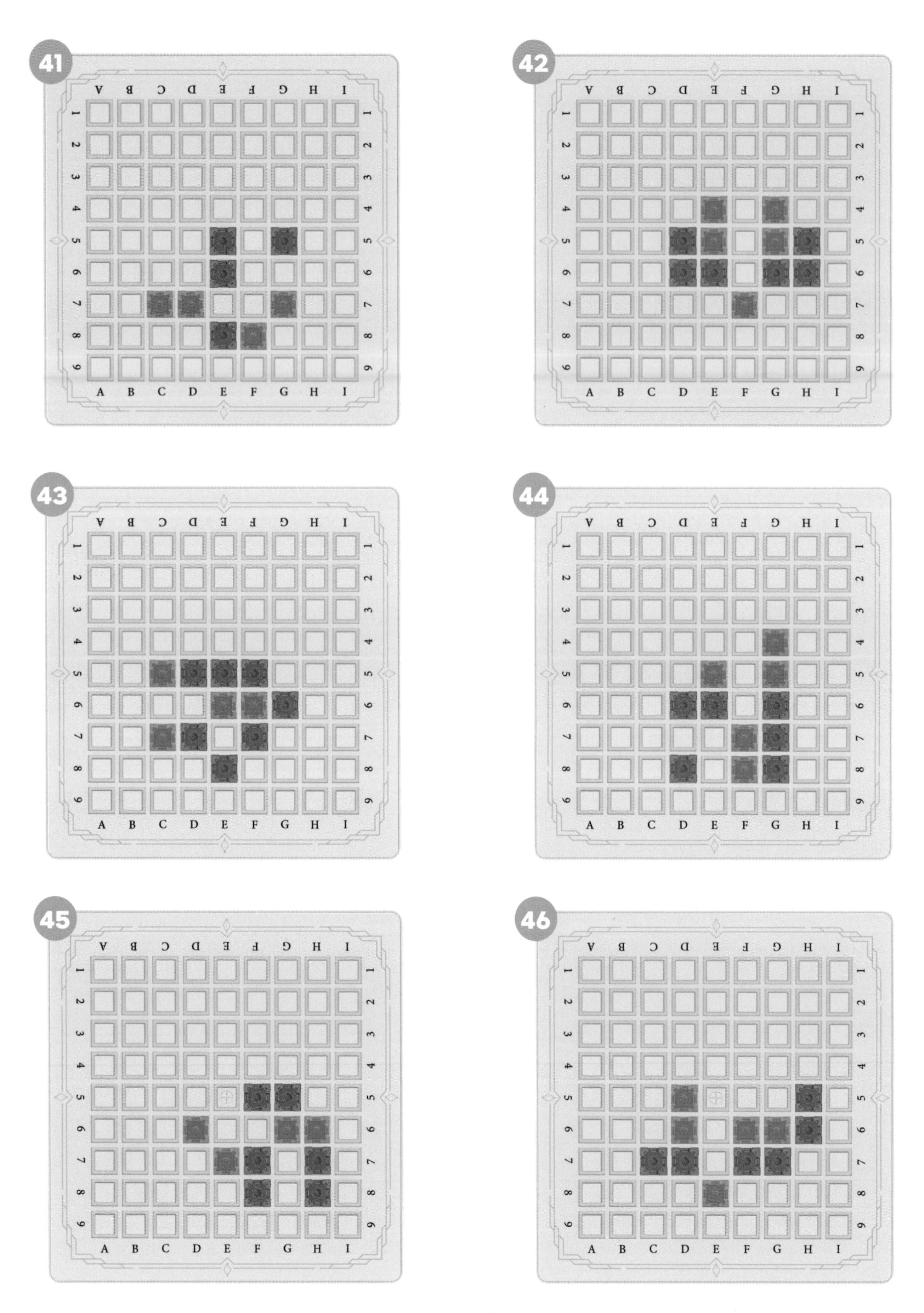

정답 : 41번 E7, 42번 F6, 43번 D6, 44번 F6, 45번 F6, 46번 E7

파란색 성을 양 호구 모양으로 연결해 보세요.

양 호구 : 양 호구란 호구가 2개 만들어지는 모양입니다.

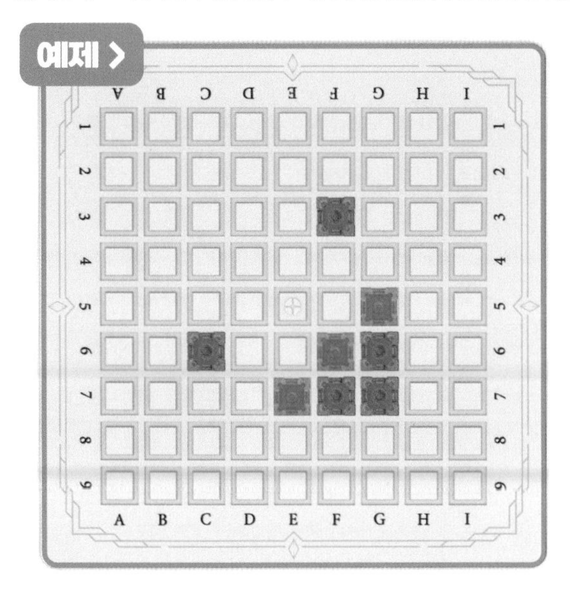

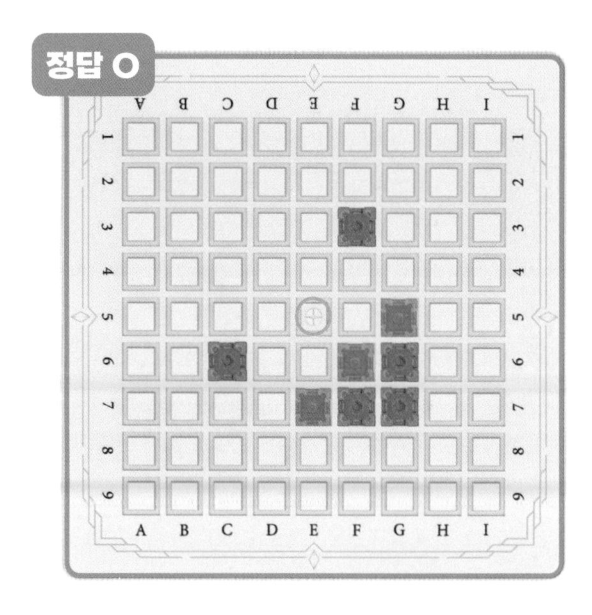

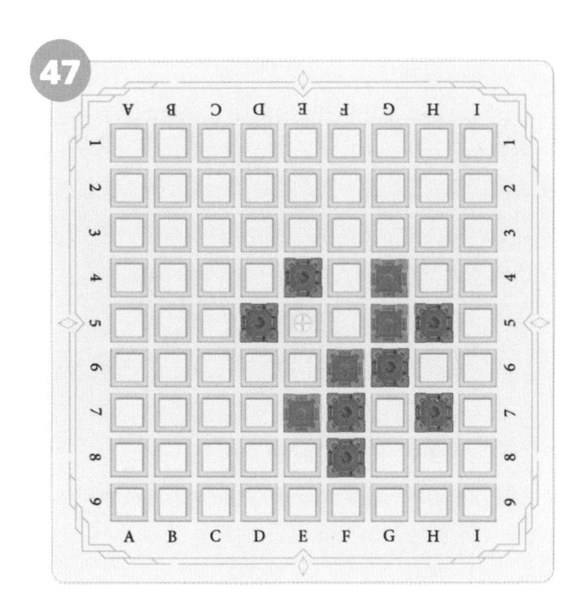

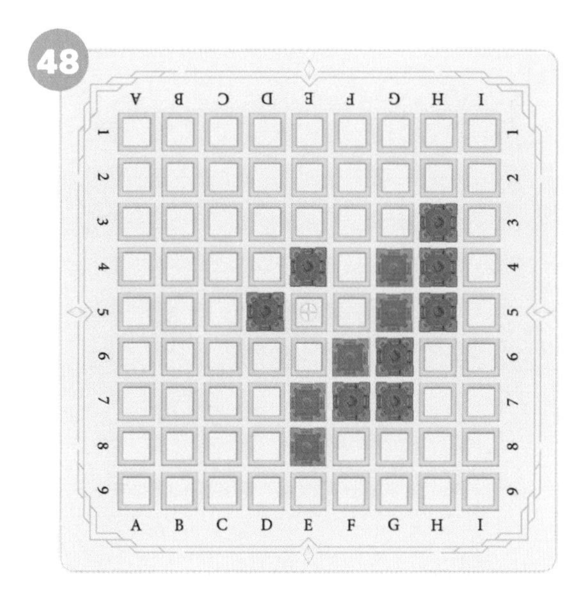

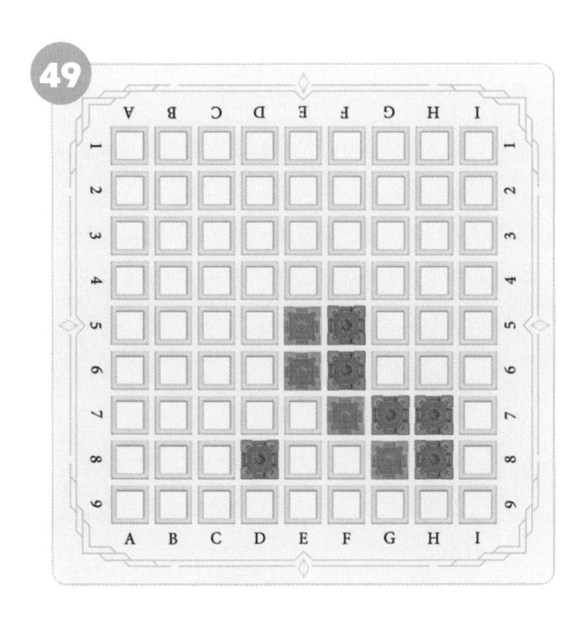

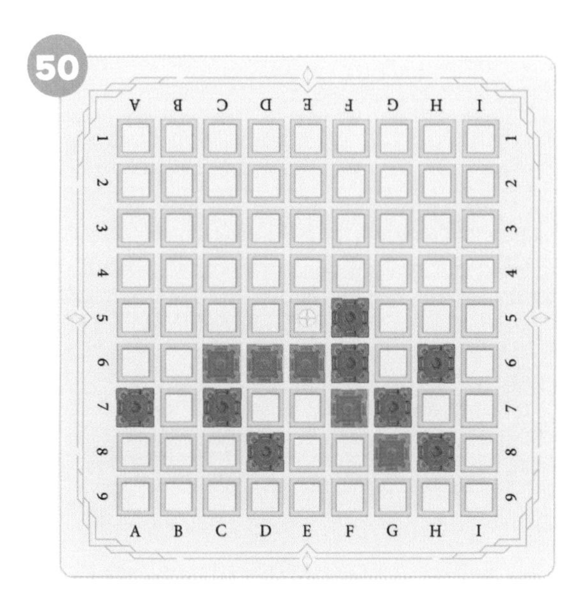

정답 : 47번 E5, 48번 E5, 49번 E8, 50번 E8

✓ 파란색 성을 양 호구 모양으로 연결해 보세요.

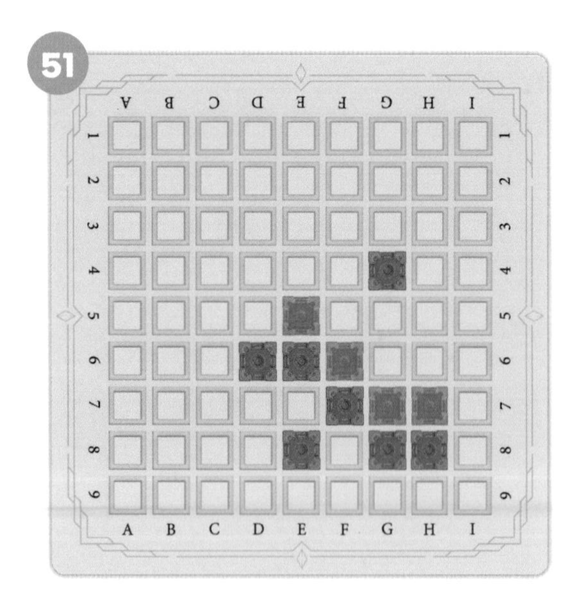

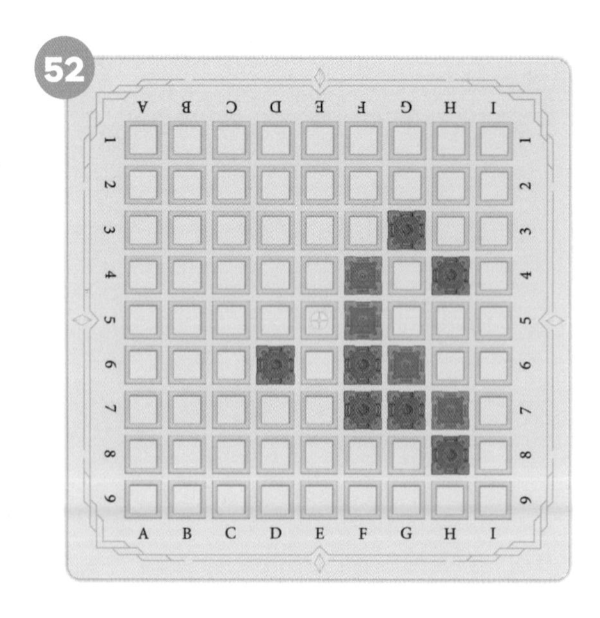

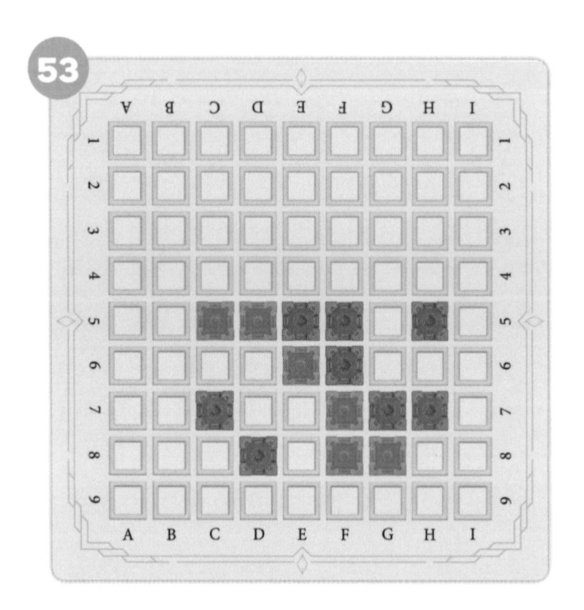

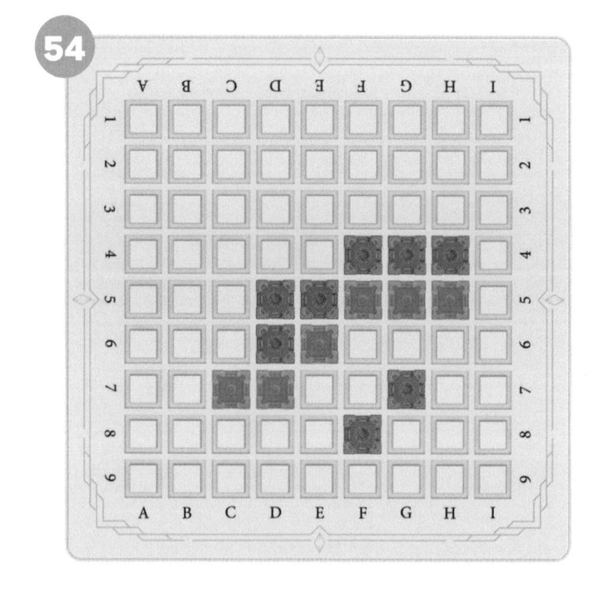

정답 : 51번 G5, 52번 H5, 53번 D7, 54번 F7

활로를 늘려 성을 살릴 수 있는지 생각해 보세요.

파란색 성 차례입니다. 파란색 성을 살릴 수 있다면 O, 살릴 수 없다면 X를 표시하세요.

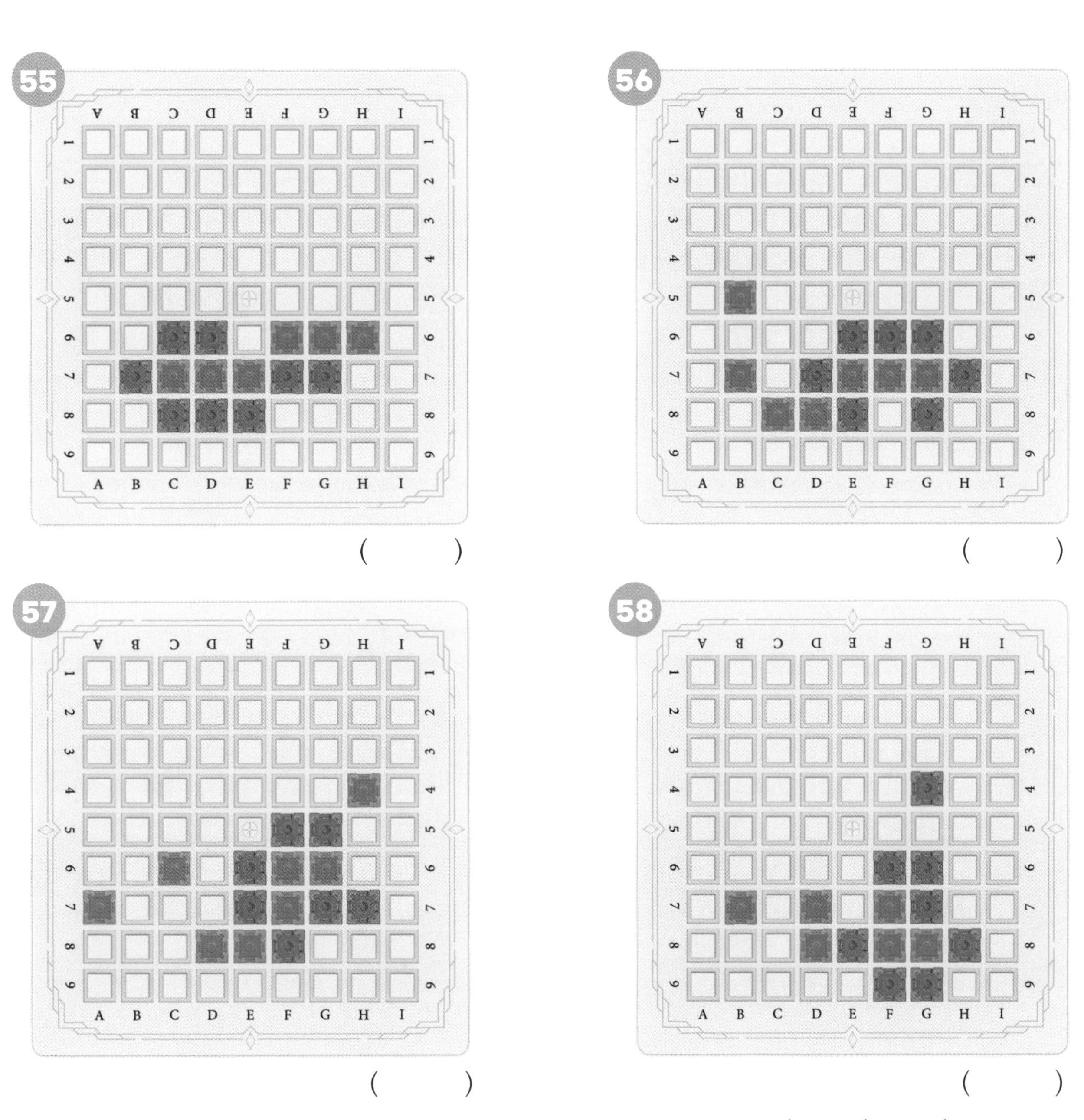

55 ( )
56 ( )
57 ( )
58 ( )

정답 : 55번 O, 56번 X, 57번 X, 58번 O

파란색 성 차례입니다. 파란색 성을 살릴 수 있다면 O, 살릴 수 없다면 X를 표시하세요.

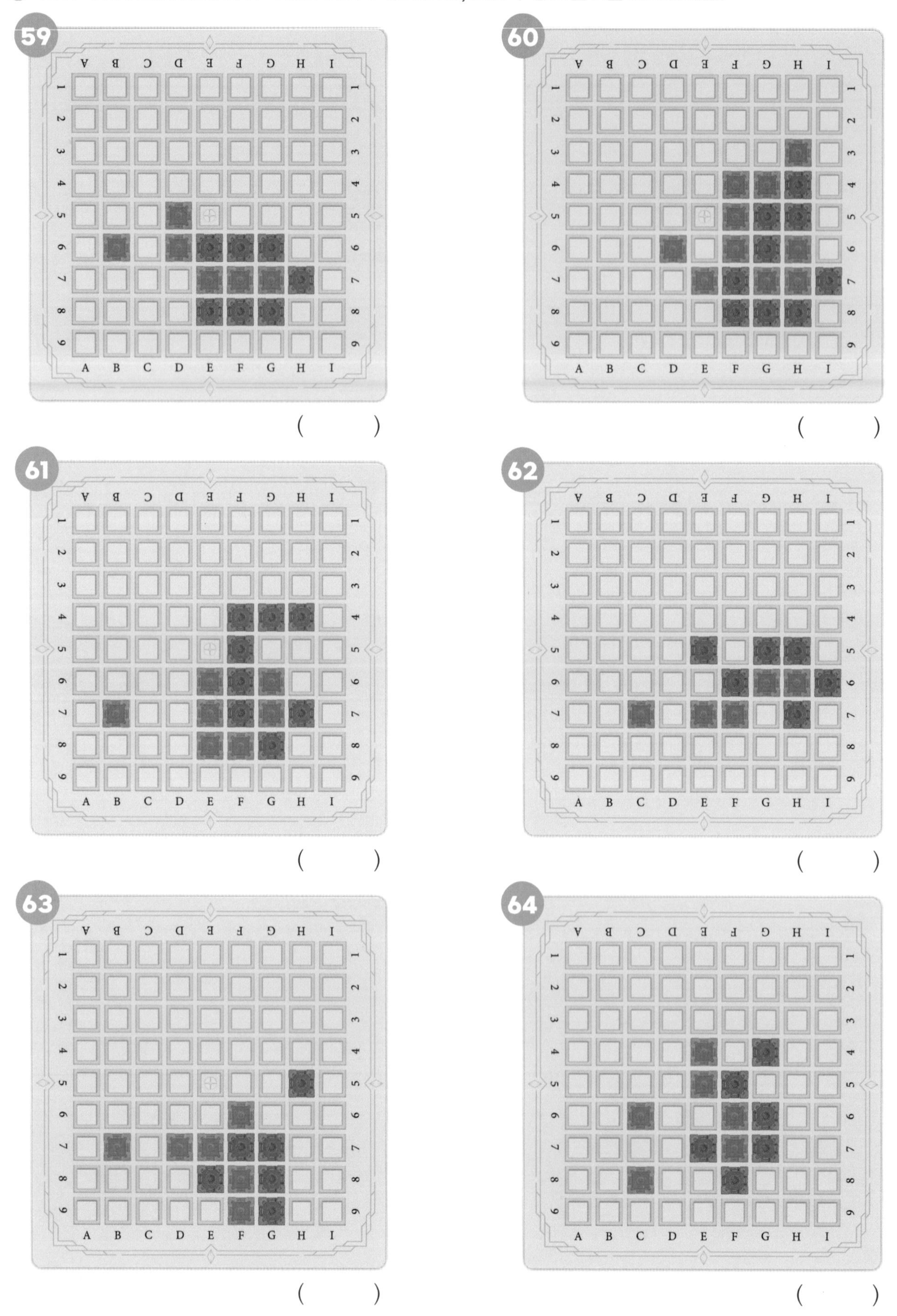

정답 : 59번 O, 60번 X, 61번 O, 62번 O, 63번 X, 64번 O

파란색 성 차례입니다. 파란색 성을 살릴 수 있다면 O, 살릴 수 없다면 X를 표시하세요.

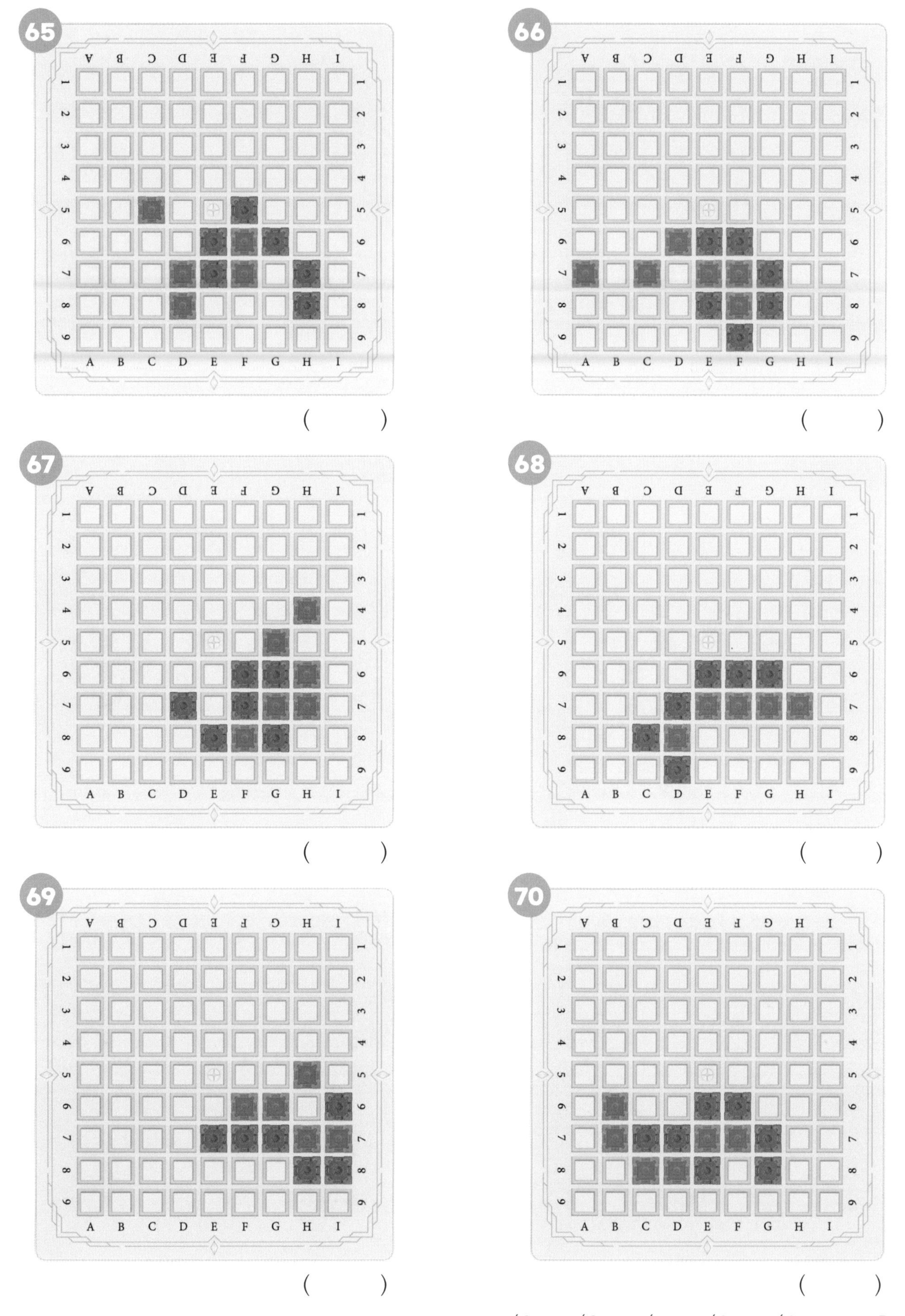

정답 : 65번 O, 66번 O, 67번 X, 68번 O, 69번 O, 70번 X

파란색 성 차례입니다. 파란색 성을 살릴 수 있다면 O, 살릴 수 없다면 X를 표시하세요.

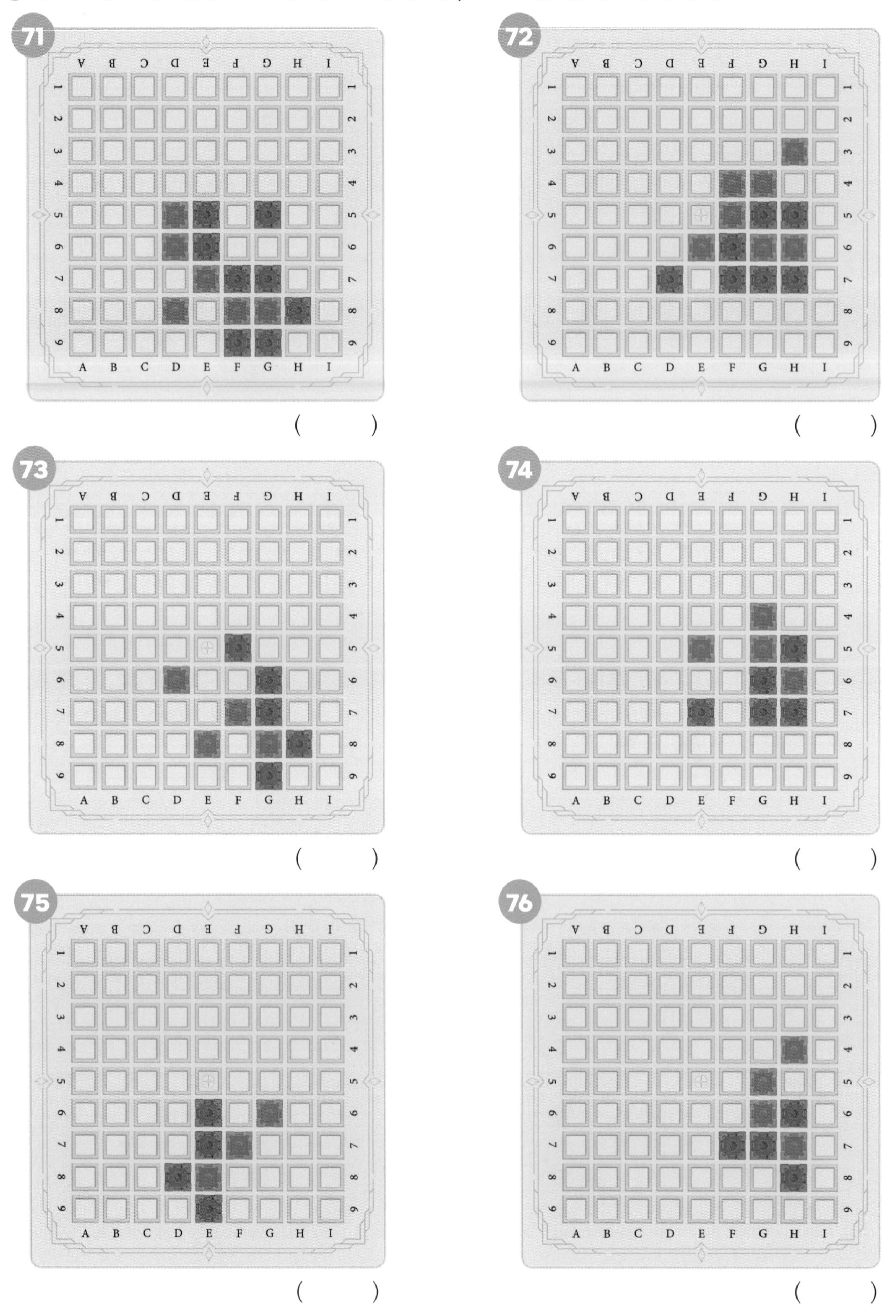

정답 : 71번 O, 72번 X, 73번 O, 74번 X, 75번 O, 76번 X

7. 영토(2)

영토를 만들어 내 성(파란색)을 지키세요.

✓ 파란색 성 차례입니다. 영토를 가장 크게 만들면서 성이 파괴되지 않는 곳에 표시해 보세요.

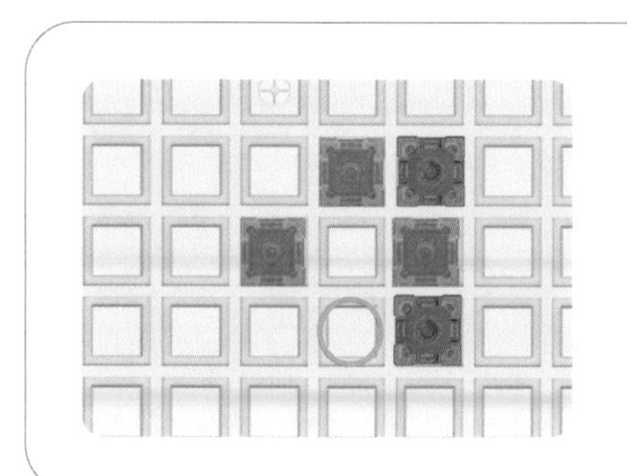

이렇게 풀어 보세요.

펜으로 파란색 성을 놓을 곳을 직접 표시해 보세요.

1

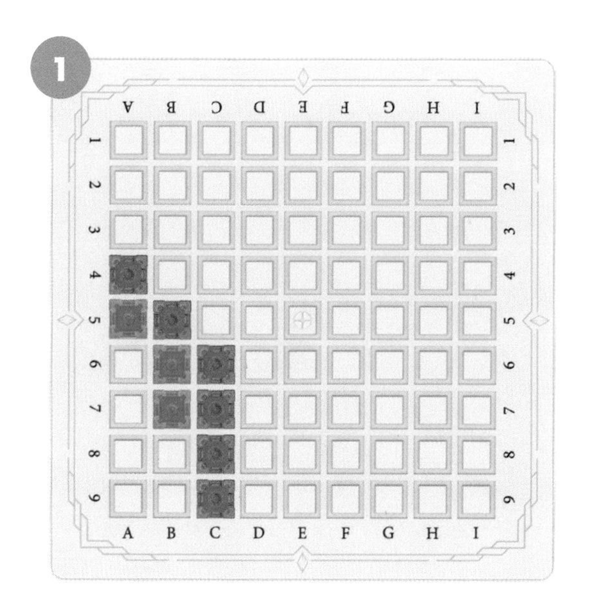

2

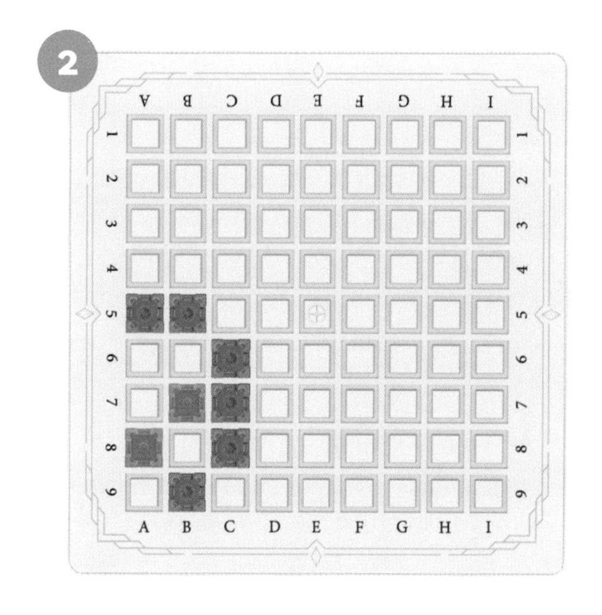

3

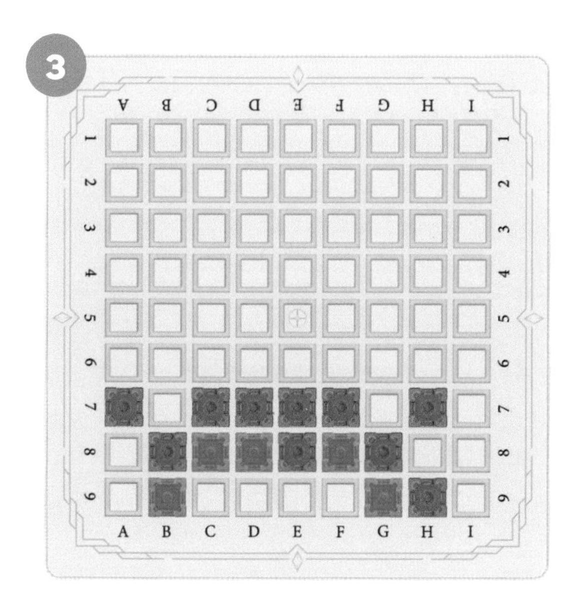

4

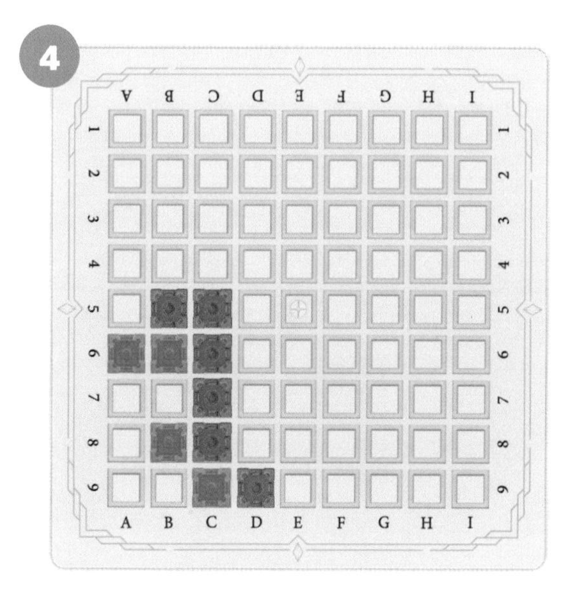

정답 : 1번 A8, 2번 A6, 3번 E9, 4번 B7

파란색 성 차례입니다. 영토를 가장 크게 만들면서 성이 파괴되지 않는 곳에 표시해 보세요.

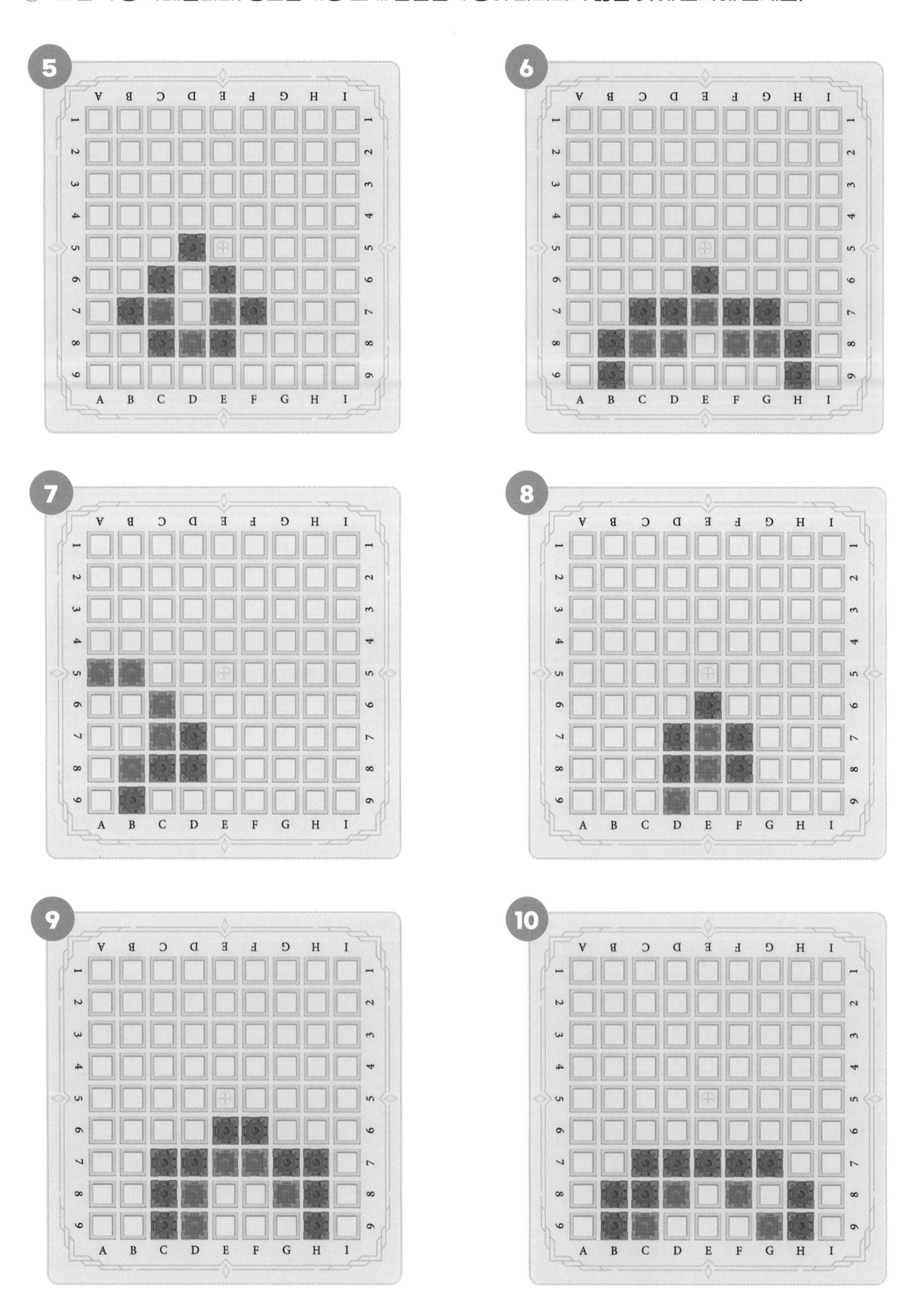

정답 : 5번 D6, 6번 E9, 7번 A9, 8번 F9, 9번 G9, 10번 E8

8. 축

축 : 단수를 치는 수를 연달아 두면서 상대의 성을 끝내 파괴하는 것입니다. 단, 단수를 잘못 치면 상대의 성을 파괴하지 못할 수도 있습니다. (어떻게 단수를 쳐야 할지 생각해 봅시다.)

✓ 주황색 성 차례입니다. 파란색 성이 파괴되도록 축 모양을 만들려면 주황색 성을 어디에 두어야 할까요?

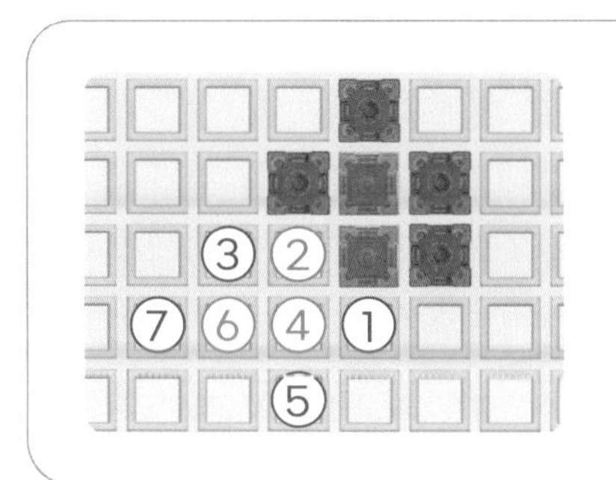

이렇게 풀어 보세요.

축을 만들기 위해 주황색 성을 놓을 곳을 직접 표시해 보세요.

예제 >

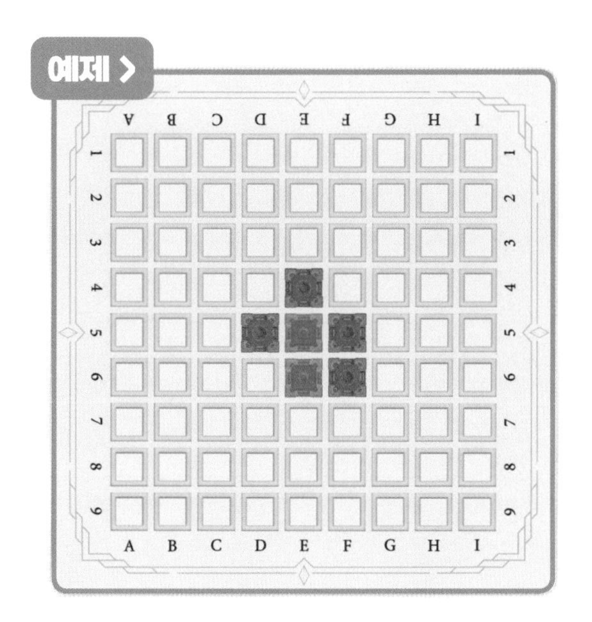

정답 O

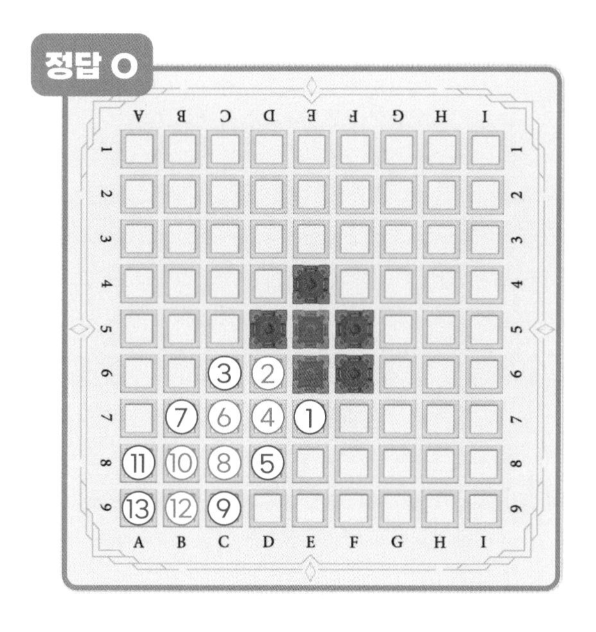

1

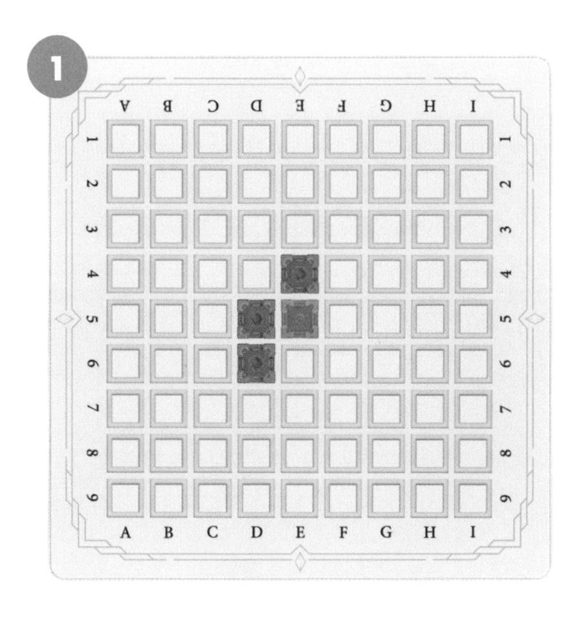

2

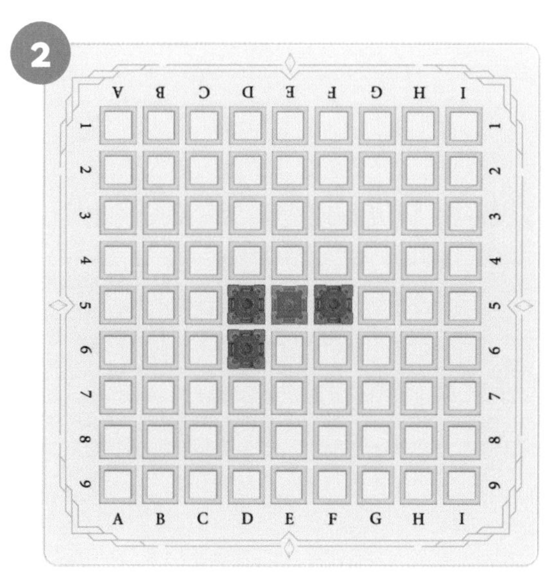

정답 : 1번 F5, 2번 E4

주황색 성 차례입니다. 파란색 성이 파괴되도록 축 모양을 만들려면 주황색 성을 어디에 두어야 할까요?

3

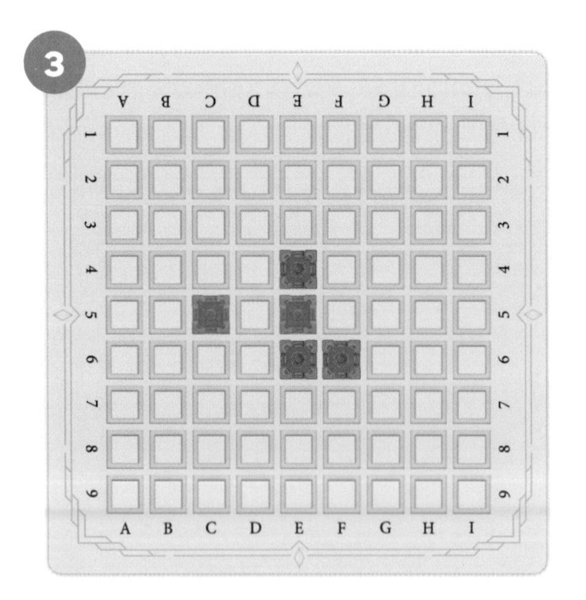

4

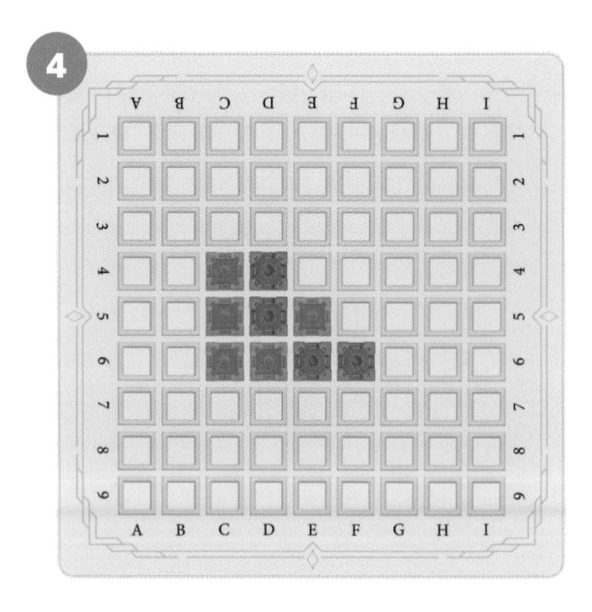

5

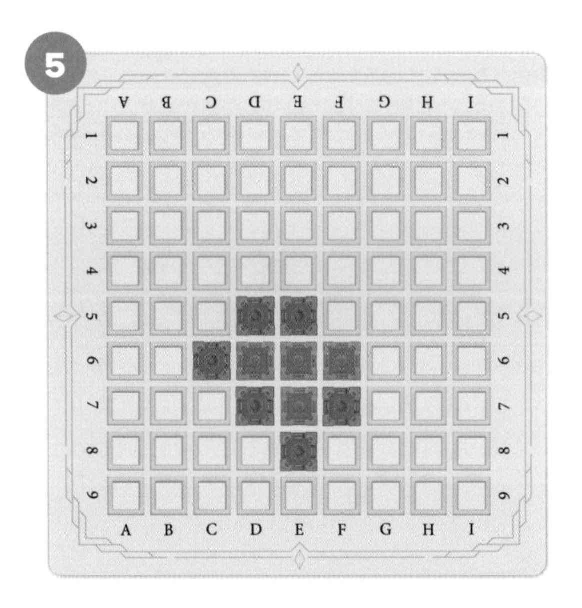

6

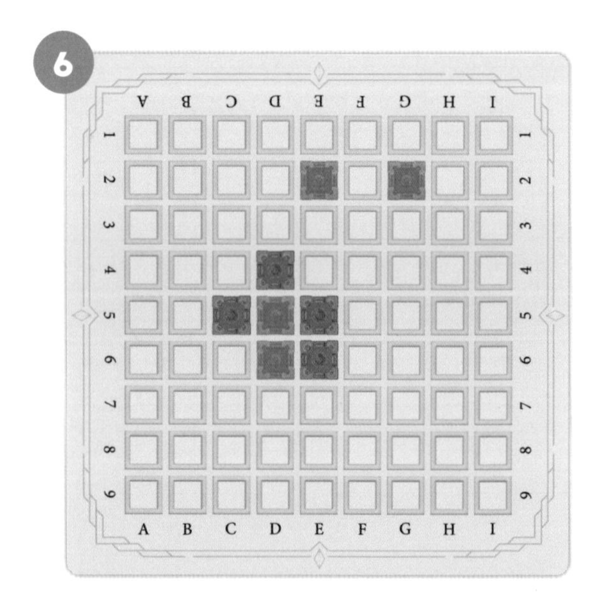

정답 : 3번 D5, 4번 E4, 5번 G6, 6번 D7

✓ 파란색 성 차례입니다. 주황색 성이 파괴되도록 축 모양을 만들려면 파란색 성을 어디에 두어야 할까요?

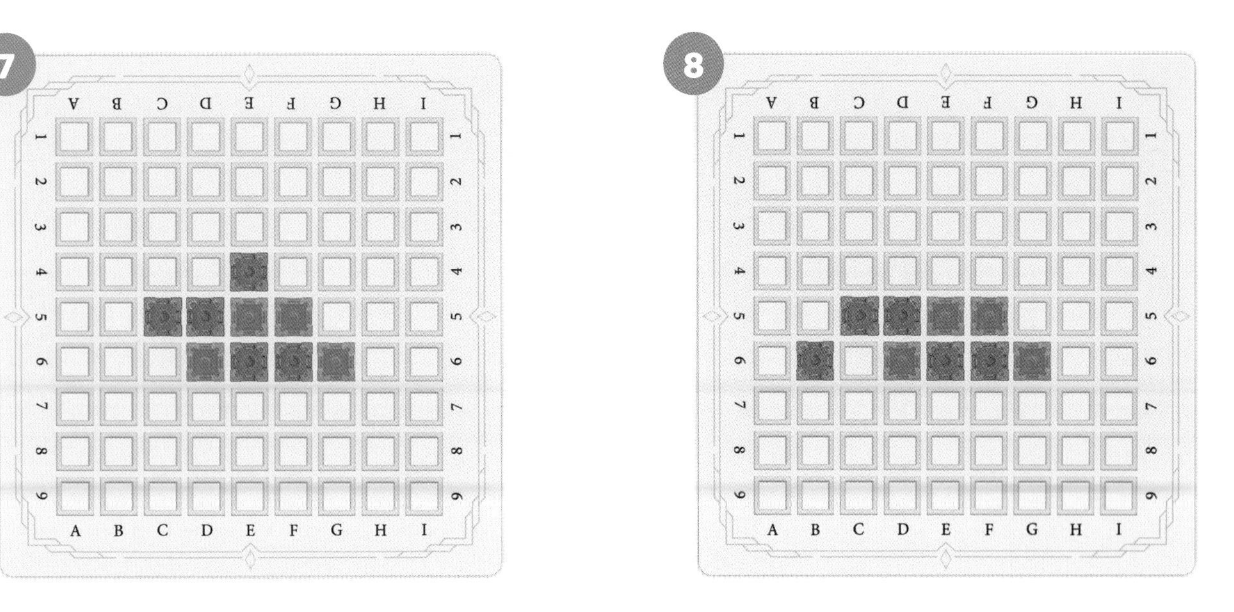

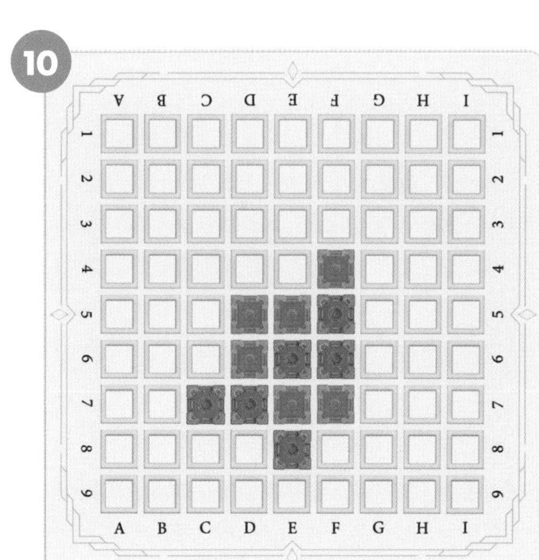

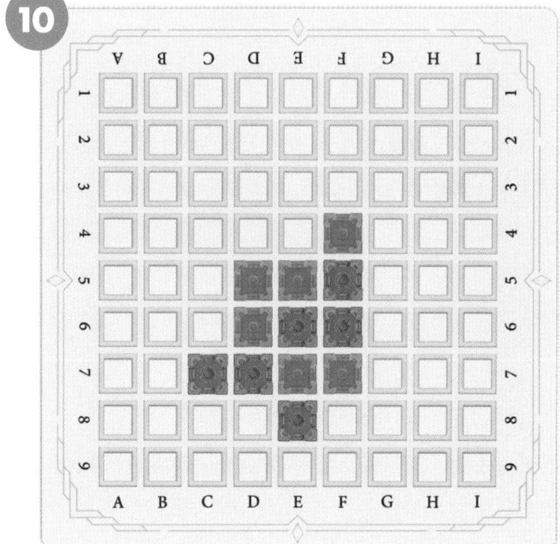

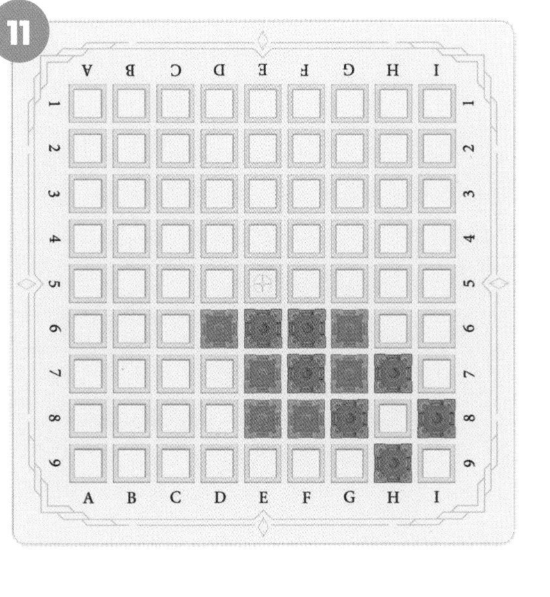

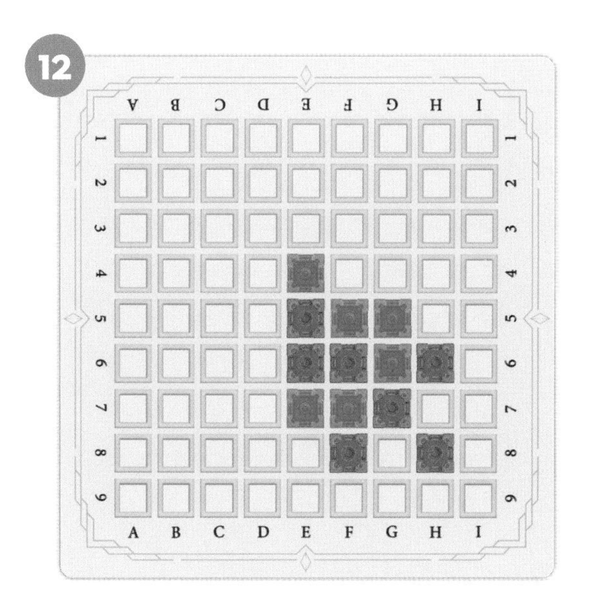

정답 : 7번 E7, 8번 E7, 9번 E6, 10번 G6, 11번 F5, 12번 D5

파란색 성 차례입니다. 주황색 성이 파괴되도록 축 모양을 만들려면 파란색 성을 어디에 두어야 할까요?

13

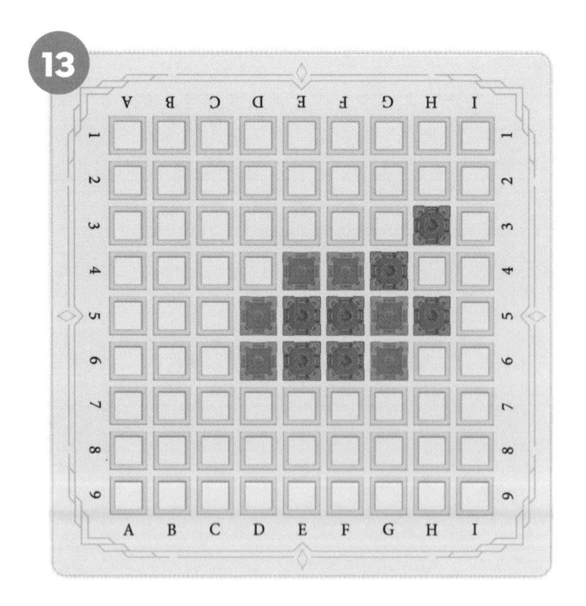

14

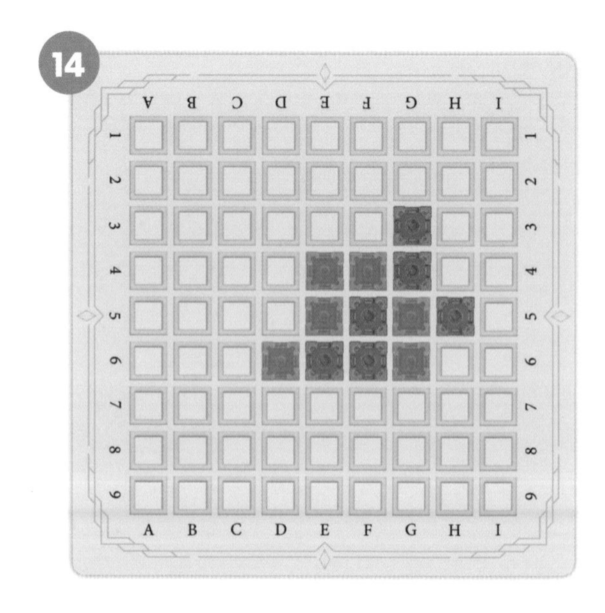

15

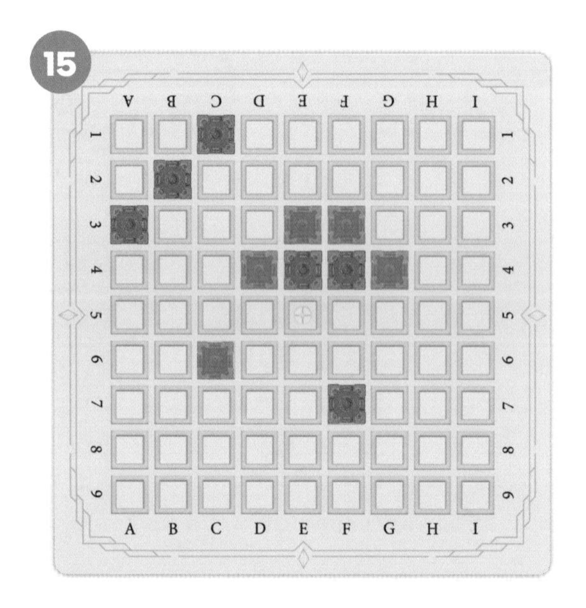

16

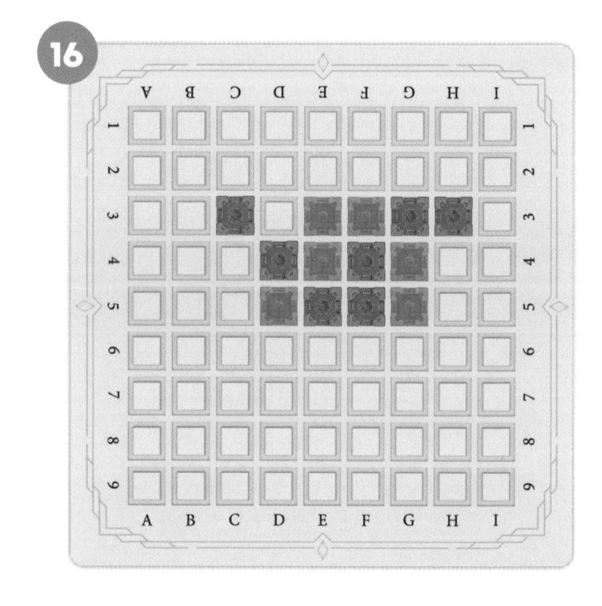

정답 : 13번 F7, 14번 F7, 15번 F5, 16번 E6

8. 축

✓ 주황색 성 차례입니다. 파란색 성이 파괴되도록 축 모양을 만들려면 주황색 성을 어디에 두어야 할까요?

예제 >

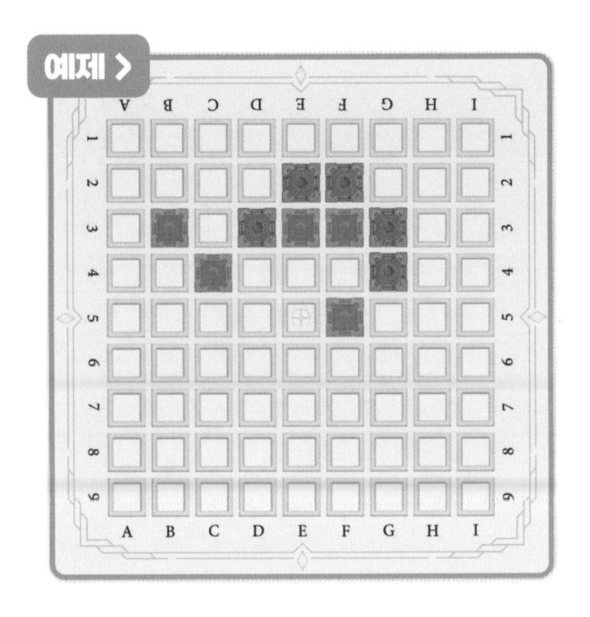

정답 O

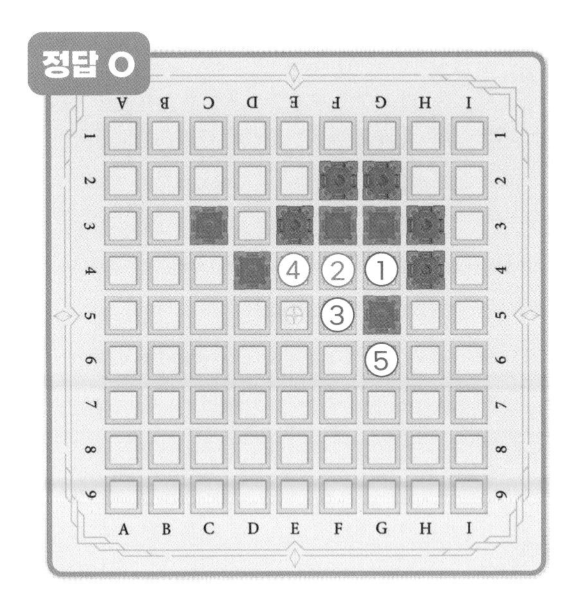

17

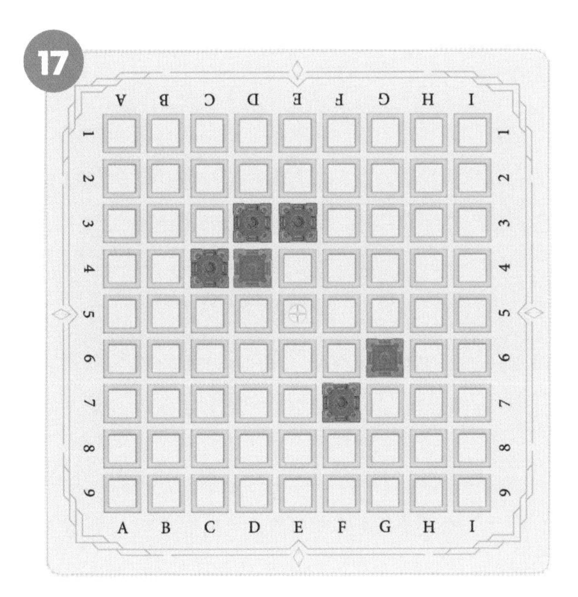

18

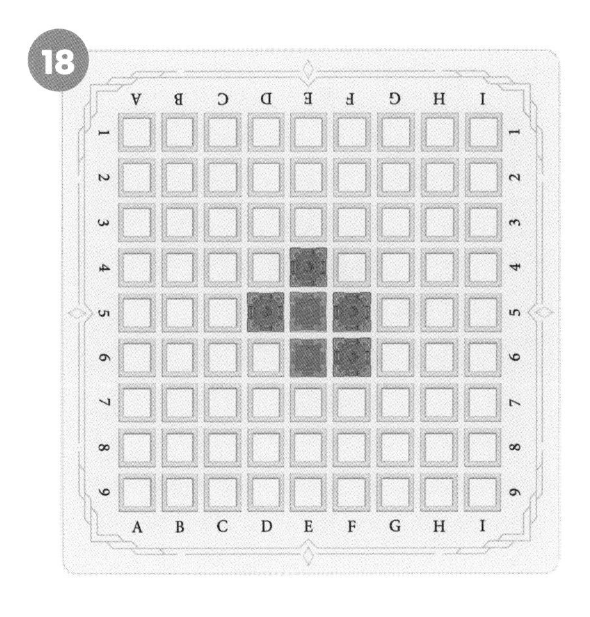

19

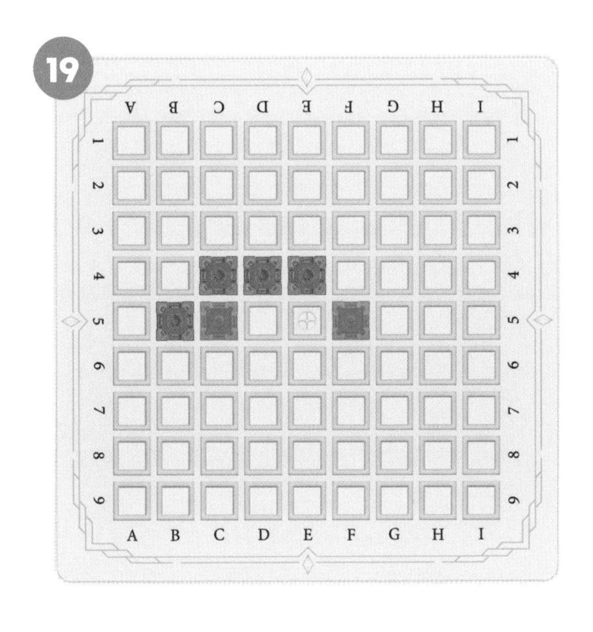

20

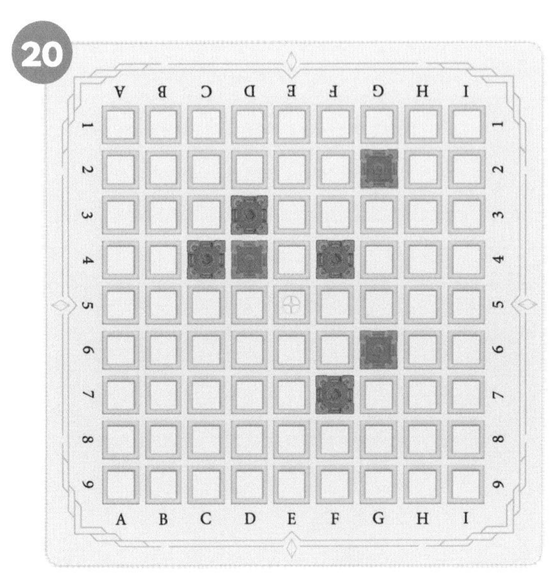

정답 ☞ 다음 쪽 참조

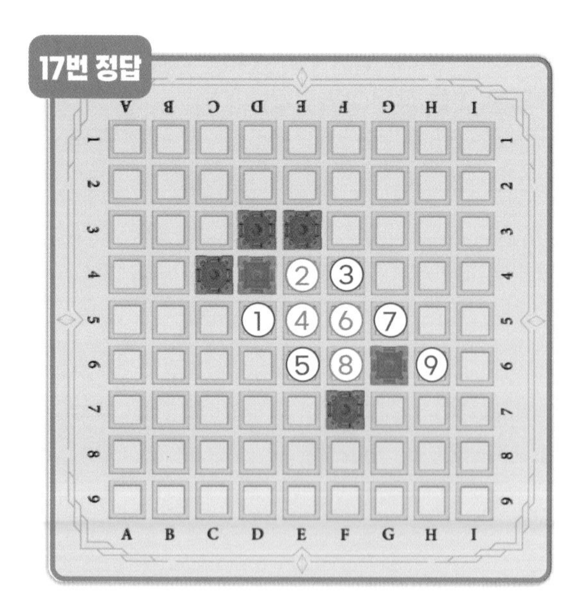
17번 정답
A B C D E F G H I
1 2 3 4 5 6 7 8 9

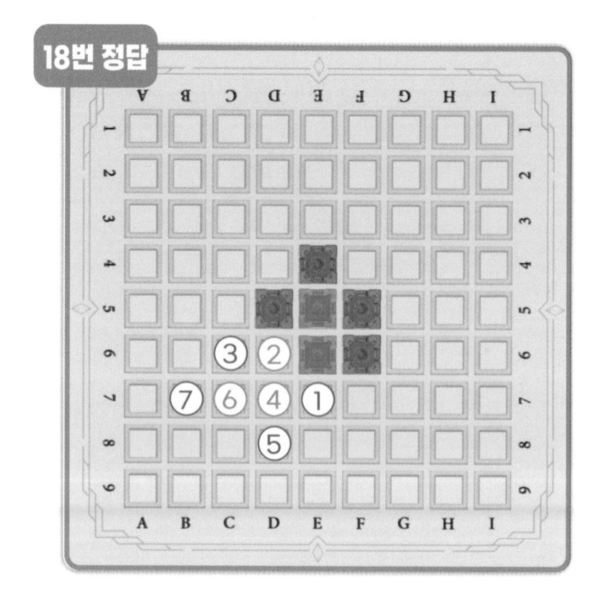
18번 정답
A B C D E F G H I
1 2 3 4 5 6 7 8 9

19번 정답
A B C D E F G H I
1 2 3 4 5 6 7 8 9

20번 정답
A B C D E F G H I
1 2 3 4 5 6 7 8 9

9. 장문

장문 : 당장은 단수를 치지 않더라도, 상대 성을 포위하도록 성을 두는 것을 장문이라고 합니다.

파란색 성을 놓아 주황색 성을 포위해 보세요.

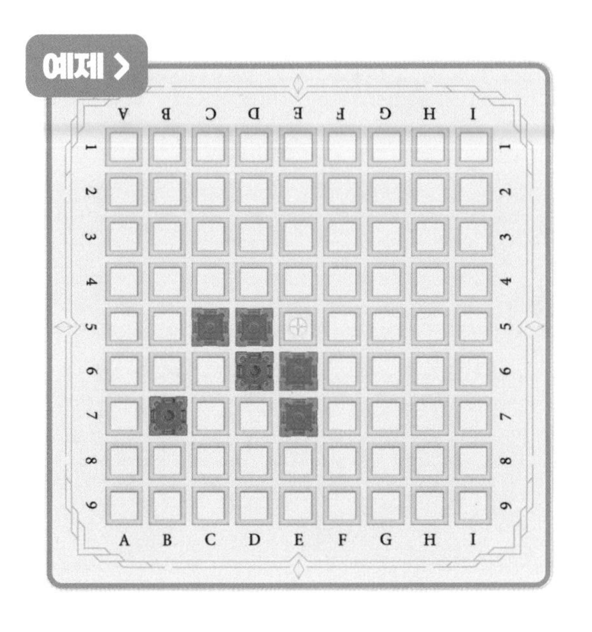

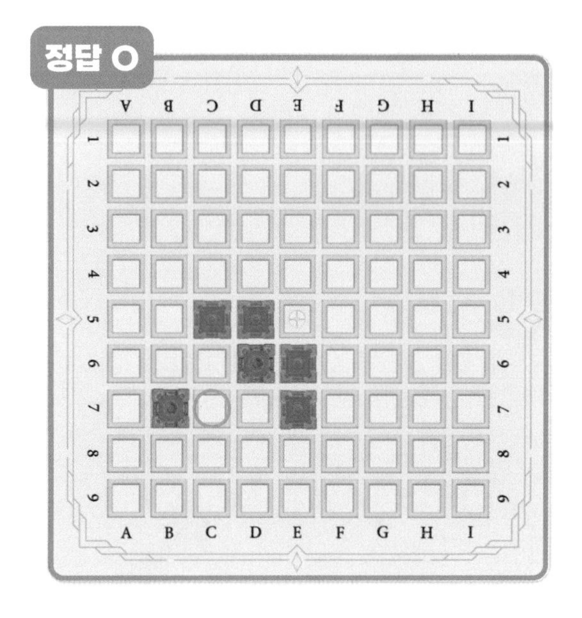

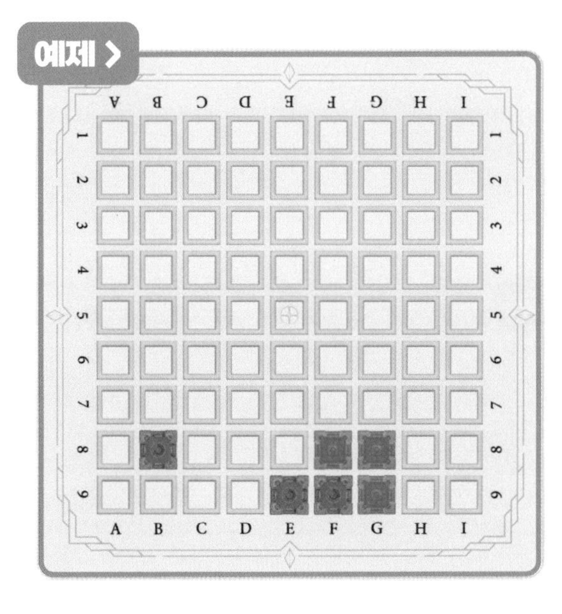

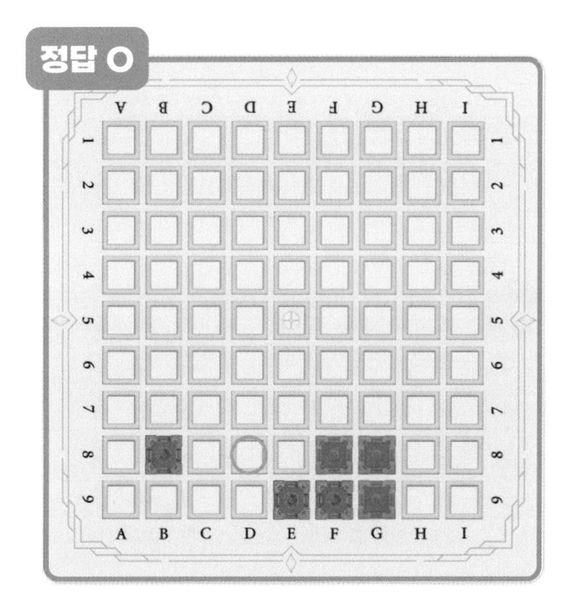

파란색 성을 놓아 주황색 성을 포위해 보세요.

1

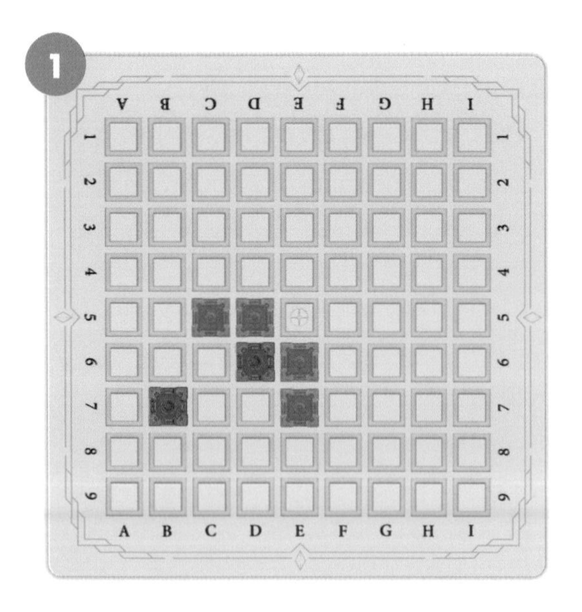

2

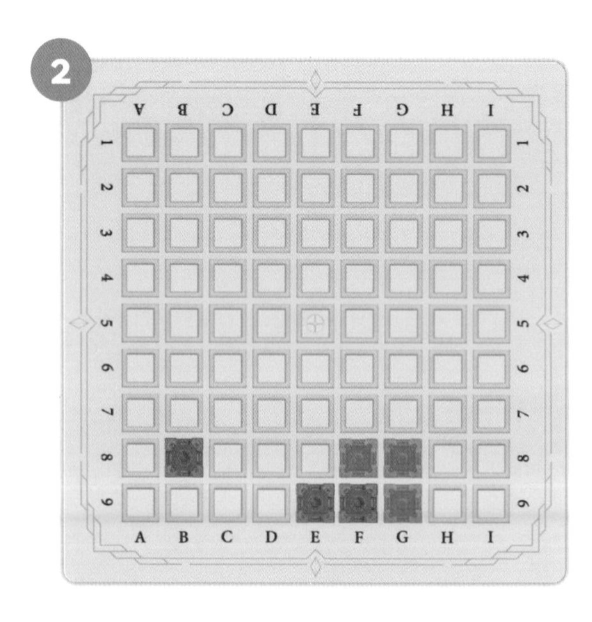

3

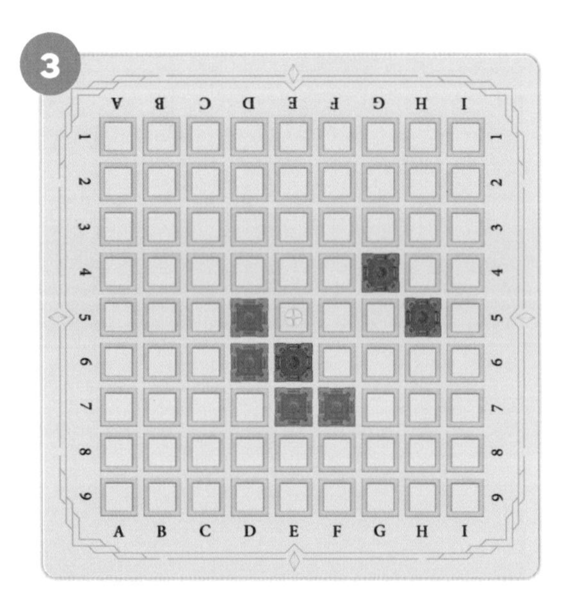

4

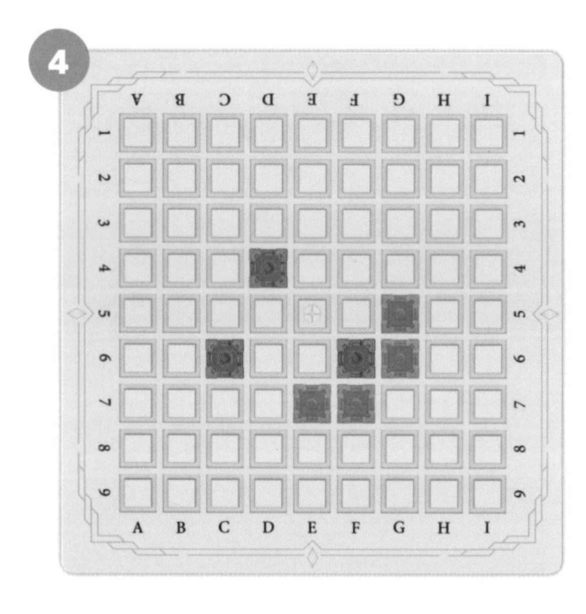

5

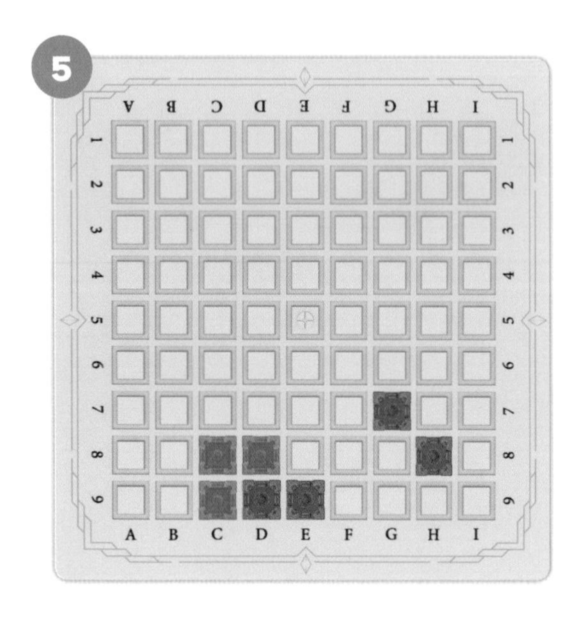

6

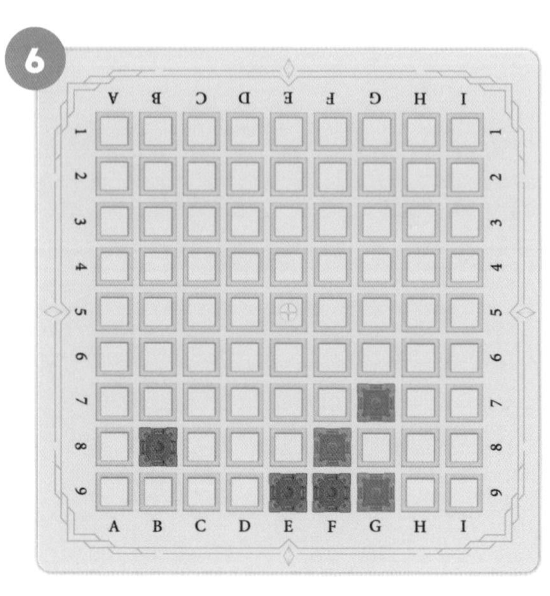

정답 : 1번 C7, 2번 D8, 3번 F5, 4번 E5, 5번 F8, 6번 D8

파란색 성을 놓아 주황색 성을 포위해 보세요.

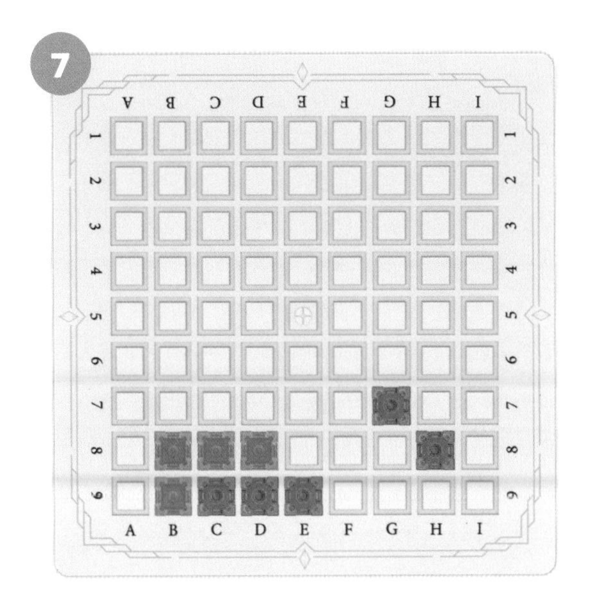

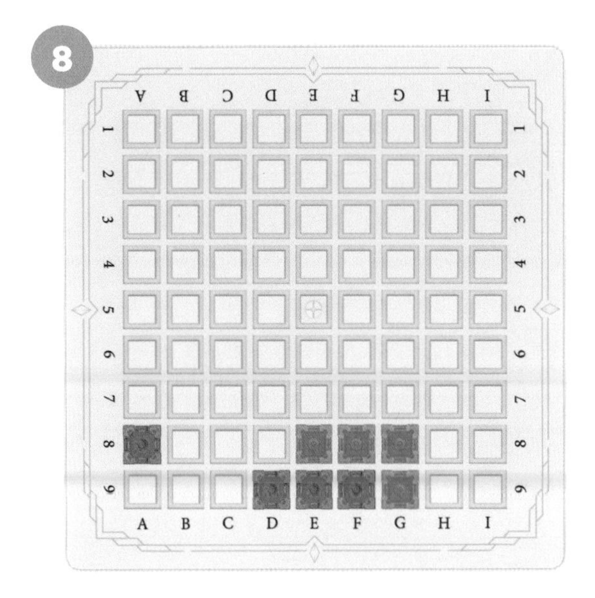

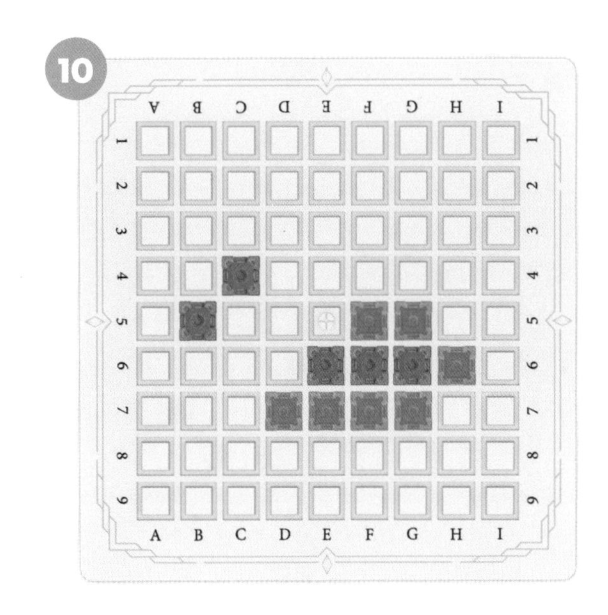

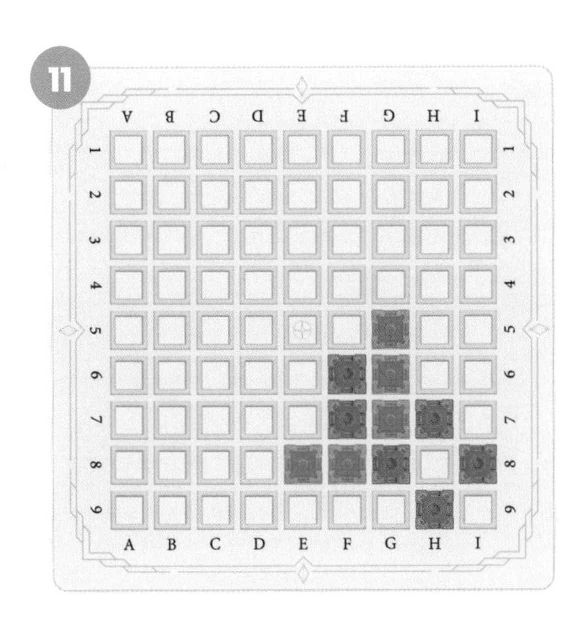

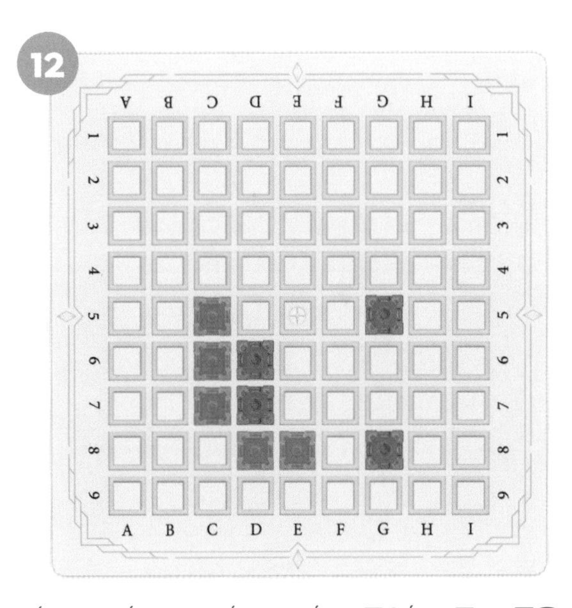

정답 : 7번 F8, 8번 C8, 9번 F7, 10번 D5, 11번 E5, 12번 E5

✓ 파란색 성을 놓아 주황색 성을 포위해 보세요.

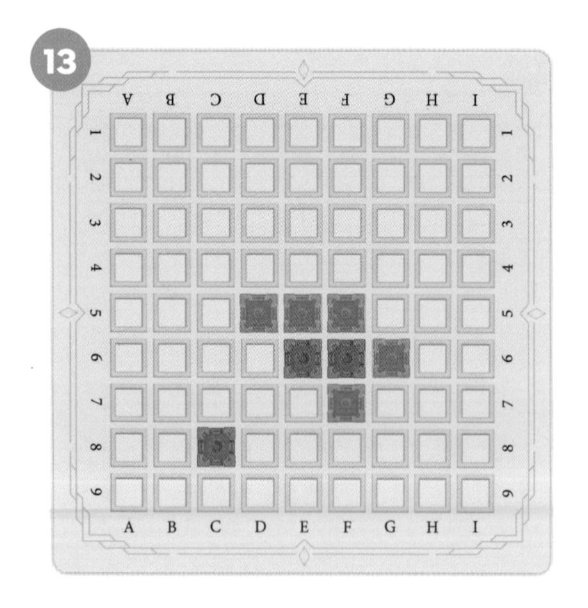

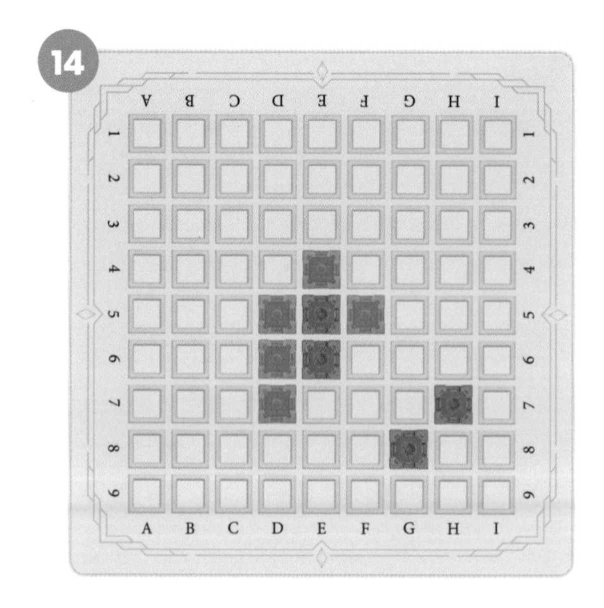

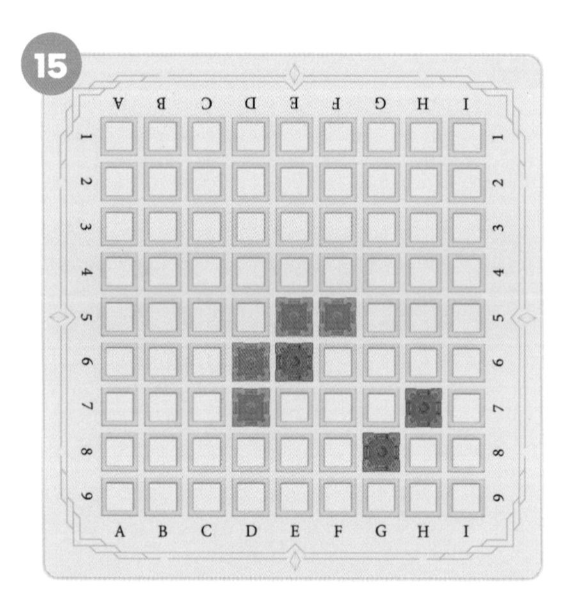

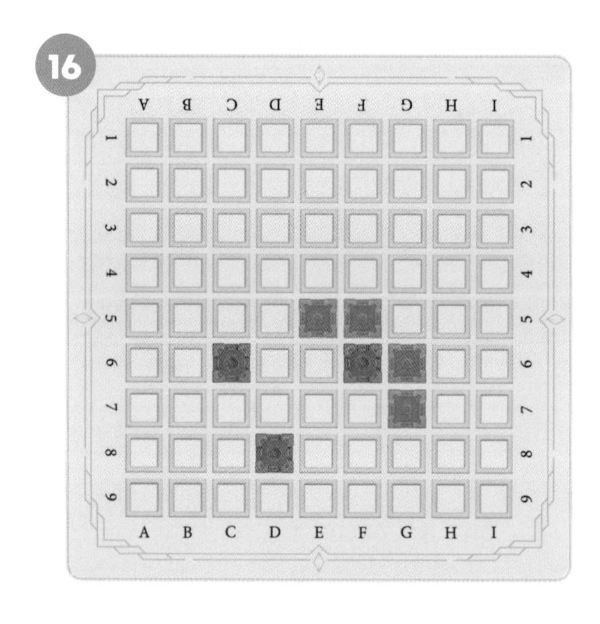

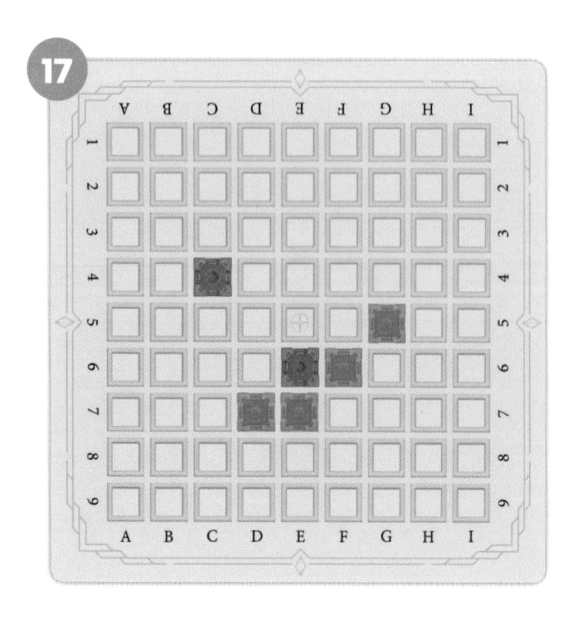

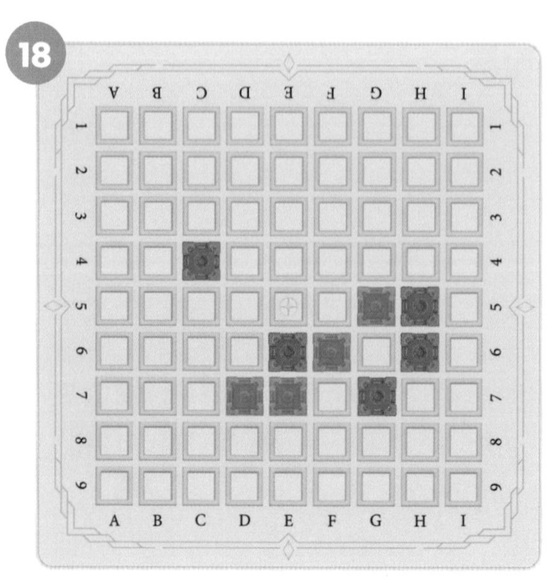

정답 : 13번 D7, 14번 F7, 15번 F7, 16번 E7, 17번 D5, 18번 D5

☑ 파란색 성을 놓아 주황색 성을 포위해 보세요.

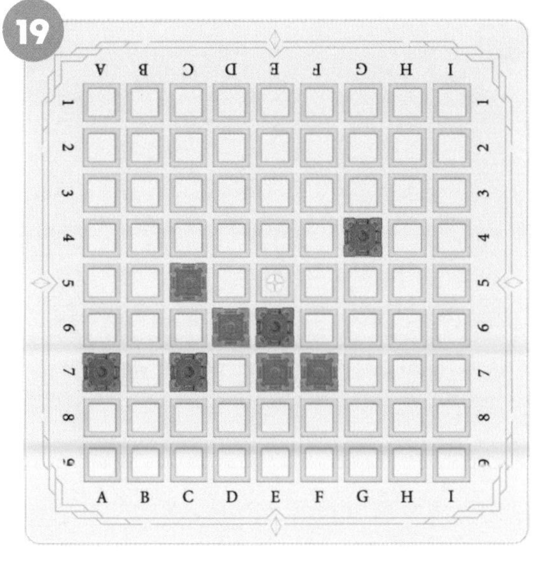

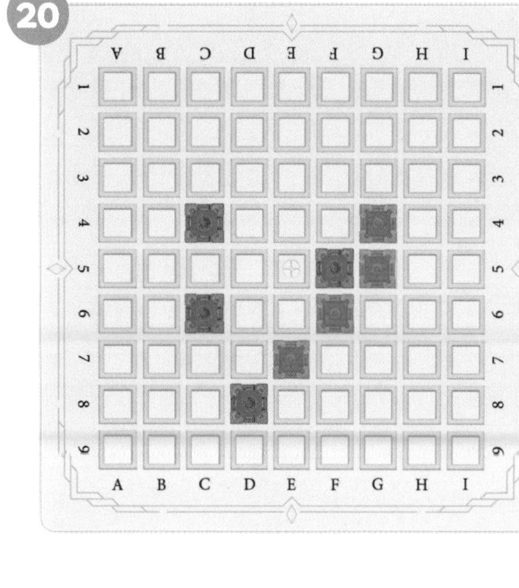

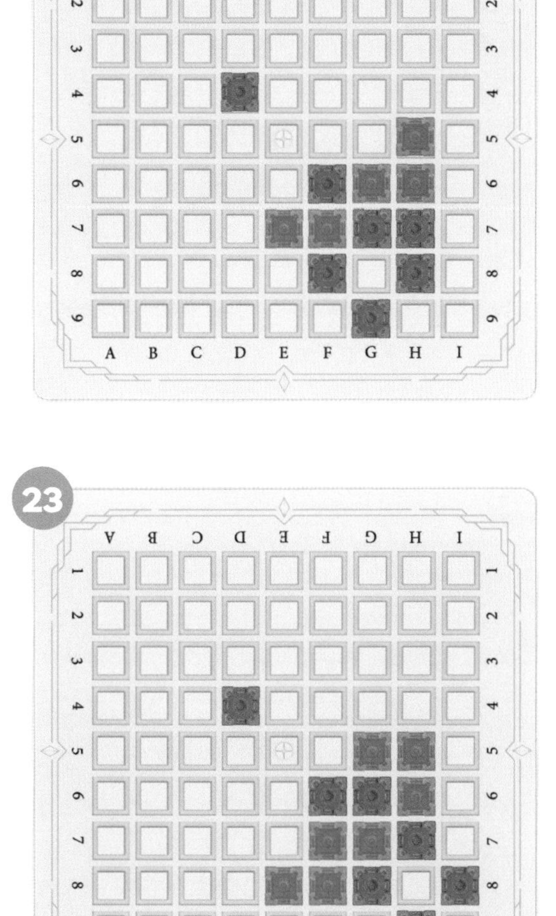

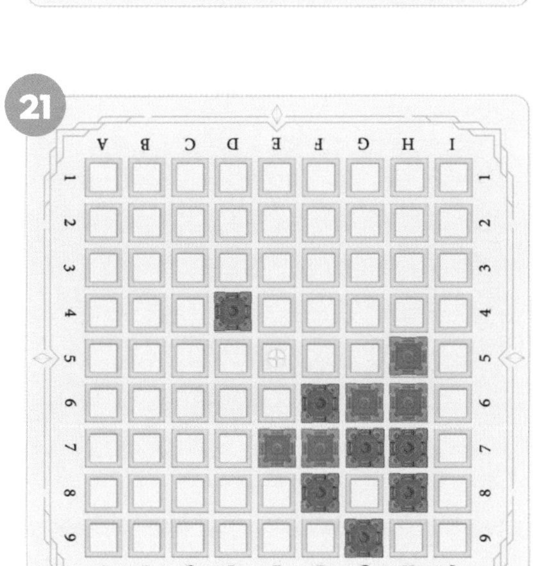

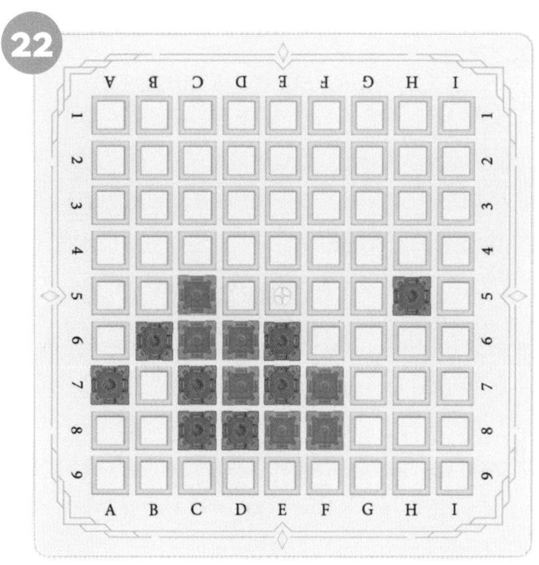

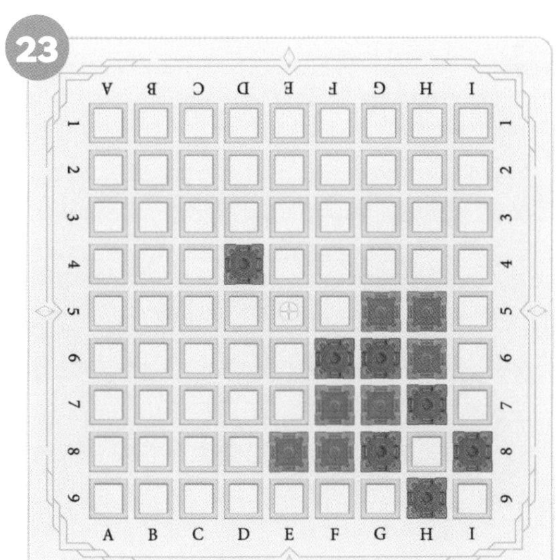

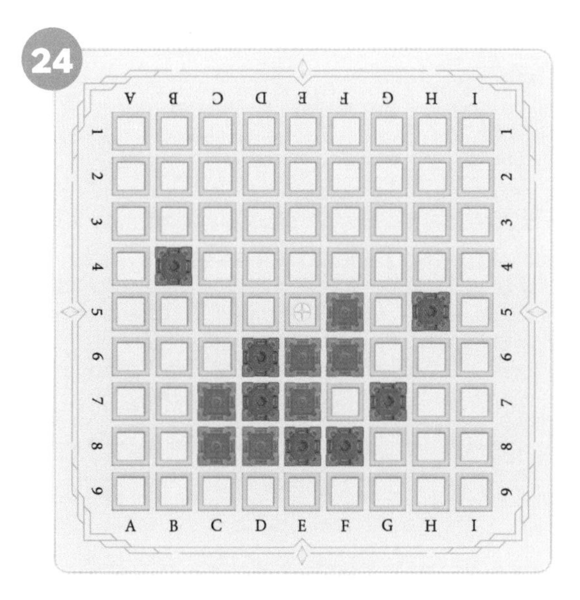

정답 : 19번 F5, 20번 E4, 21번 E5, 22번 F5, 23번 F5, 24번 C5

파란색 성을 놓아 주황색 성을 포위해 보세요.

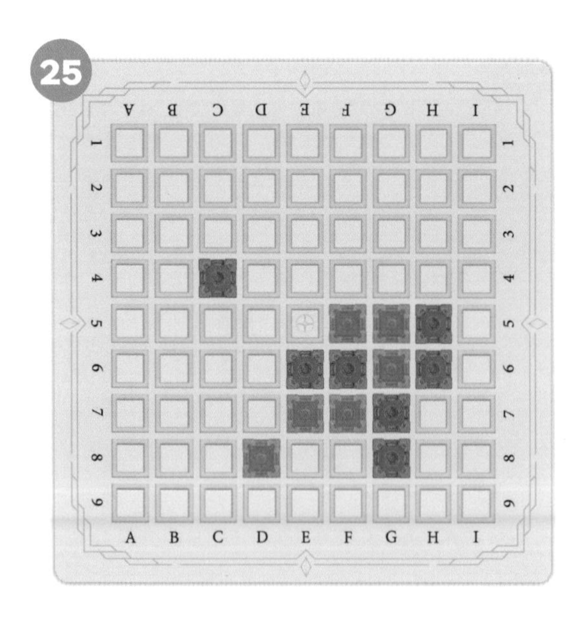

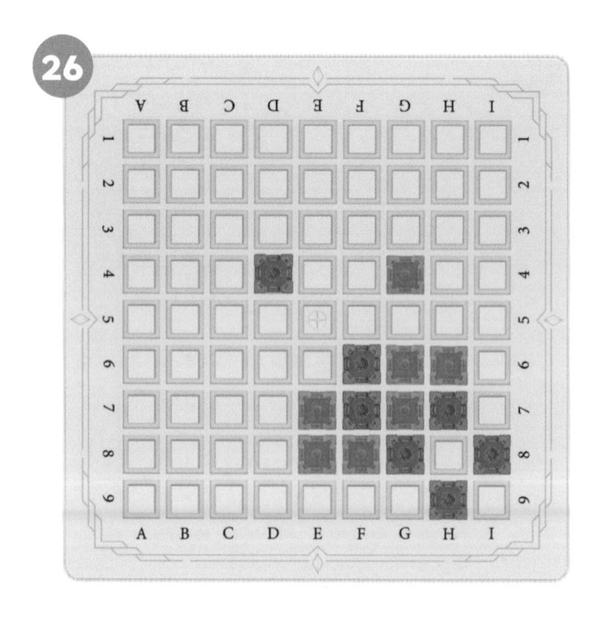

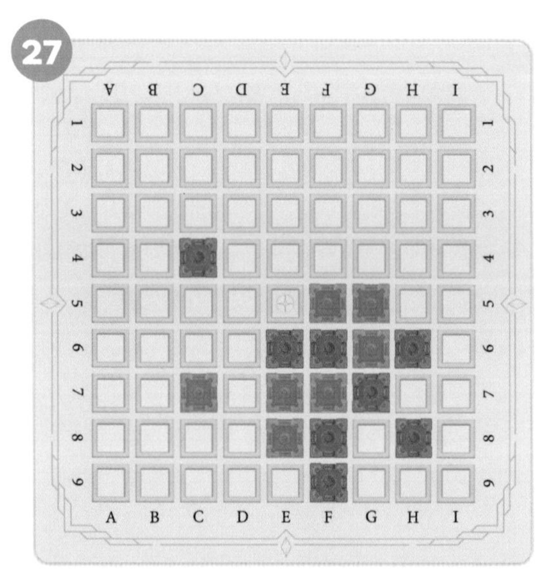

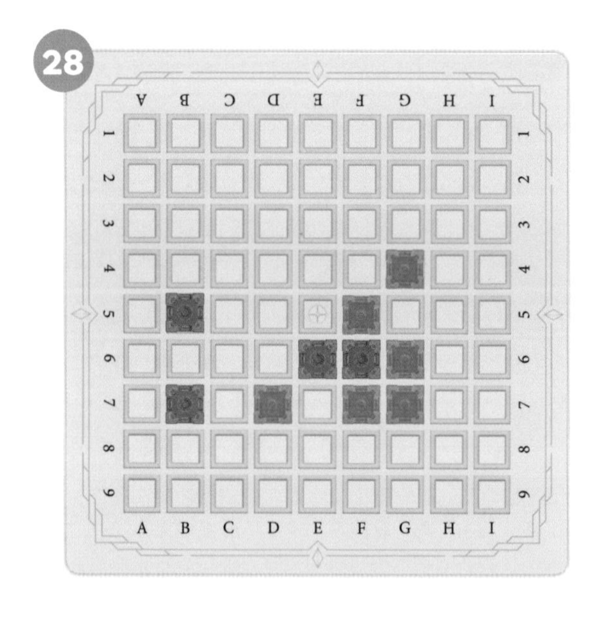

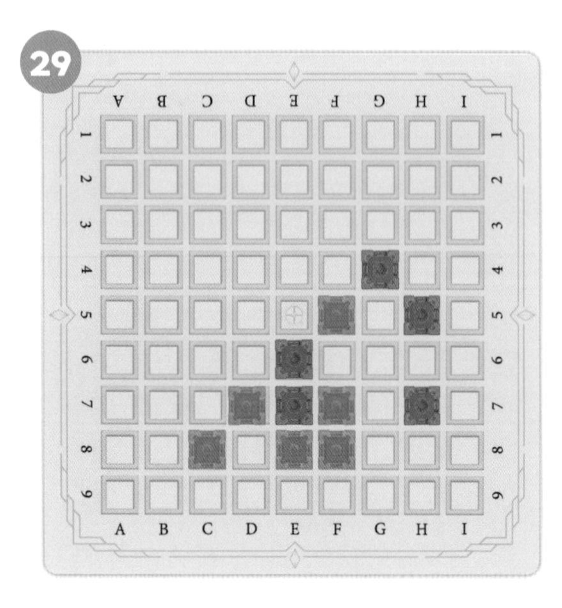

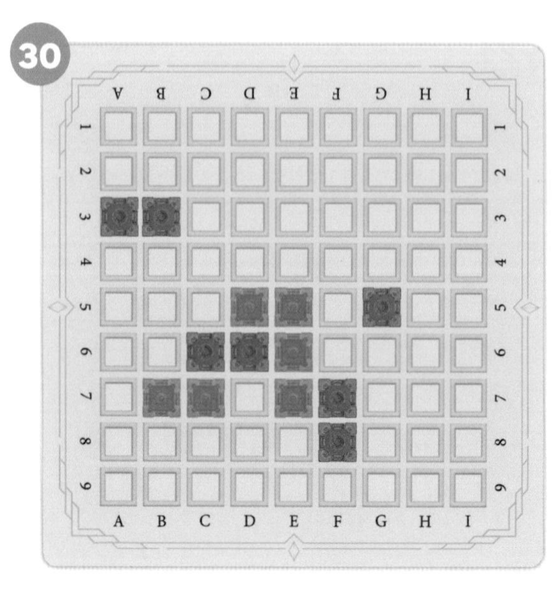

정답 : 25번 D5, 26번 E5, 27번 D5, 28번 D5, 29번 D5, 30번 B5

파란색 성을 놓아 주황색 성을 포위해 보세요.

31

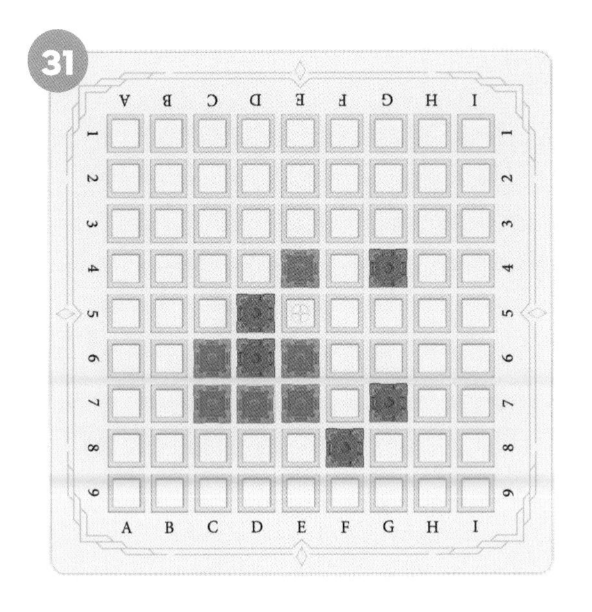

32

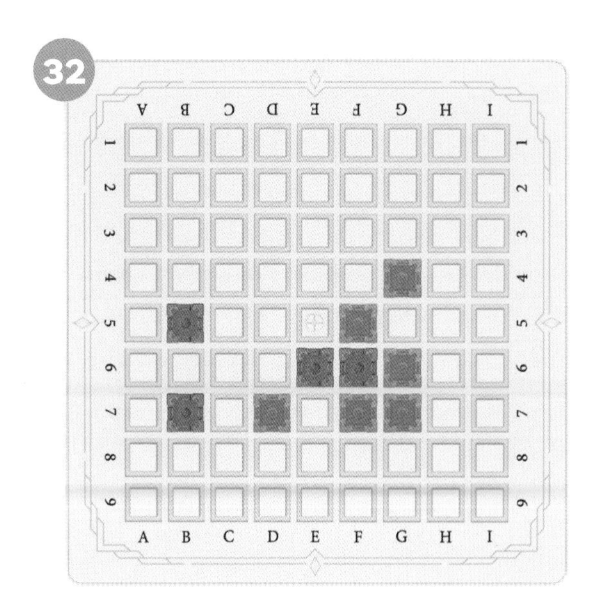

33

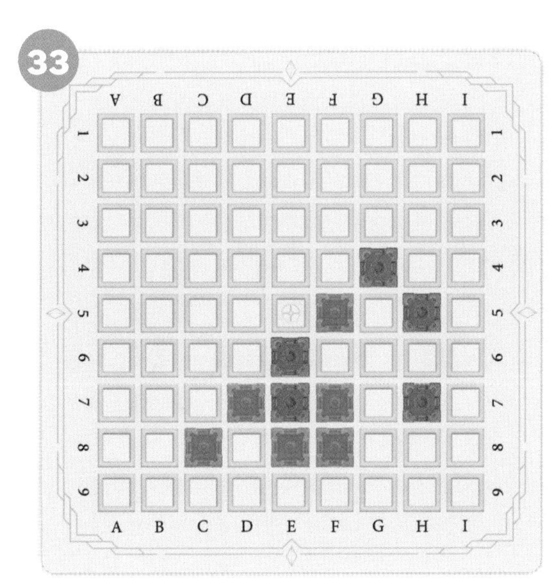

34

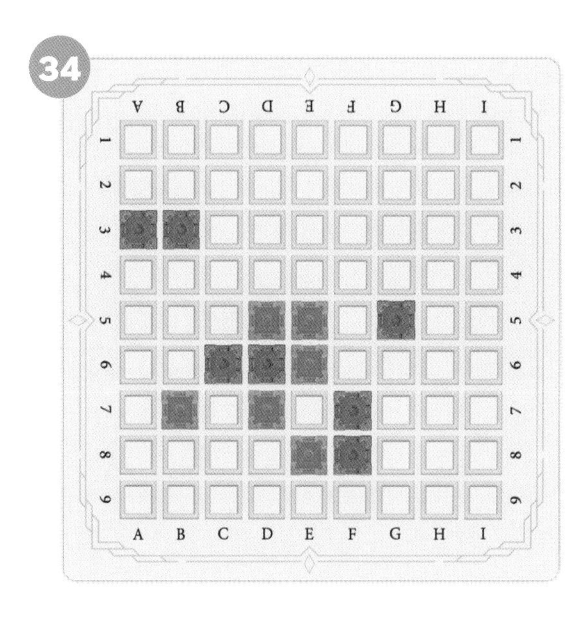

35

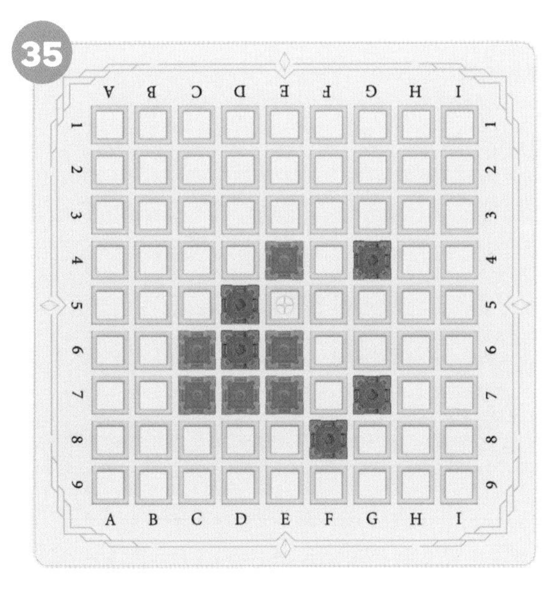

36

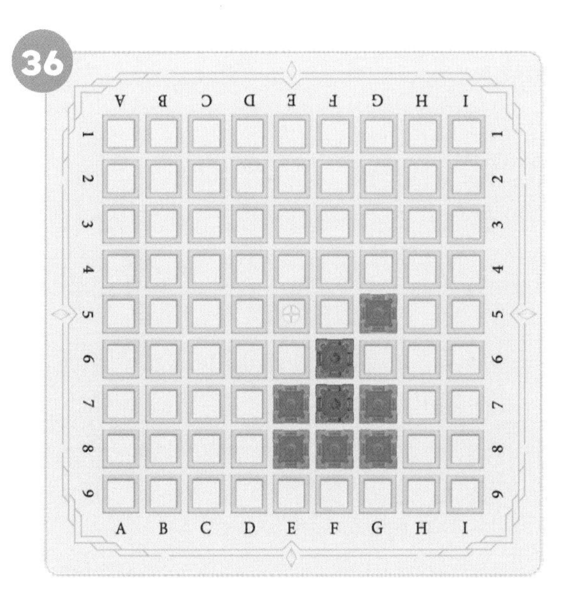

정답 : 31번 C4, 32번 D5, 33번 D5, 34번 B5, 35번 C4, 36번 E5

파란색 성을 놓아 주황색 성을 포위해 보세요.

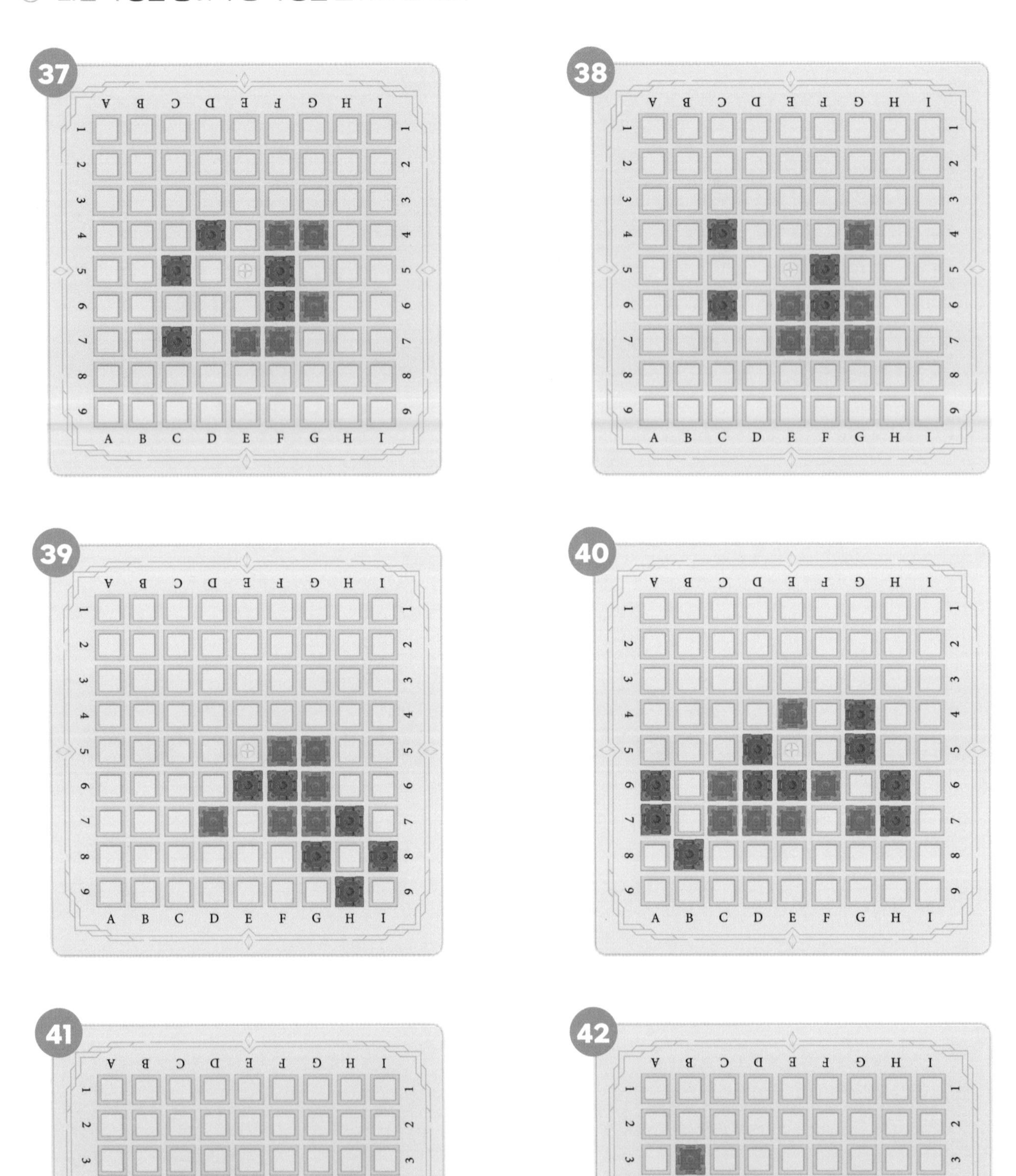

정답 : 37번 E5, 38번 E4, 39번 D5, 40번 C4, 41번 F4, 42번 E4

파란색 성을 놓아 주황색 성을 포위해 보세요.

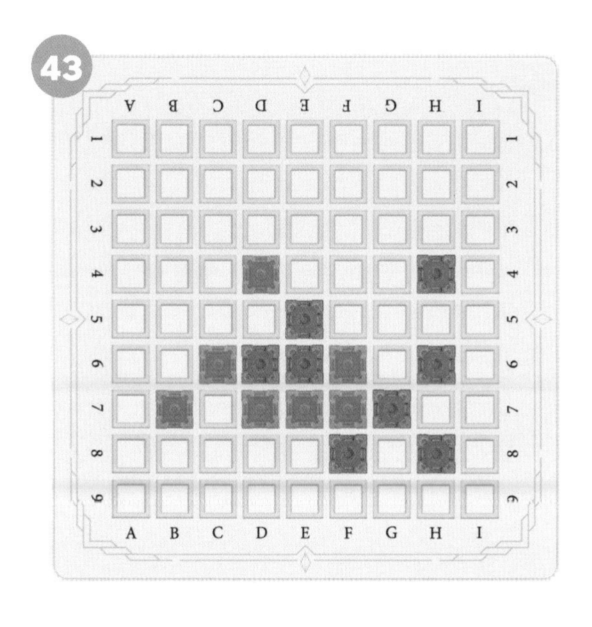

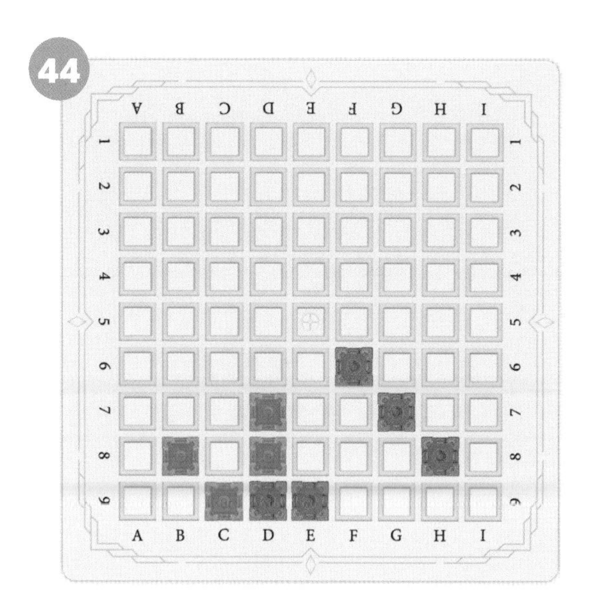

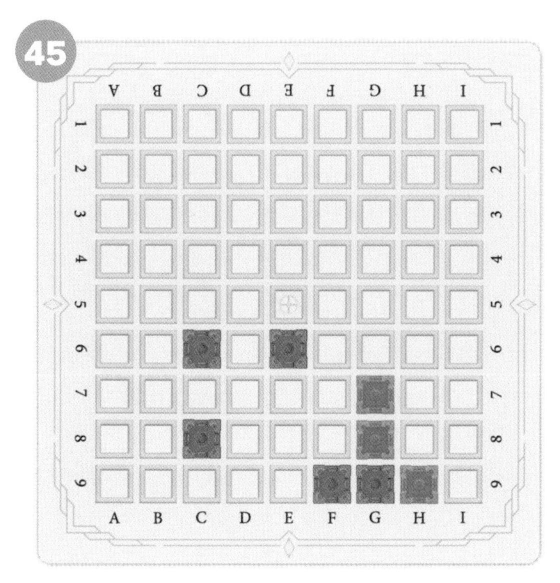

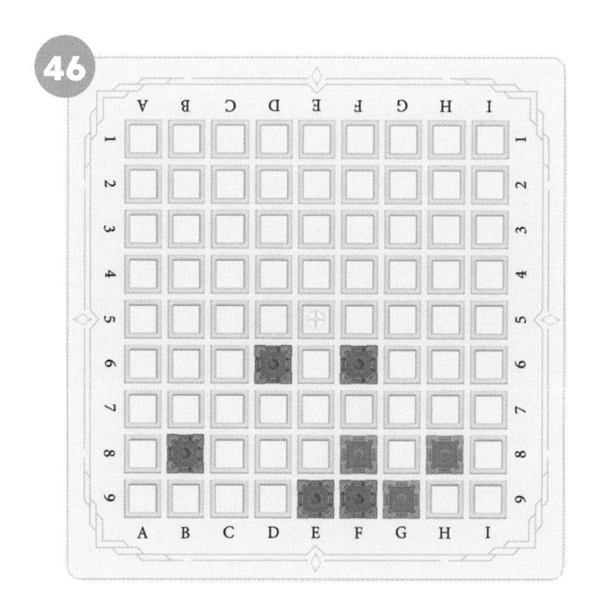

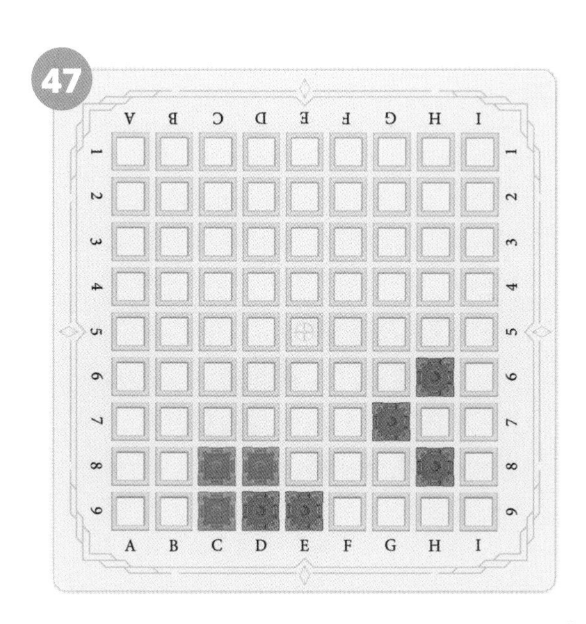

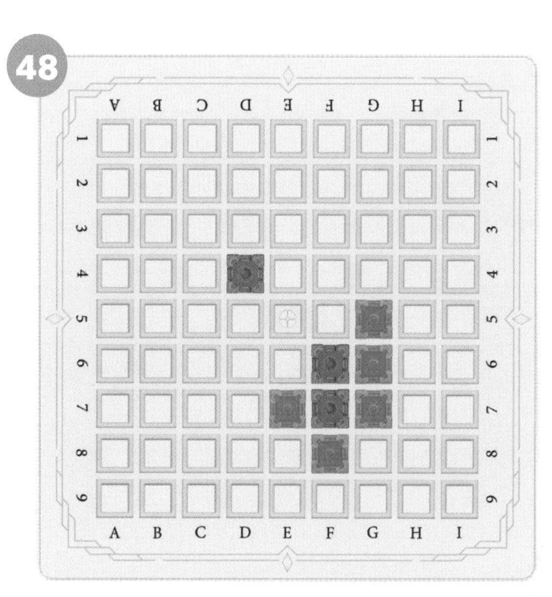

정답 : 43번 F4, 44번 F8, 45번 E8, 46번 D8, 47번 F8, 48번 E5

파란색 성을 놓아 주황색 성을 포위해 보세요.

49

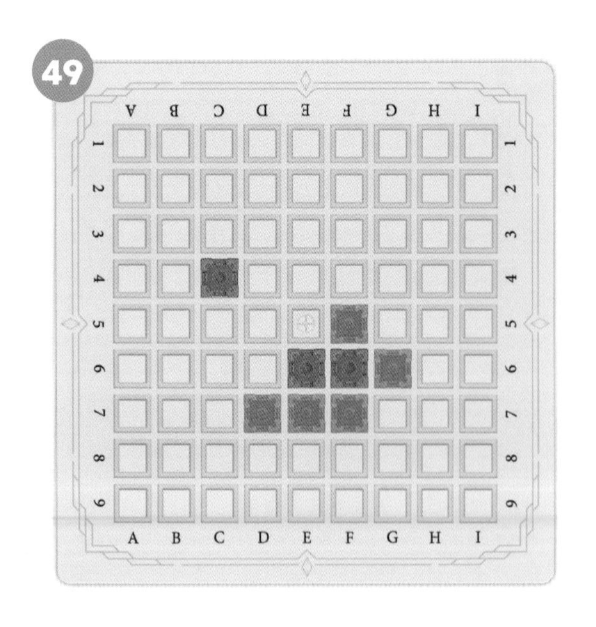

50

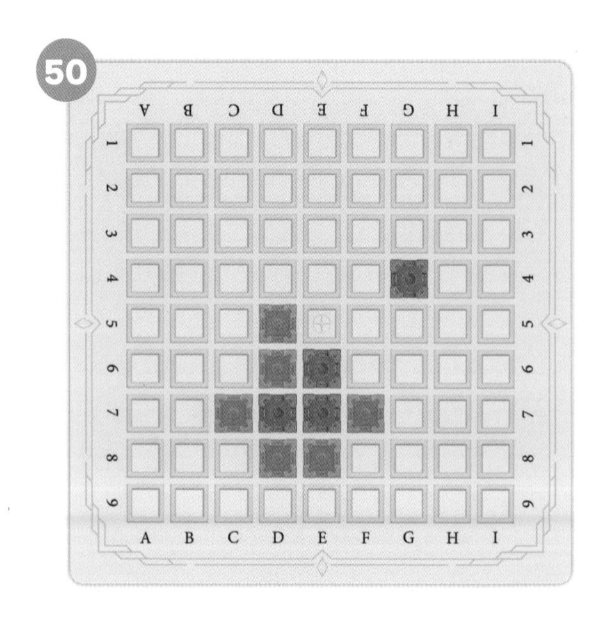

51

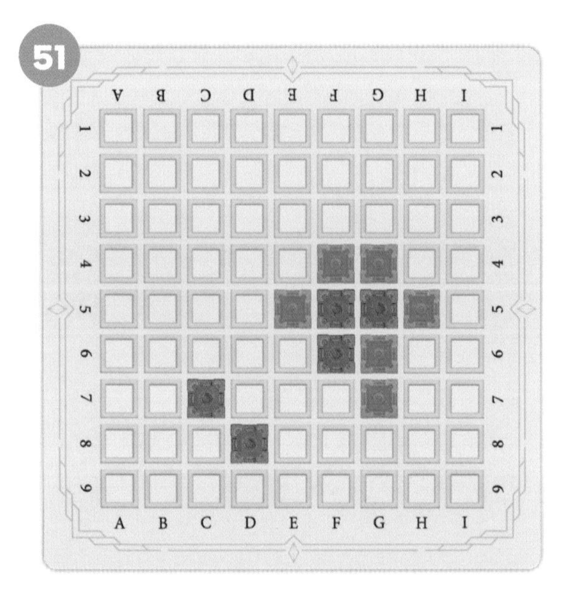

52

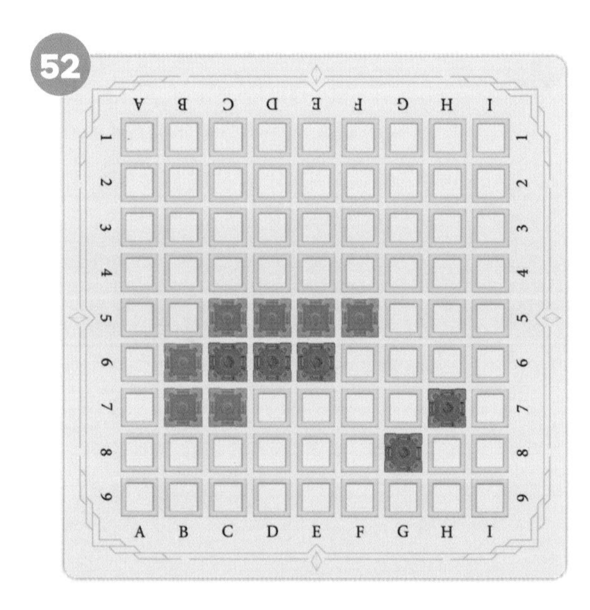

53

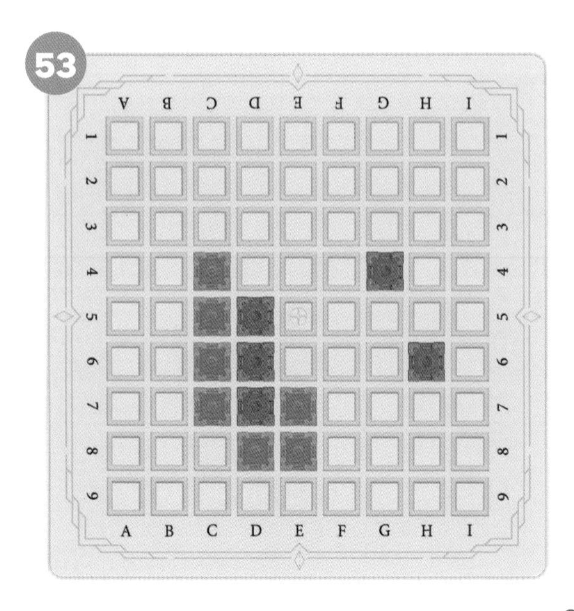

54

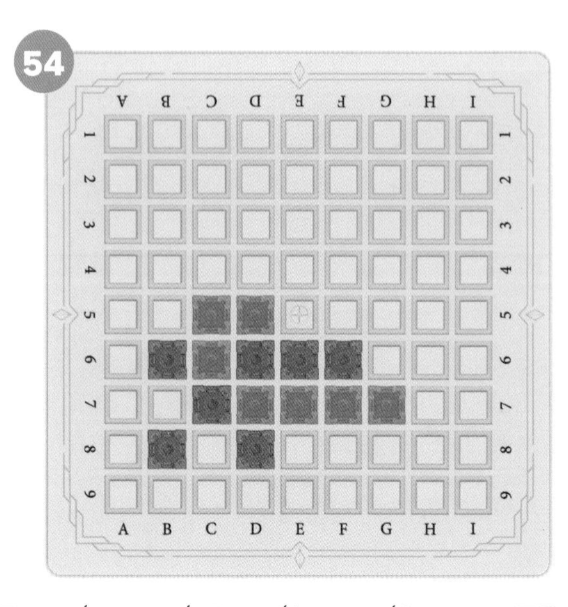

정답 : 49번 D5, 50번 F5, 51번 E7, 52번 F7, 53번 E4, 54번 G5

파란색 성을 놓아 주황색 성을 포위해 보세요.

55

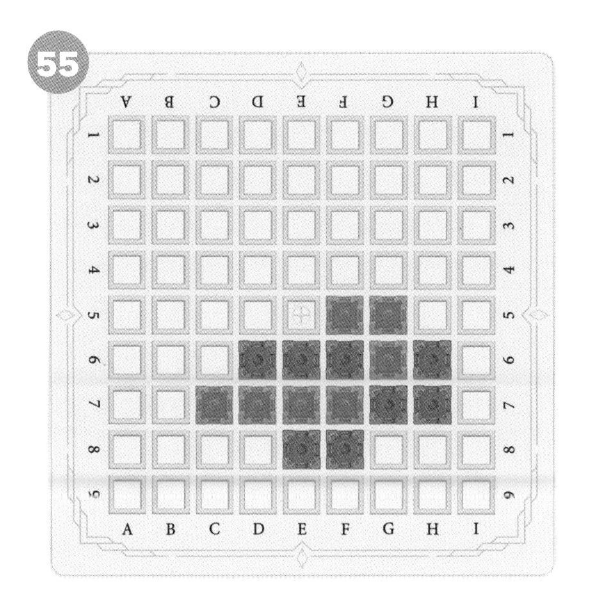

56

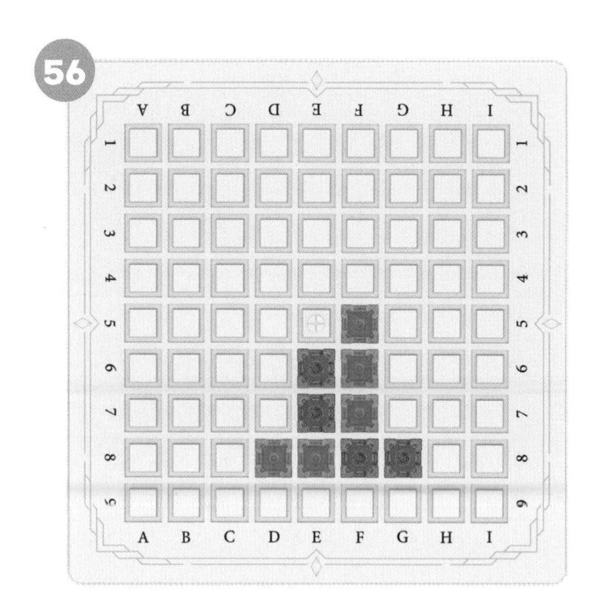

57

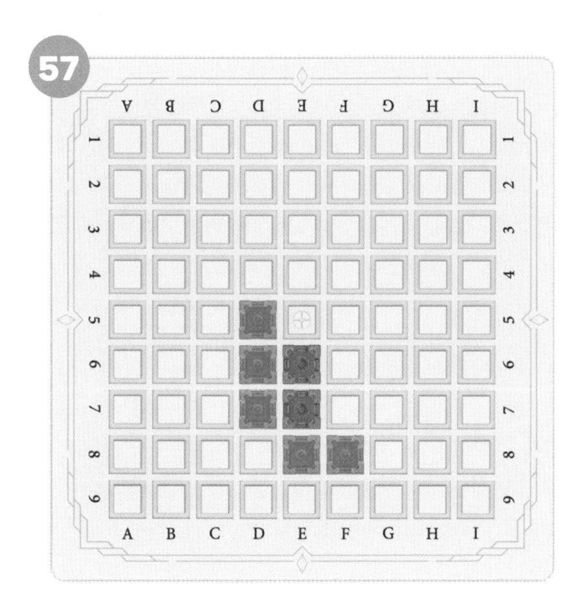

58

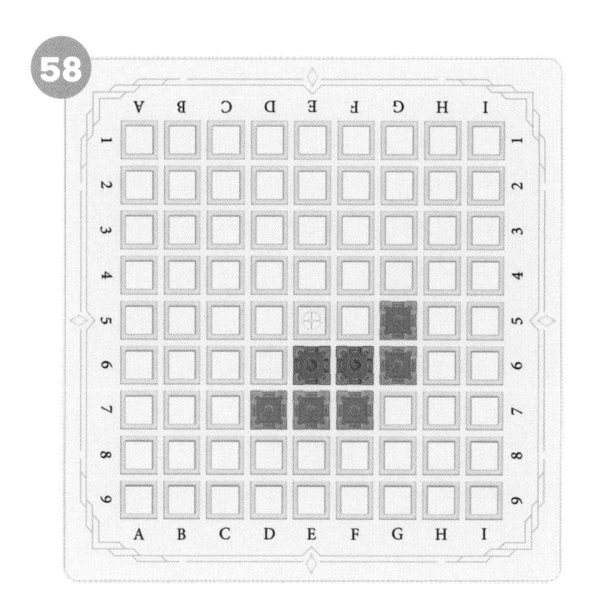

59

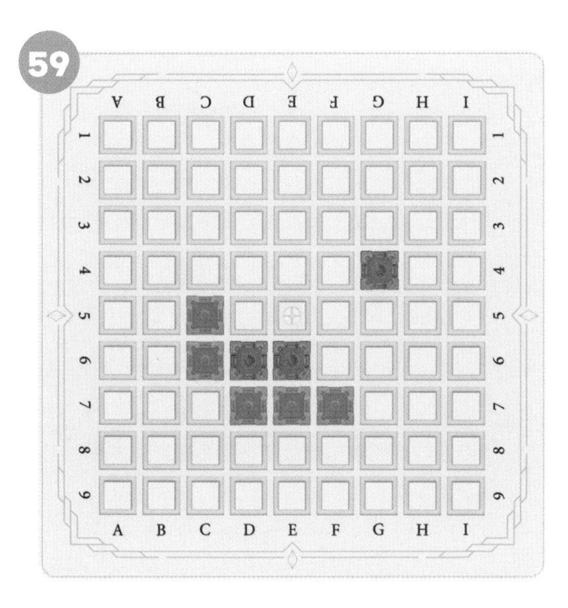

60

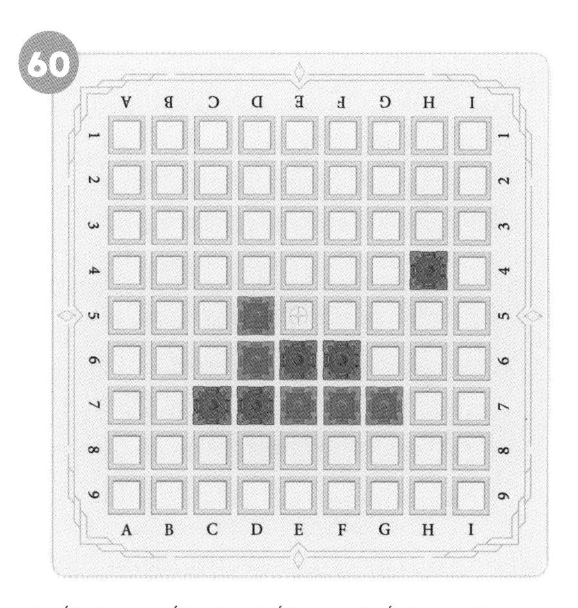

정답 : 55번 C5, 56번 D5, 57번 F5, 58번 D5, 59번 F5, 60번 G5

파란색 성을 놓아 주황색 성을 포위해 보세요.

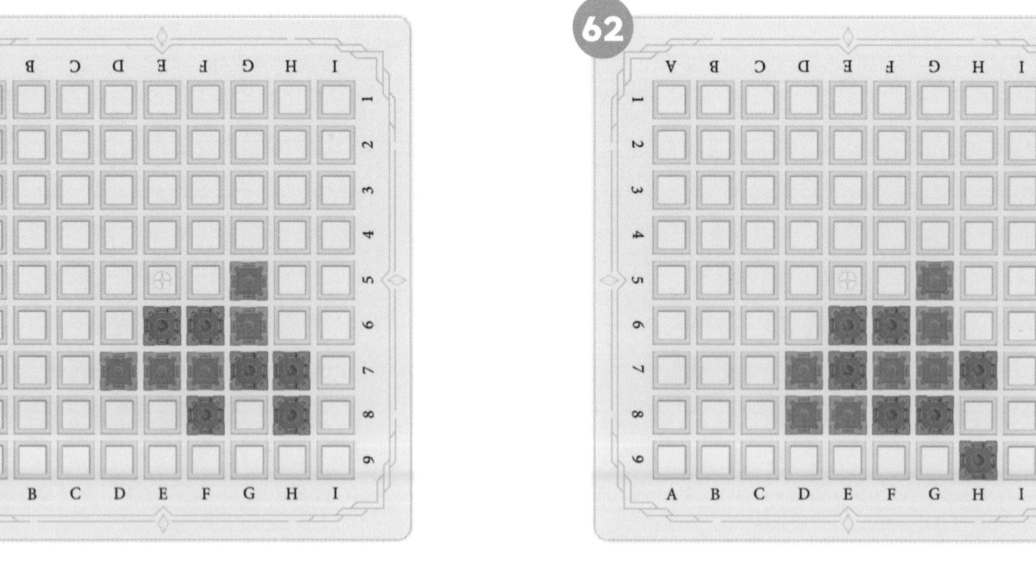

61

62

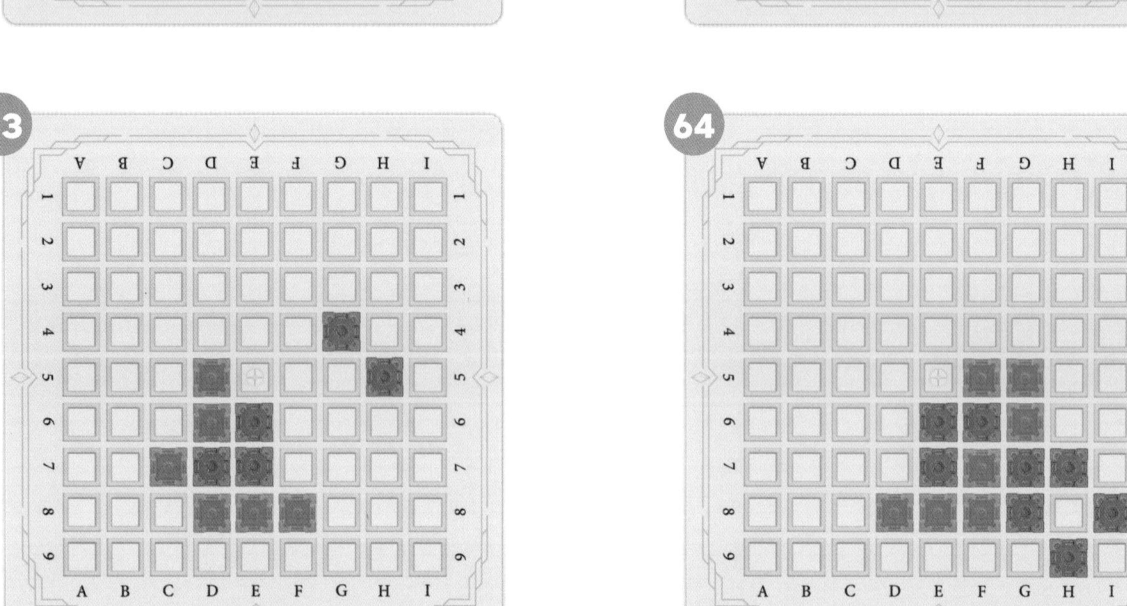

63

64

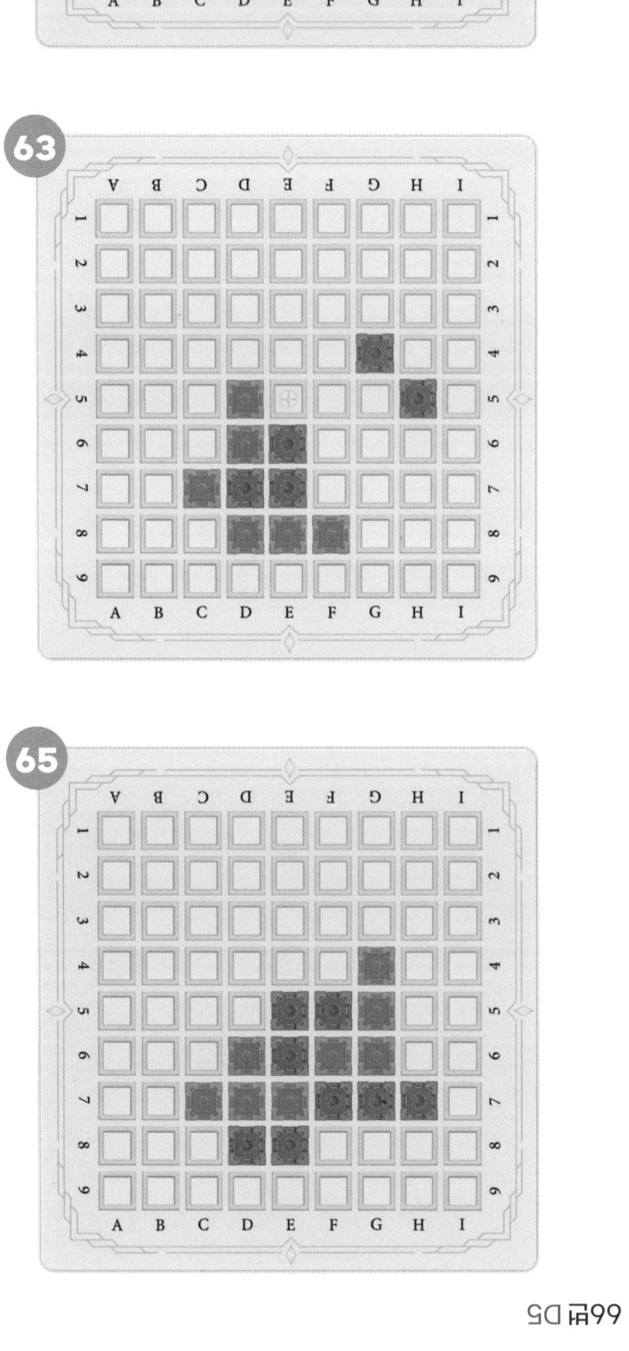

65

66

파란색 성을 놓아 주황색 성을 포위해 보세요.

67

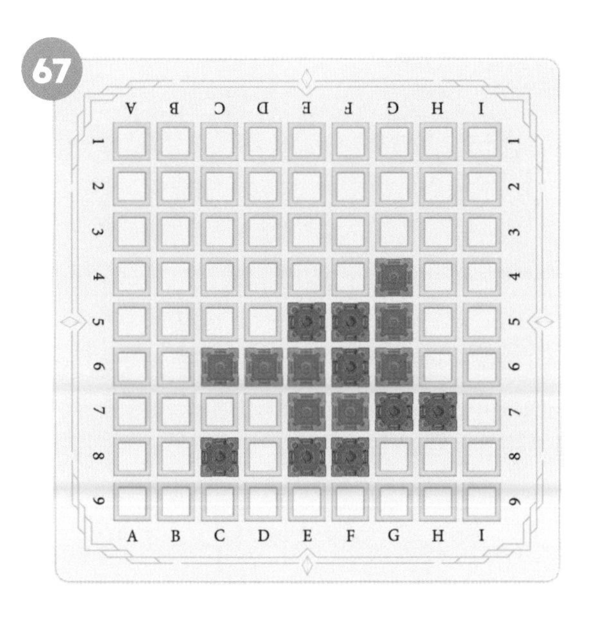

68

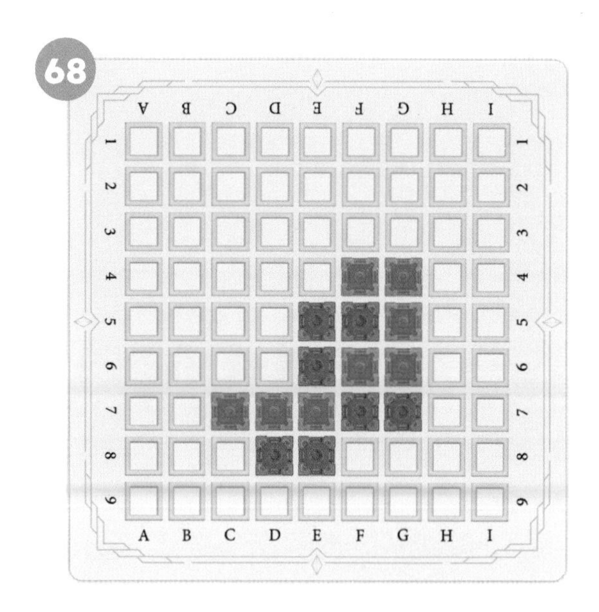

69

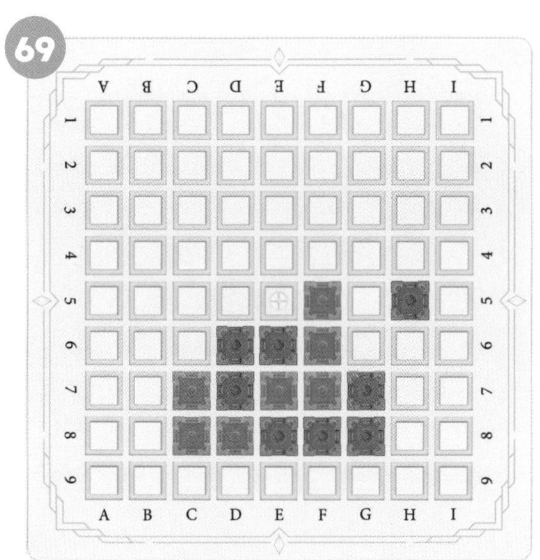

70

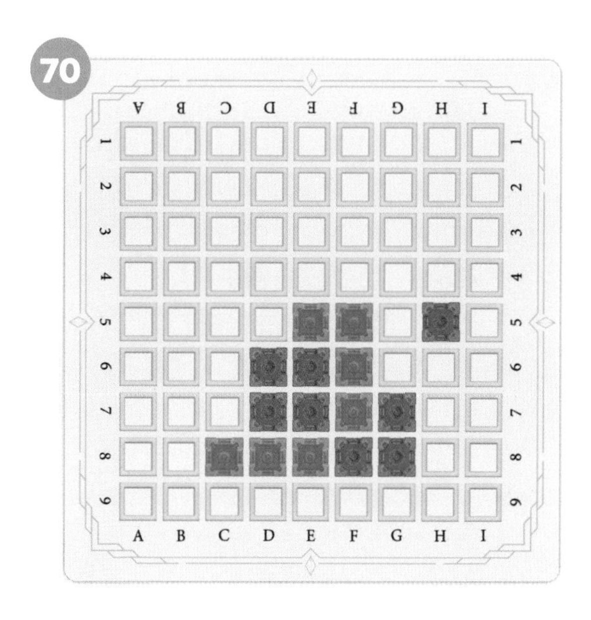

71

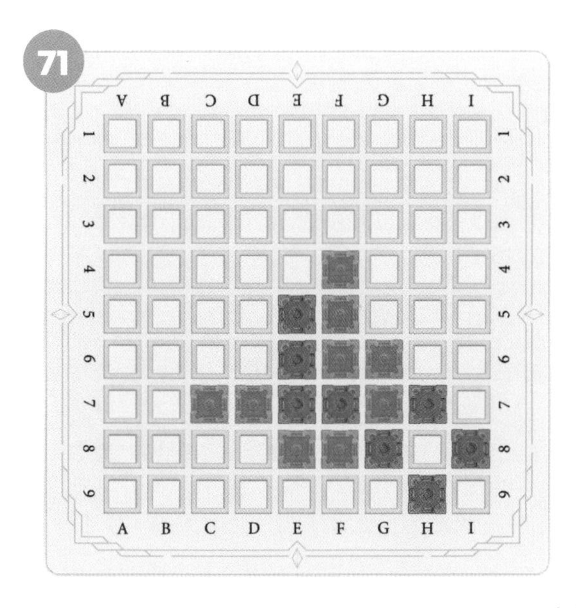

72

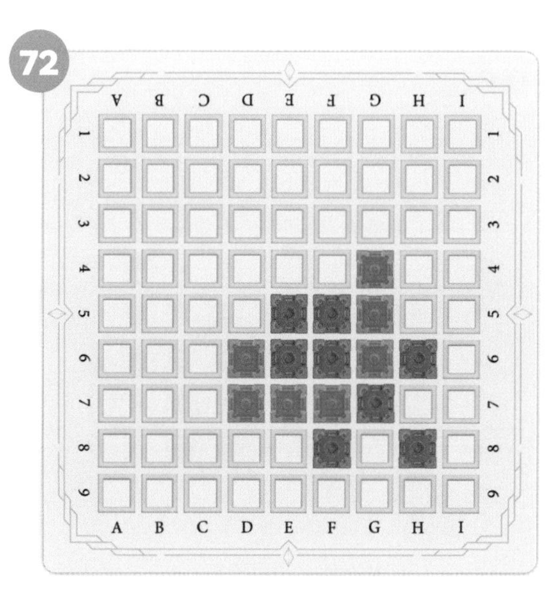

정답 : 67번 D4, 68번 D4, 69번 C5, 70번 C5, 71번 D4, 72번 D4

✓ 파란색 성을 놓아 주황색 성을 포위해 보세요.

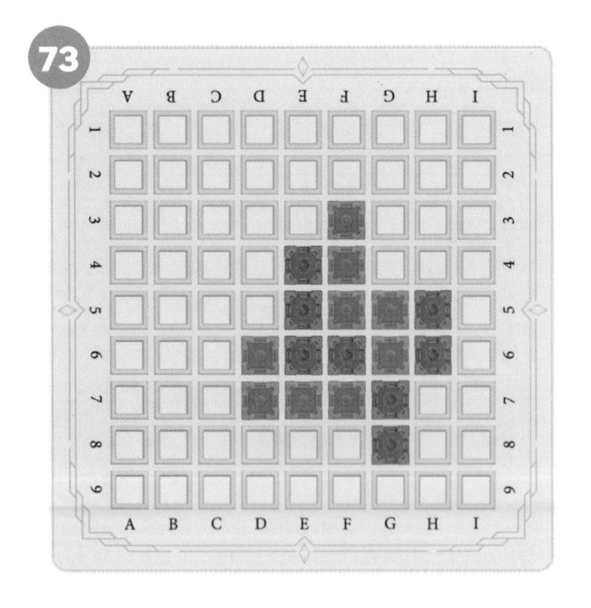

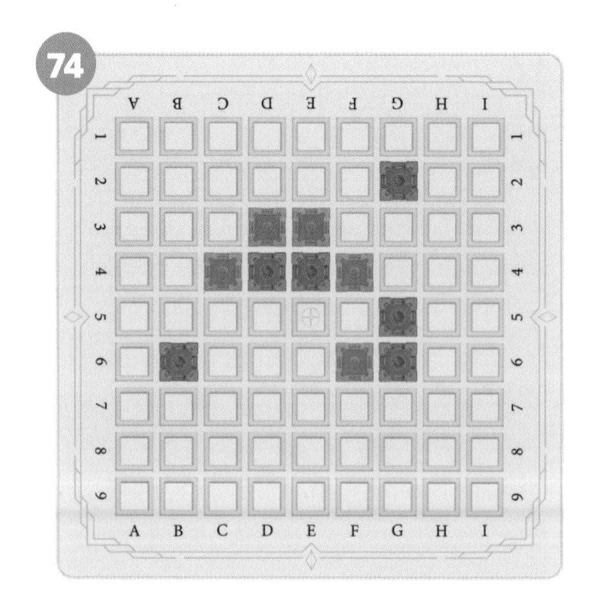

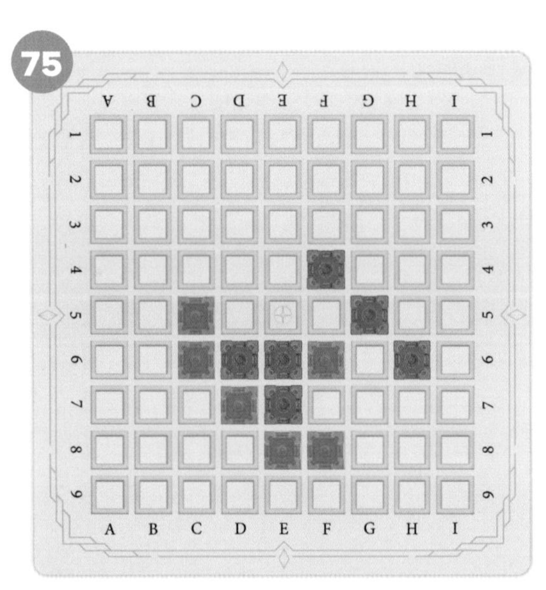

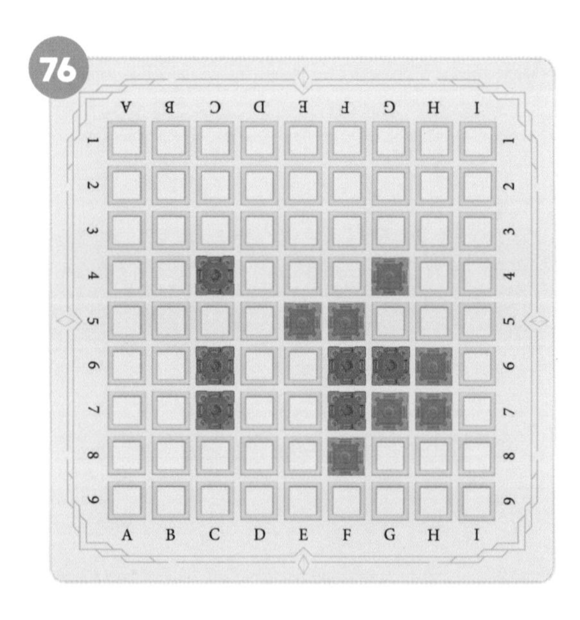

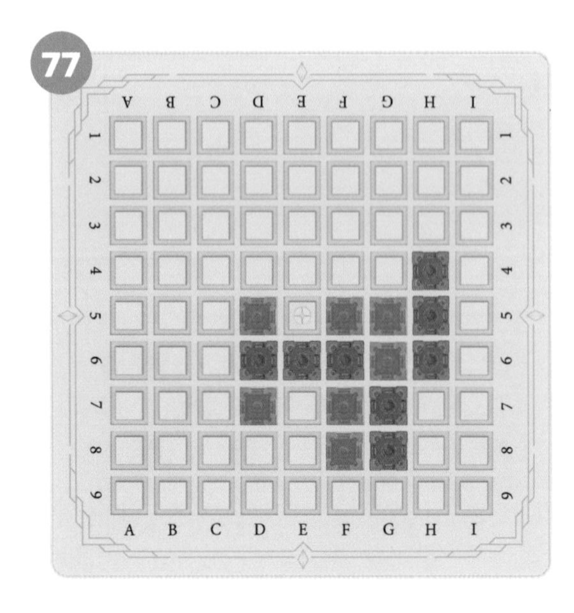

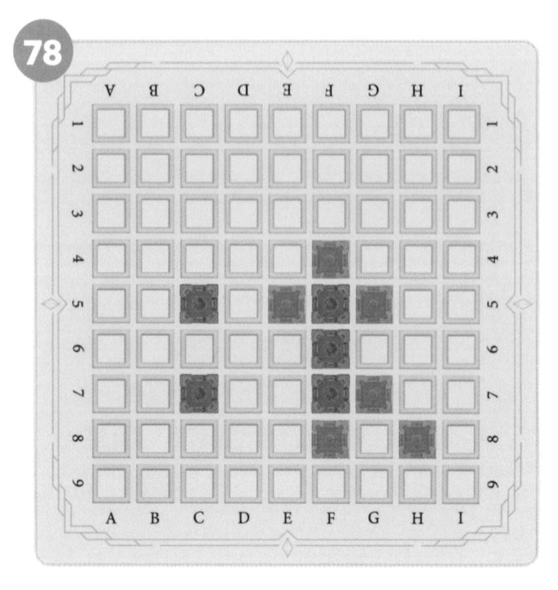

정답 : 73번 D3, 74번 D6, 75번 E5, 76번 E7, 77번 C6, 78번 E7

10. 수상전

수상전 : 고립된 성끼리 사활을 걸고 다투는 것을 수상전이라고 합니다.

✓ 활로가 많은 쪽이 승리합니다. 수상전은 누구의 승리일까요?

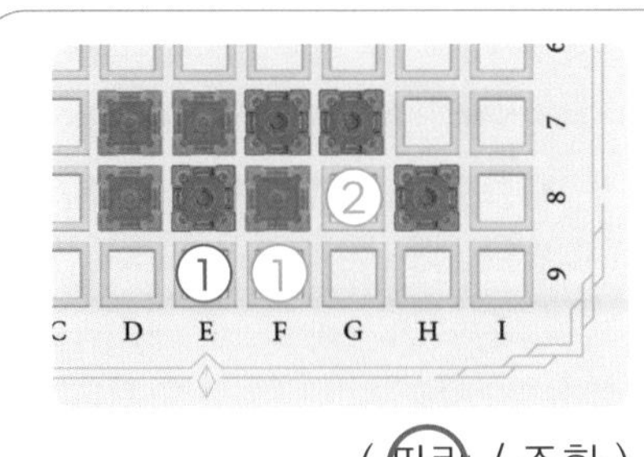

(파랑 / 주황)

이렇게 풀어 보세요.

펜으로 파란색 성의 활로와 주황색 성의 활로를 숫자로 표시해 보세요.
누가 승리할지 표시해 보세요.

예제 >

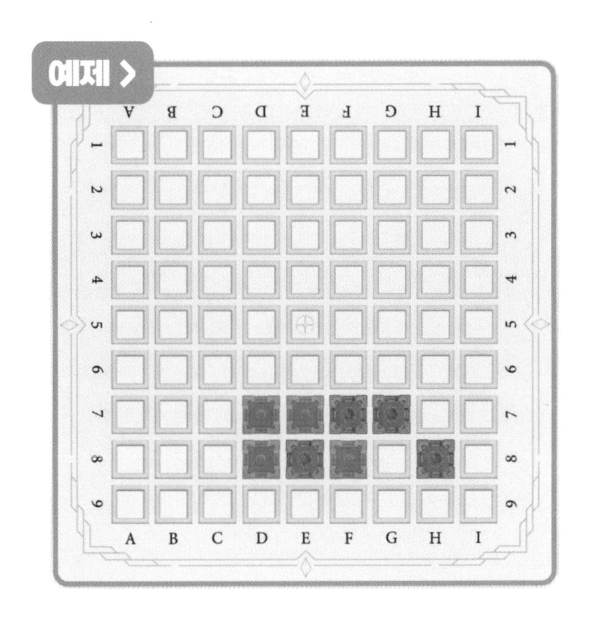

정답 O

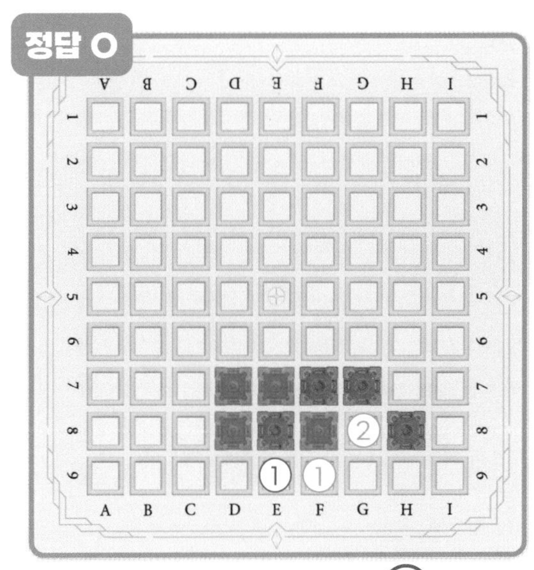

(파랑 / 주황)

1

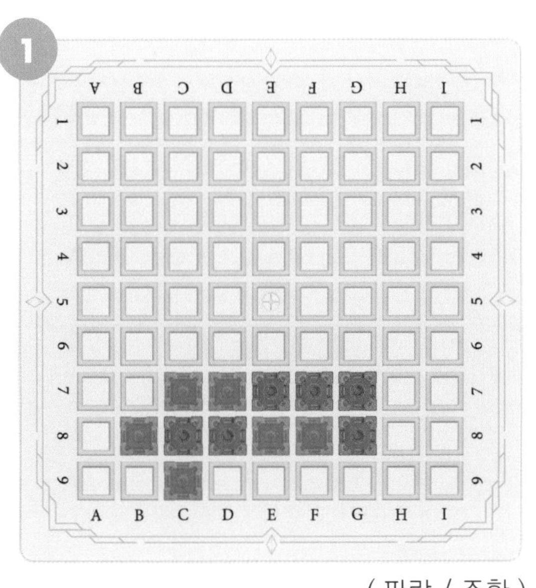

(파랑 / 주황)

2

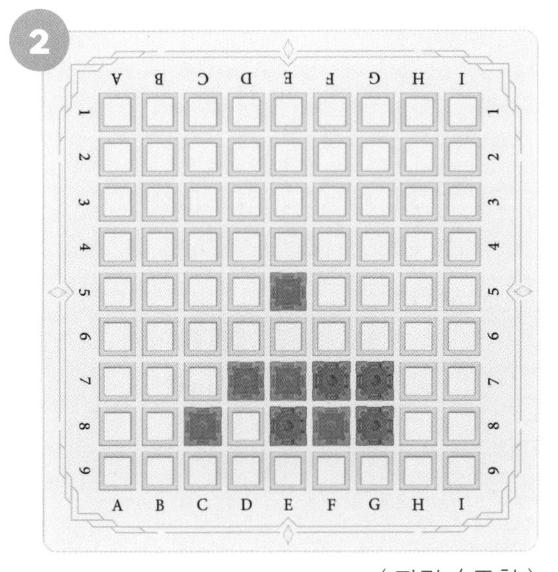

(파랑 / 주황)

정답 : 1번 파랑, 2번 주황

✓ 활로가 많은 쪽이 승리합니다. 수상전은 누구의 승리일까요?

3

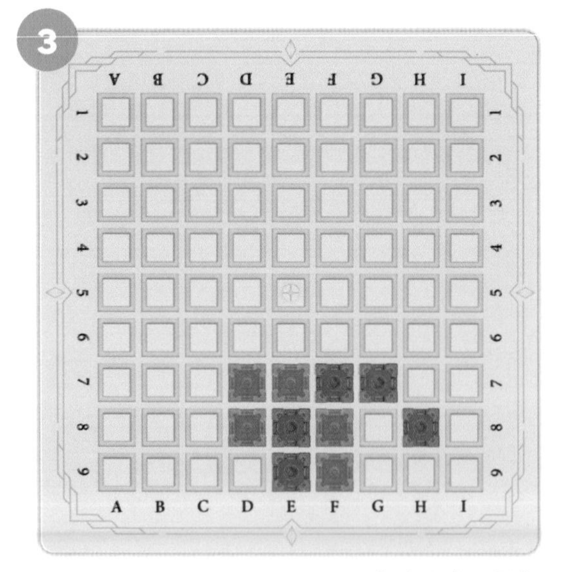

(파랑 / 주황)

4

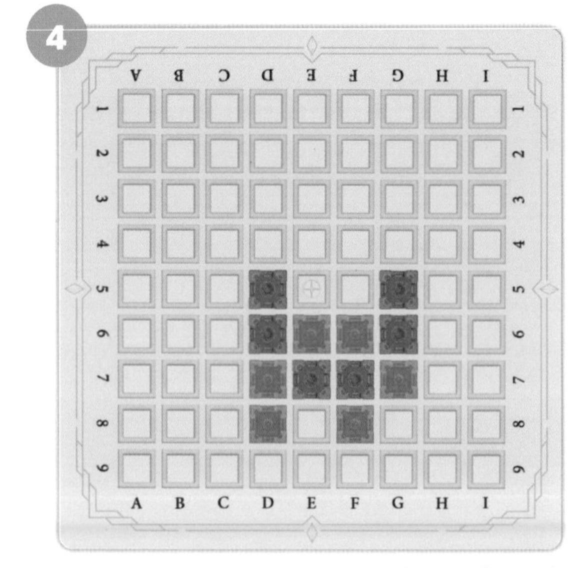

(파랑 / 주황)

5

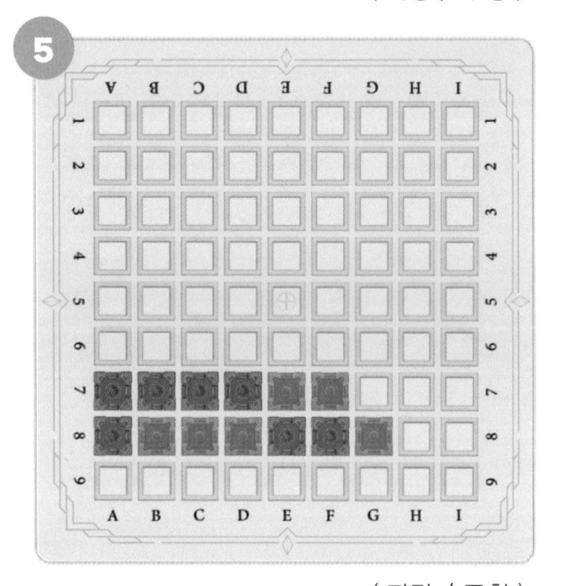

(파랑 / 주황)

6

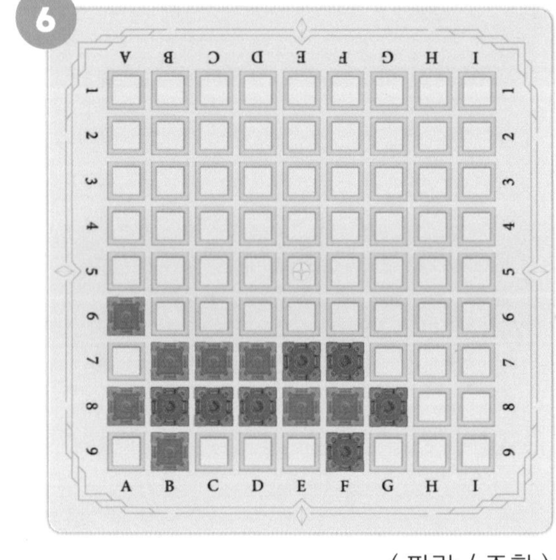

(파랑 / 주황)

7

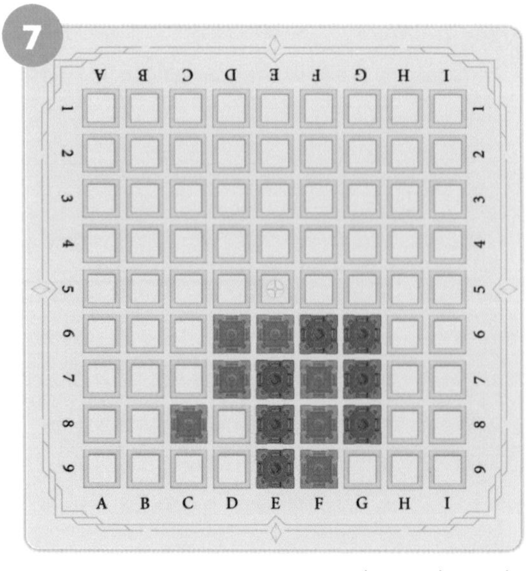

(파랑 / 주황)

8

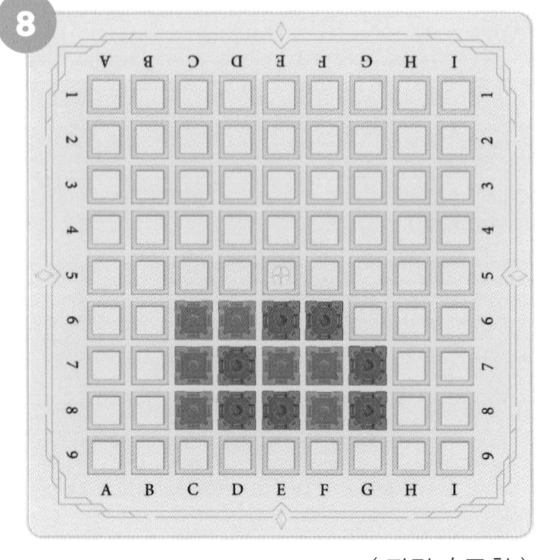

(파랑 / 주황)

정답 : 3번 파랑, 4번 파랑, 5번 파랑, 6번 주황, 7번 주황, 8번 주황

✓ 활로가 많은 쪽이 승리합니다. 수상전은 누구의 승리일까요?

9

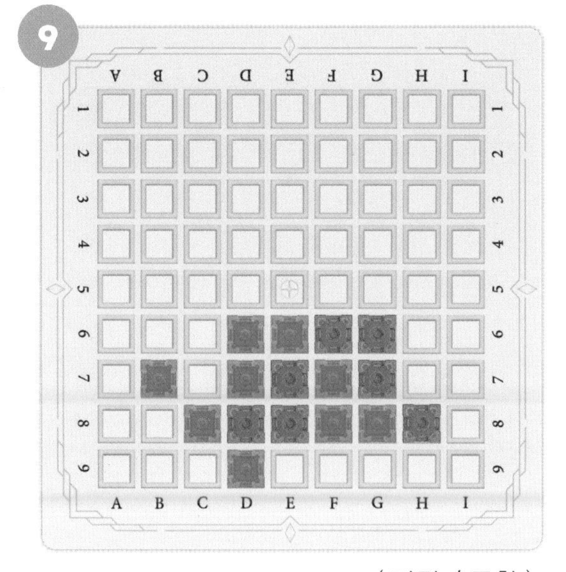

(파랑 / 주황)

10

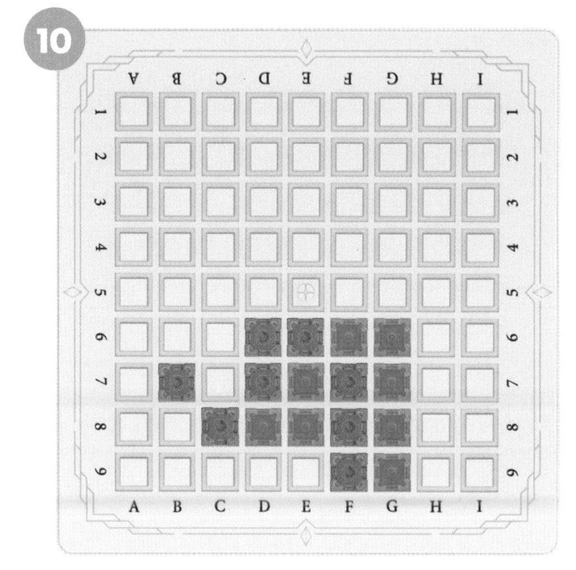

(파랑 / 주황)

11

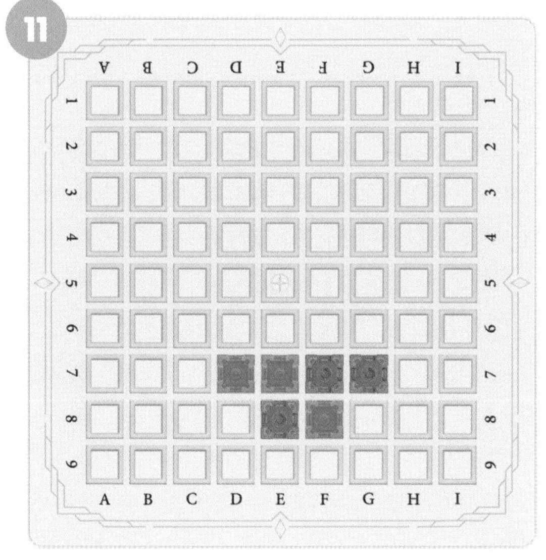

(파랑 / 주황)

12

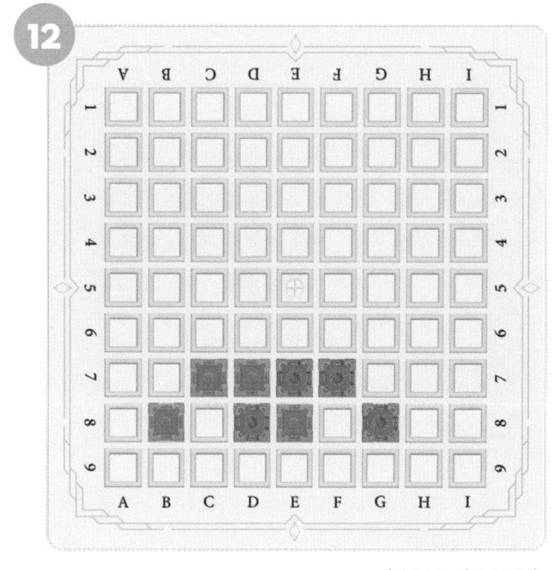

(파랑 / 주황)

13

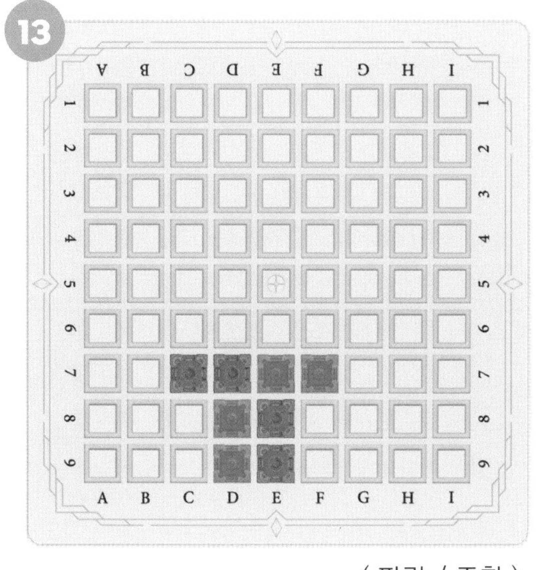

(파랑 / 주황)

14

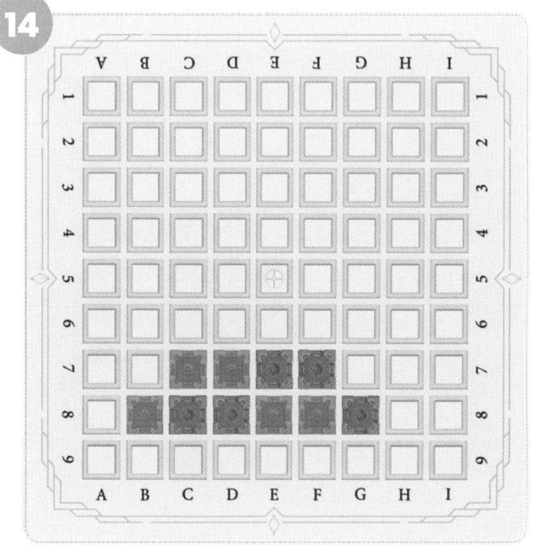

(파랑 / 주황)

정답 : 9번 파랑, 10번 파랑, 11번~14번 먼저 놓는 색깔의 성이 승리합니다.

11. 빅

빅 : 누구도 성을 먼저 놓지 못하는 상황으로,
비김수의 줄임말입니다.
누군가 먼저 성을 놓으면 다음 상대 수로 인접한
성들이 파괴되어 게임에서 패배합니다.

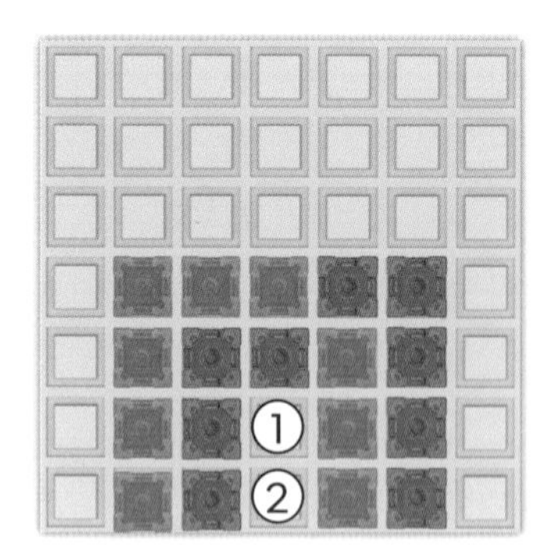

예

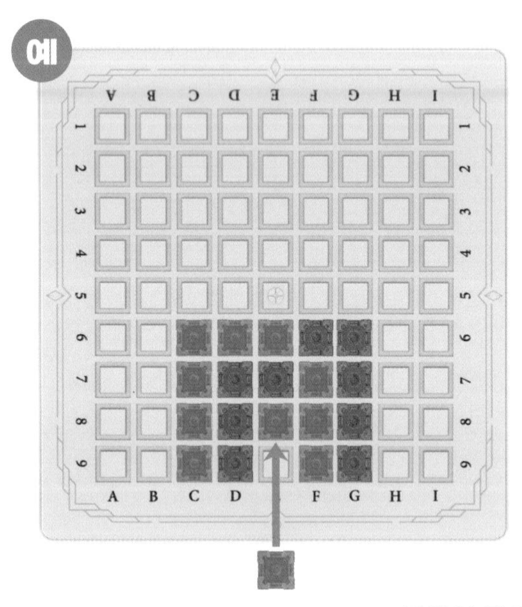

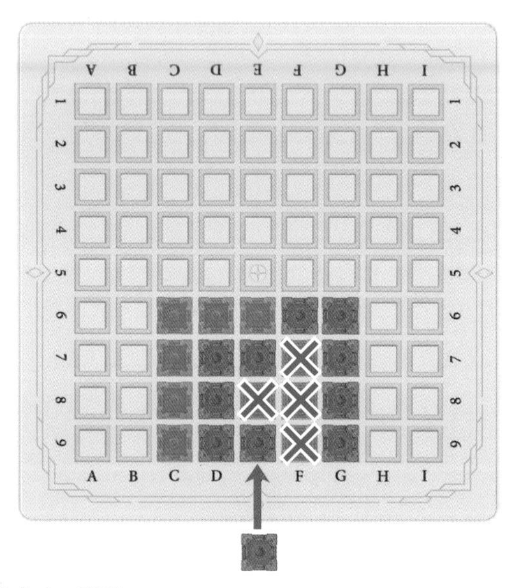

파랑이 먼저 성을 놓는 경우

예

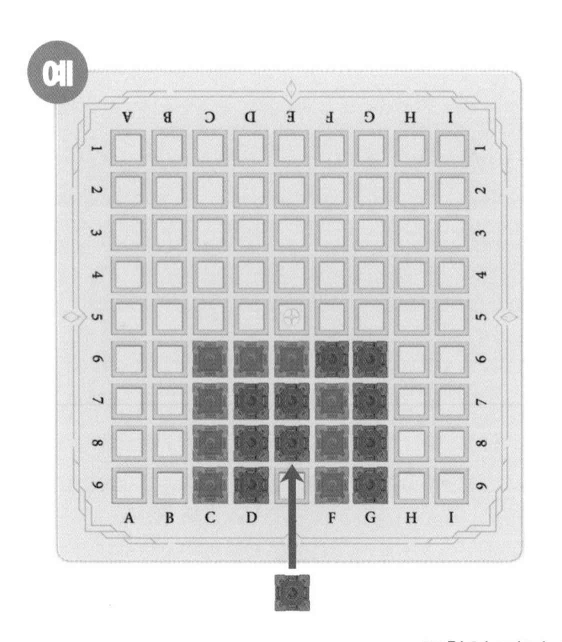

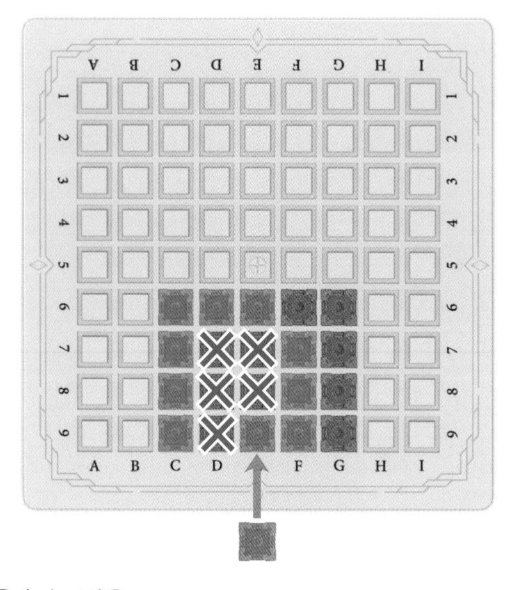

주황이 먼저 성을 놓는 경우

✓ 파란색 성을 놓아 빅 상황을 만드세요.
파란색 성을 잘못 놓으면 파란색 성이 파괴됩니다.
성이 파괴되지 않도록 파란색 성을 놓아 빅 상황을 만들어 보세요.

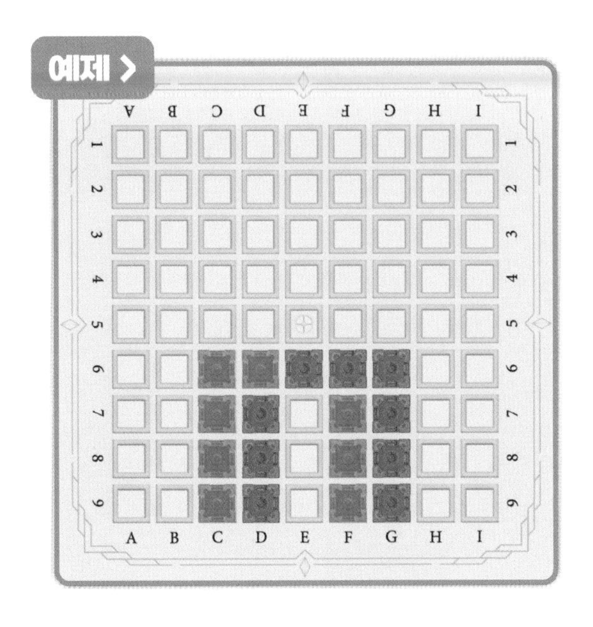

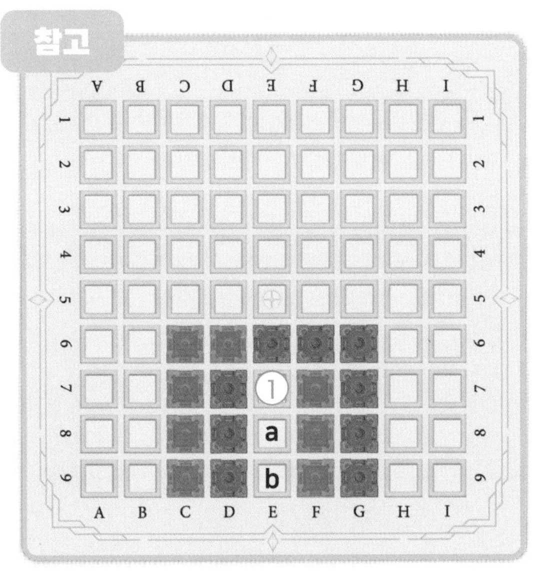

파란색 성을 ①에 놓으면 파랑, 주황 모두 a, b에 둘 수 없게 됩니다.

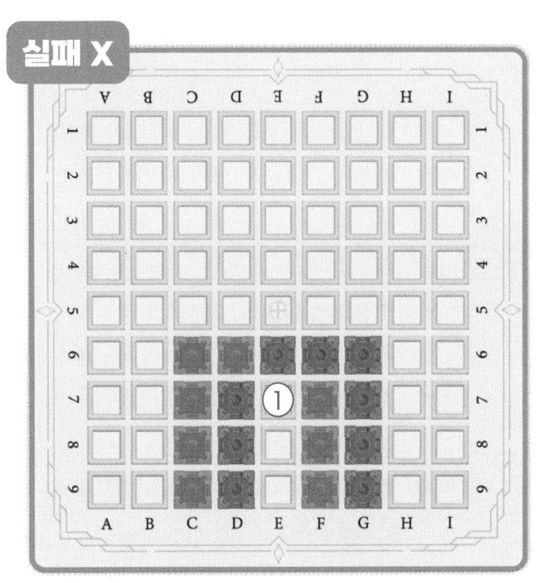

주황이 먼저 ①에 놓으면 파랑이 잡히게 됩니다.

✓ 파란색 성을 놓아 빅 상황을 만드세요.

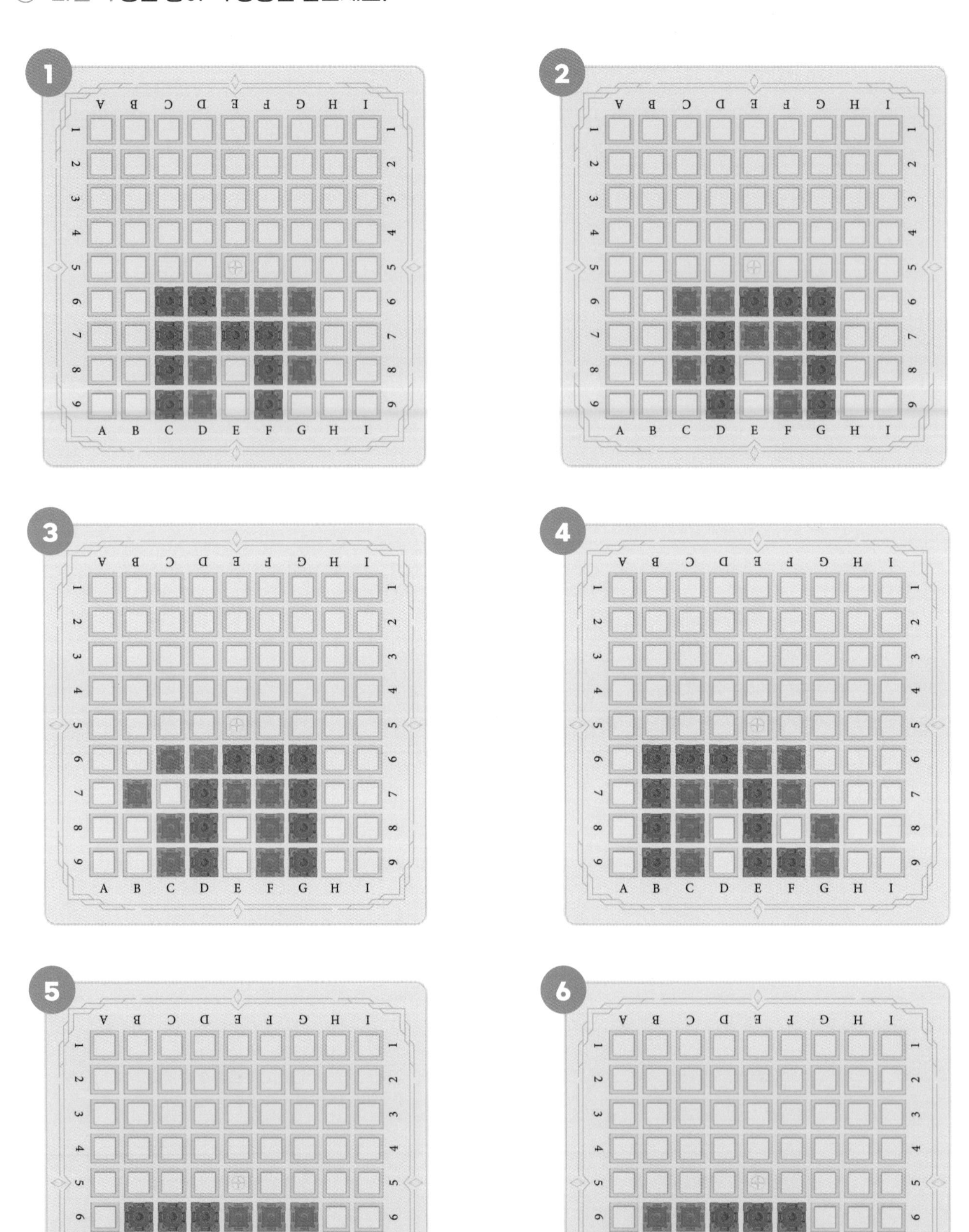

정답 : 1번 G9, 2번 C9, 3번 C7, 4번 F8, 5번 D7, 6번 D7

파란색 성을 놓아 빅 상황을 만드세요.

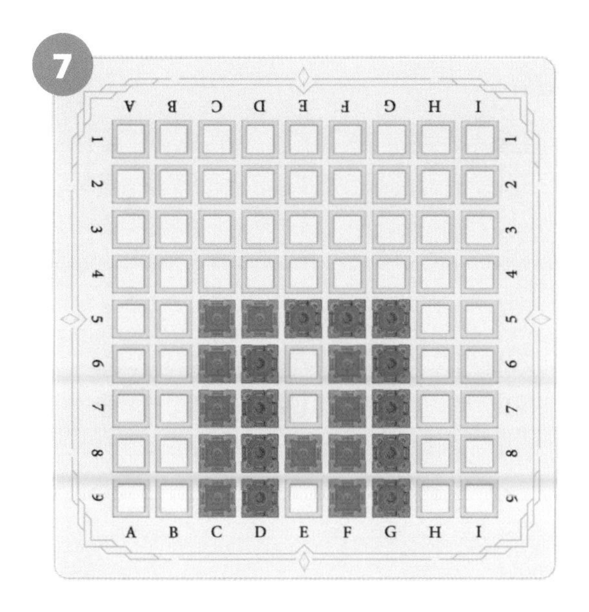

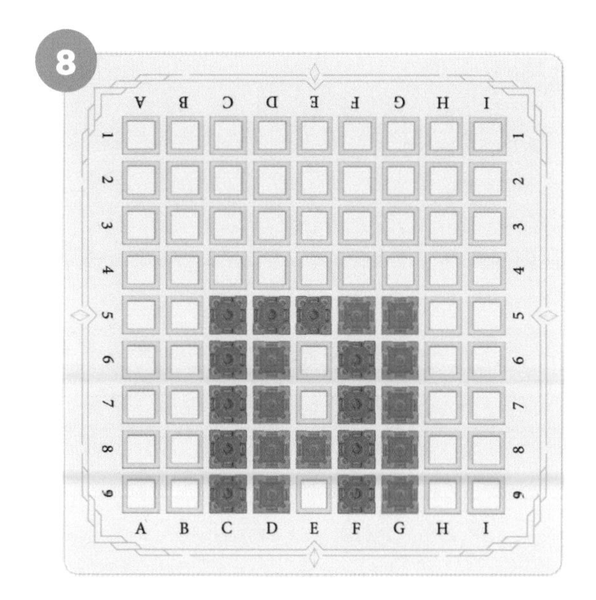

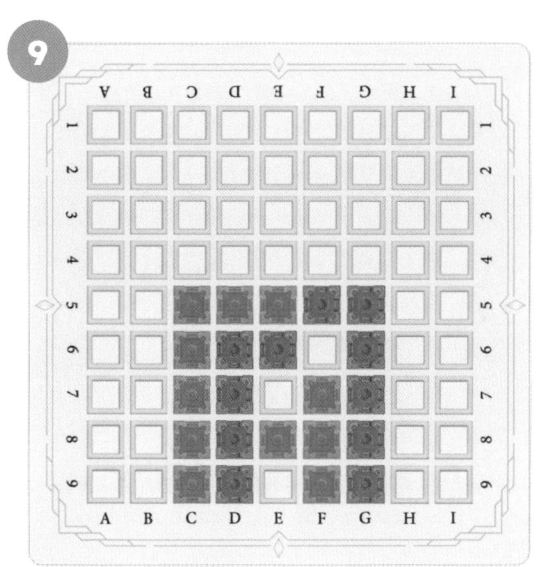

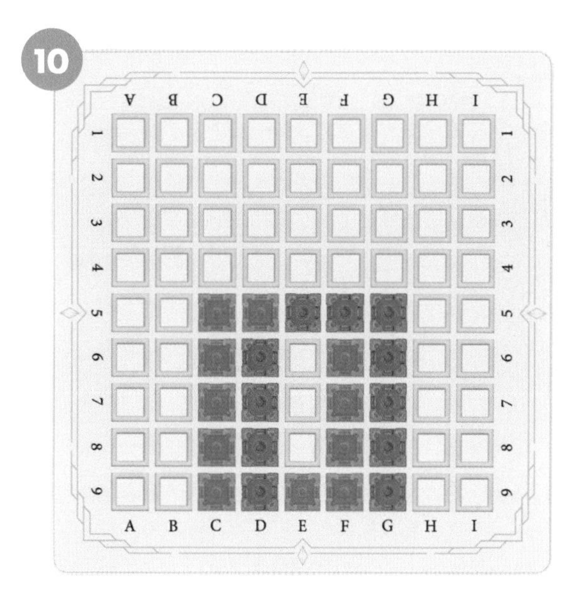

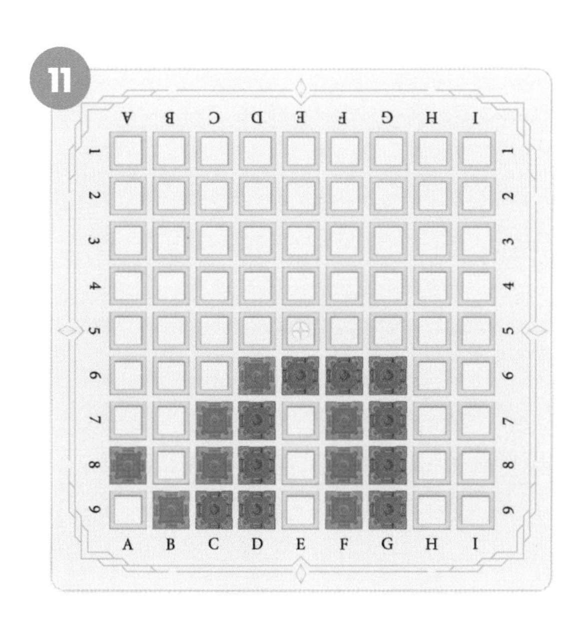

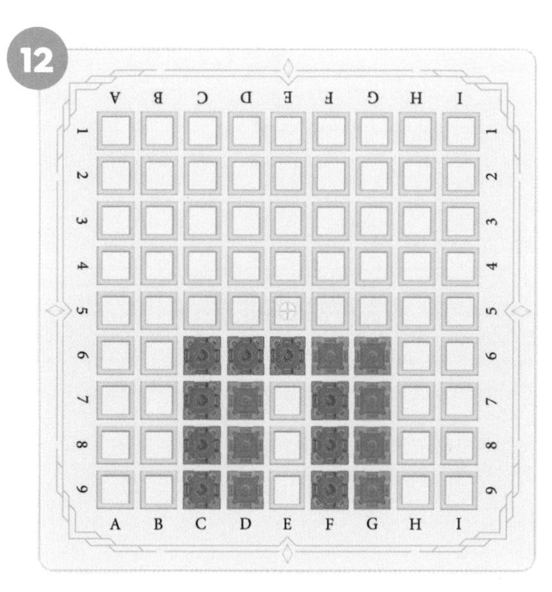

정답 : 7번 E6, 8번 E6, 9번 F6, 10번 E6, 11번 E7, 12번 E7

✓ 파란색 성을 놓아 빅 상황을 만드세요.

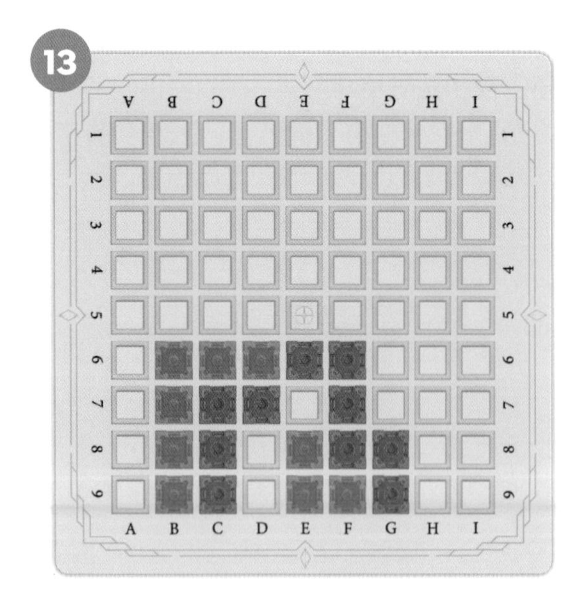

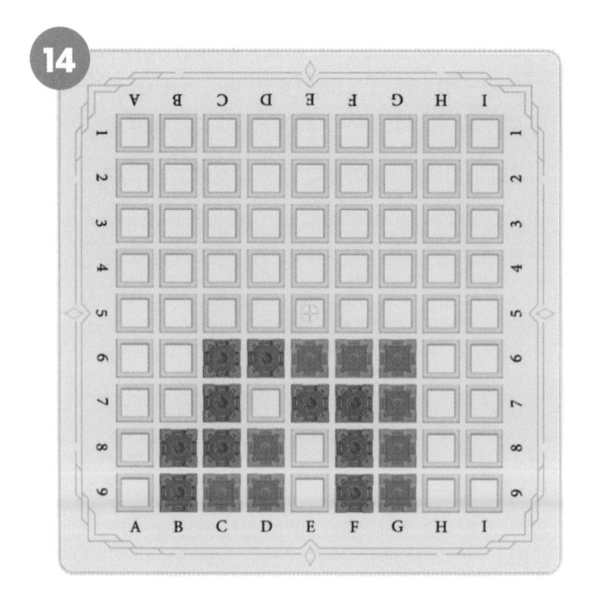

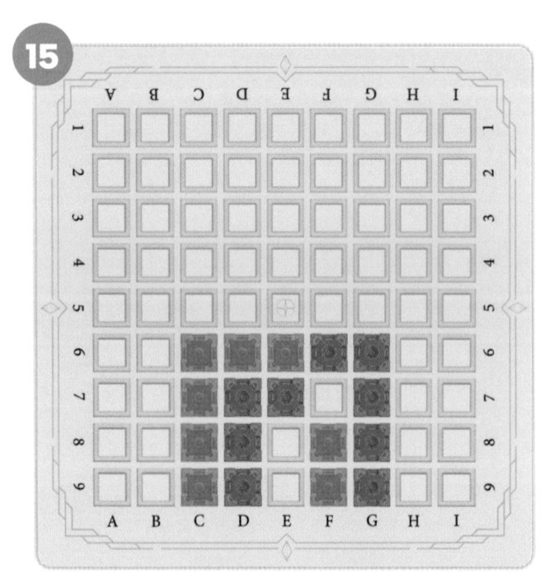

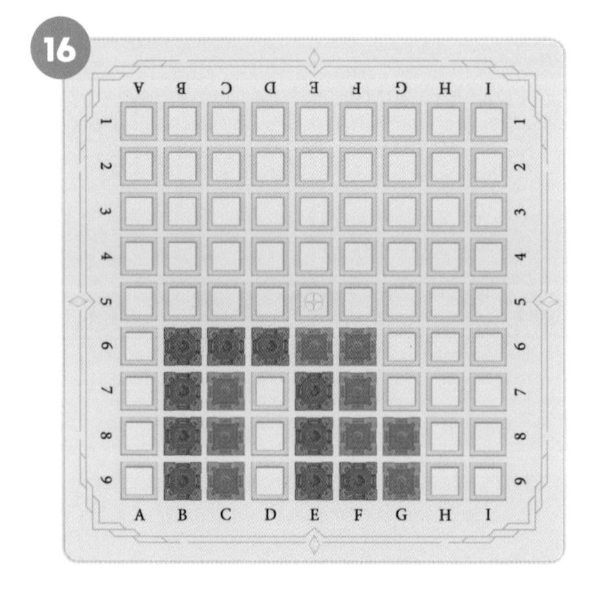

정답 : 13번 E7, 14번 D7, 15번 F7, 16번 D7

12. 효율적으로 살기

다음 문제를 보고 어떻게 살아야 하는지 생각해 보세요. 답안과 비교해 보세요.

파란색 성을 놓아 살기

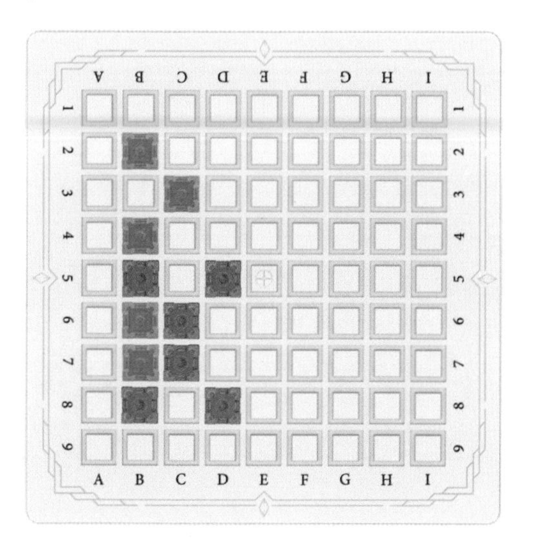

주황색 성을 놓아 살기

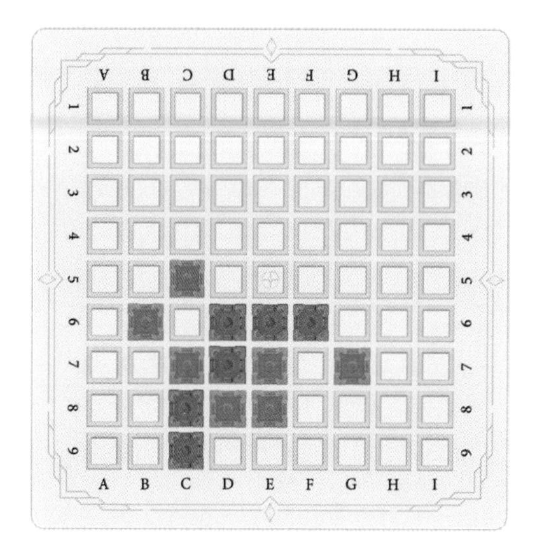

정답 O

정답 O

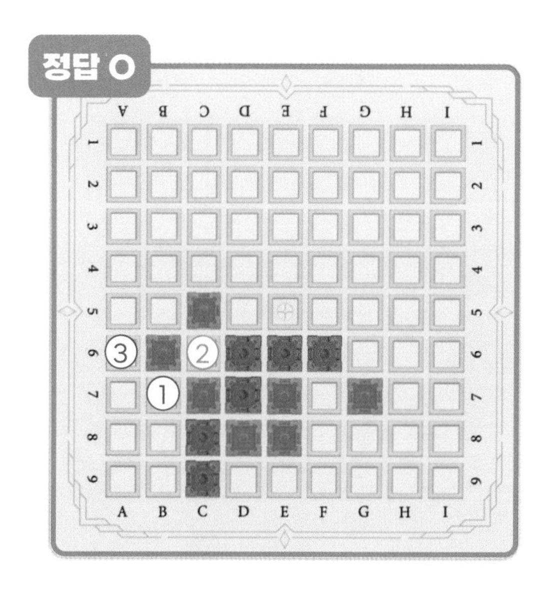

13. 상대 영토 파고들기

〈그레이트 킹덤〉에서는 상대의 영토를 파고들어 상대의 영토 크기를 줄여야 합니다.

- 상대의 영토에 파고드는 방법을 알아봅시다.
- 다음 세 가지 예시에서는 모두 상대의 영토를 파고들어 상대의 영토 수를 줄였습니다.

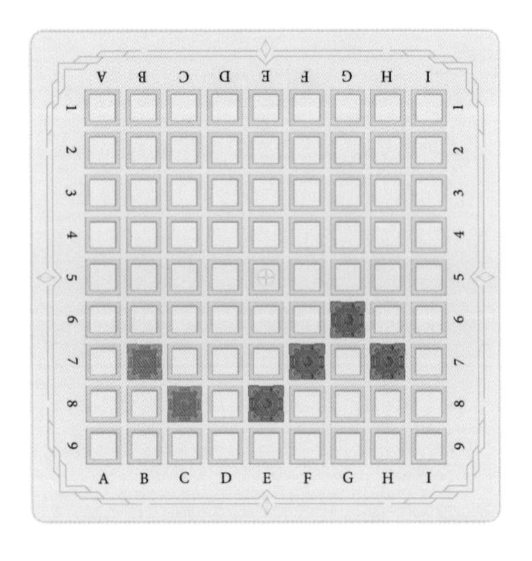

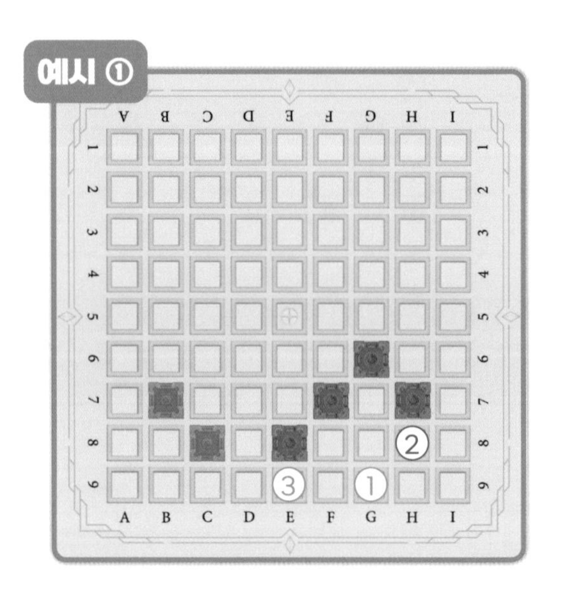

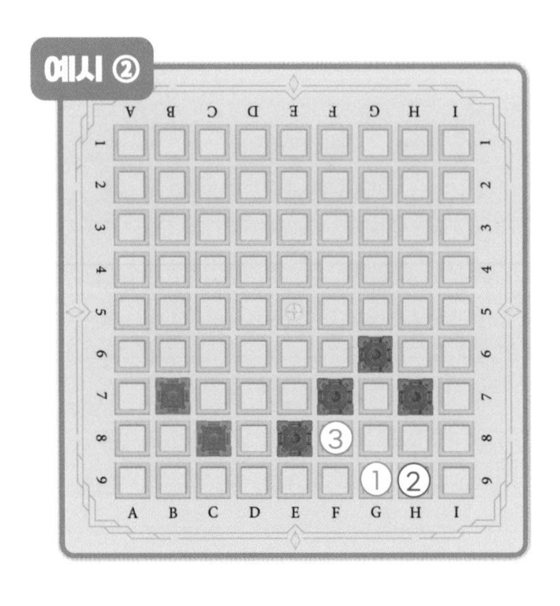

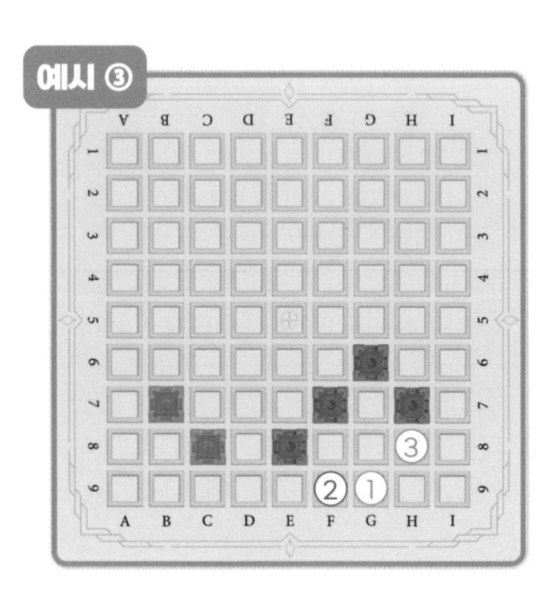

파란색 성 차례입니다. 상대 영토에 효율적으로 파고들어 보세요.

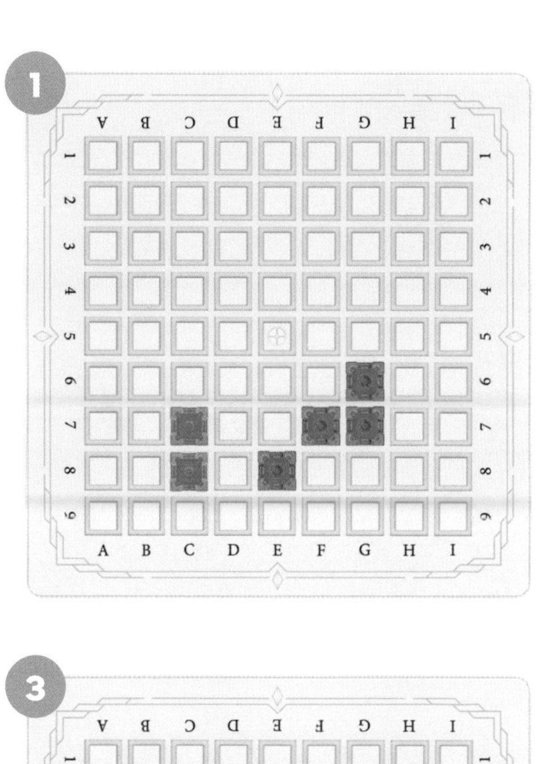

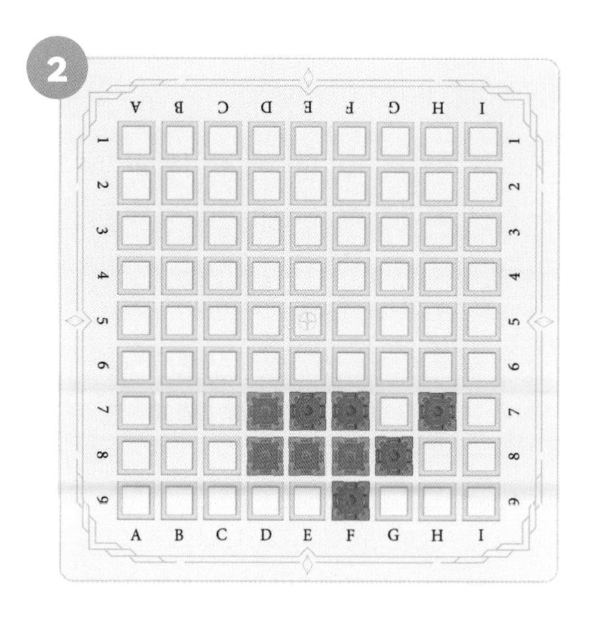

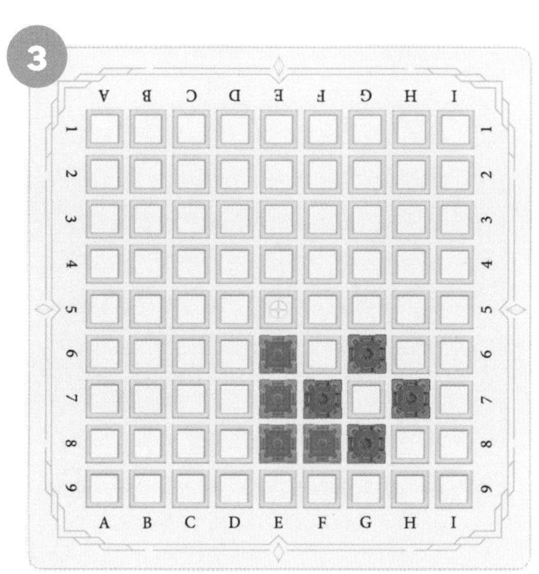

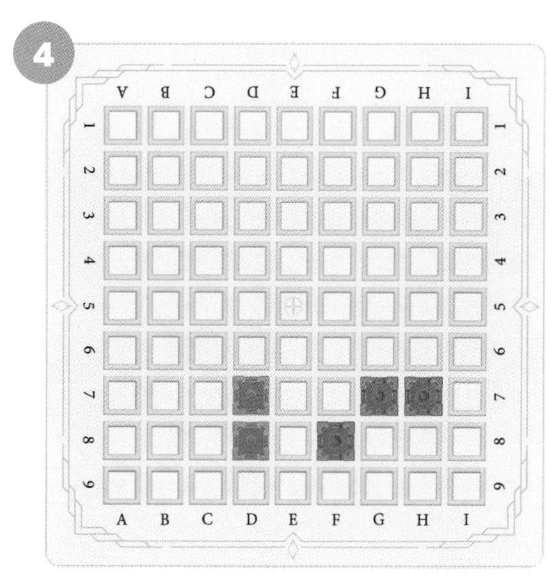

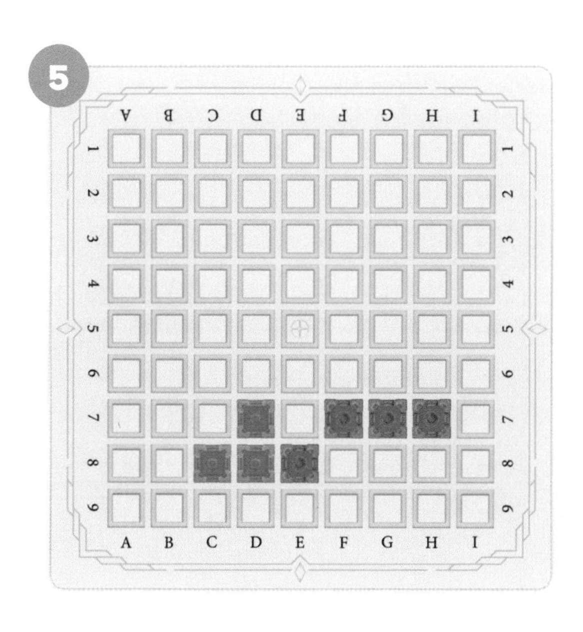

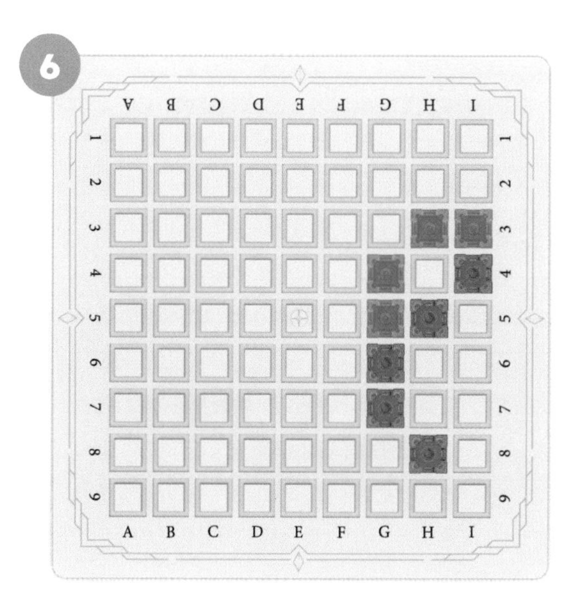

정답 ☞ 다음 쪽 참조

1번 정답

2번 정답

3번 정답

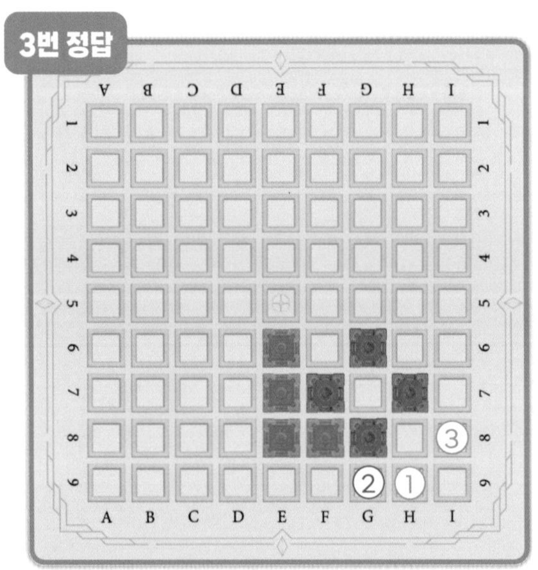

4번 정답

5번 정답

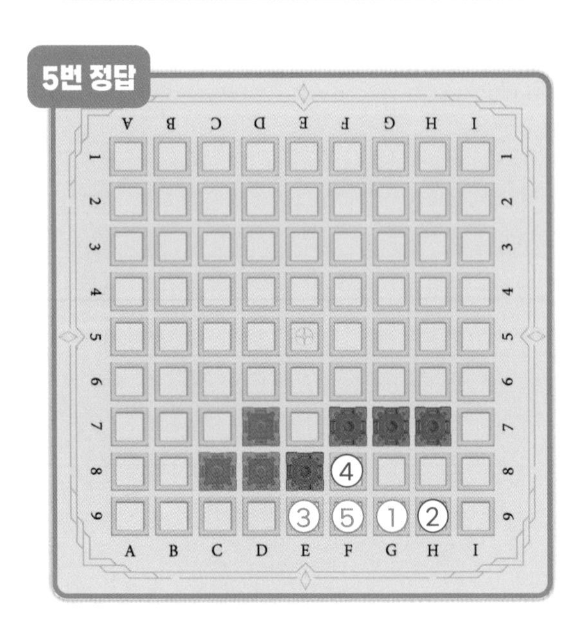

6번 정답

파란색 성 차례입니다. 상대 영토에 효율적으로 파고들어 보세요.

7

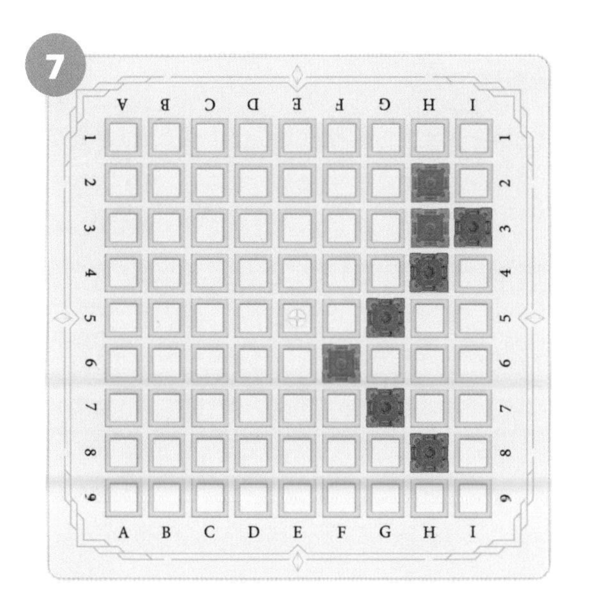

8

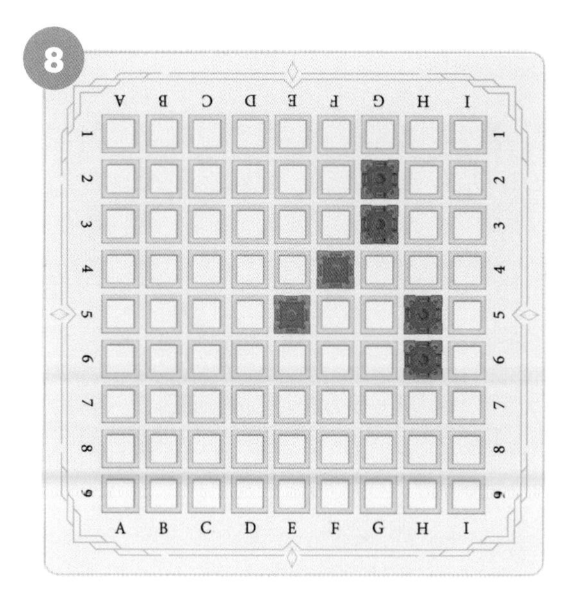

9

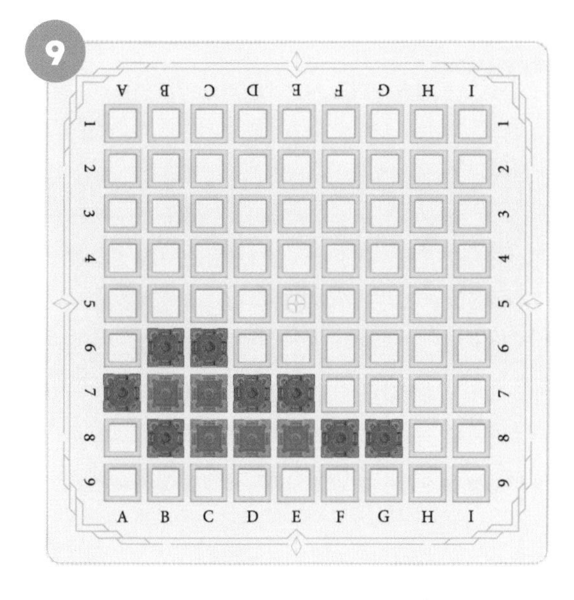

정답 ☞ 다음 쪽 참조

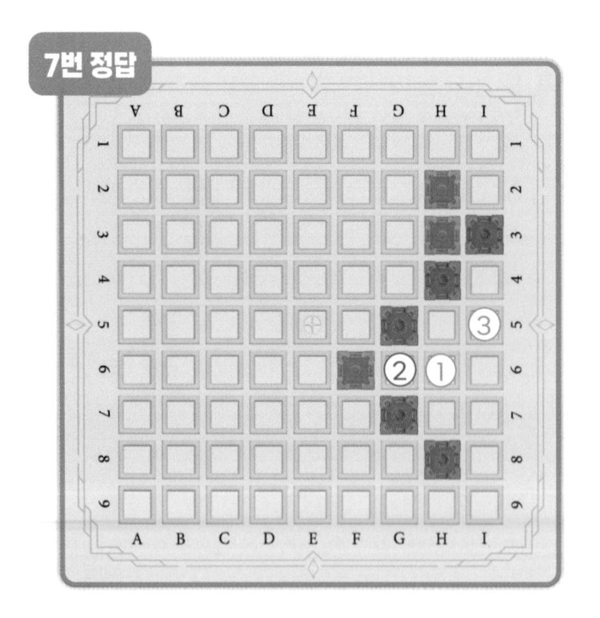
7번 정답

7번 실패

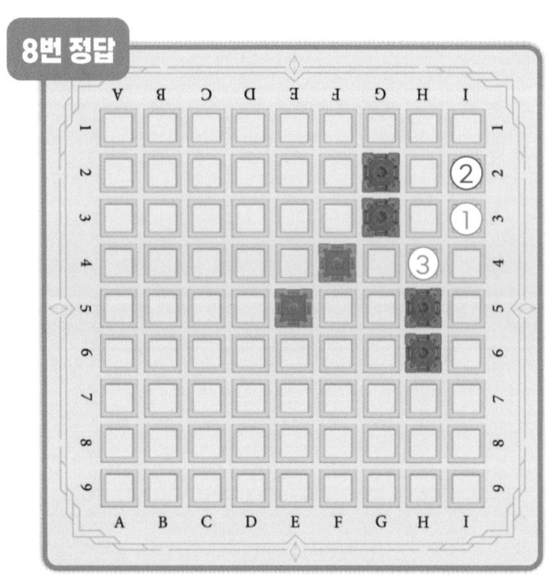
8번 정답

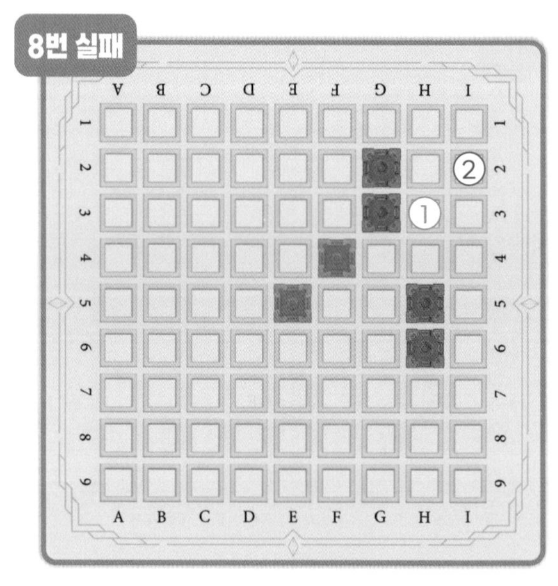
8번 실패

9번 정답

14. 수읽기 - 입문

수읽기 : 내가 놓은 성을 통해 게임이 어떻게 전개될 것인지 예측하는 것을 수읽기라고 합니다.

주황색 성을 놓아 파란색 성이 파괴되도록 순서를 적어 보세요.

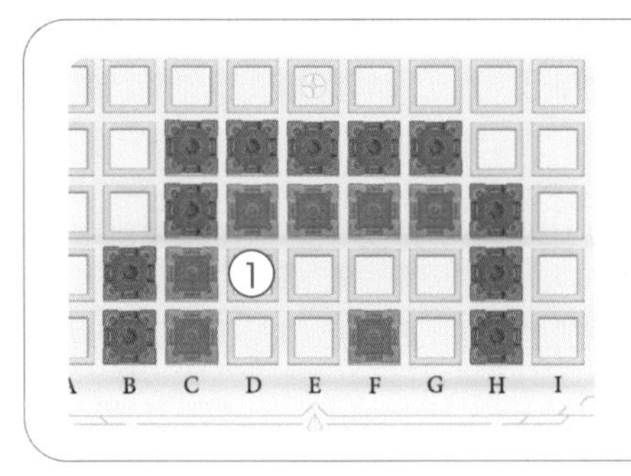

이렇게 풀어 보세요.

펜으로 주황색 성을 놓을 곳부터 표시해 보세요.

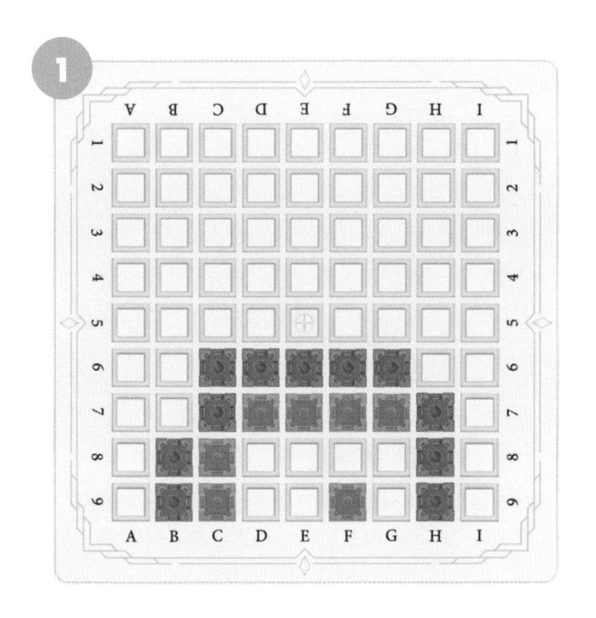

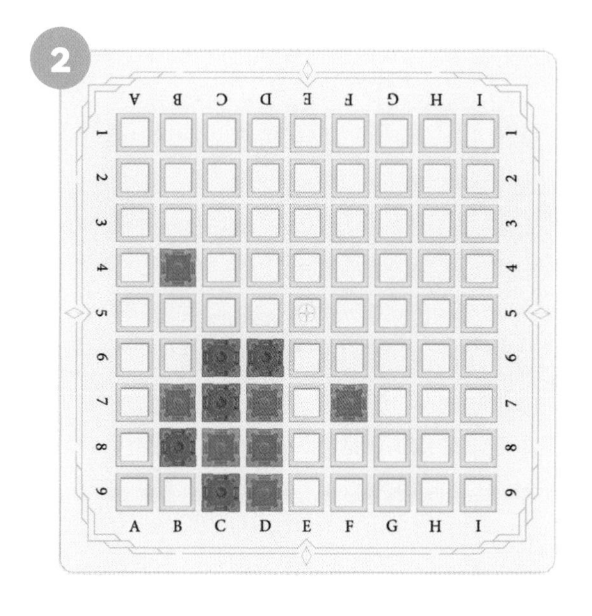

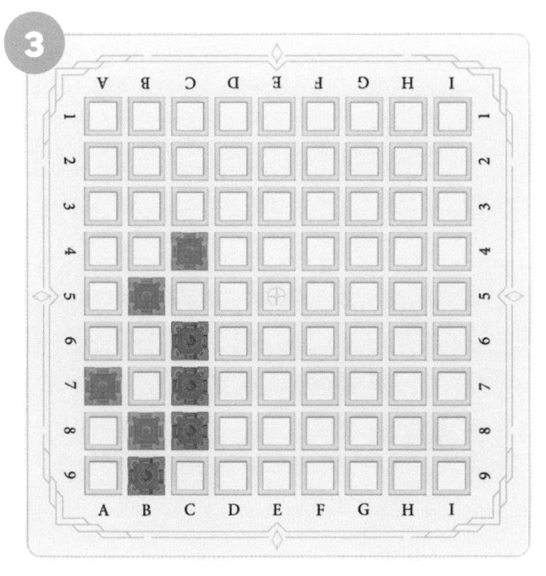

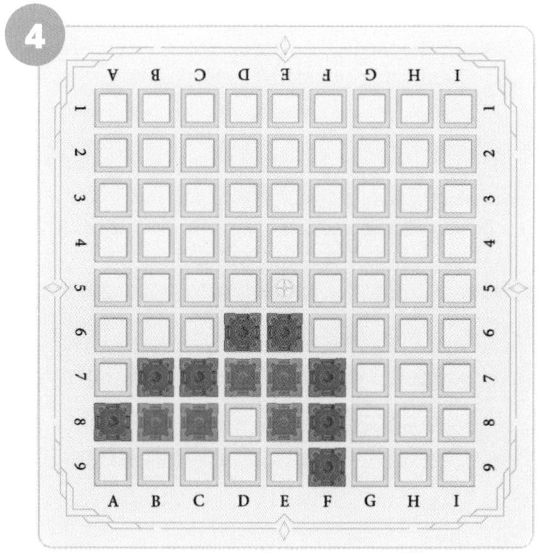

정답 다음 쪽 참조

펜으로 주황색 성을 표시해 놓은 곳을 답안과 비교해 보세요.

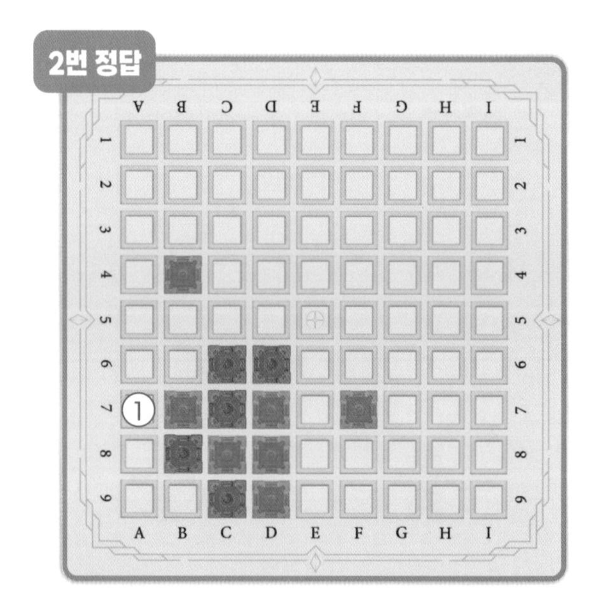

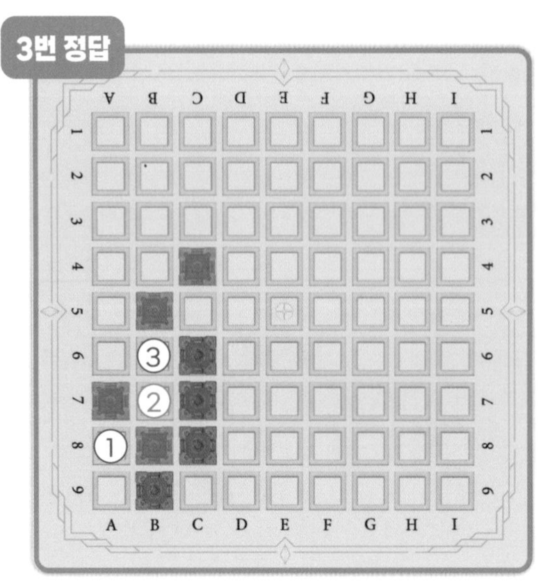

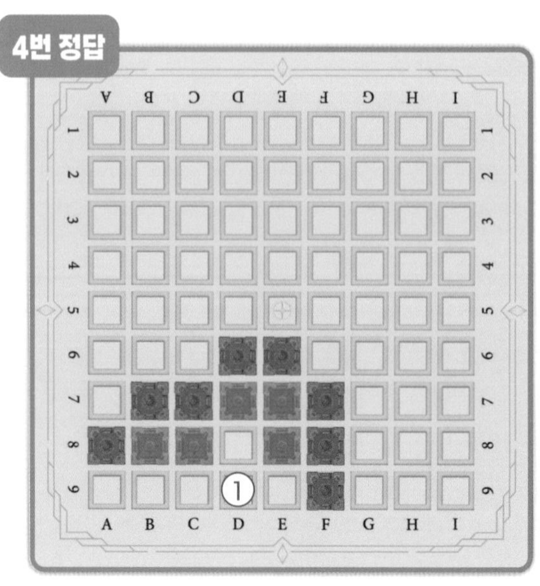

주황색 성을 놓아 파란색 성이 파괴되도록 순서를 적어 보세요.

5

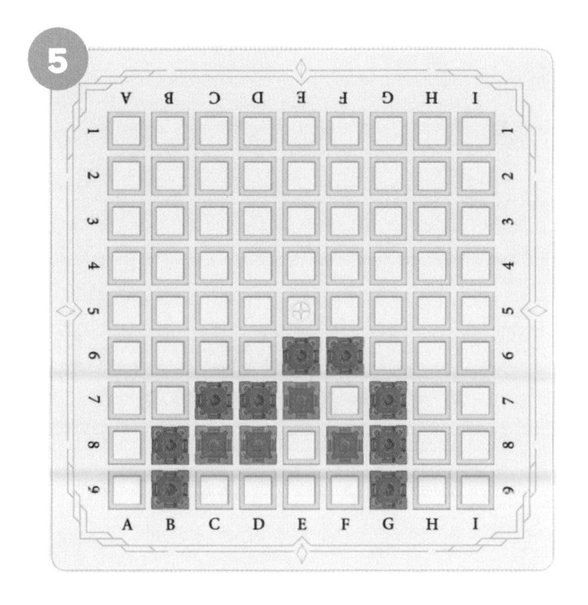

6

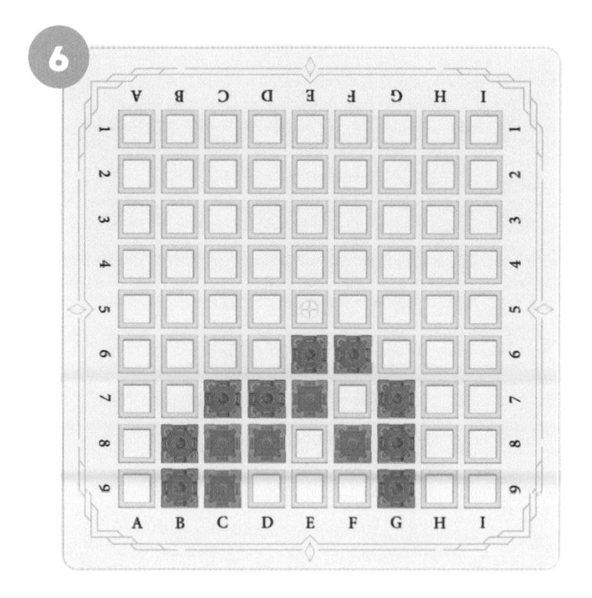

7

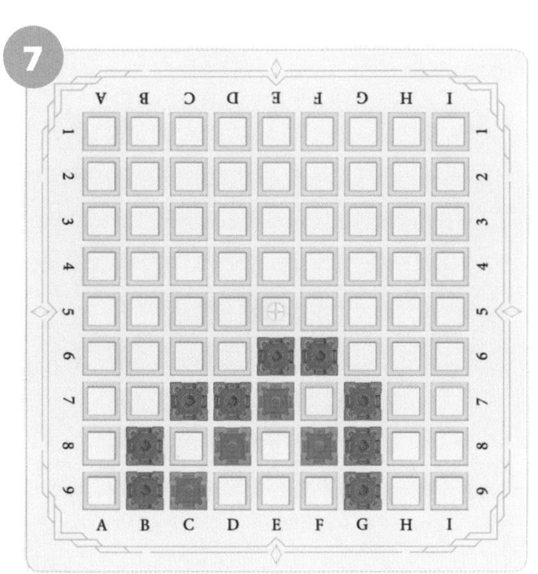

8

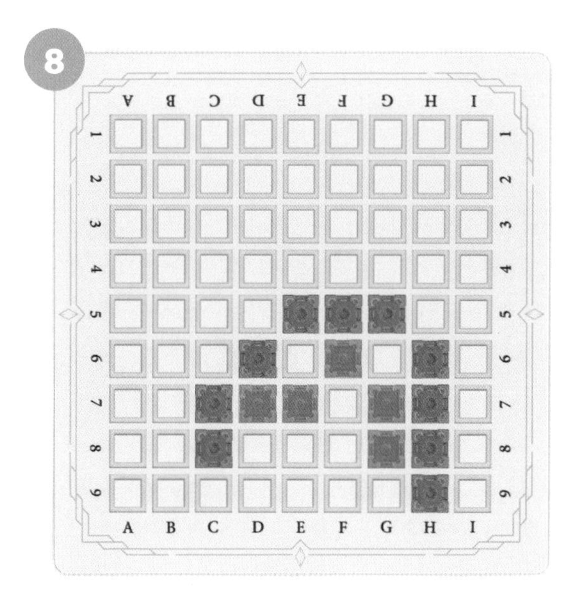

9

10

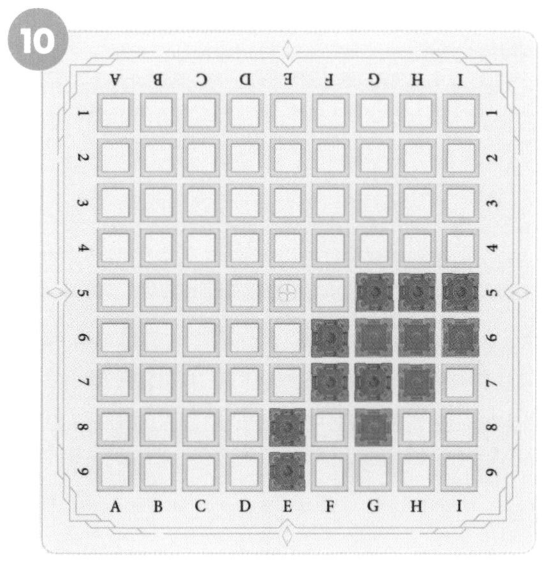

정답 ☞ 다음 쪽 참조

5번 정답

6번 정답

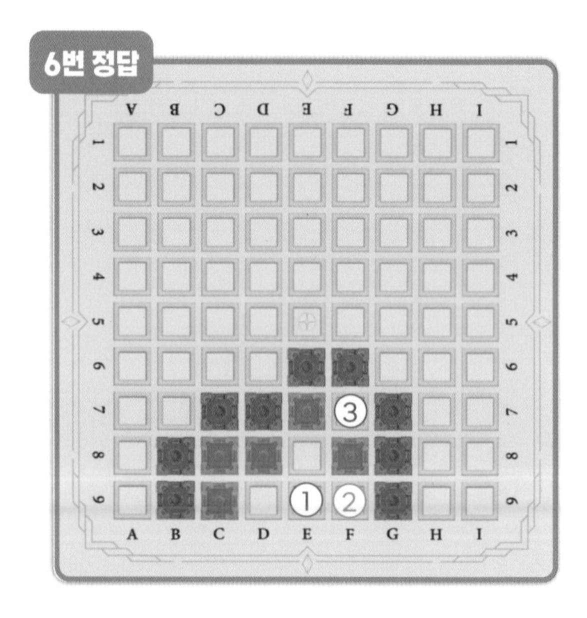

7번 정답

8번 정답

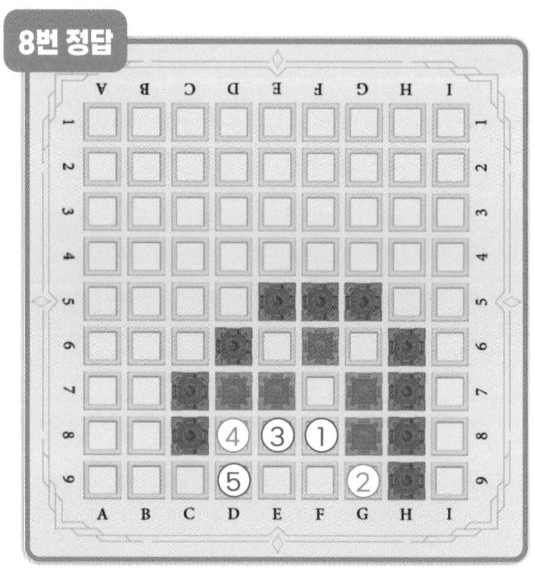

9번 정답

10번 정답

주황색 성을 놓아 파란색 성이 파괴되도록 순서를 적어 보세요.

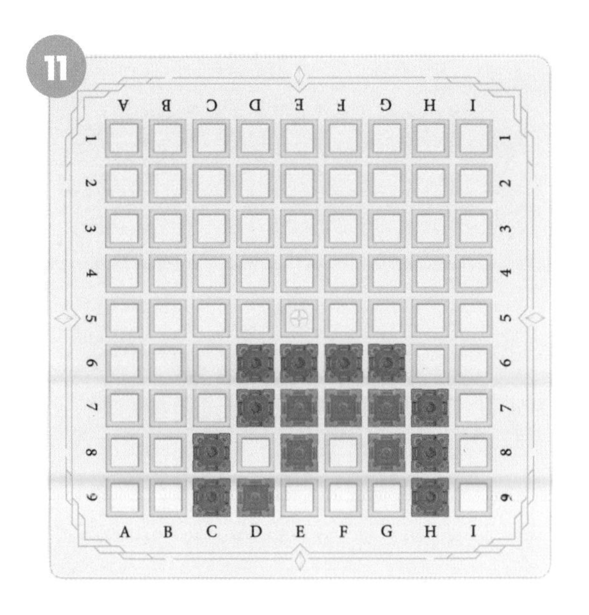

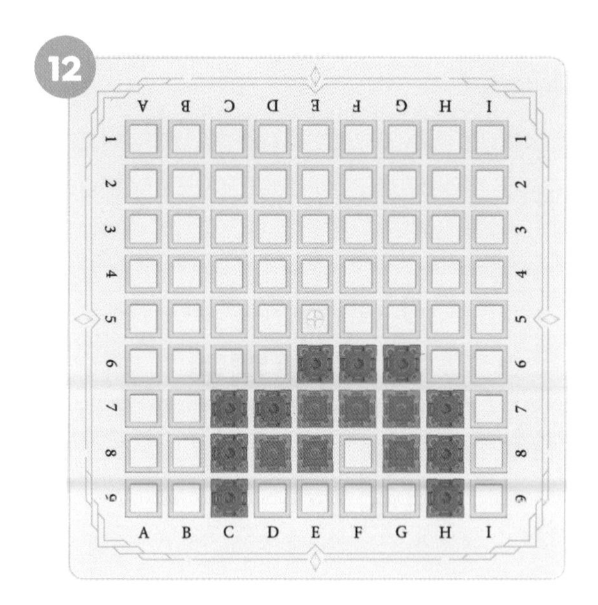

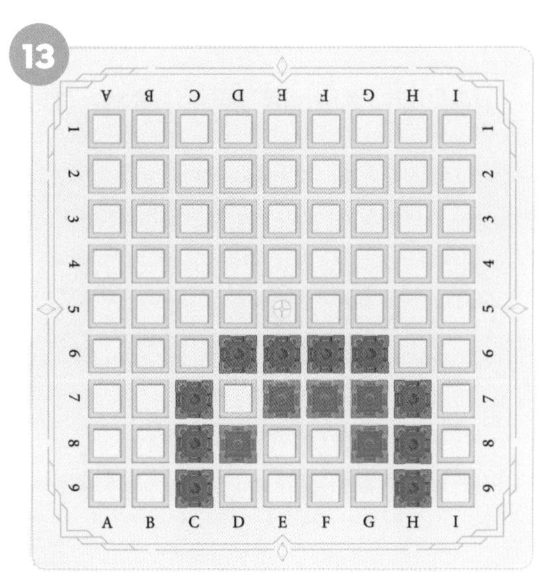

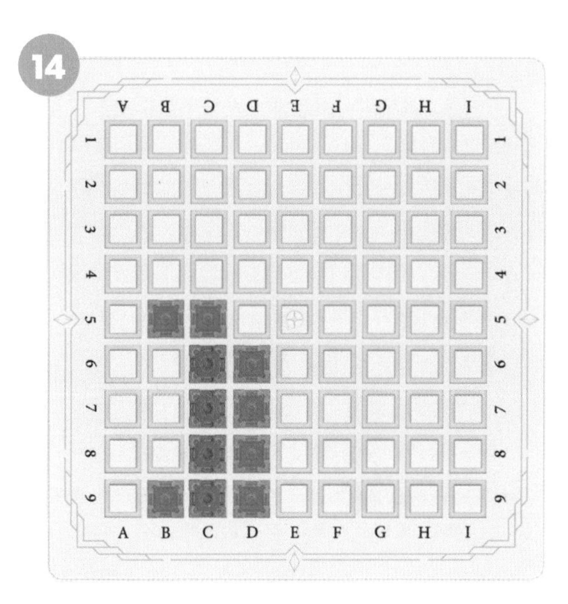

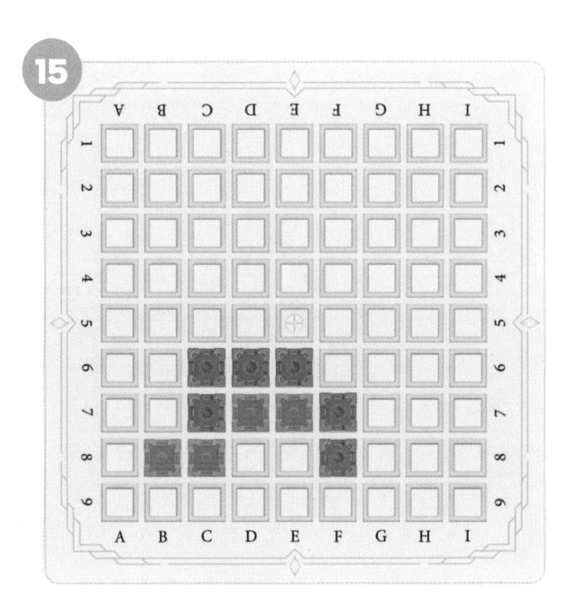

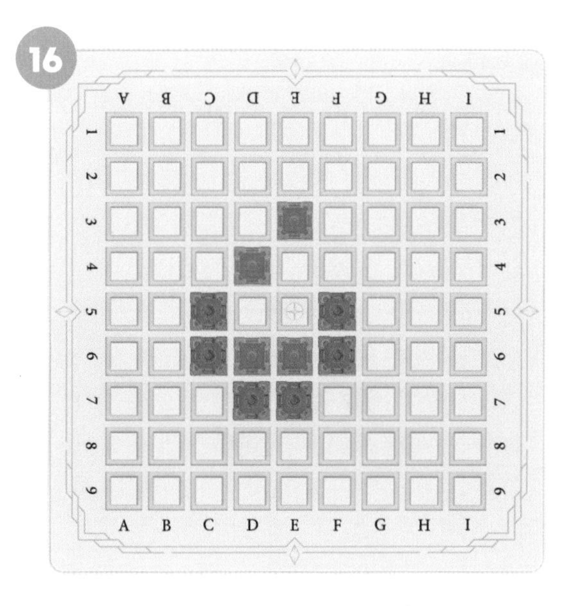

정답 ☞ 다음 쪽 참조

11번 정답

12번 정답

13번 정답

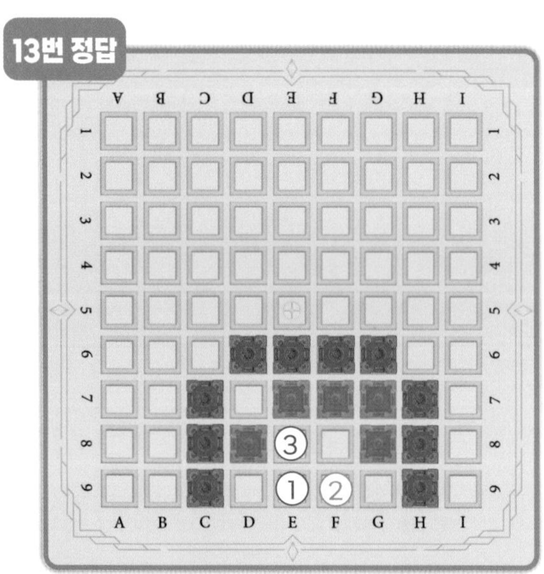

14번 정답

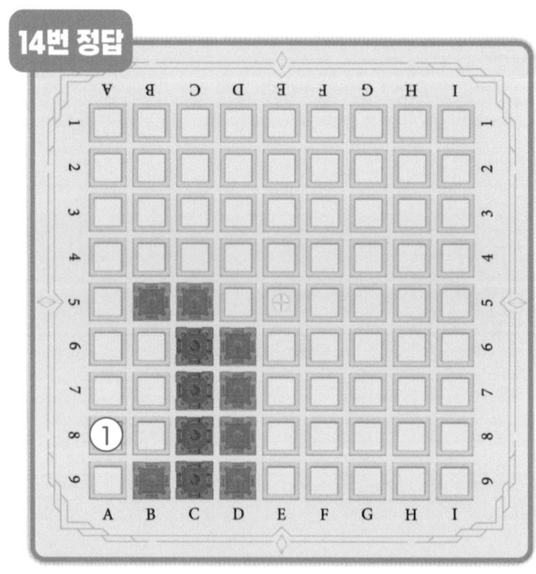

15번 정답

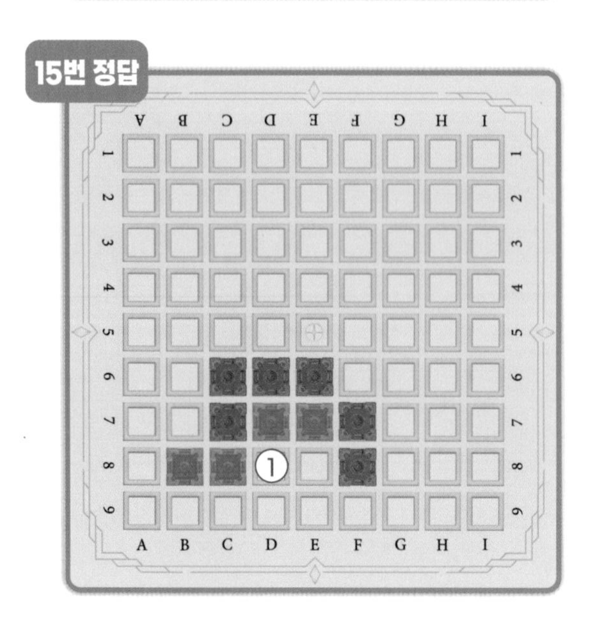

16번 정답

주황색 성을 놓아 파란색 성이 파괴되도록 순서를 적어 보세요.

17

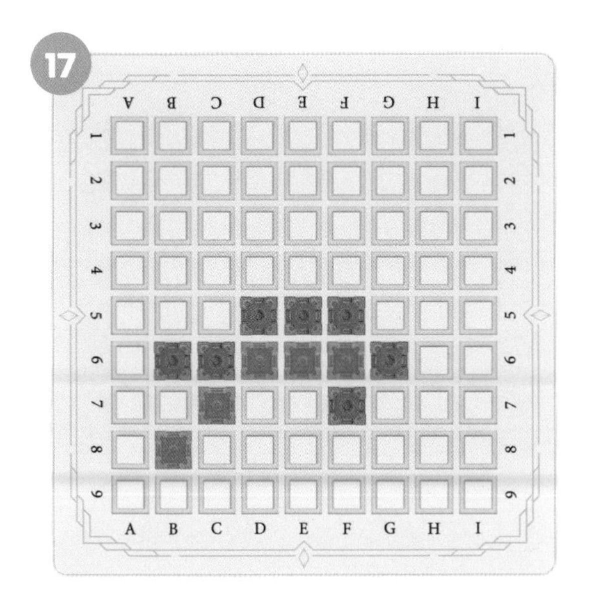

18

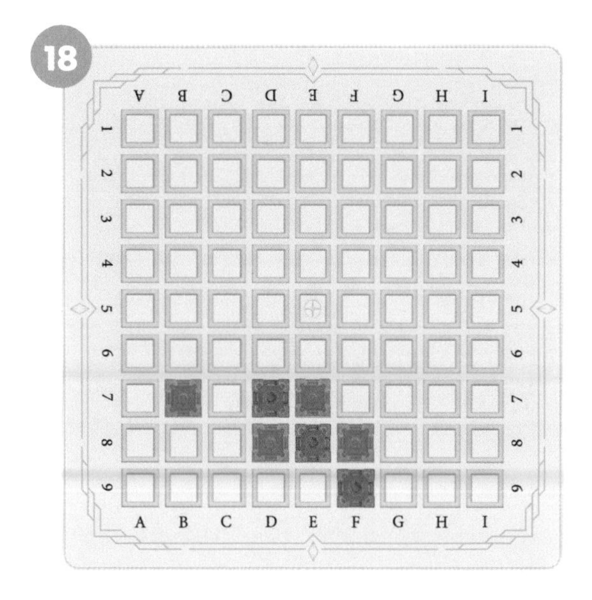

19

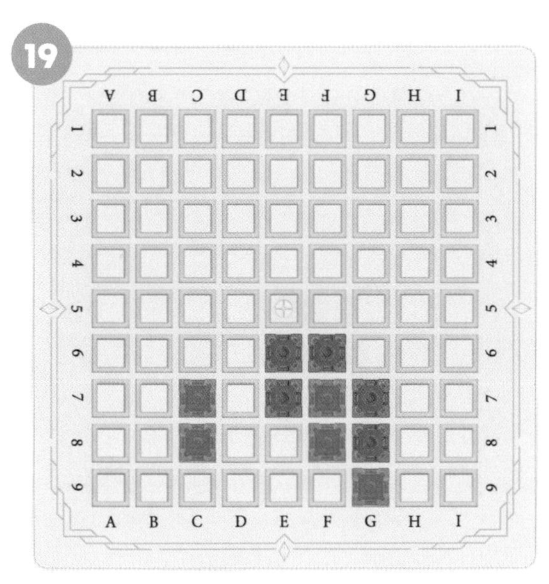

20

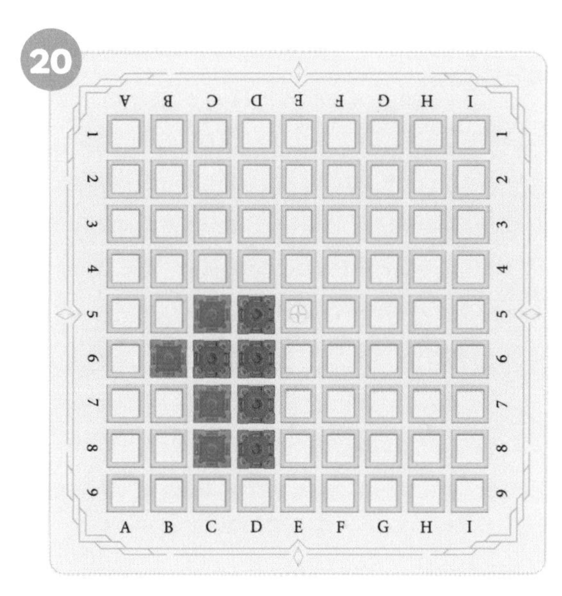

21

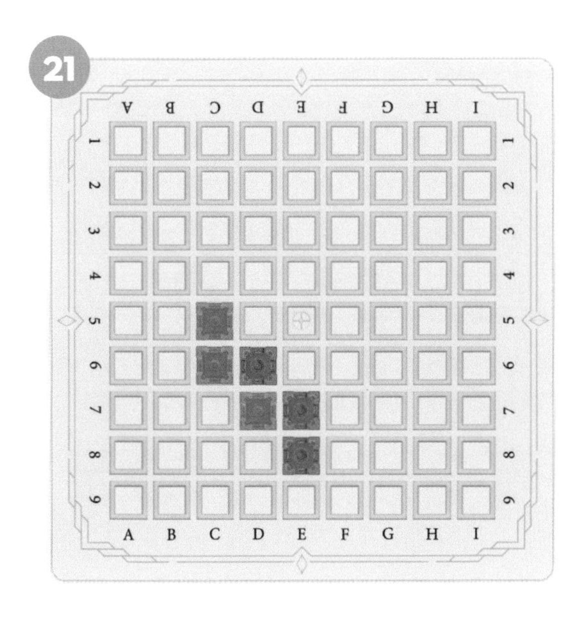

22

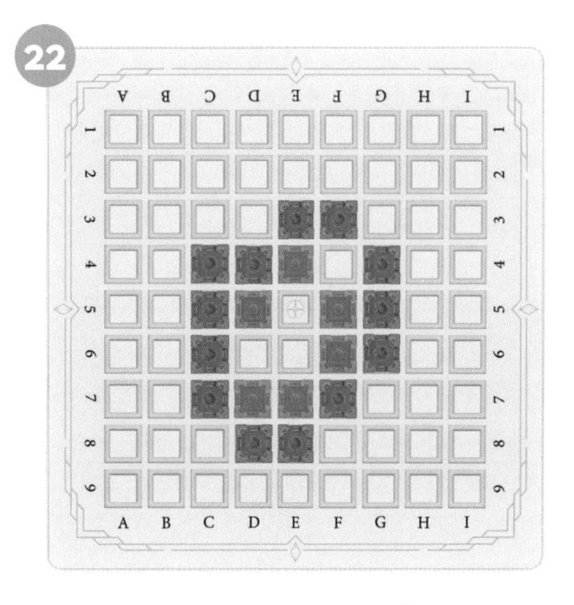

정답 ☞ 다음 쪽 참조

17번 정답

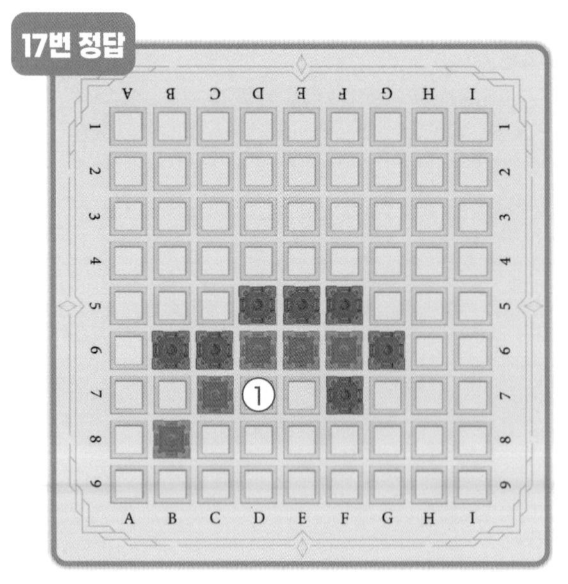

18번 정답

19번 정답

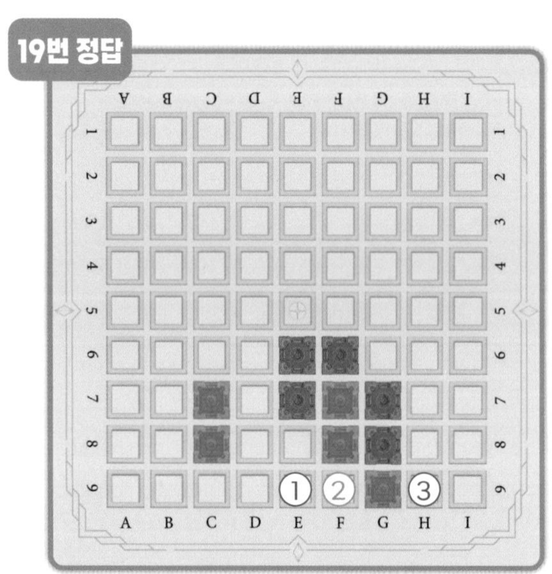

20번 정답

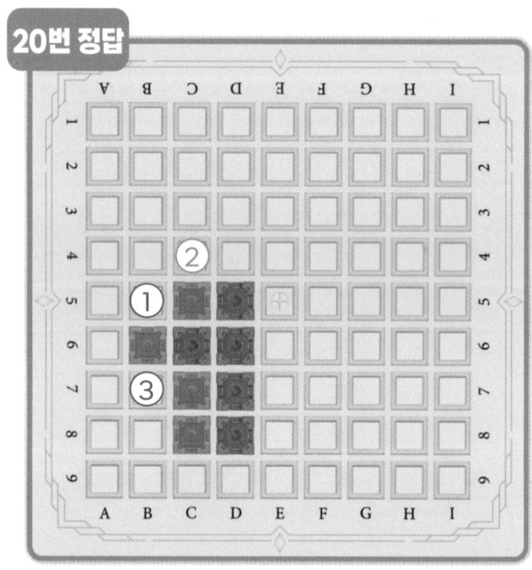

21번 정답

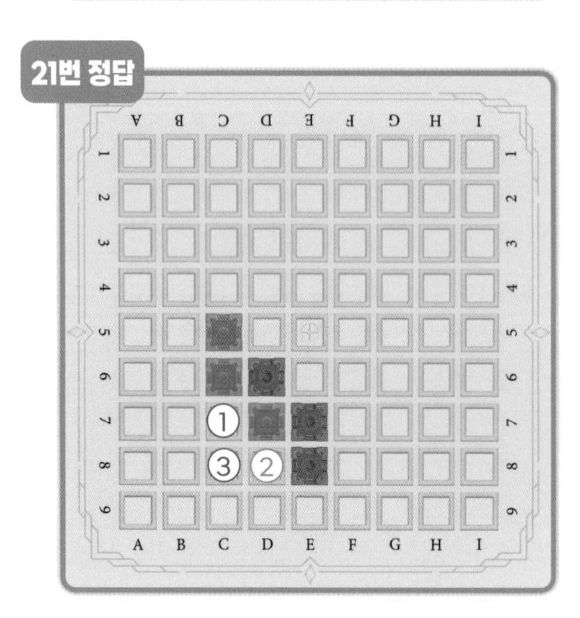

22번 정답

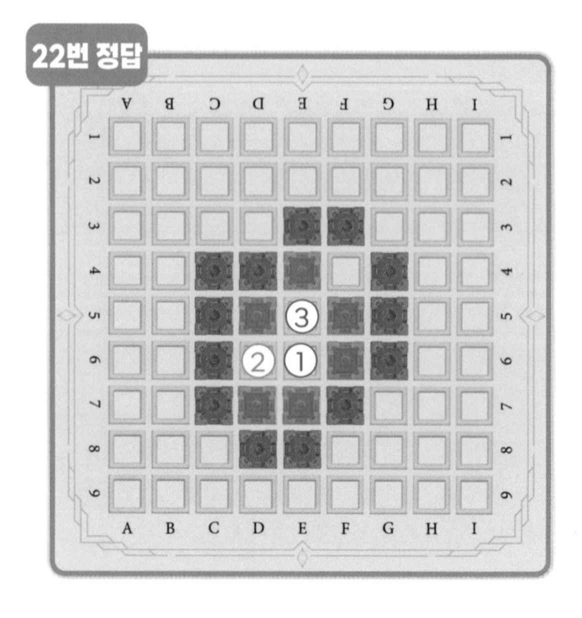

주황색 성을 놓아 파란색 성이 파괴되도록 순서를 적어 보세요.

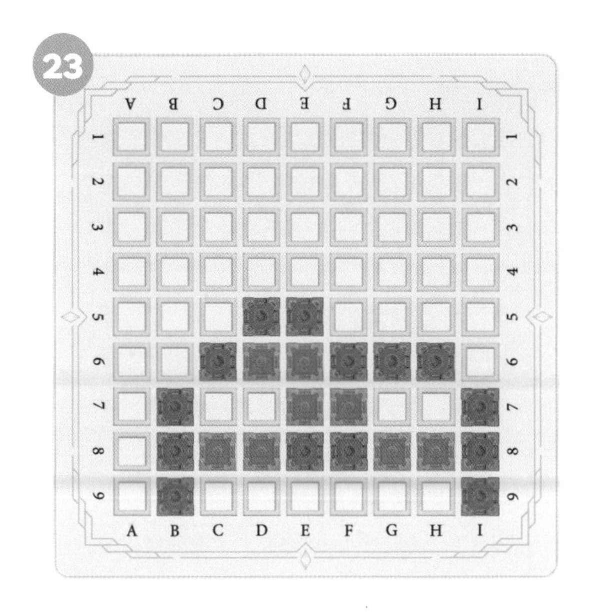

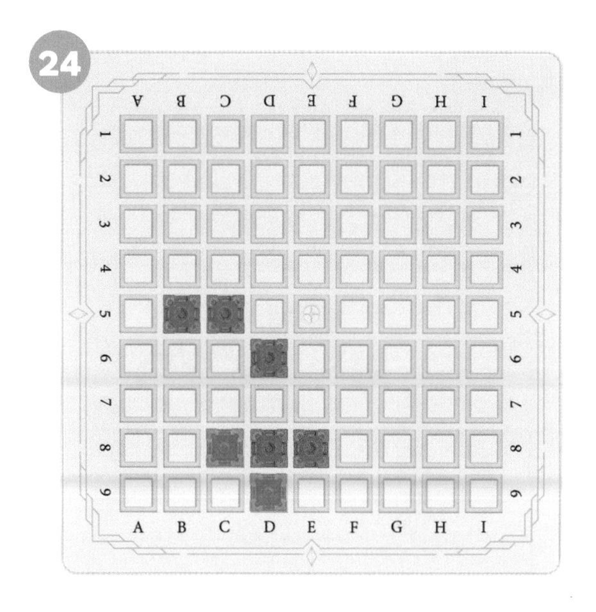

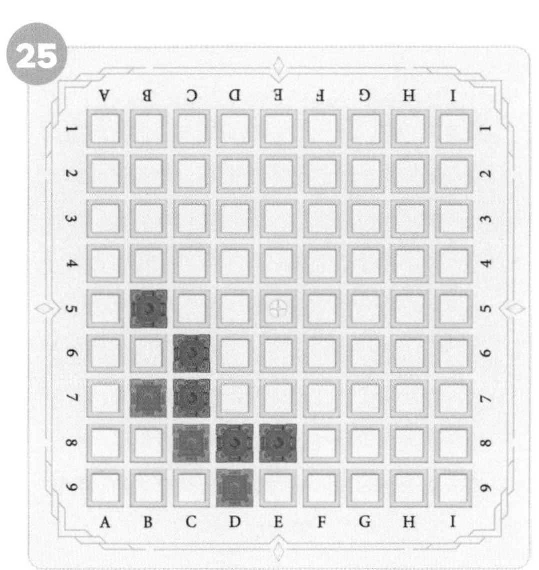

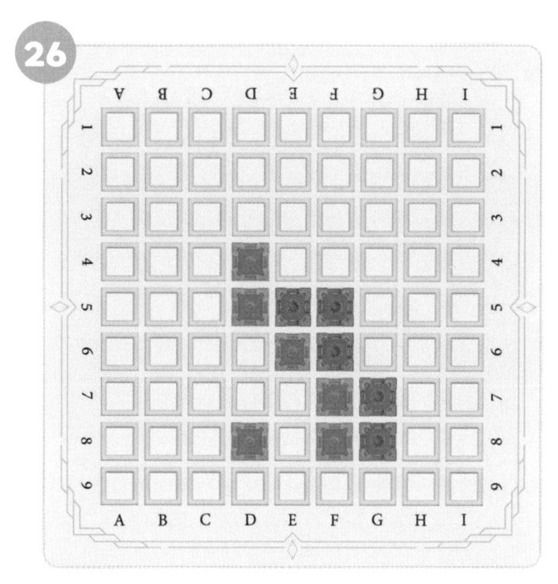

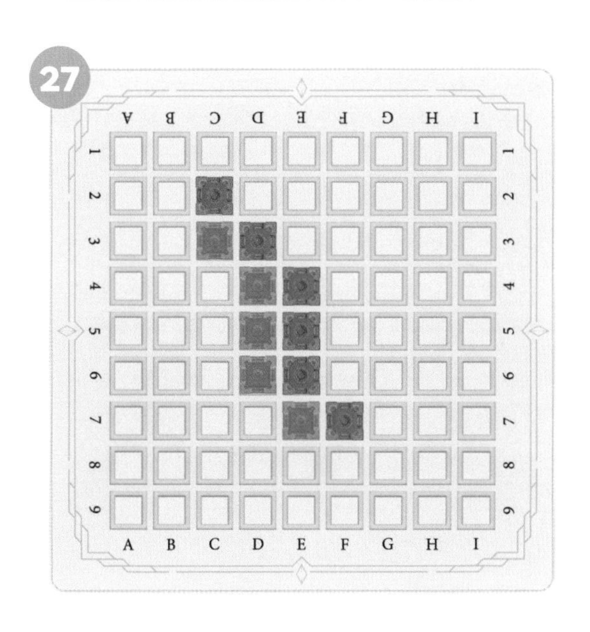

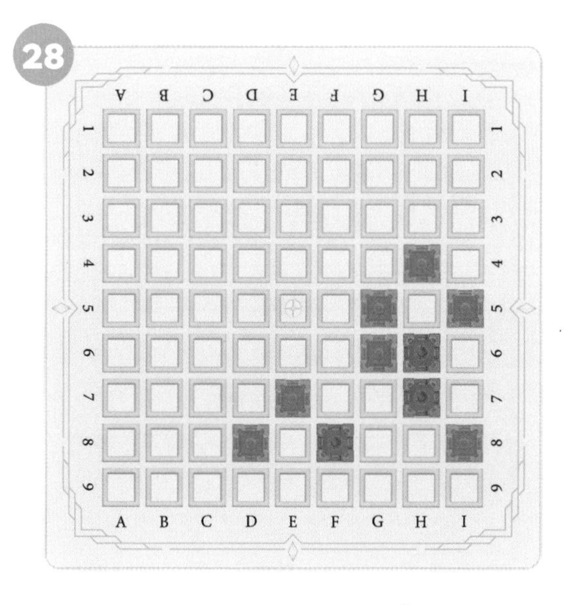

정답 ☞ 다음 쪽 참조

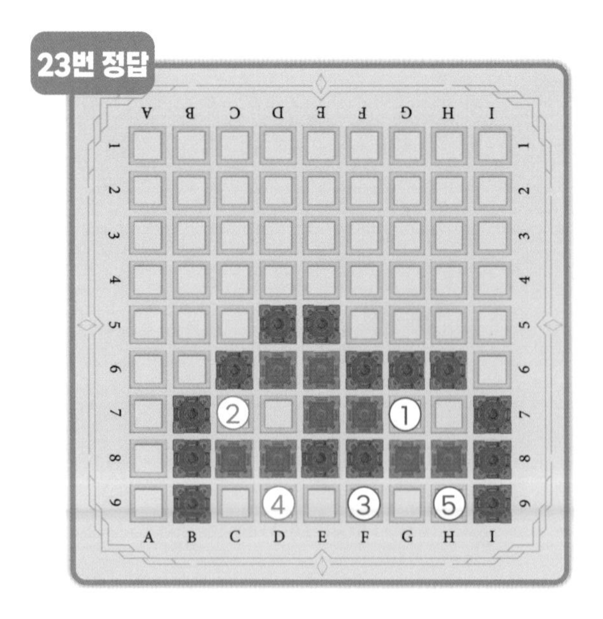

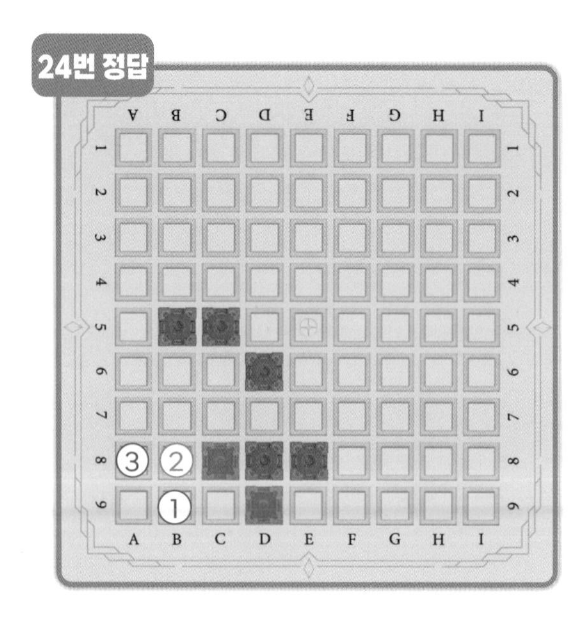

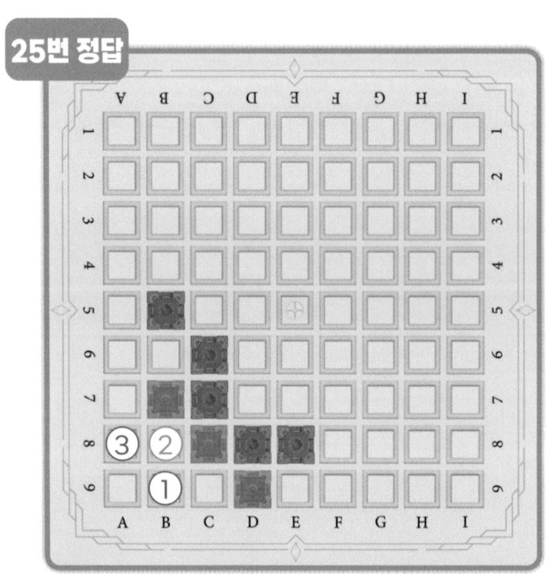

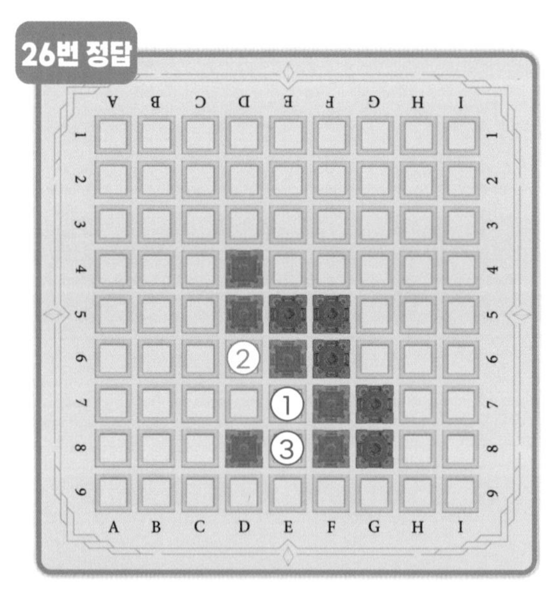

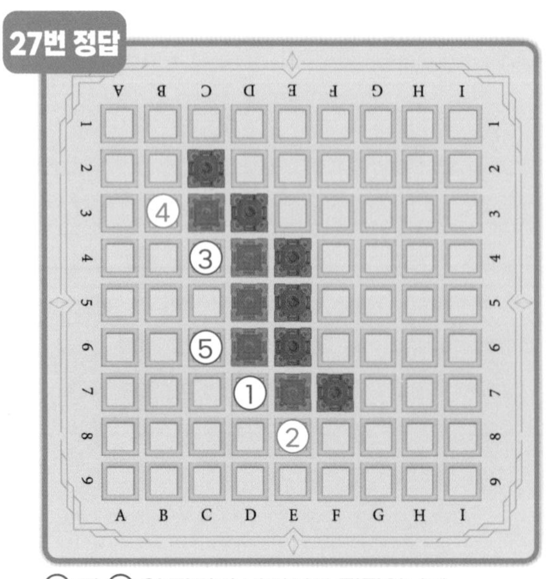

① 과 ③ 의 자리가 바뀌어도 정답입니다.

파란색 성 차례입니다. 파란색 성이 파괴되지 않도록 성을 놓아 보세요.

29

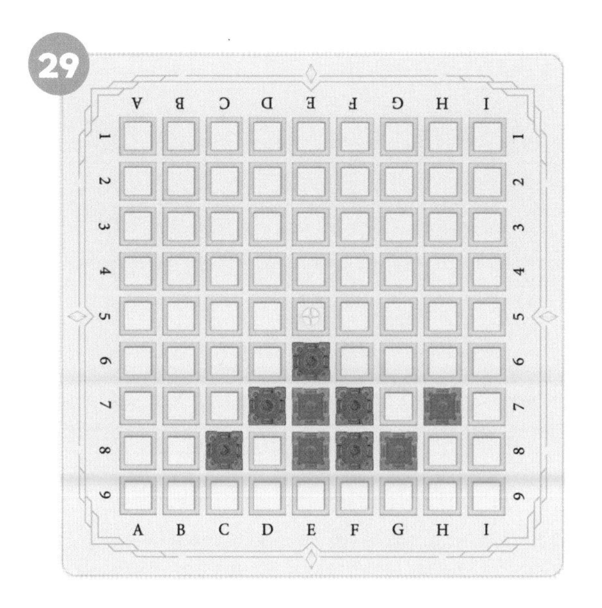

30

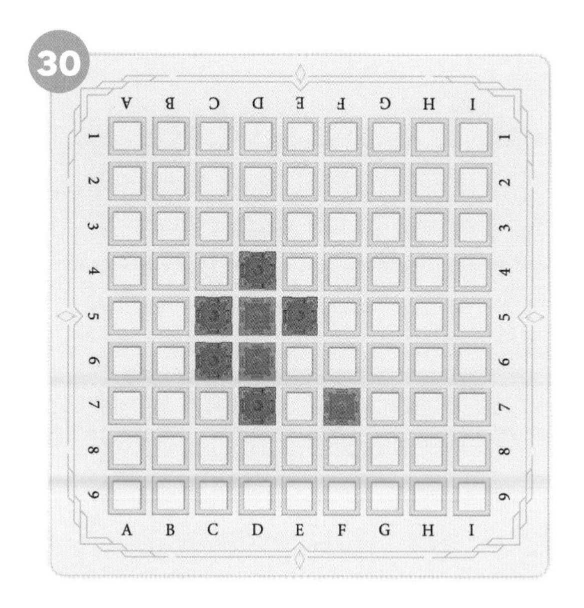

31

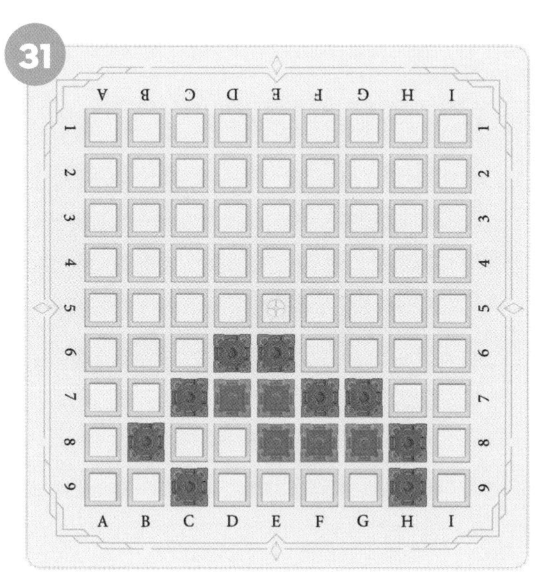

32

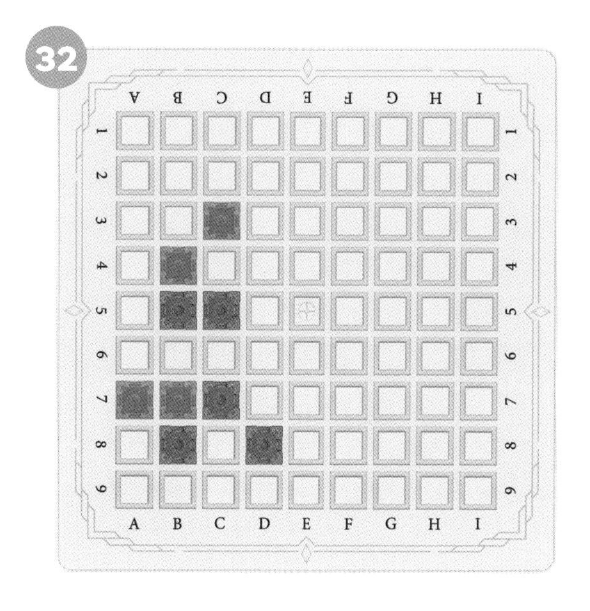

정답 ☞ 다음 쪽 참조

29번 정답

30번 정답

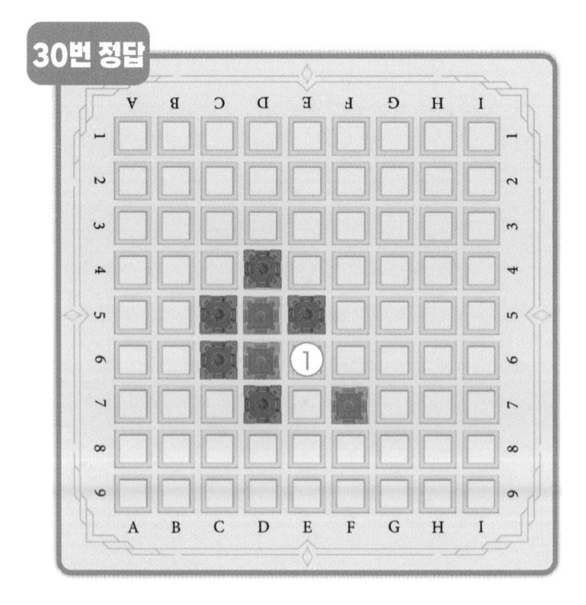

31번 정답

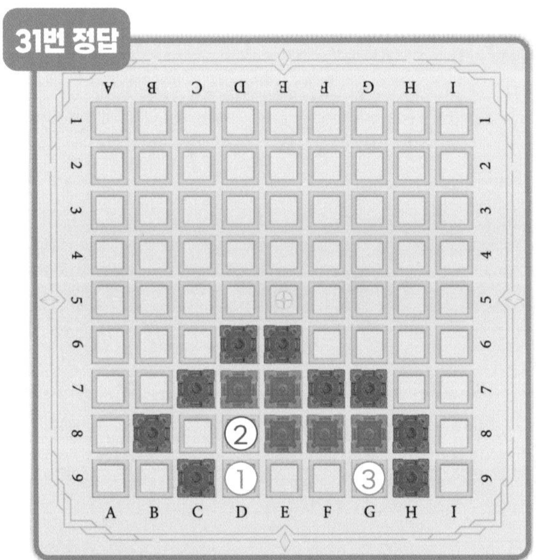

32번 정답1

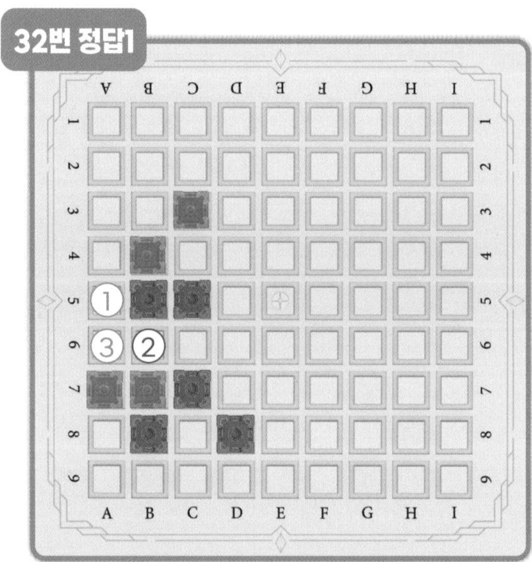

32번 정답2

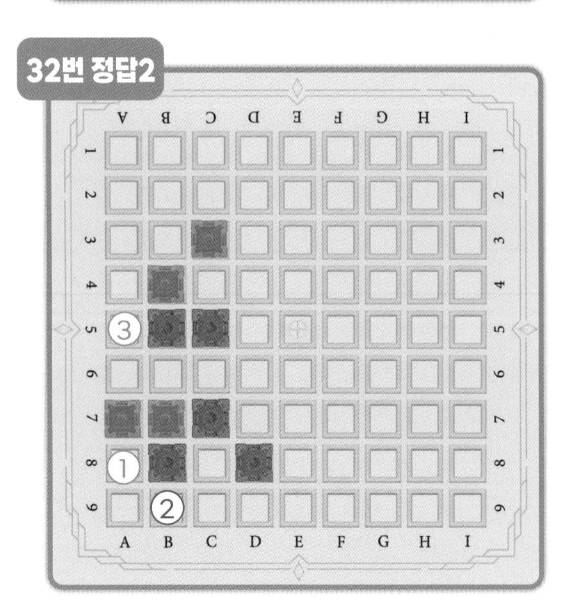

15. 수읽기 - 초급

주황색 성을 놓아 파란색 성이 파괴되도록 순서를 적어 보세요.

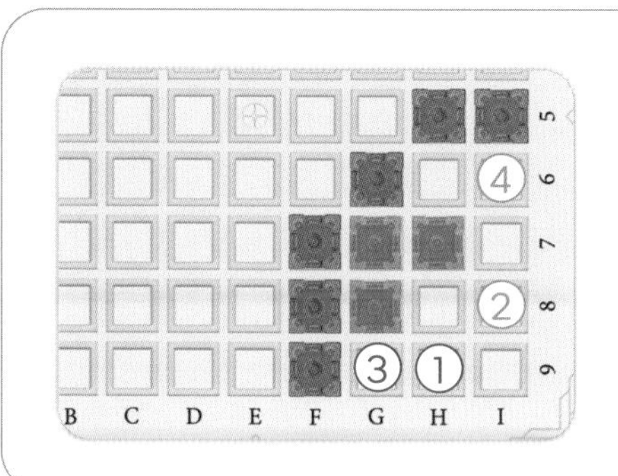

펜으로 주황색 성을 놓을 곳부터 표시해 보세요.

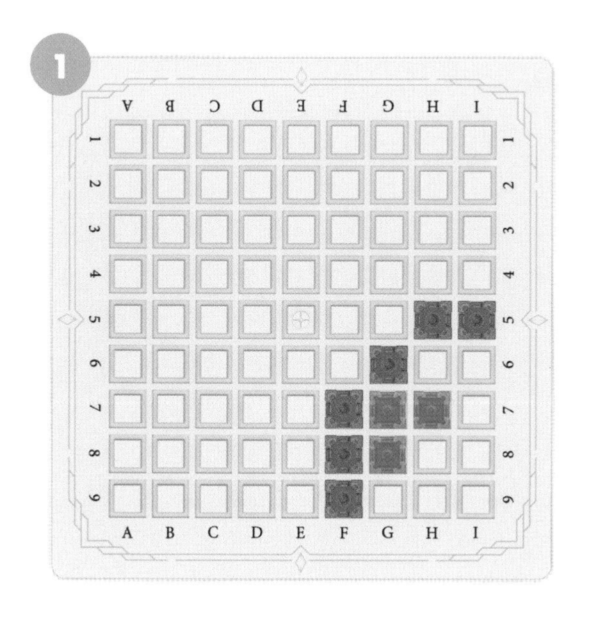

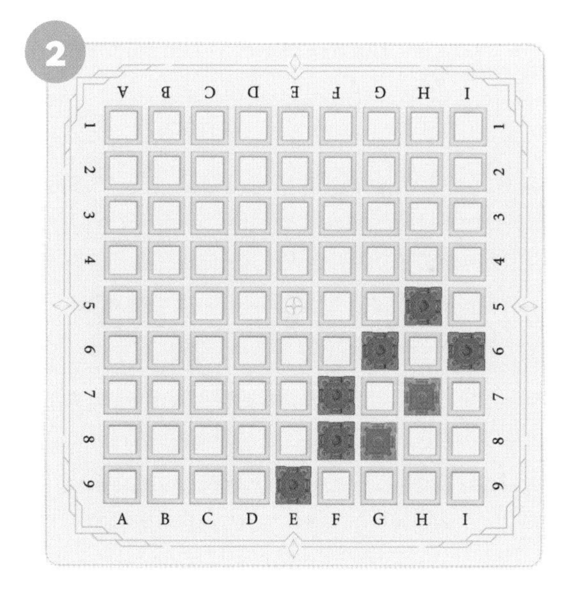

정답 다음 쪽 참조

답안

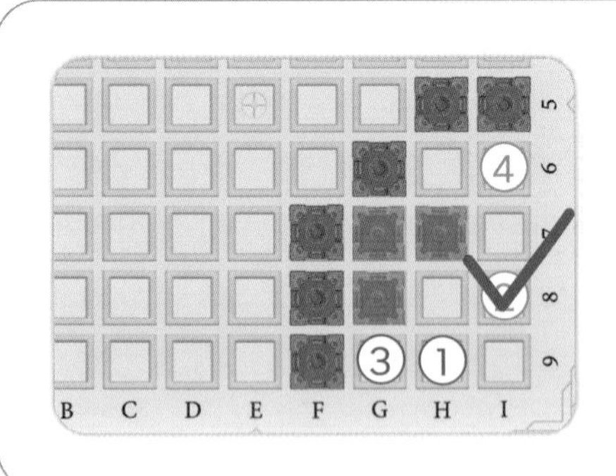

정답과 실패도를 확인해 보세요.

펜으로 주황색 성을 표시해 놓은 곳을 정답 및 실패도와 비교해 보세요.

1번 정답

1번 실패

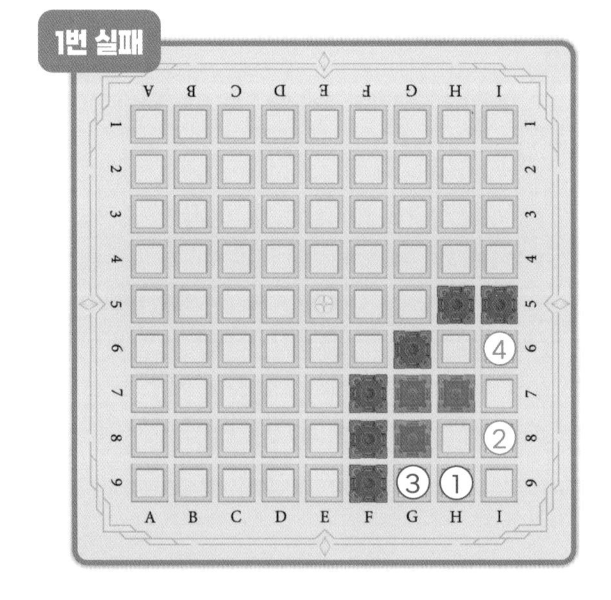

2번 정답

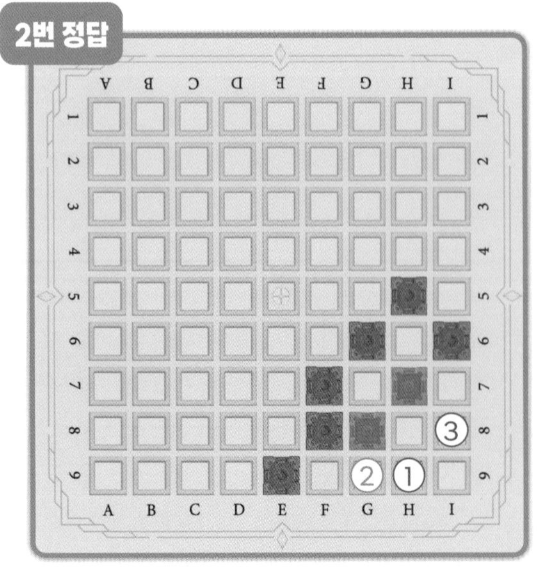

2번 실패

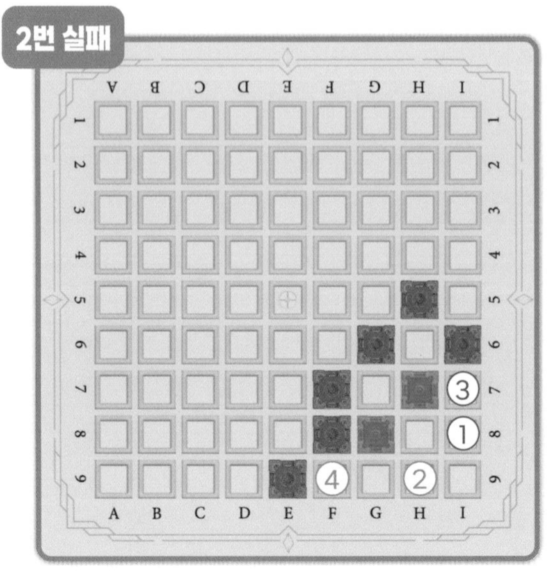

주황색 성을 놓아 파란색 성이 파괴되도록 순서를 적어 보세요.

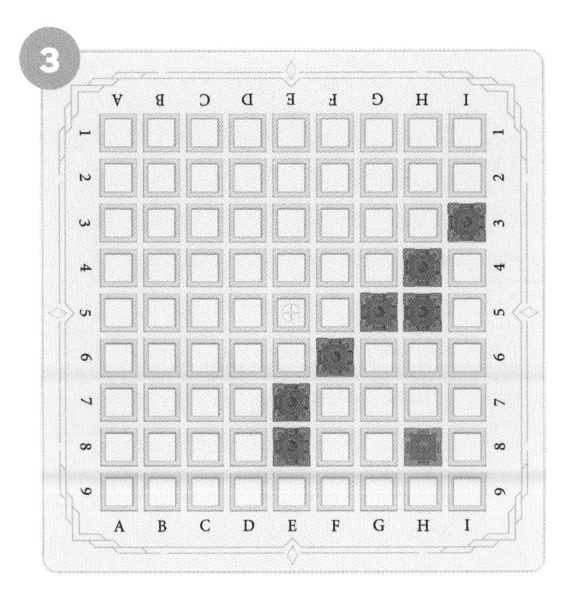

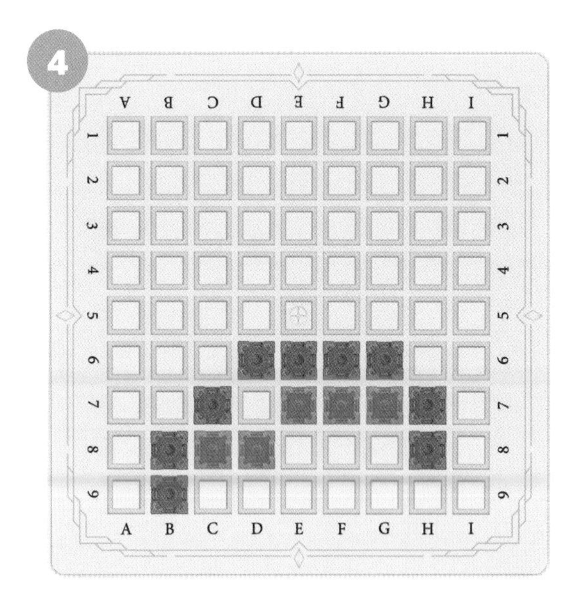

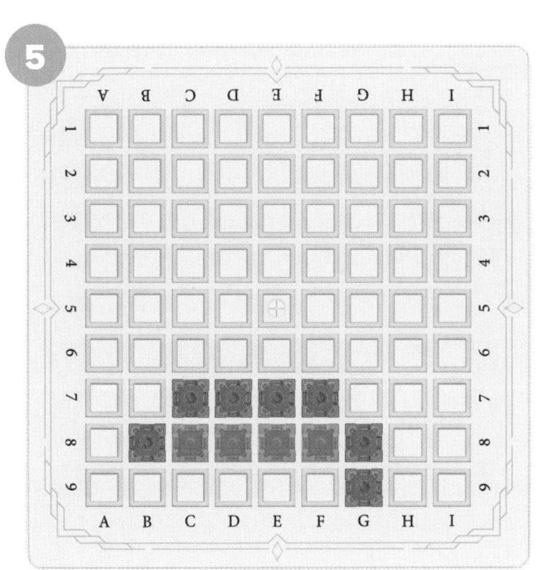

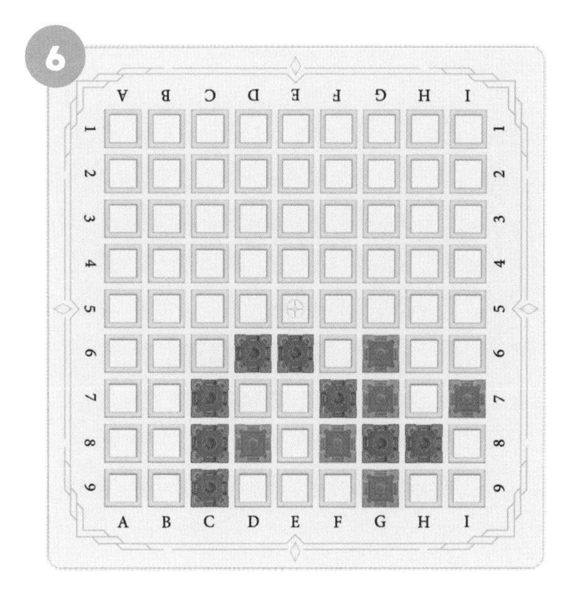

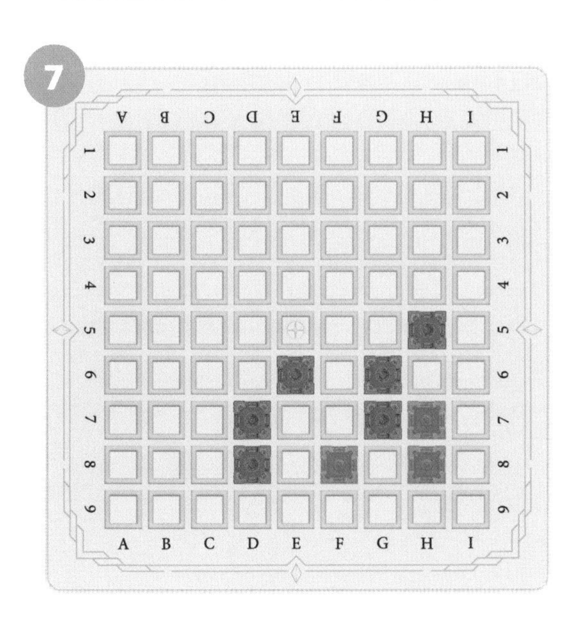

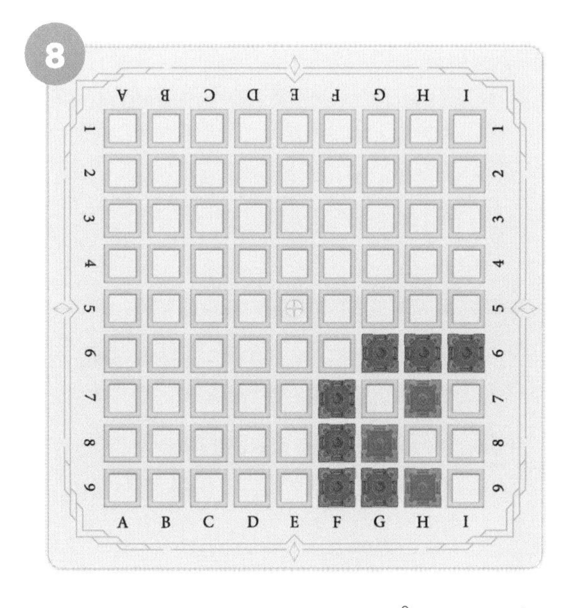

정답 ☞ 다음 쪽 참조

3번 정답

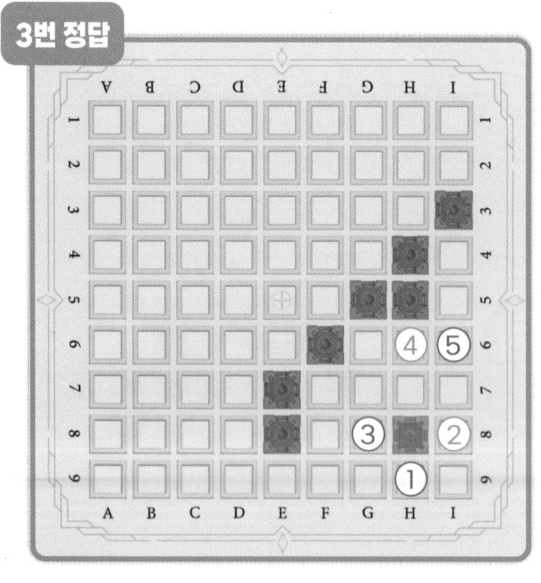

3번 실패

4번 정답

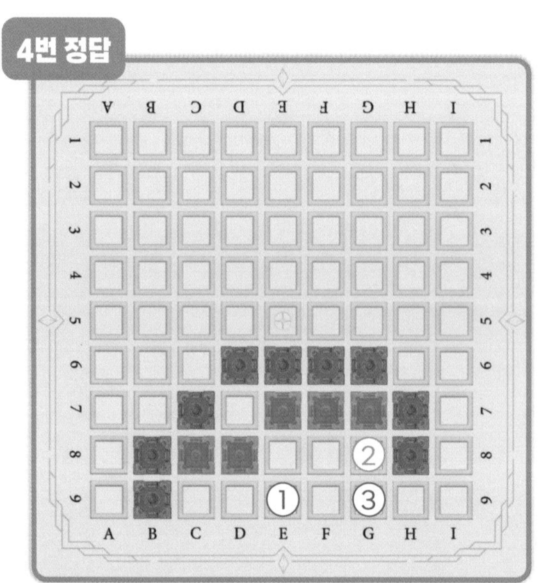

4번 실패

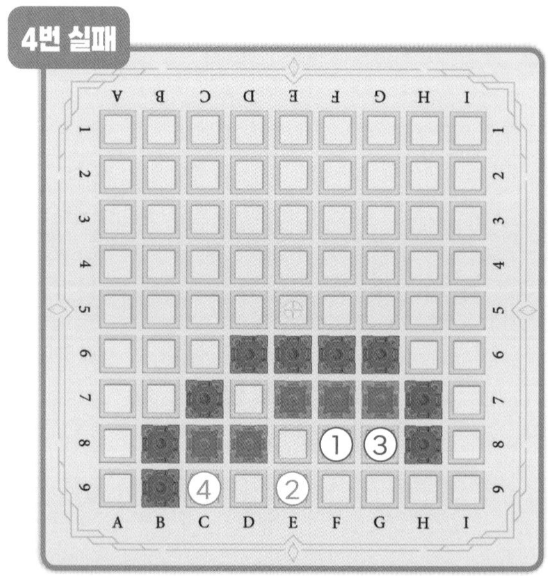

5번 정답

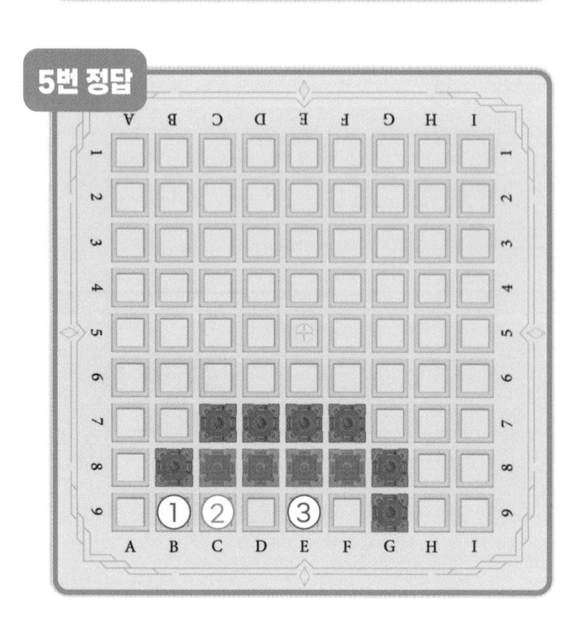

5번 실패

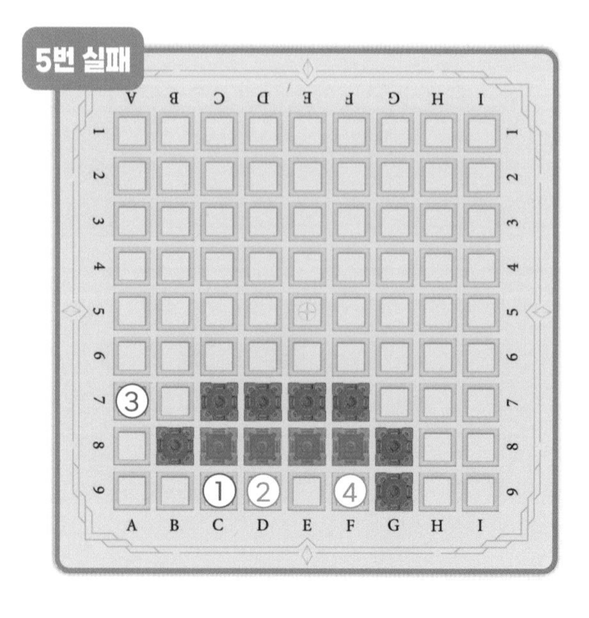

6번 정답

6번 실패

7번 정답

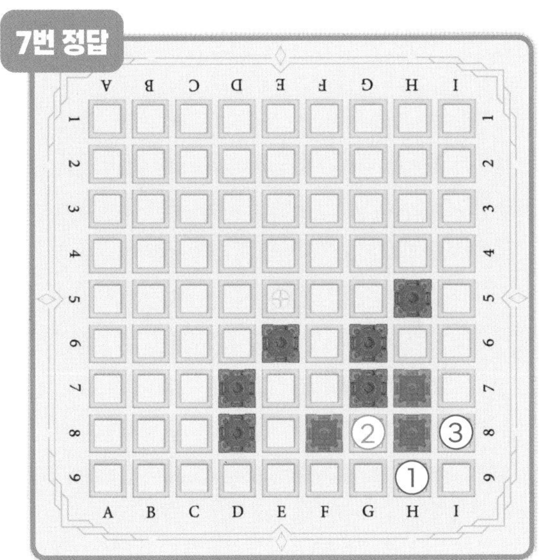

8번 정답

주황색 성을 놓아 파란색 성이 파괴되도록 순서를 적어 보세요.

9
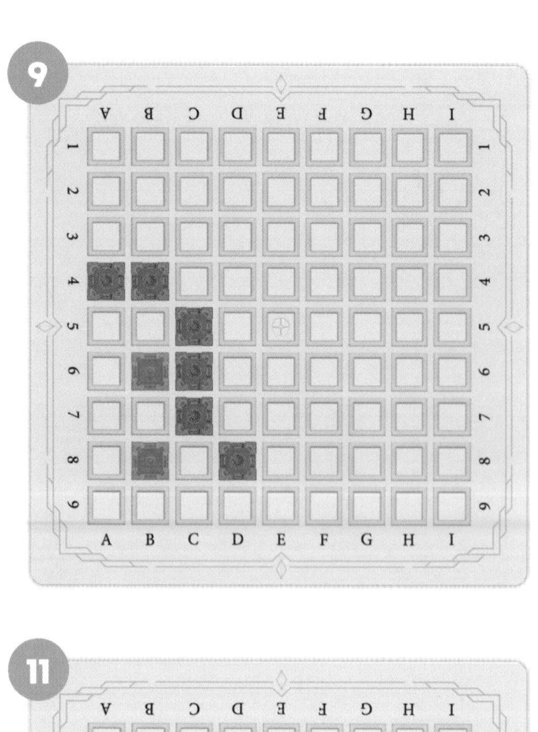

10
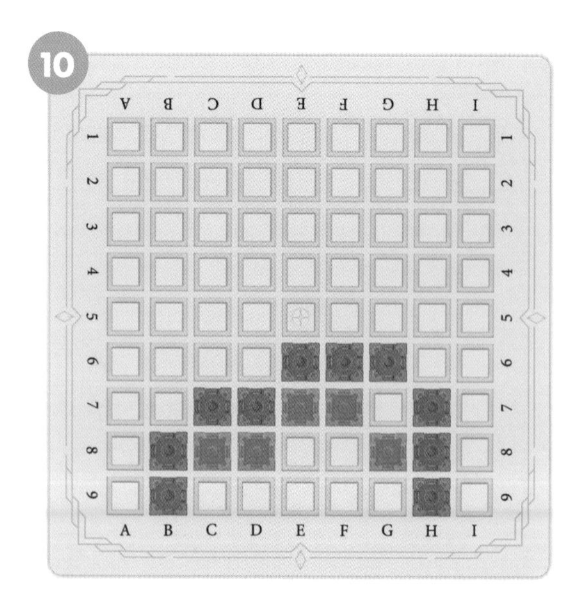

11
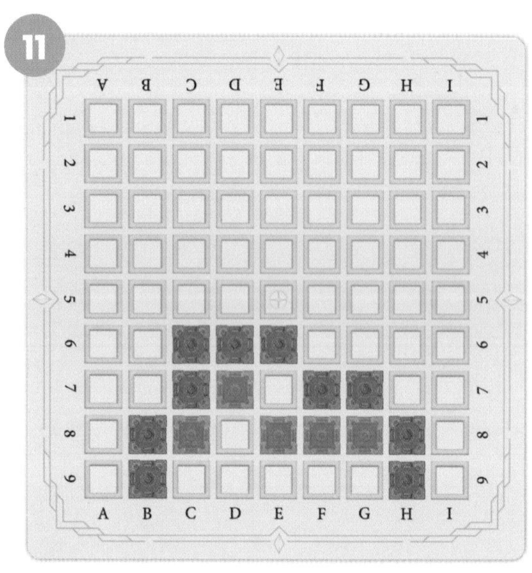

12
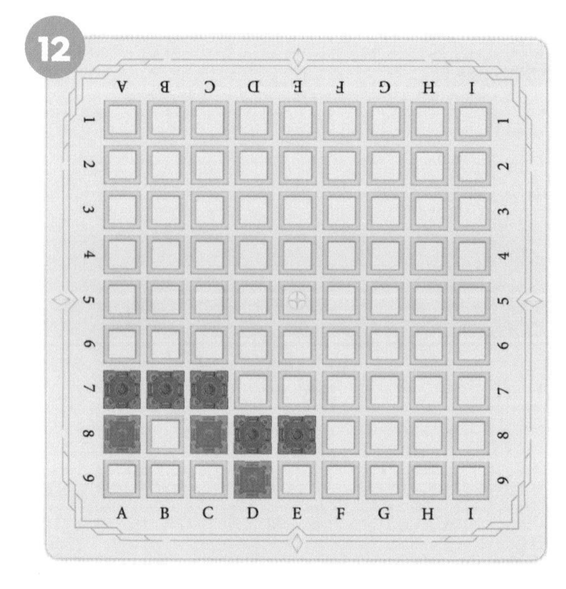

13
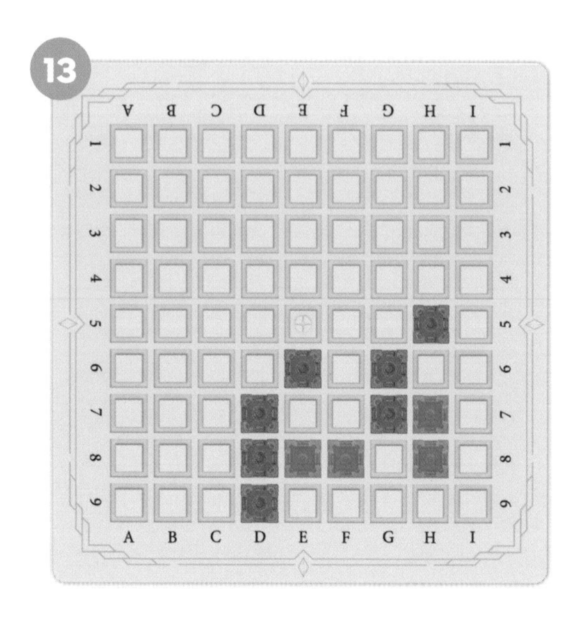

14
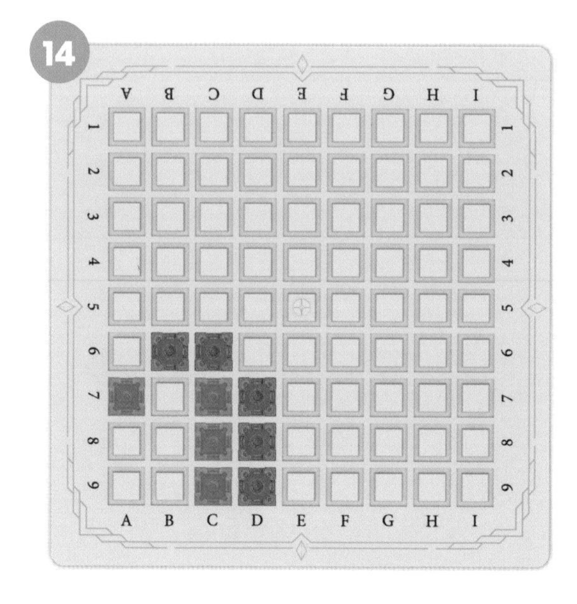

정답 다음 쪽 참조

9번 정답

10번 정답

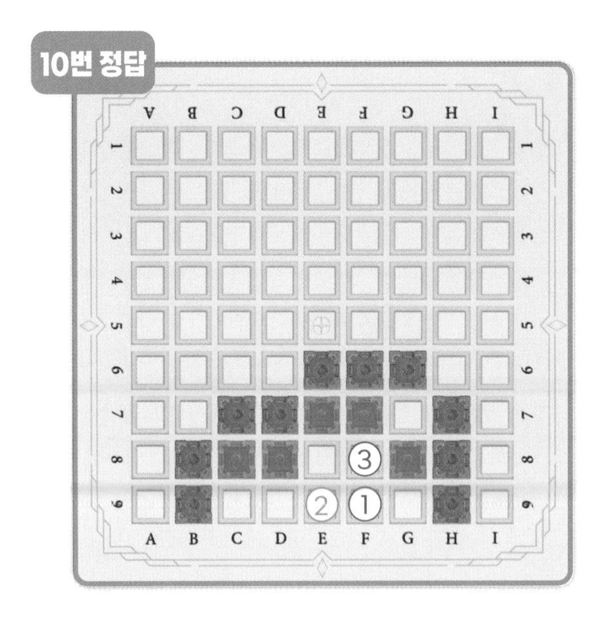

11번 정답

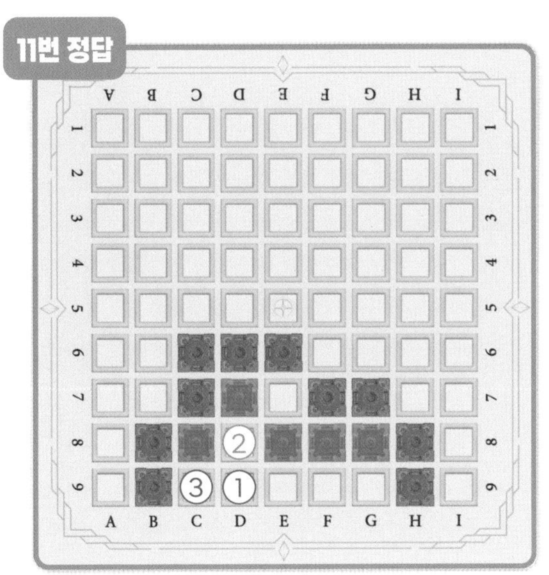

12번 정답

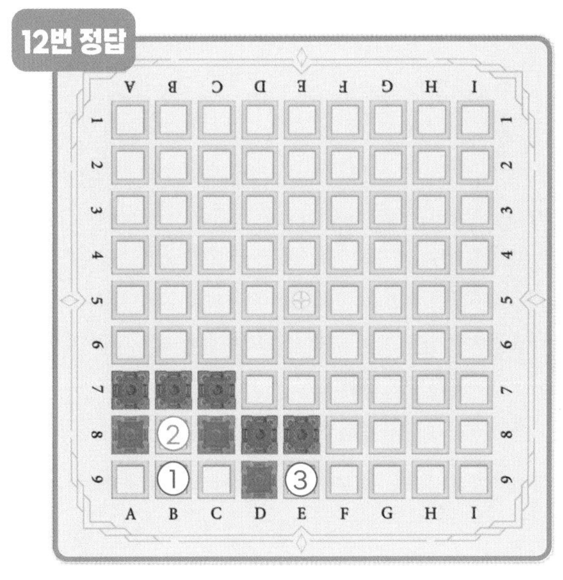

13번 정답

14번 정답

주황색 성을 놓아 파란색 성이 파괴되도록 순서를 적어 보세요.

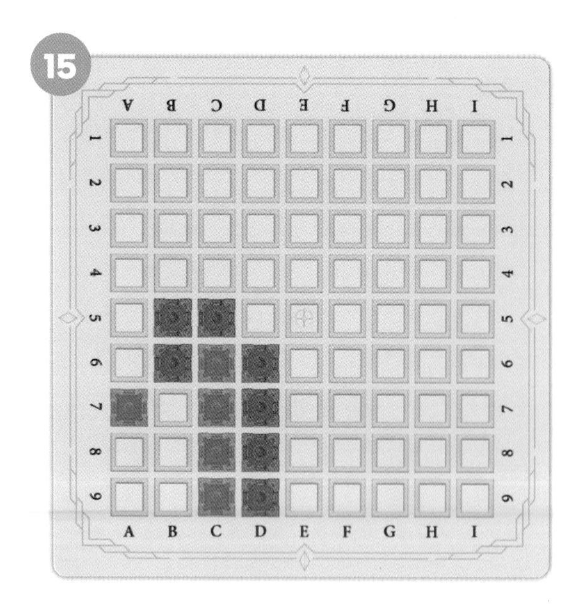

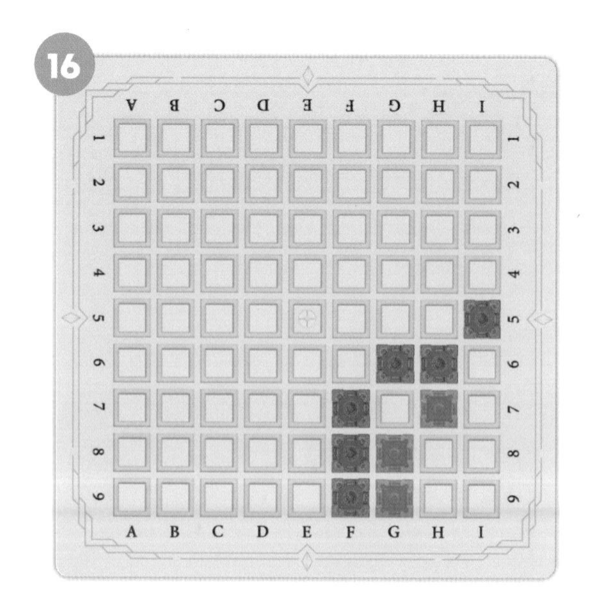

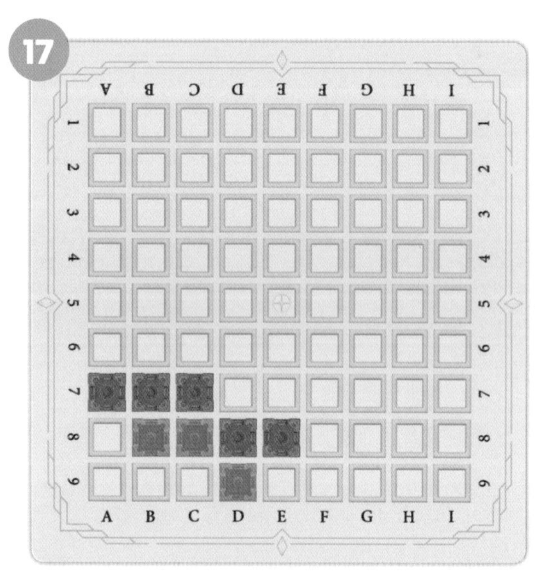

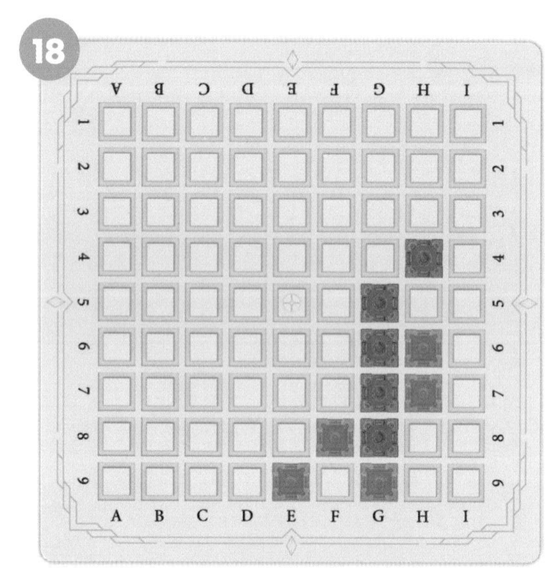

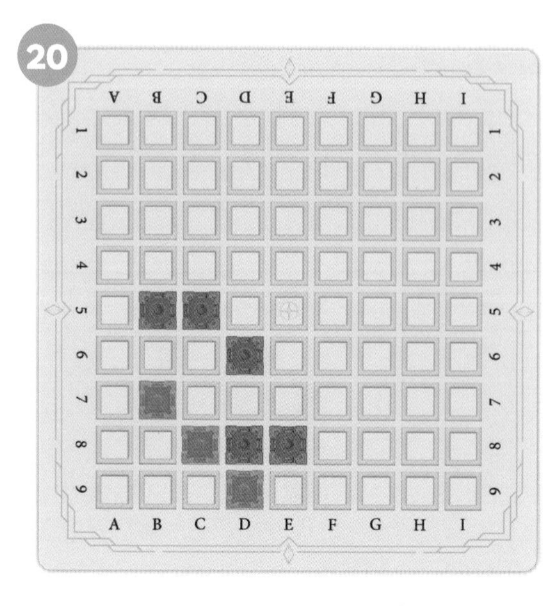

정답 ☞ 다음 쪽 참조

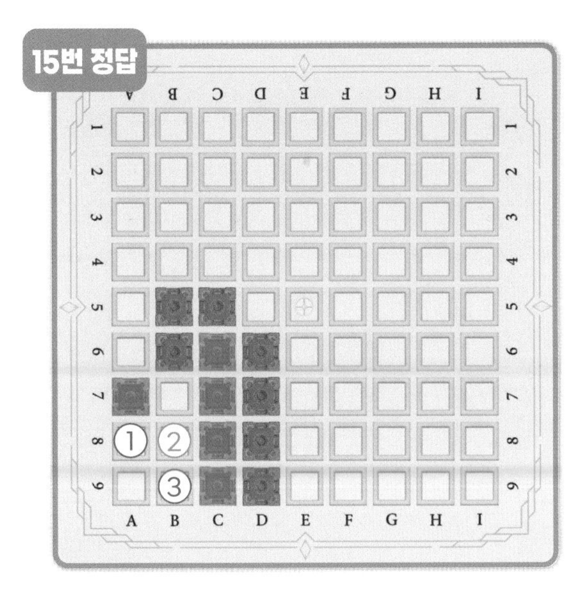
15번 정답

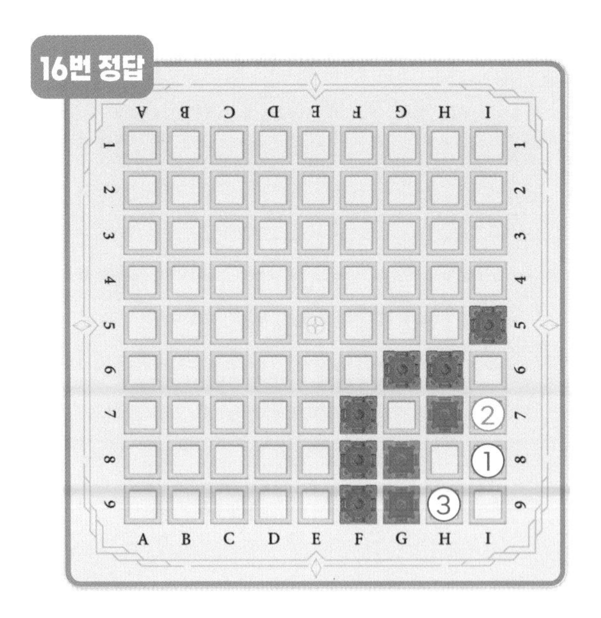
16번 정답

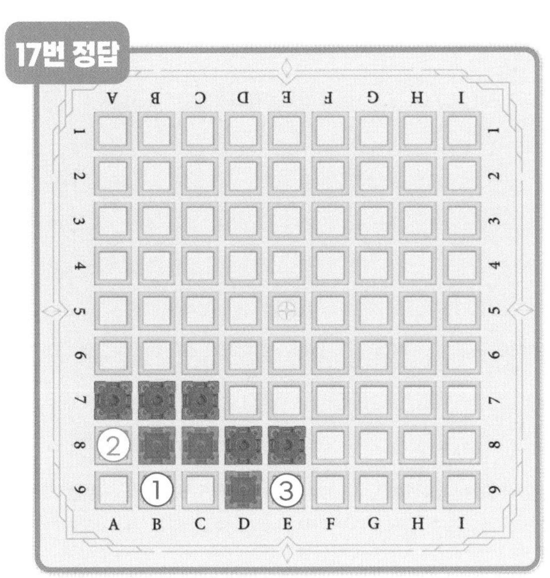
17번 정답

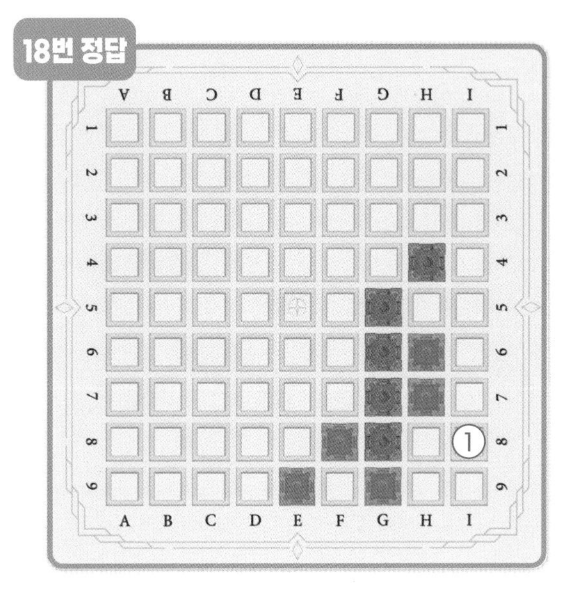
18번 정답

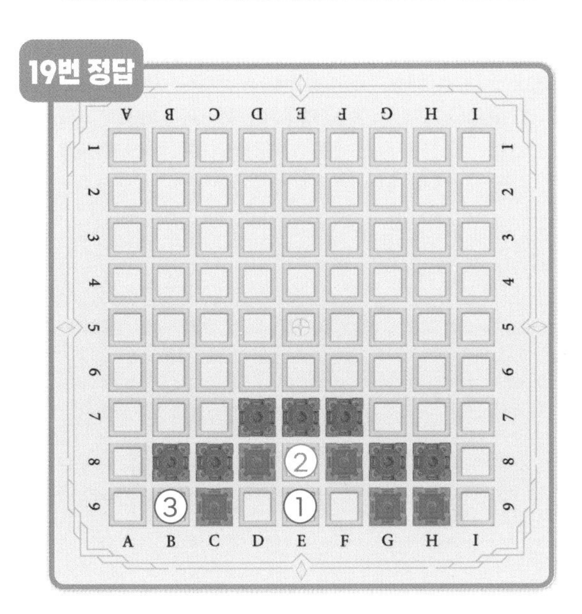
19번 정답

20번 정답

주황색 성을 놓아 파란색 성이 파괴되도록 순서를 적어 보세요.

21

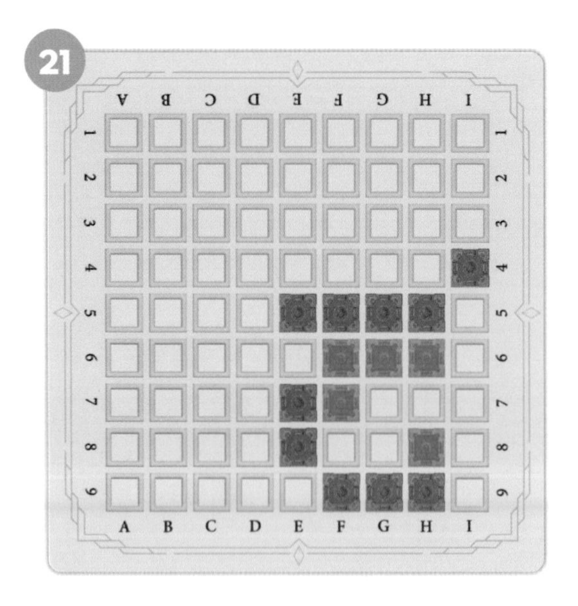

22

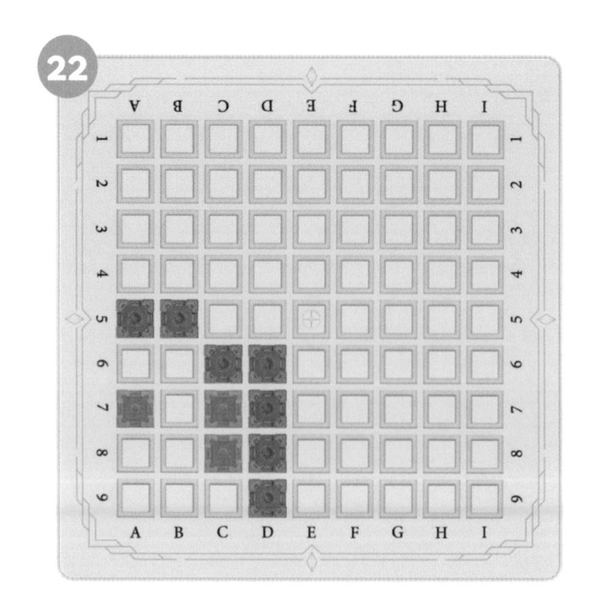

23

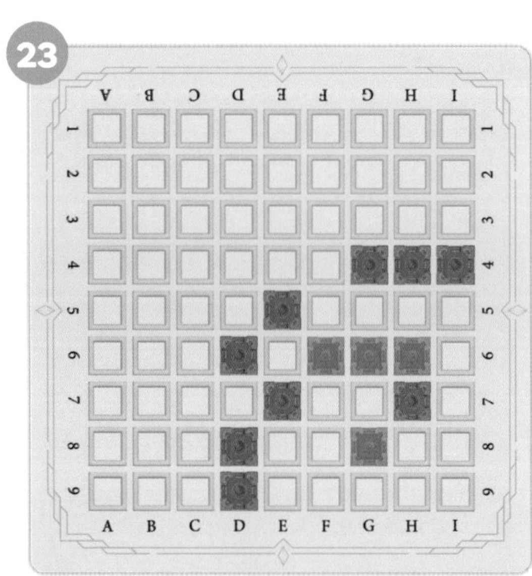

24

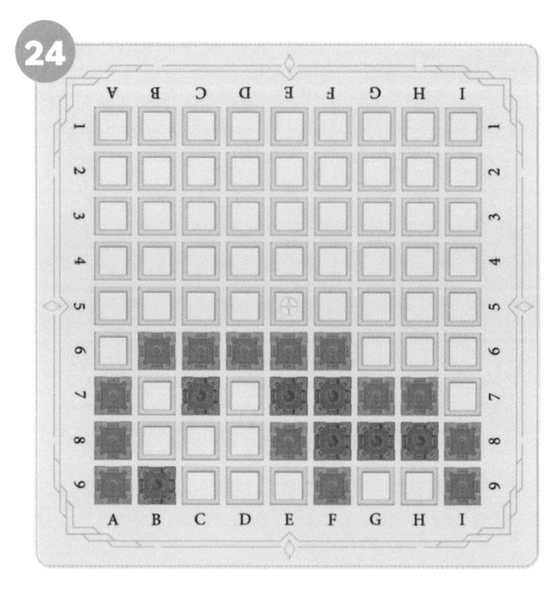

25

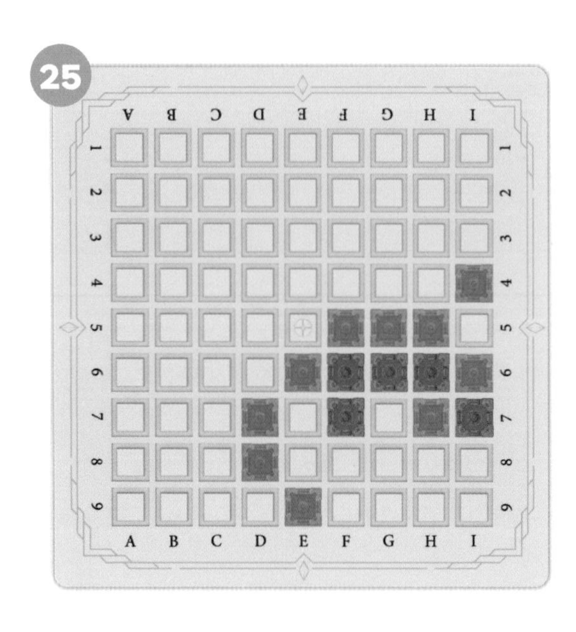

26

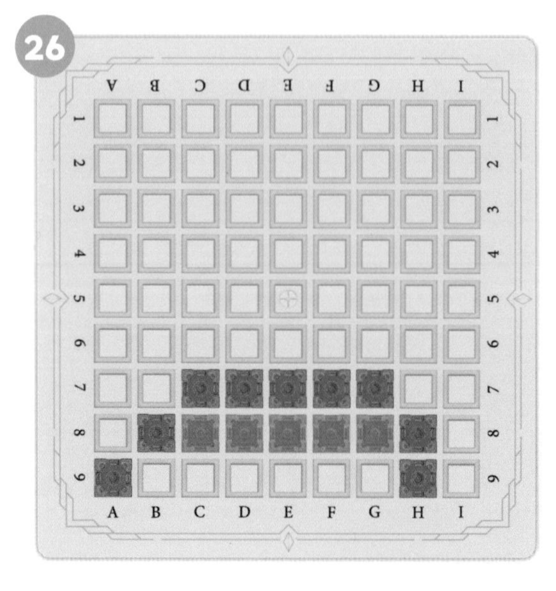

정답 ☞ 다음 쪽 참조

21번 정답

22번 정답

23번 정답

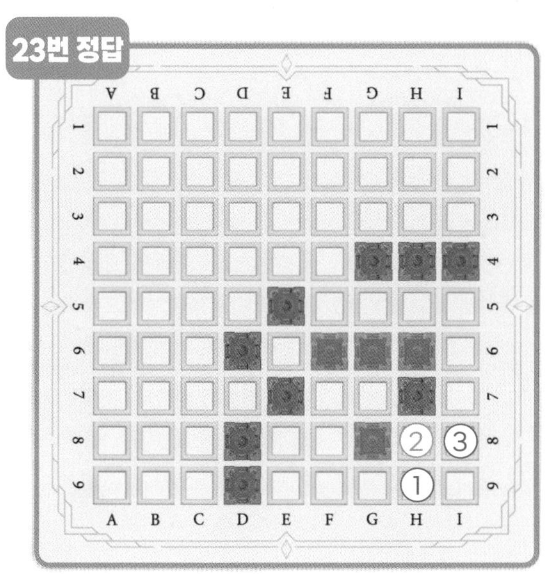

24번 정답

25번 정답

26번 정답

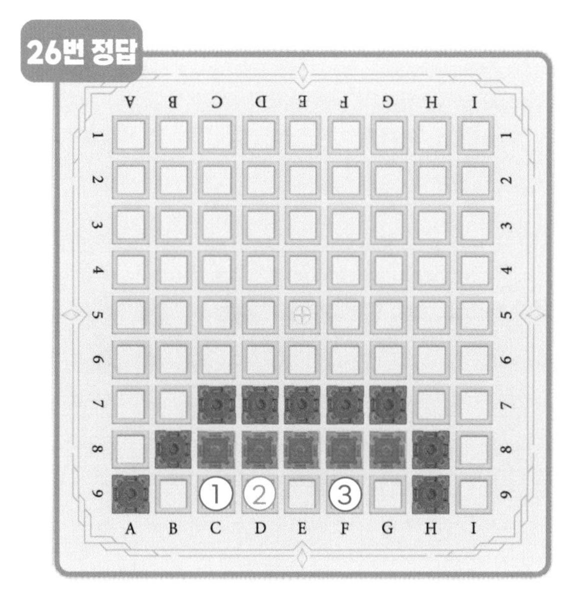

주황색 성을 놓아 파란색 성이 파괴되도록 순서를 적어 보세요.

27

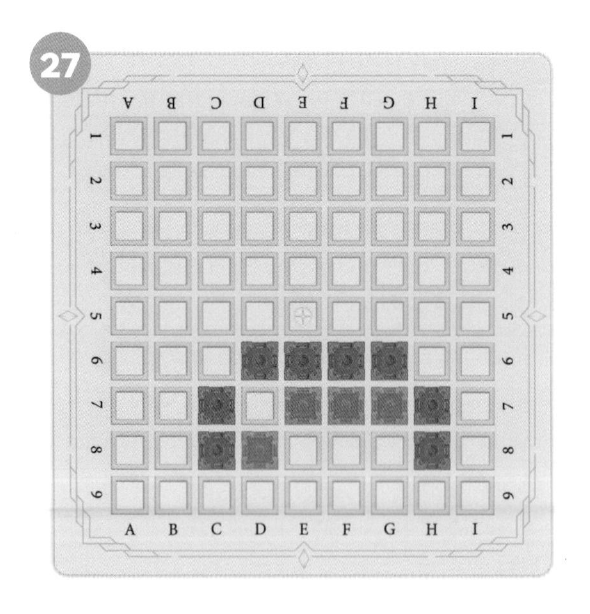

28

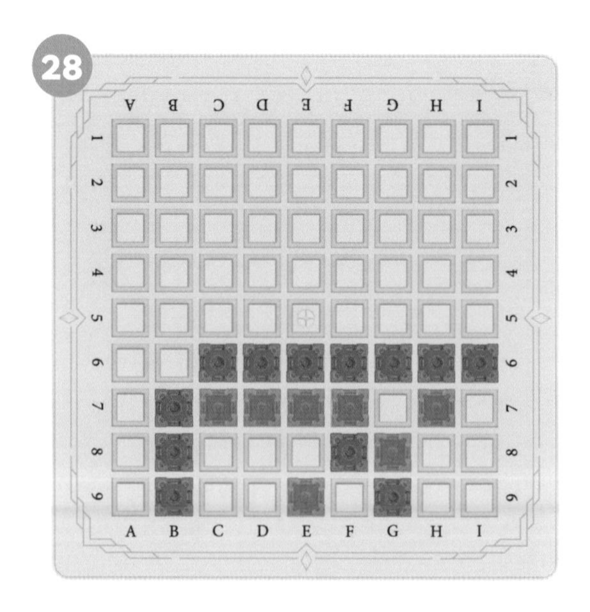

29

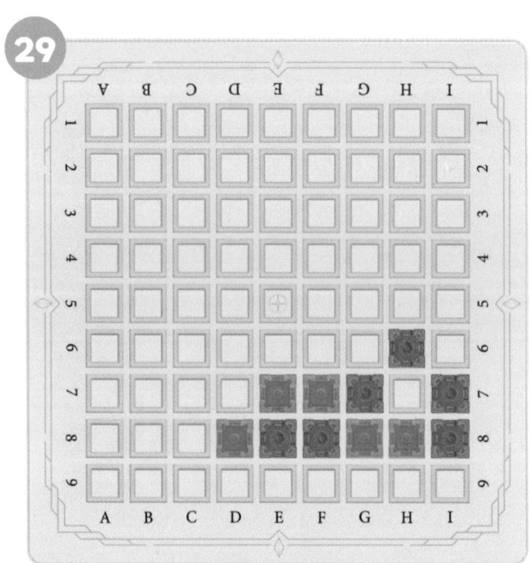

30

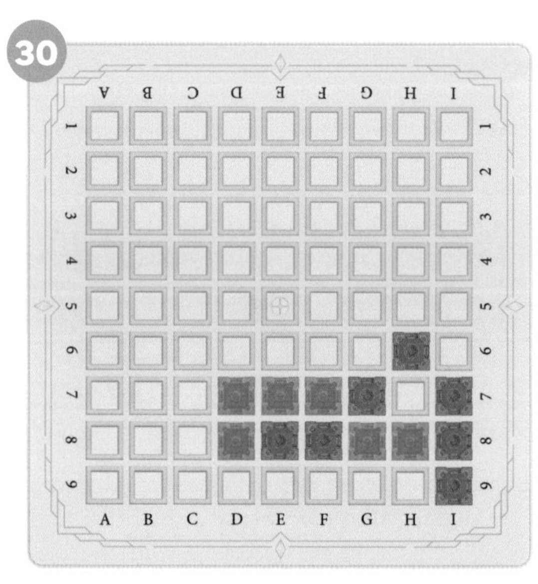

31

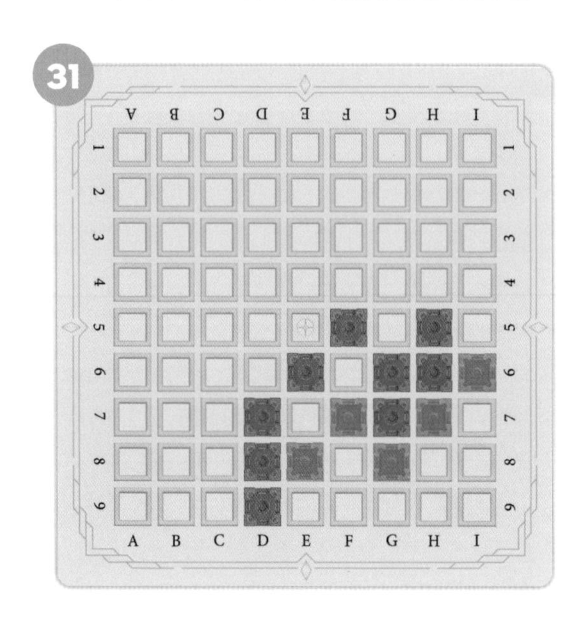

32

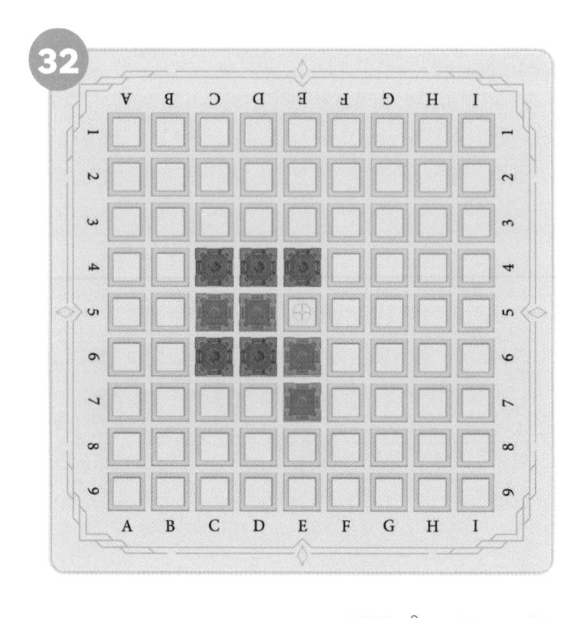

정답 ☞ 다음 쪽 참조

27번 정답

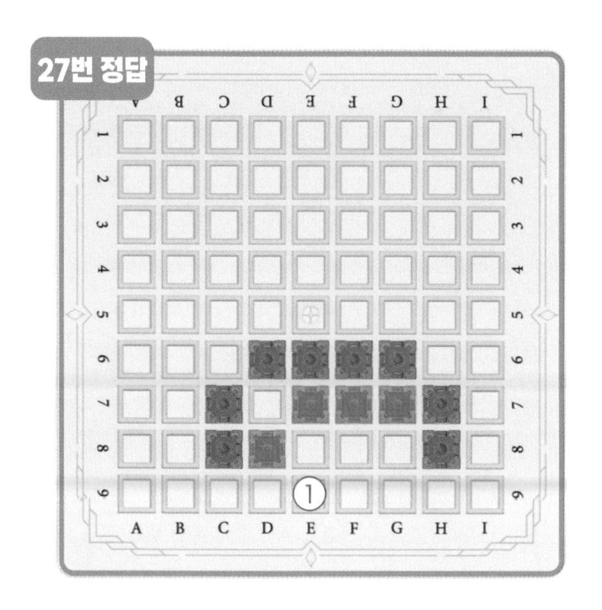

28번 정답

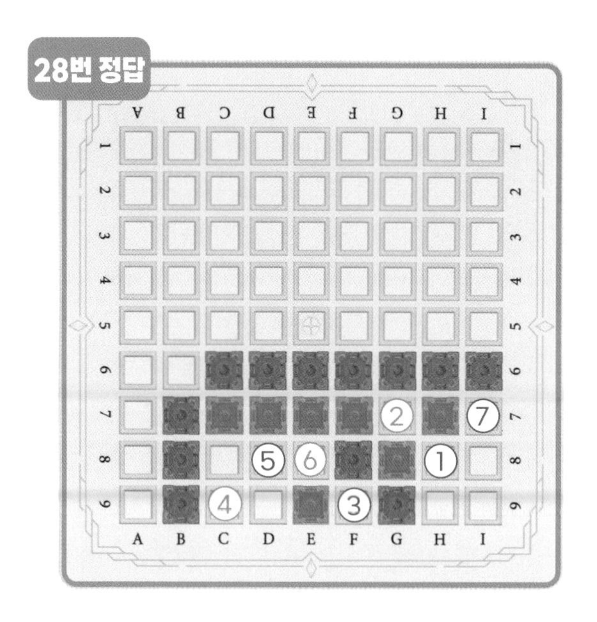

29번 정답

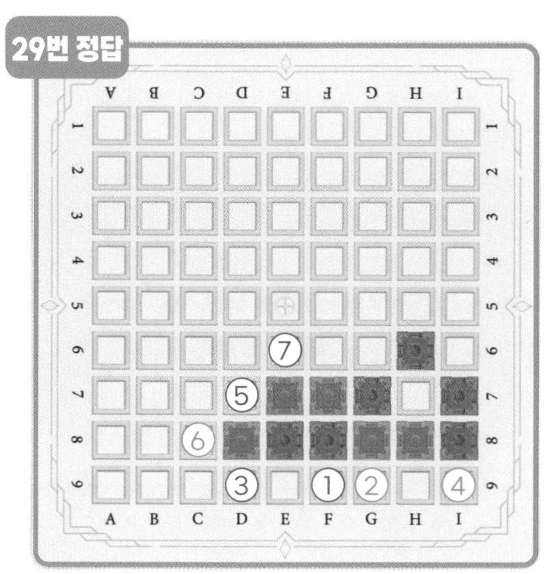

30번 정답

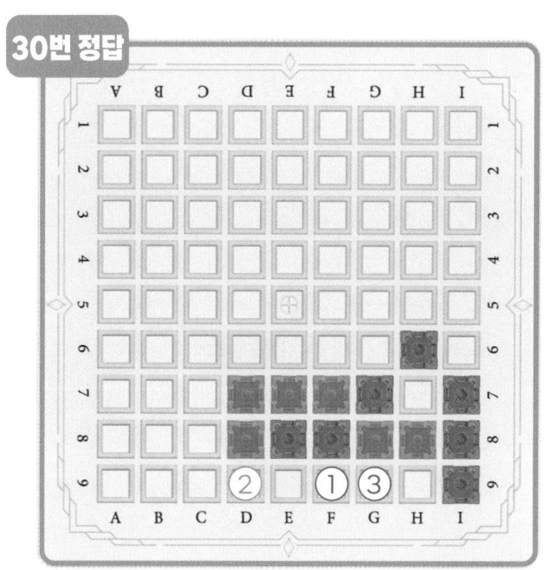

31번 정답

32번 정답

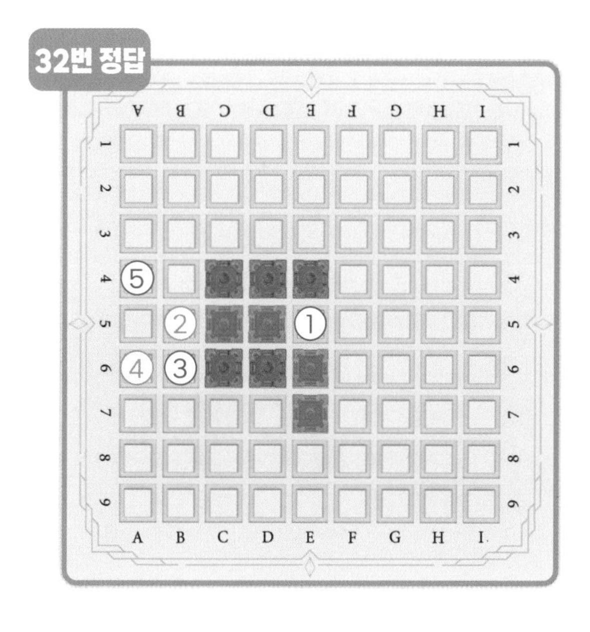

주황색 성을 놓아 파란색 성이 파괴되도록 순서를 적어 보세요.

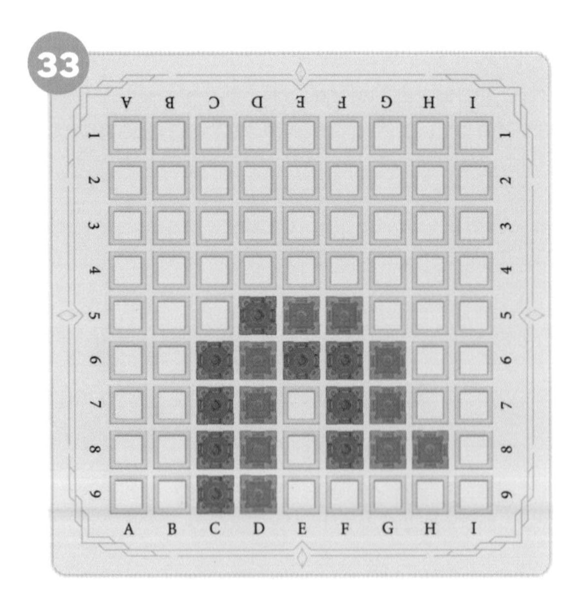

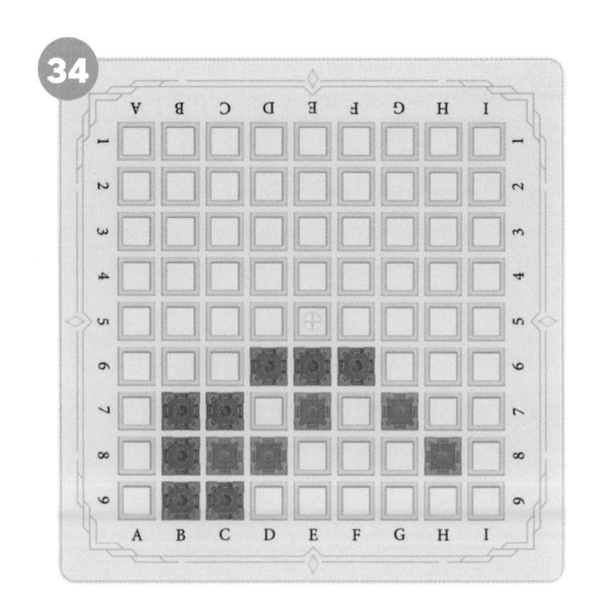

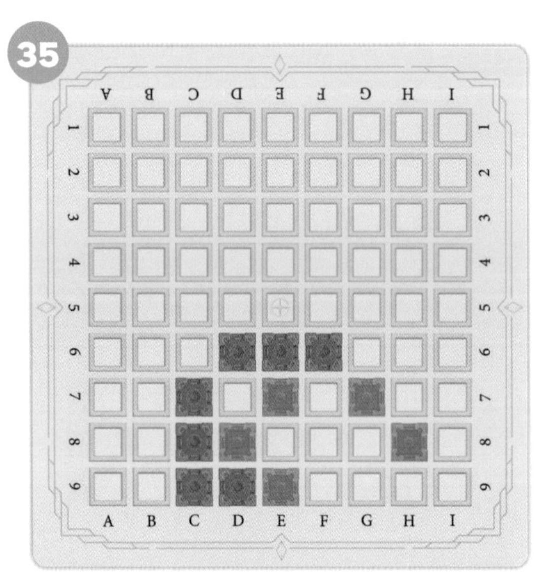

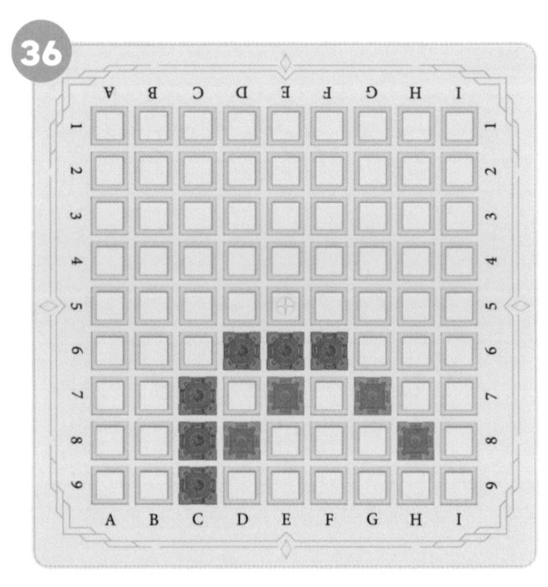

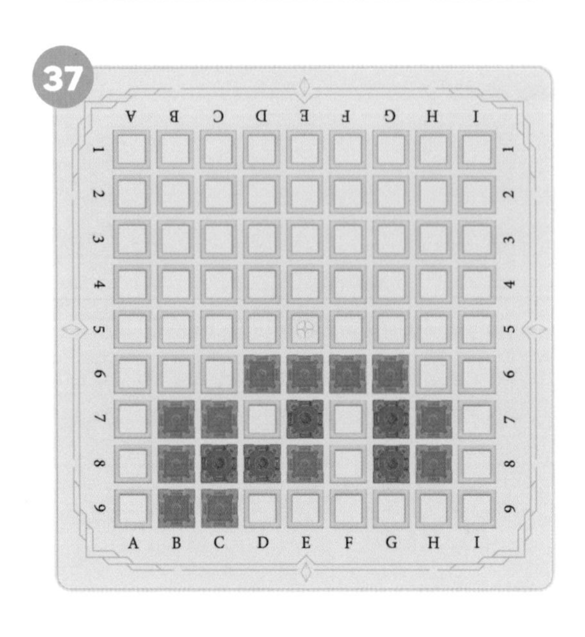

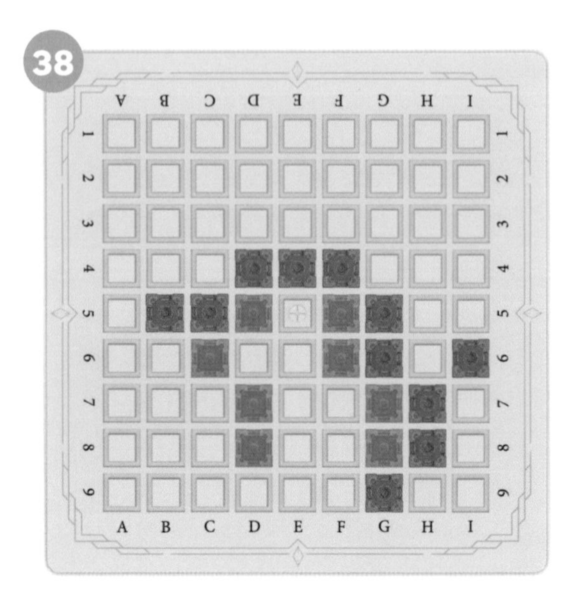

정답 ☞ 다음 쪽 참조

33번 정답

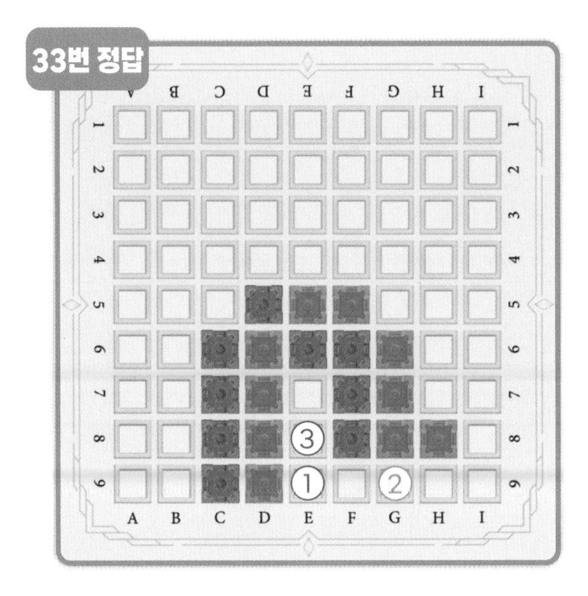

34번 정답

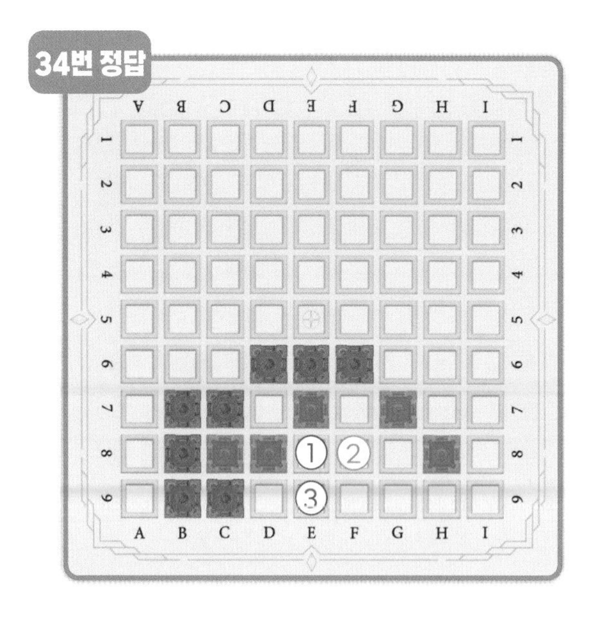

35번 정답

36번 정답

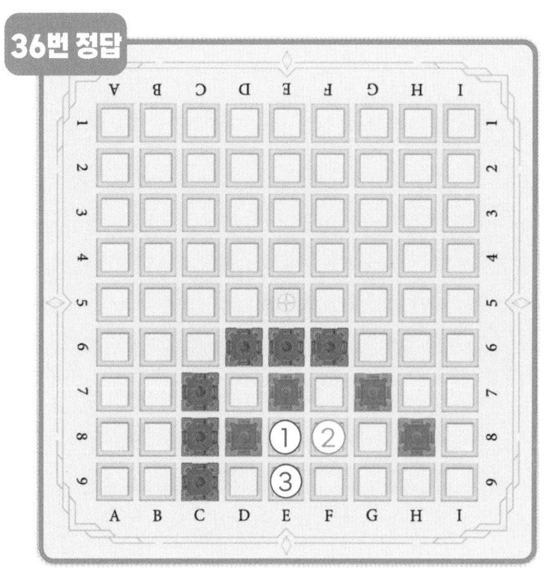

37번 정답

38번 정답

주황색 성을 놓아 파란색 성이 파괴되도록 순서를 적어 보세요.

39
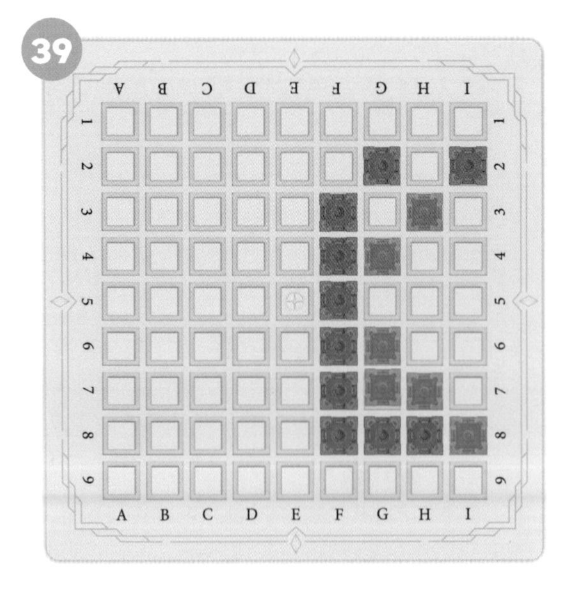

40
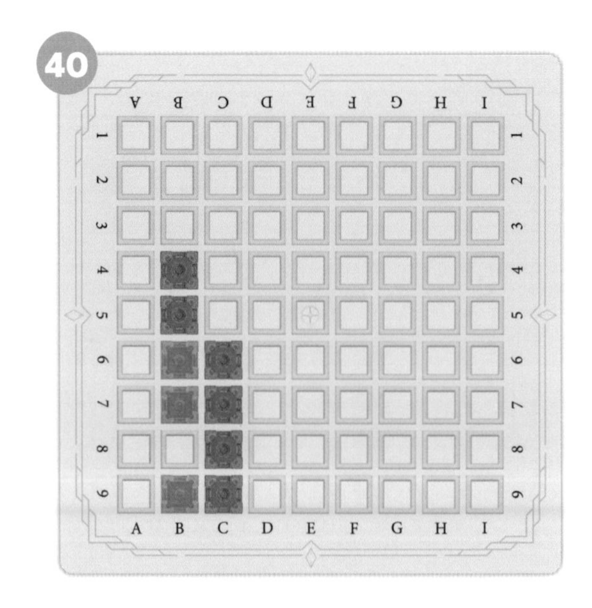

41
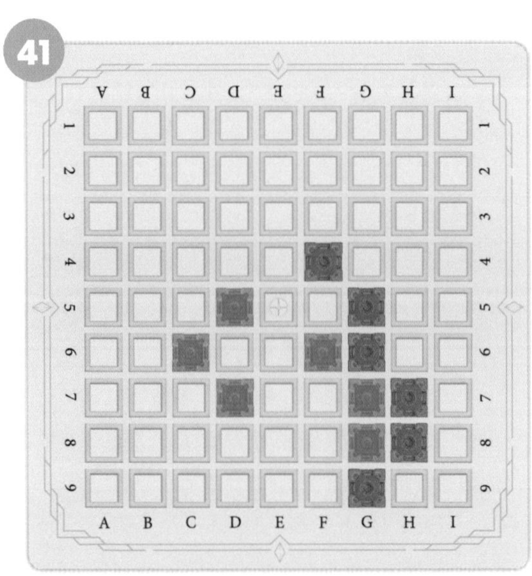

42
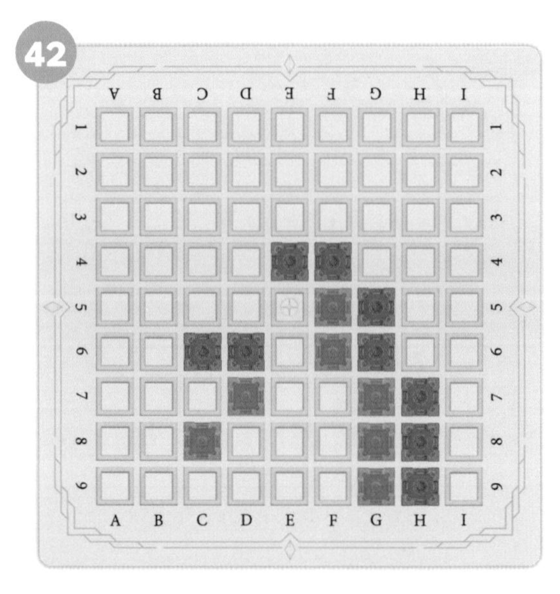

43
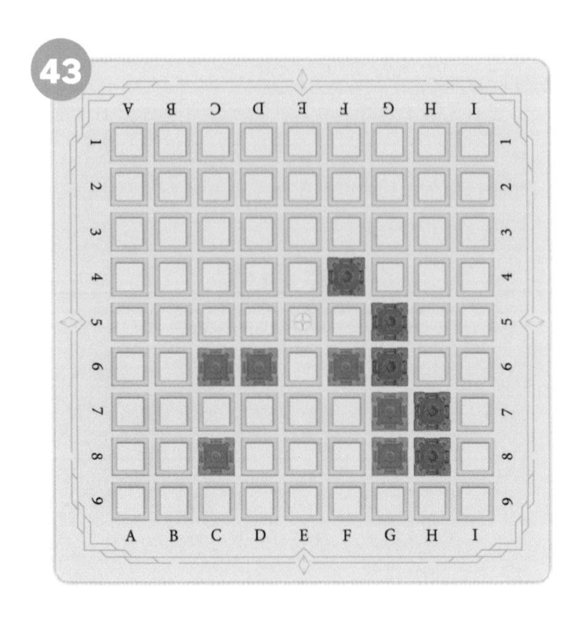

44
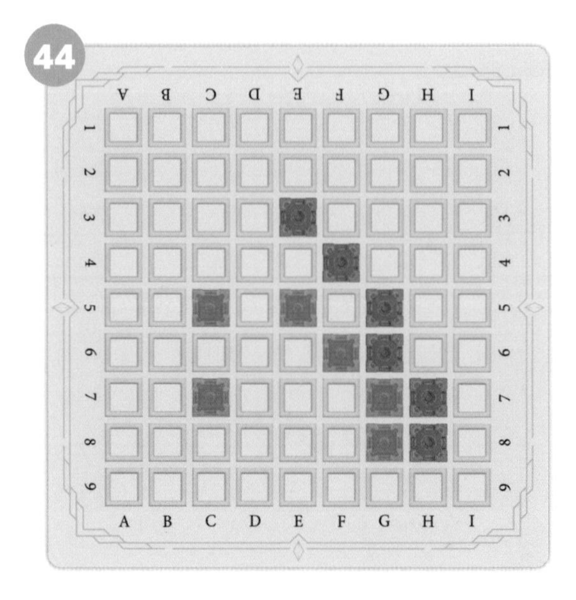

정답 ☞ 다음 쪽 참조

39번 정답

40번 정답

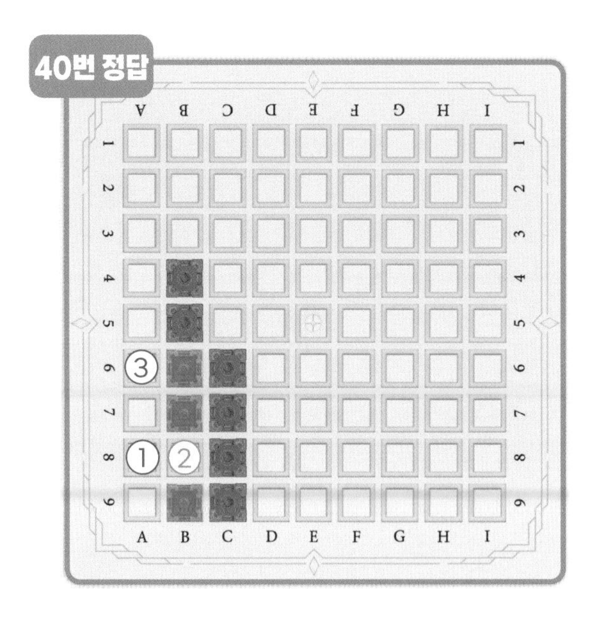

41번 정답

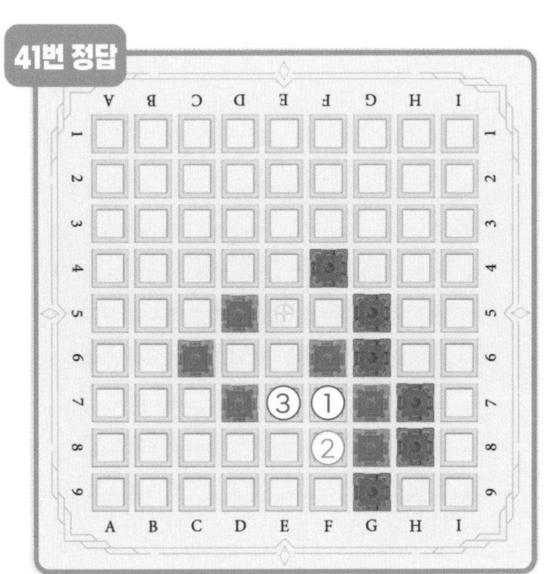

42번 정답

43번 정답

44번 정답

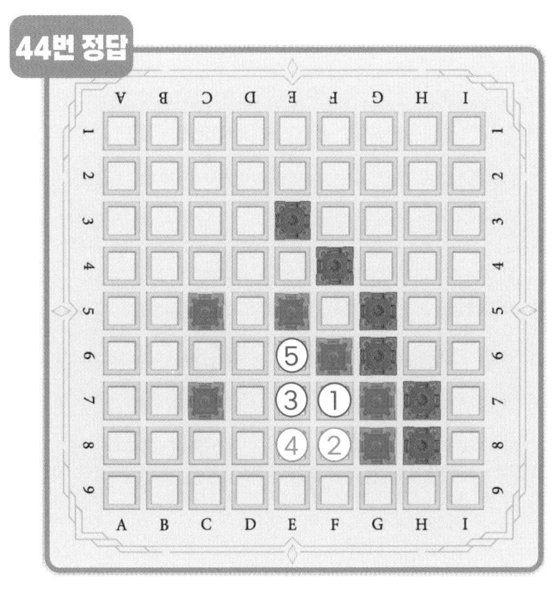

주황색 성을 놓아 파란색 성이 파괴되도록 순서를 적어 보세요.

45
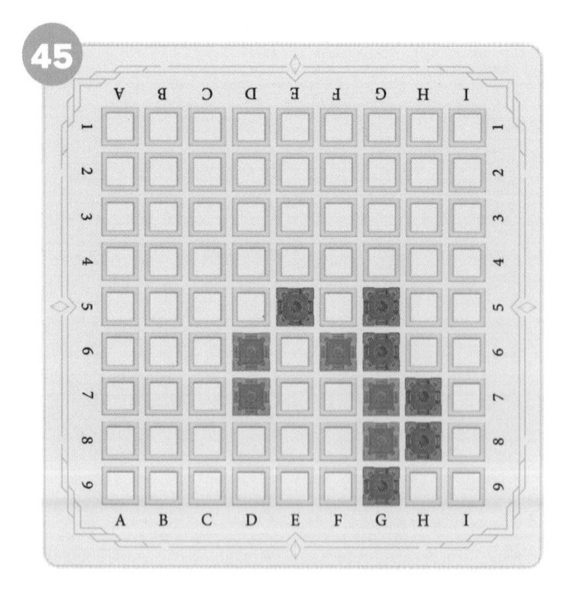

46
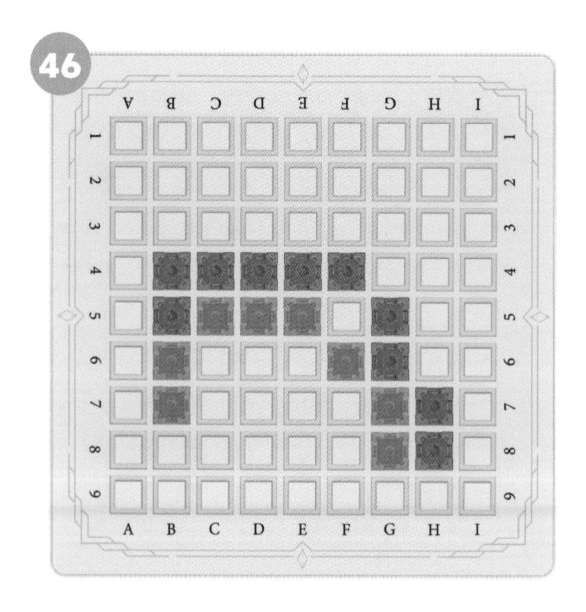

47
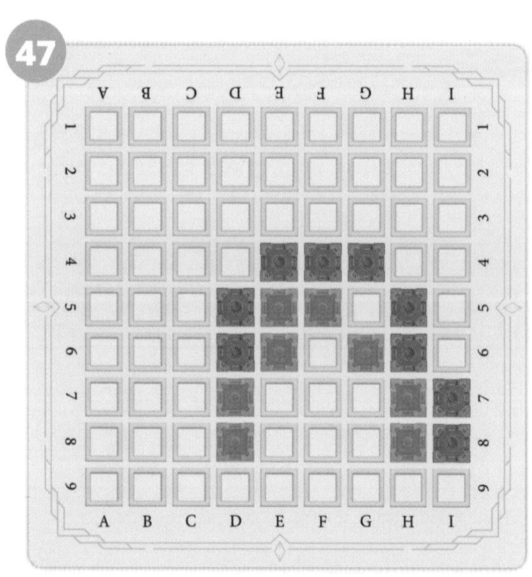

48
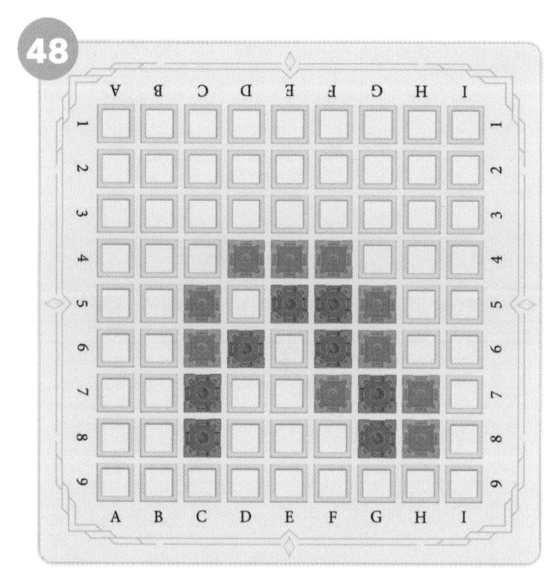

49
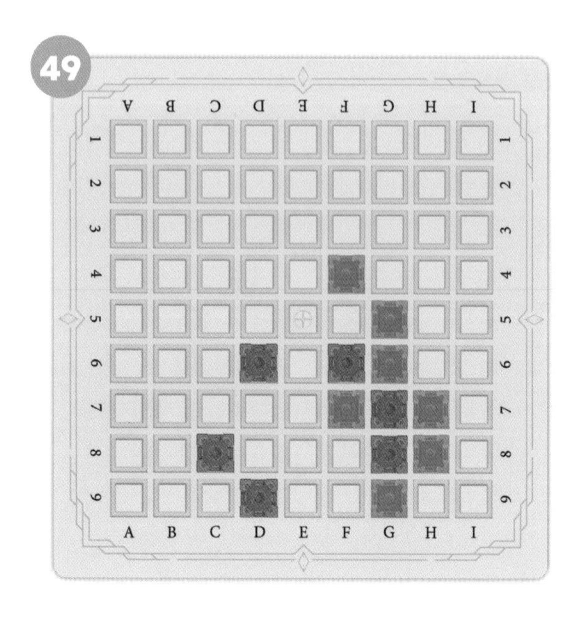

50
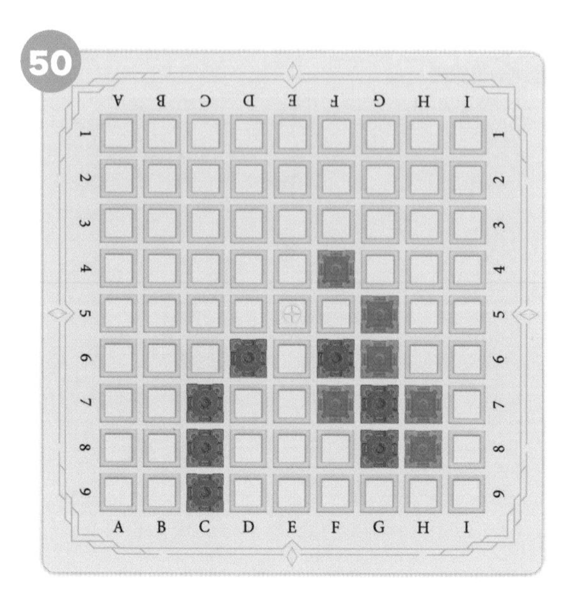

정답 ☞ 다음 쪽 참조

45번 정답

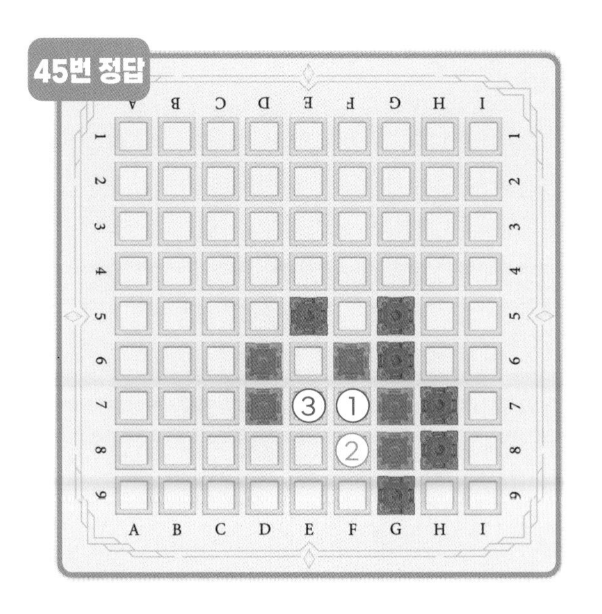

46번 정답

47번 정답

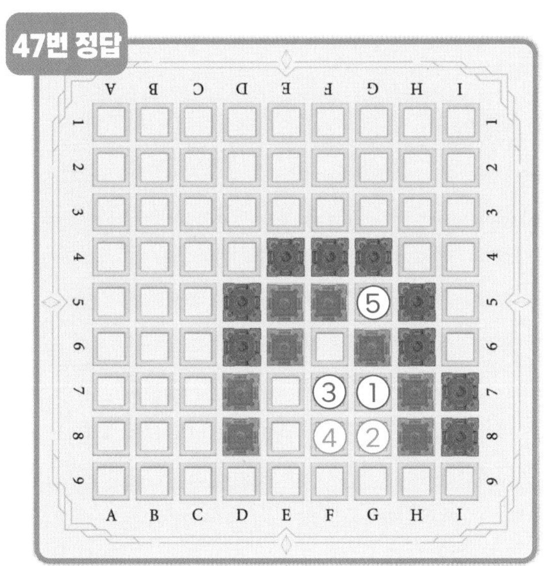

48번 정답

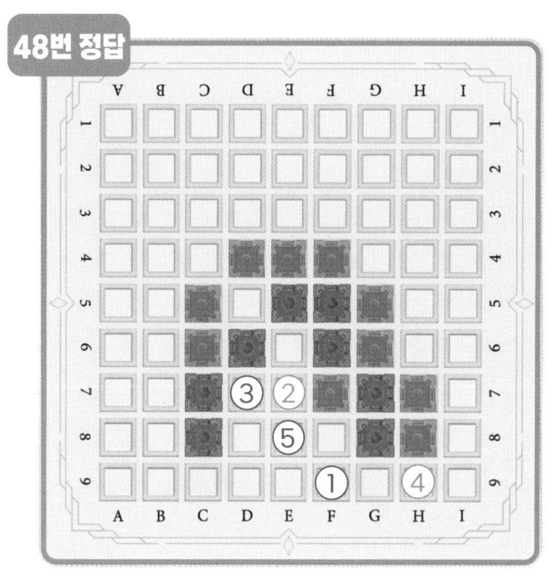

49번 정답

50번 정답

파란색 성 차례입니다. 파란색 성이 파괴되지 않도록 성을 놓아 보세요.

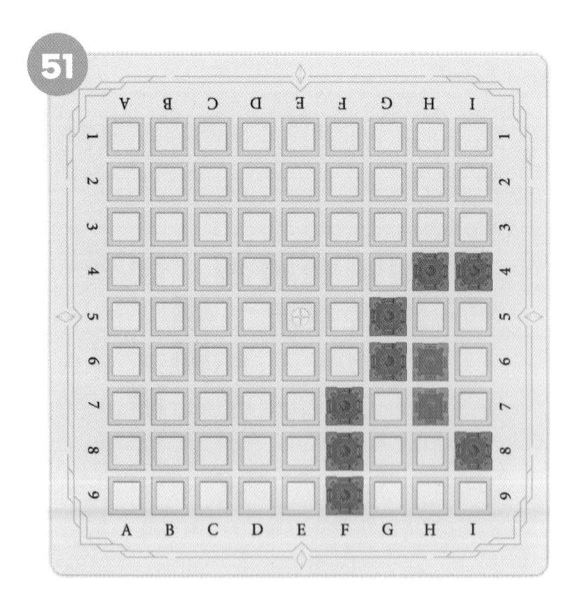

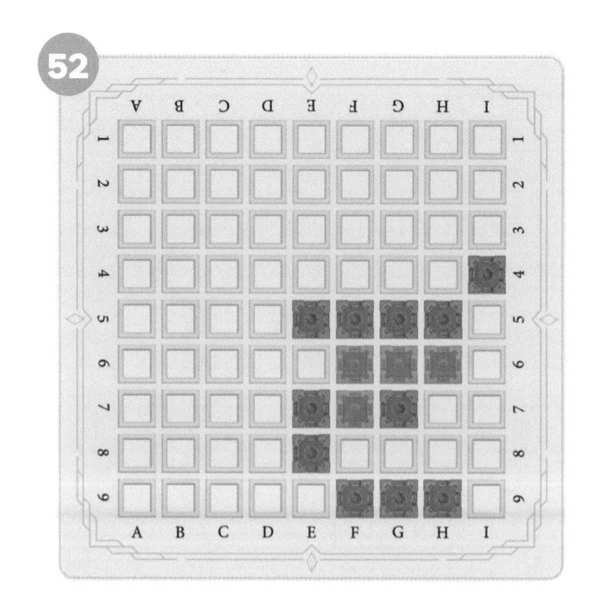

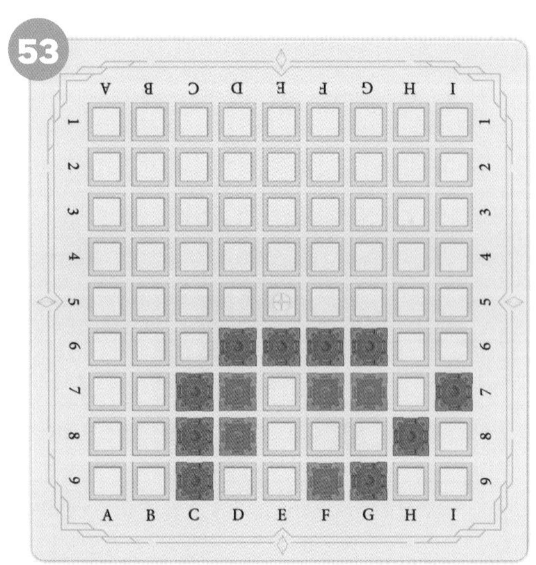

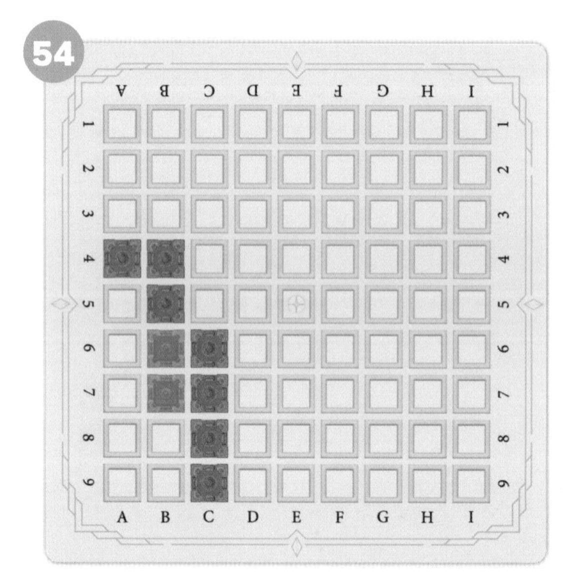

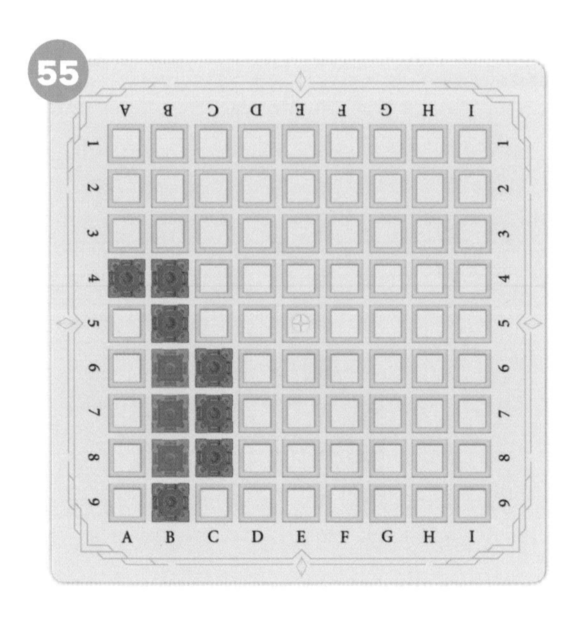

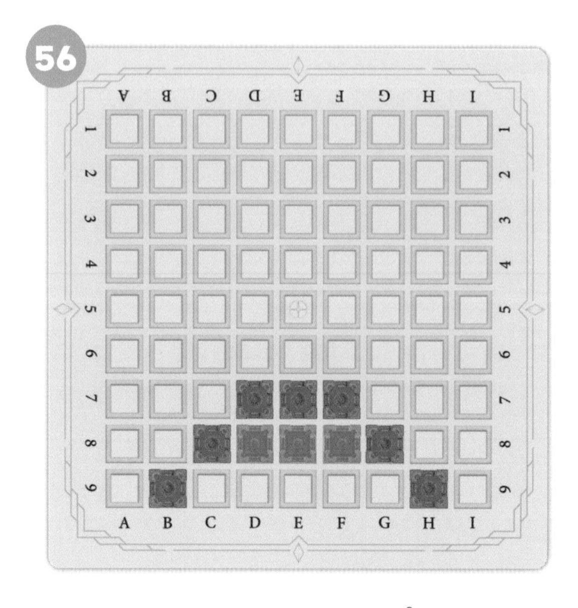

정답 ☞ 다음 쪽 참조

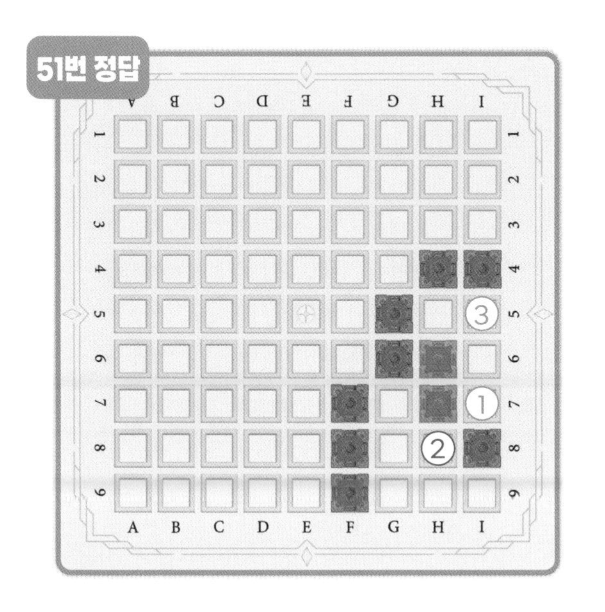
51번 정답

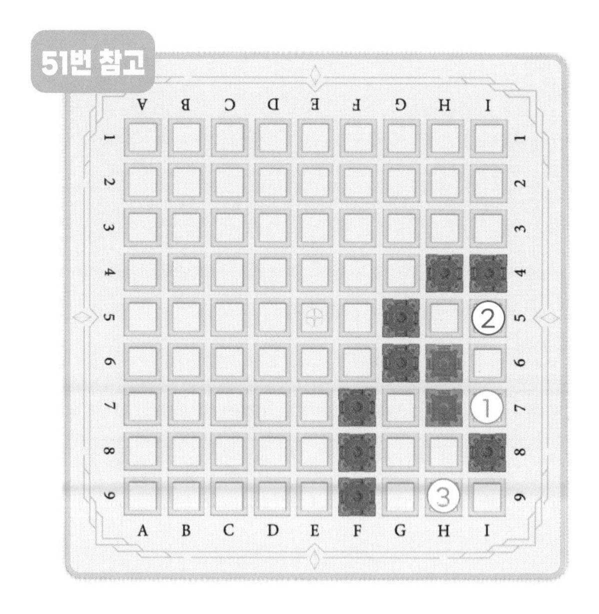
51번 참고

52번 정답

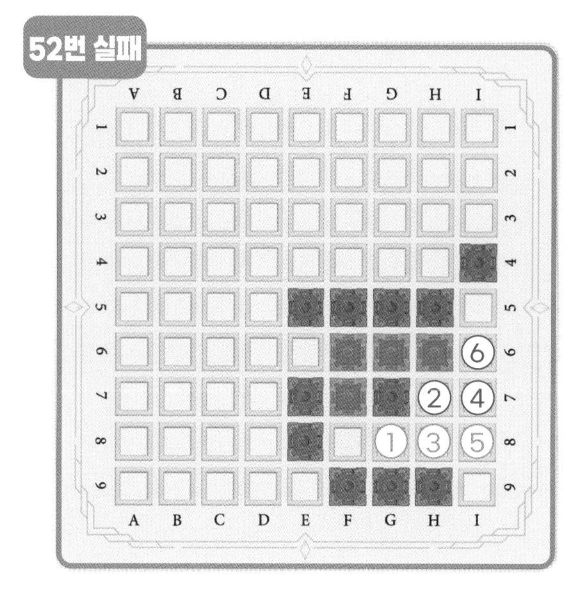
52번 실패

53번 정답

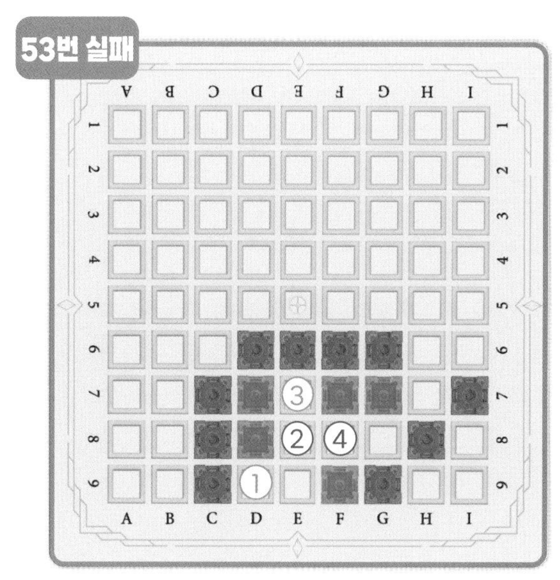
53번 실패

54번 정답

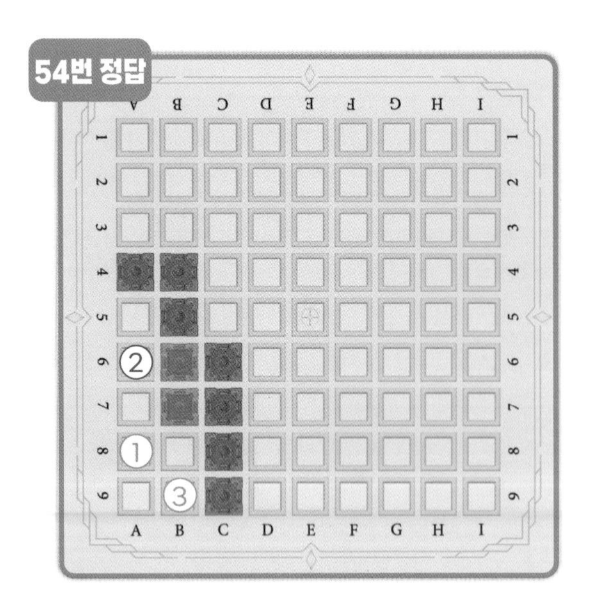

54번 실패

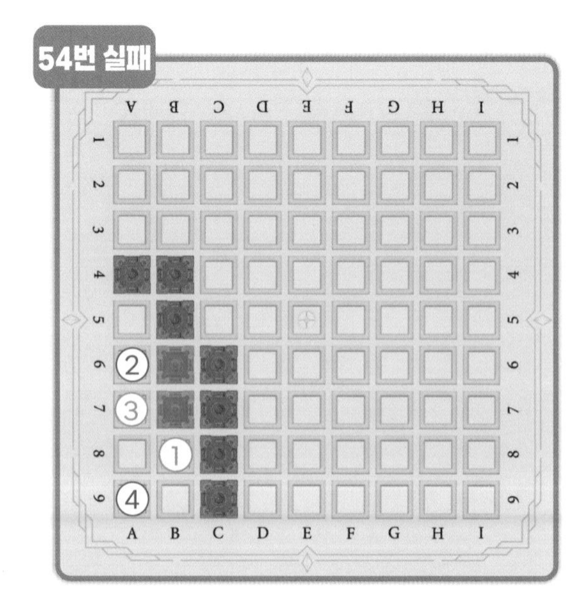

55번 정답

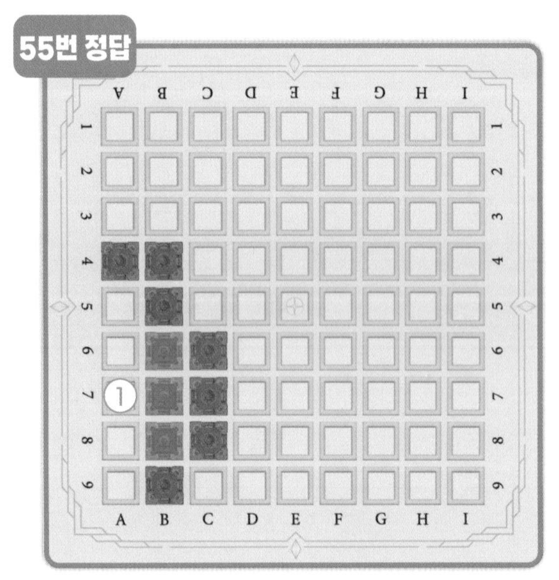

56번 정답

파란색 성 차례입니다. 파란색 성이 파괴되지 않도록 성을 놓아 보세요.

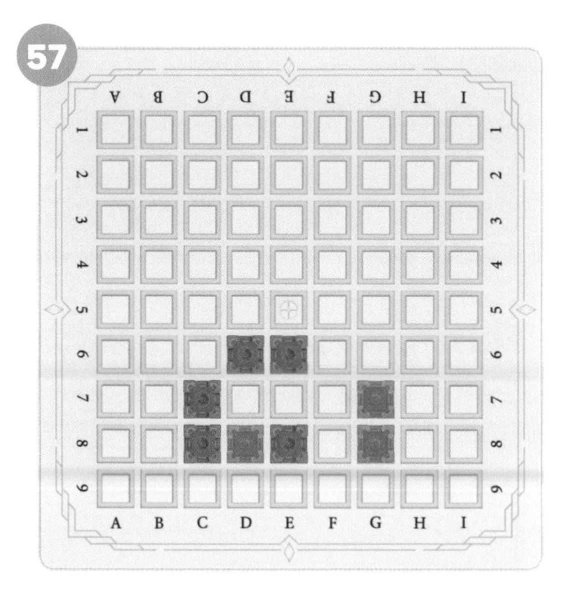

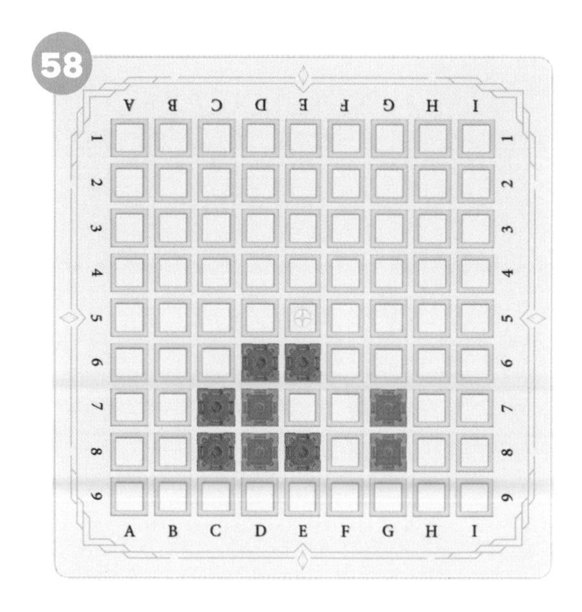

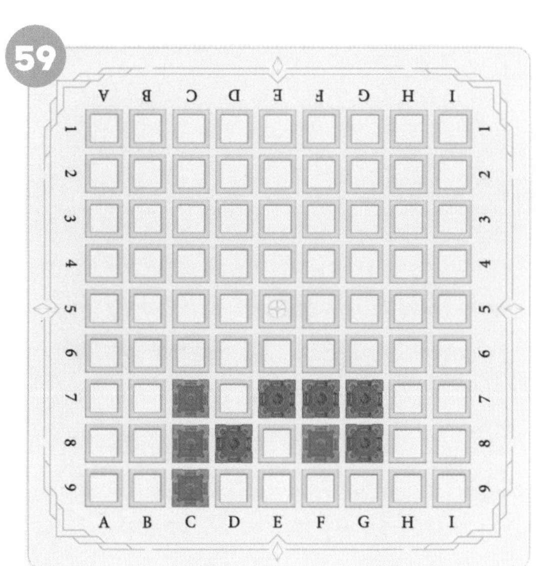

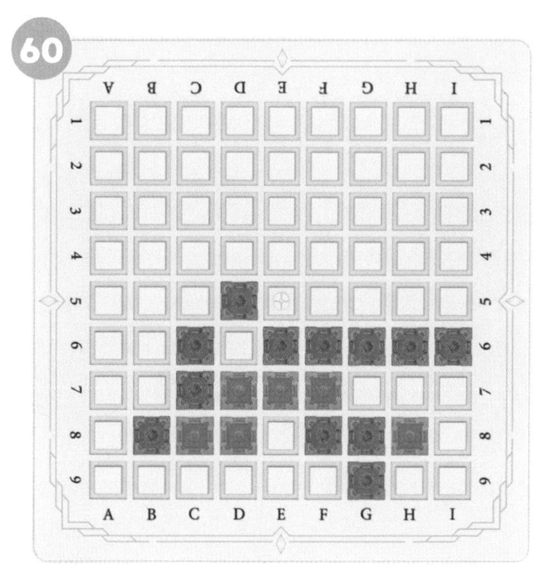

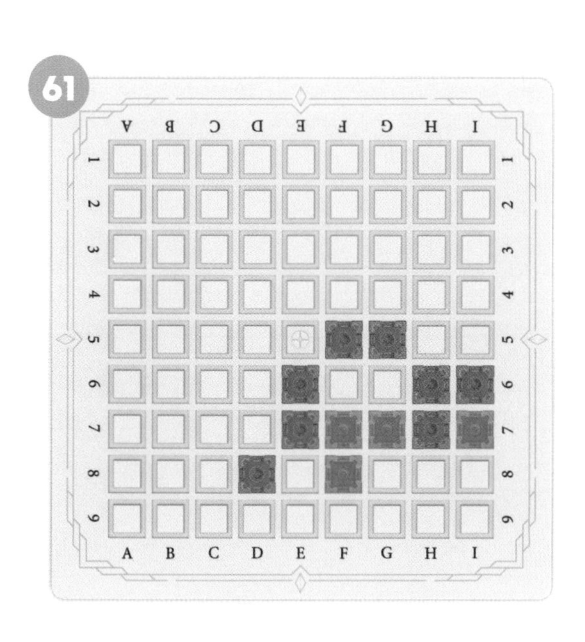

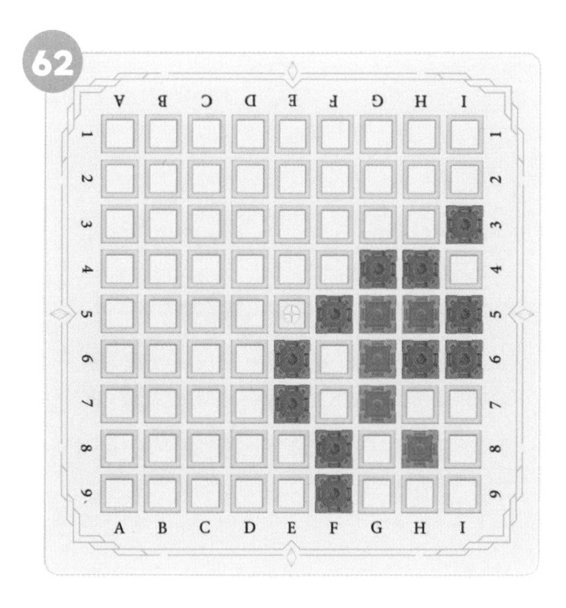

정답 ☞ 다음 쪽 참조

57번 정답

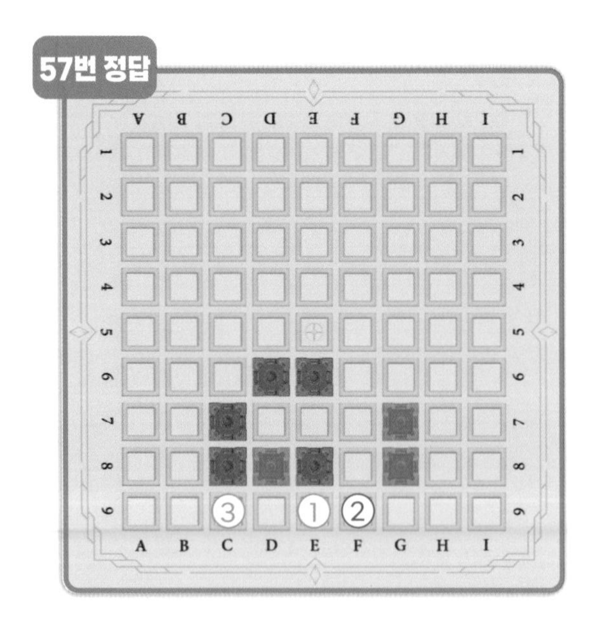

58번 정답

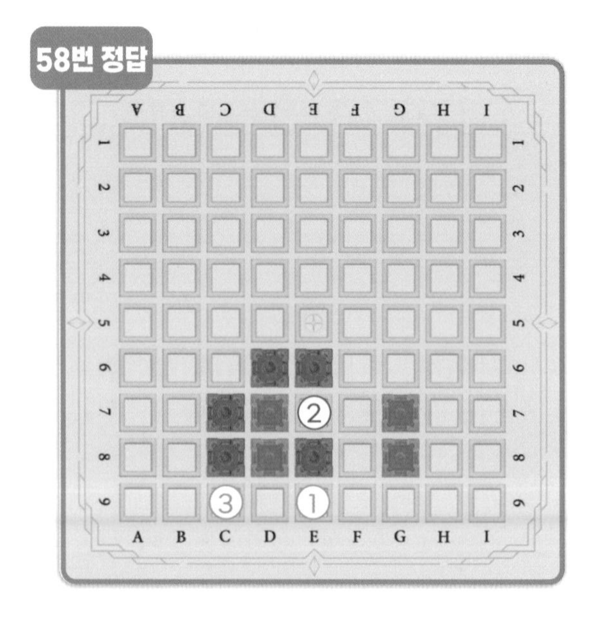

59번 정답

60번 정답

61번 정답

62번 정답

파란색 성 차례입니다. 파란색 성이 파괴되지 않도록 성을 놓아 보세요.

63

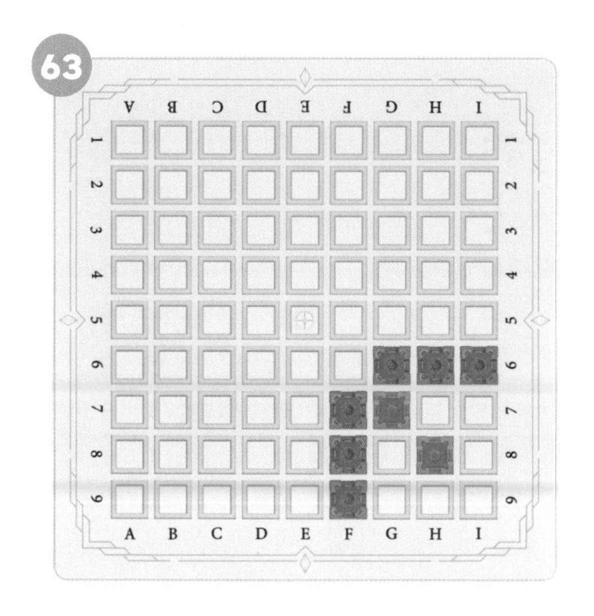

64

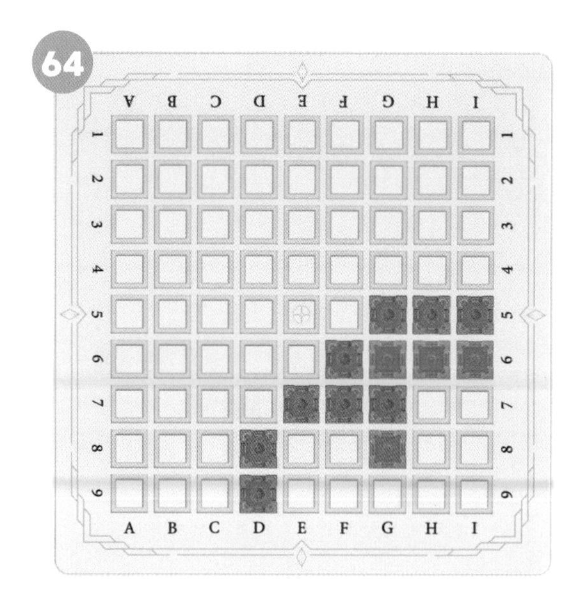

65

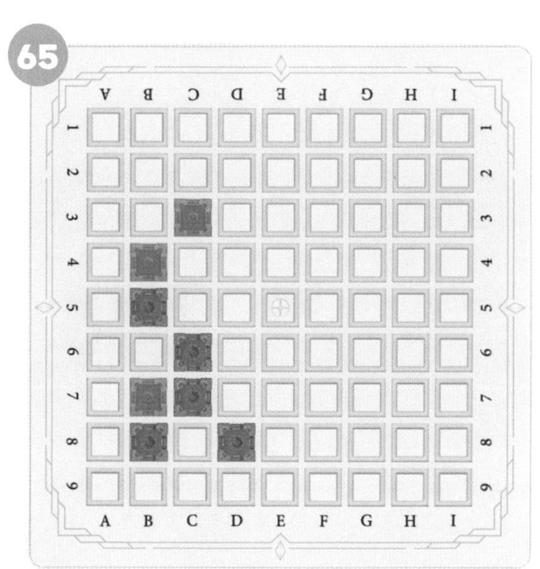

66

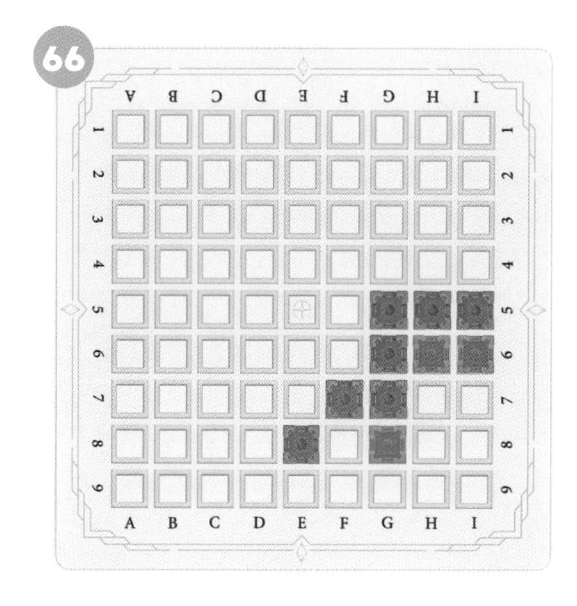

67

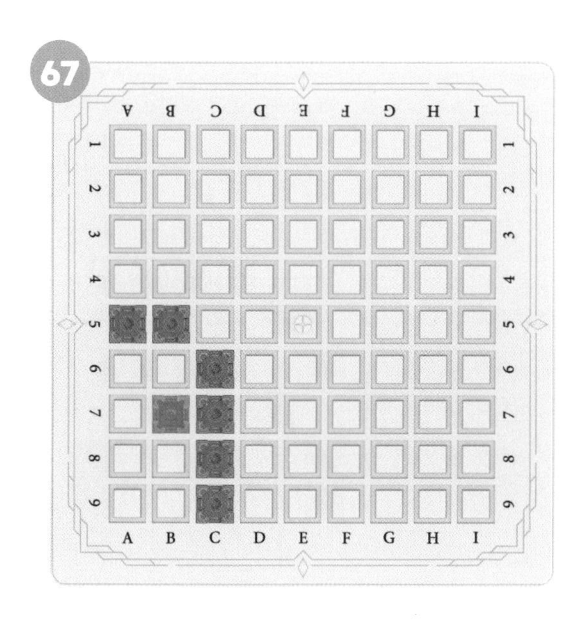

68

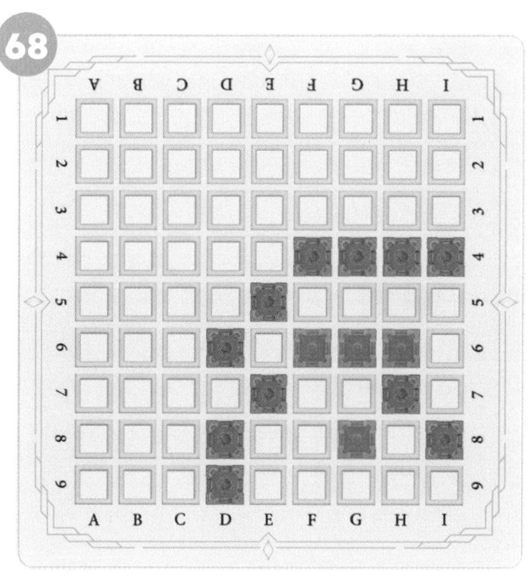

정답 다음 쪽 참조

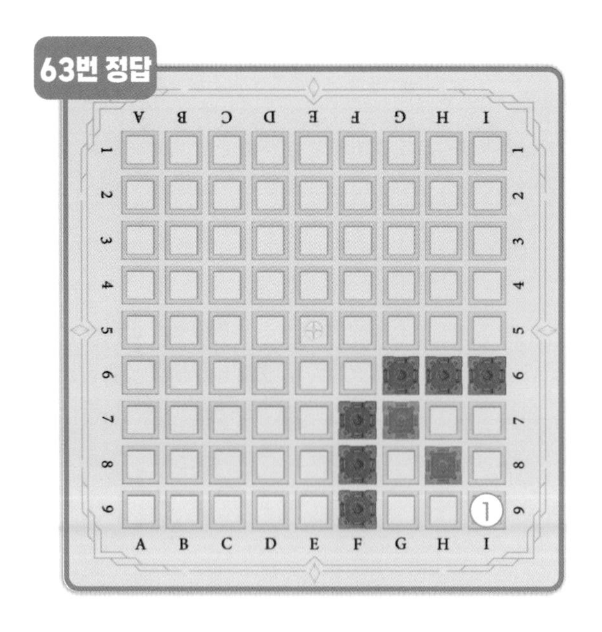
63번 정답

64번 정답

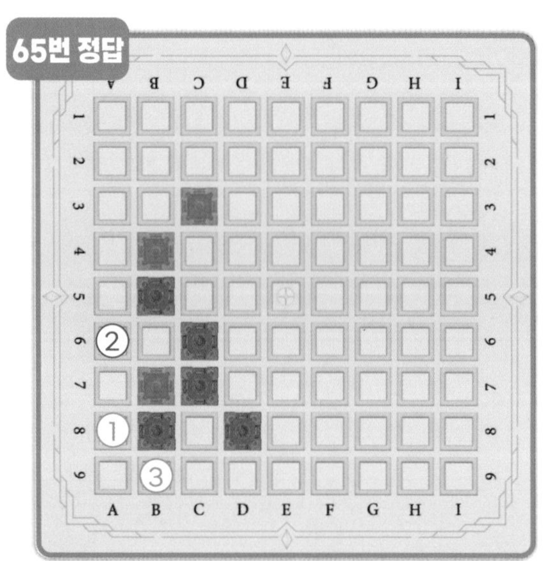
65번 정답

66번 정답

67번 정답

68번 정답

파란색 성 차례입니다. 파란색 성이 파괴되지 않도록 성을 놓아 보세요.

69

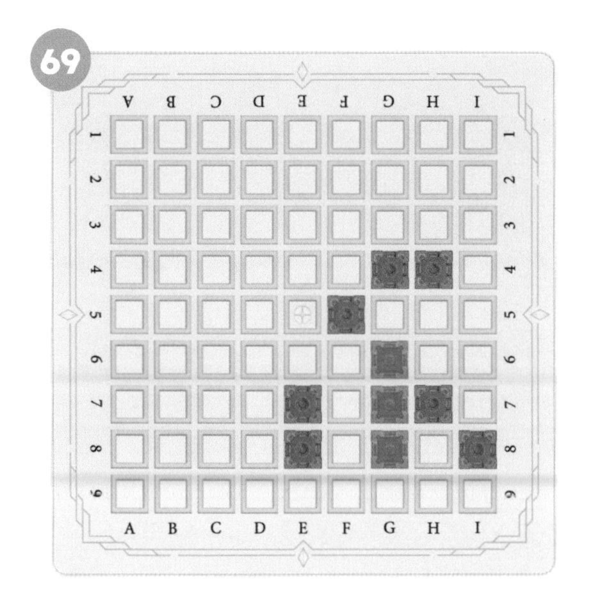

70

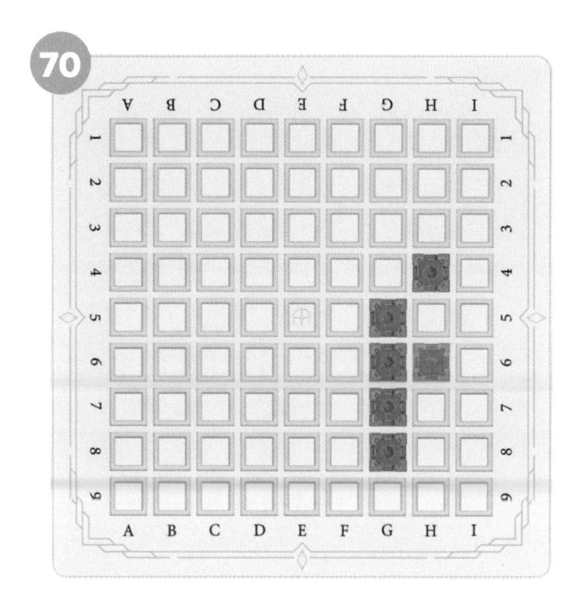

71

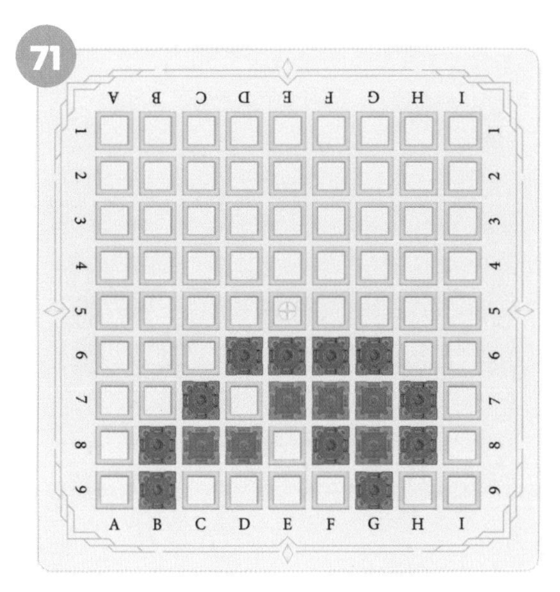

72

정답 다음 쪽 참조

69번 정답

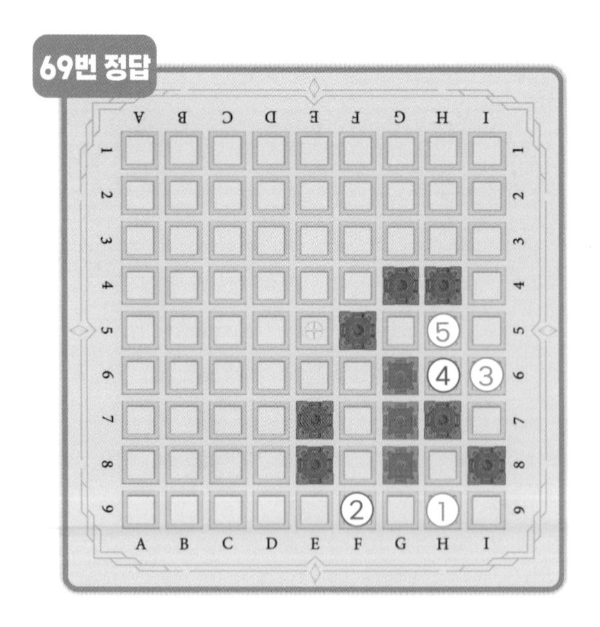

70번 정답

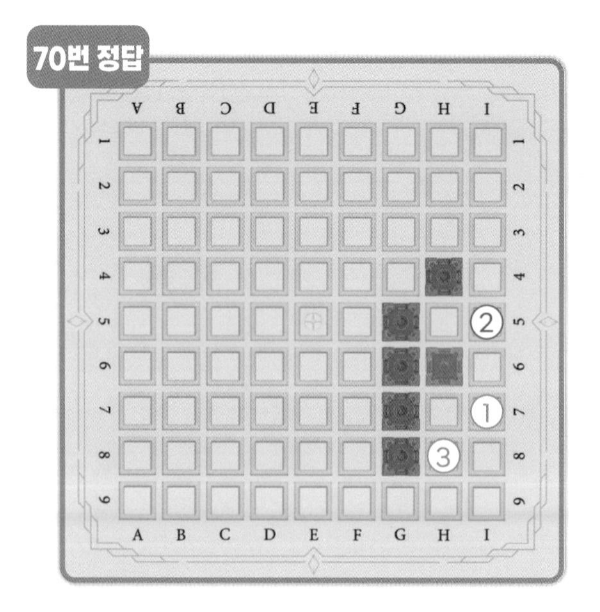

71번 정답

72번 정답

16. 수읽기 - 중급

주황색 성을 놓아 파란색 성이 파괴되도록 순서를 적어 보세요.

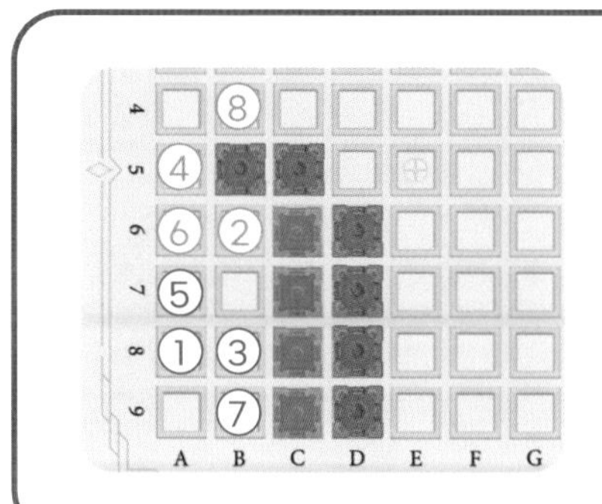

이렇게 풀어 보세요.

펜으로 주황색 성을 놓을 곳부터 표시해 보세요.

1

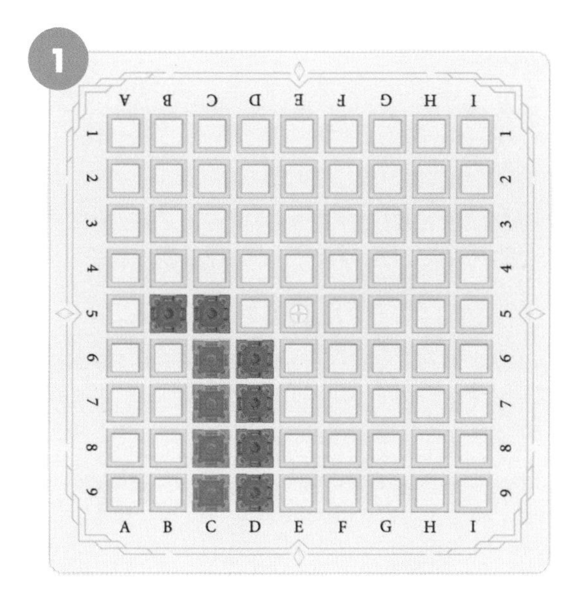

2

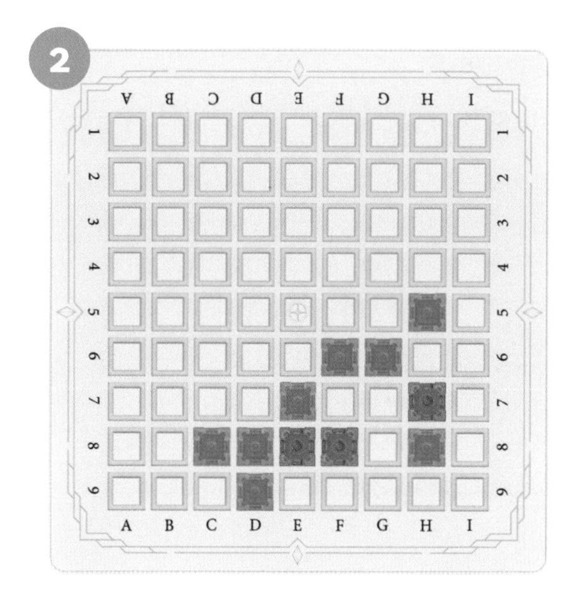

정답 ☞ 다음 쪽 참조

답안

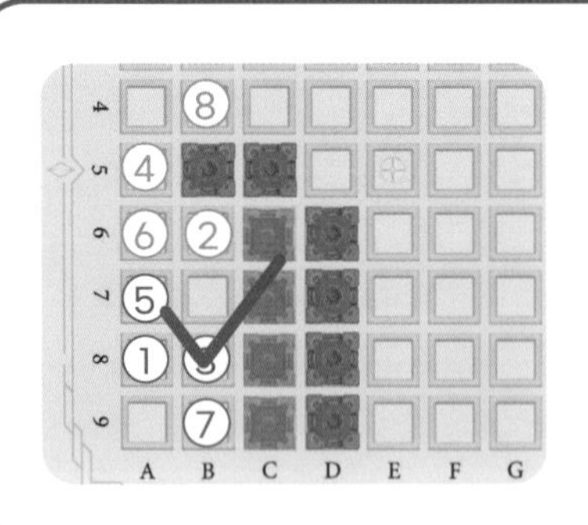

정답과 실패도를 확인해 보세요.

펜으로 주황색 성을 표시해 놓은 곳을 정답 및 실패도와 비교해 보세요.

1번 정답

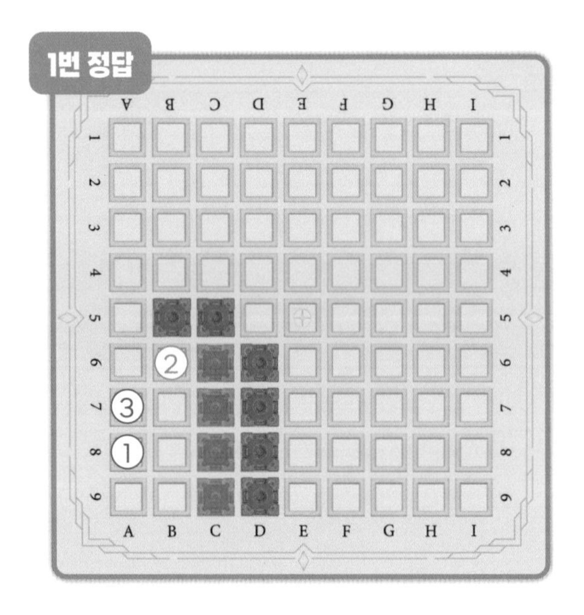

1번 실패

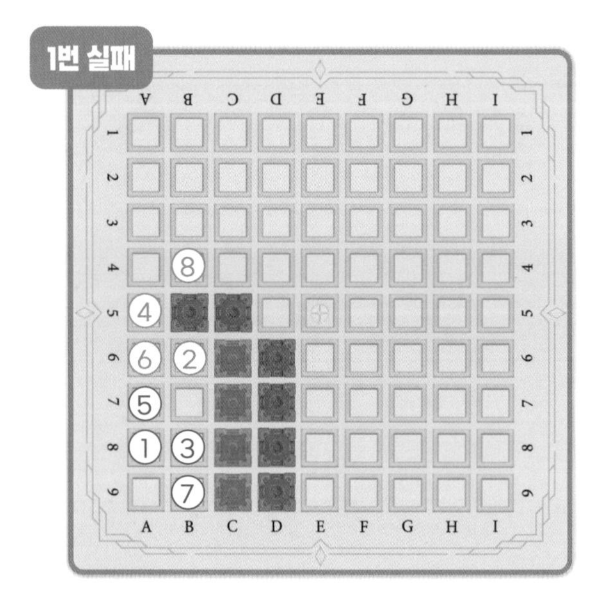

2번 정답

2번 실패

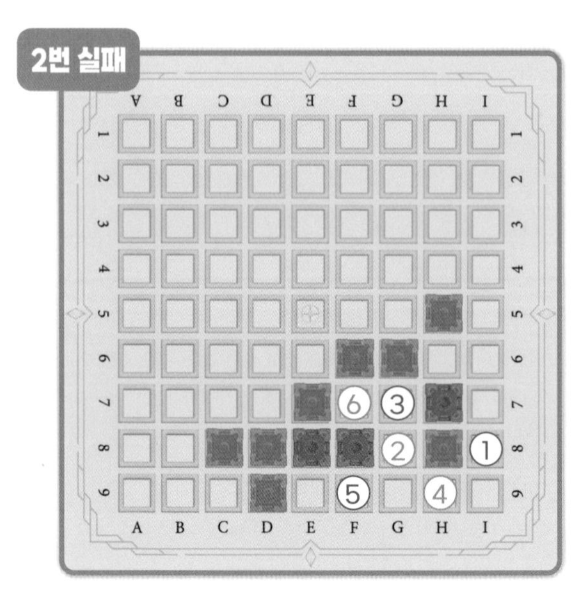

주황색 성을 놓아 파란색 성이 파괴되도록 순서를 적어 보세요.

3

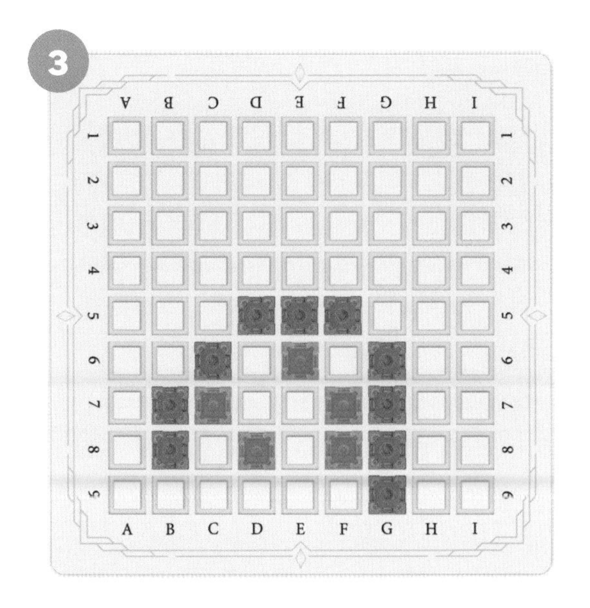

4

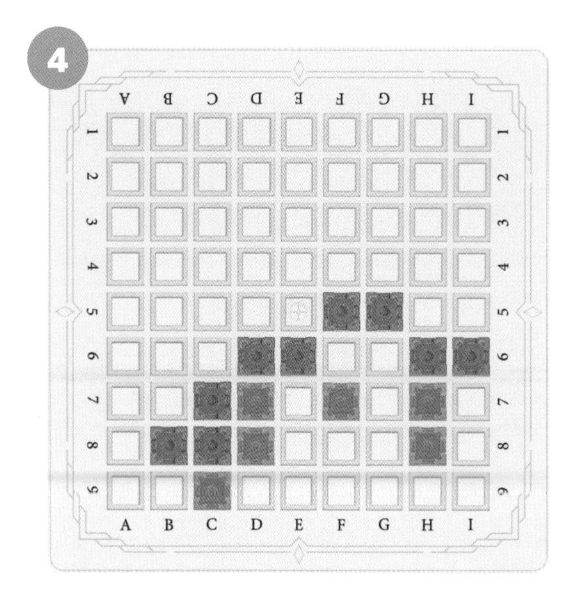

5

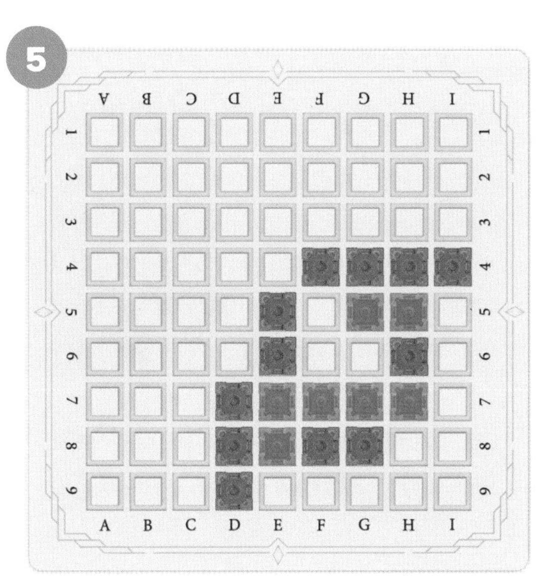

6

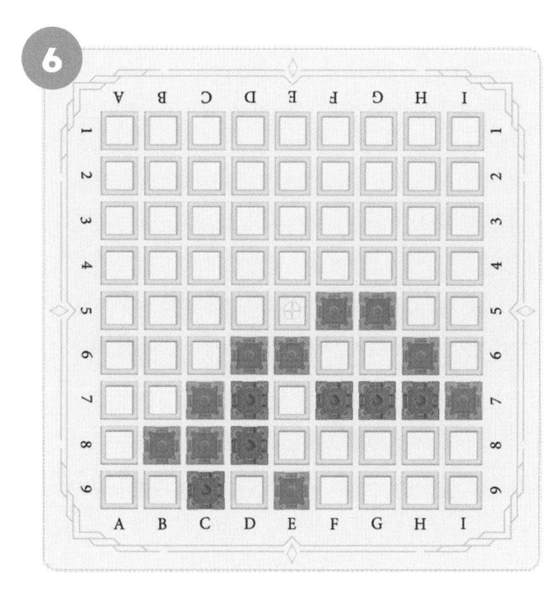

7

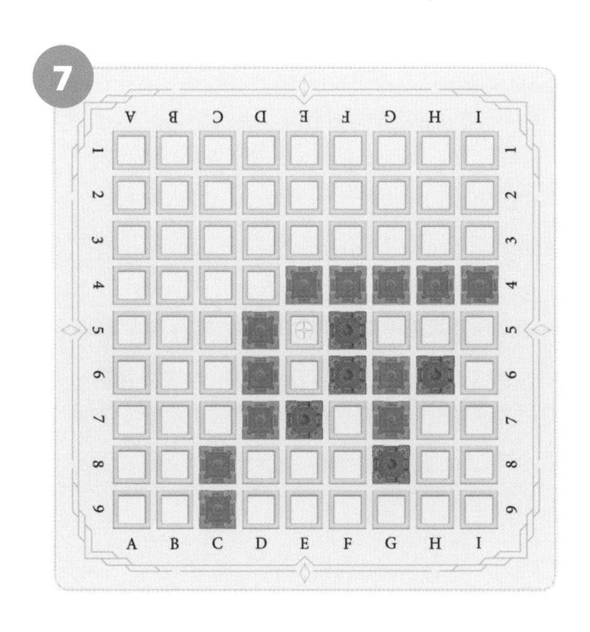

8

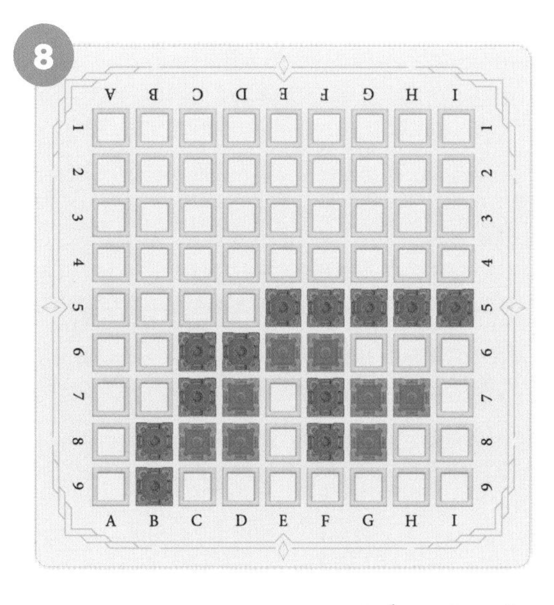

정답 ☞ 다음 쪽 참조

3번 정답

3번 실패

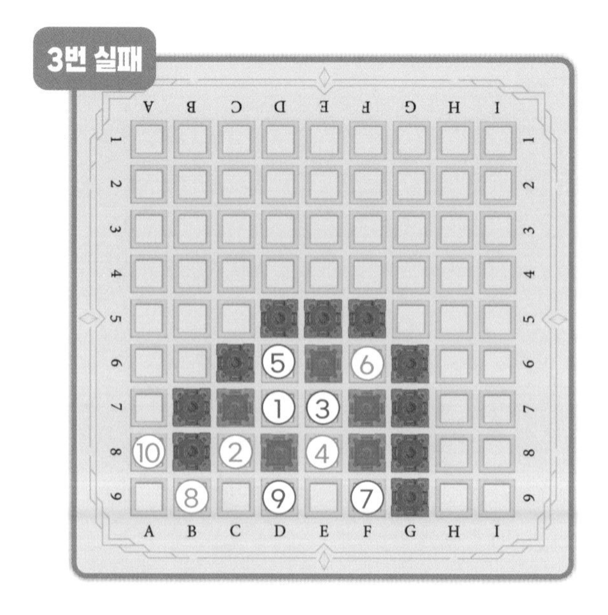

4번 정답

4번 실패 1

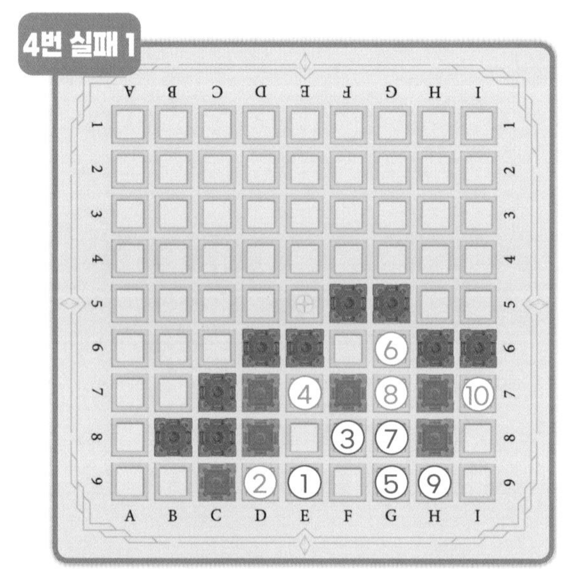

4번 실패 2

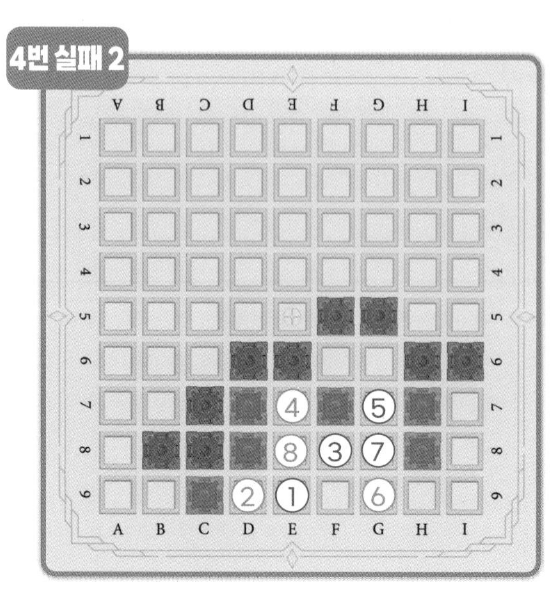

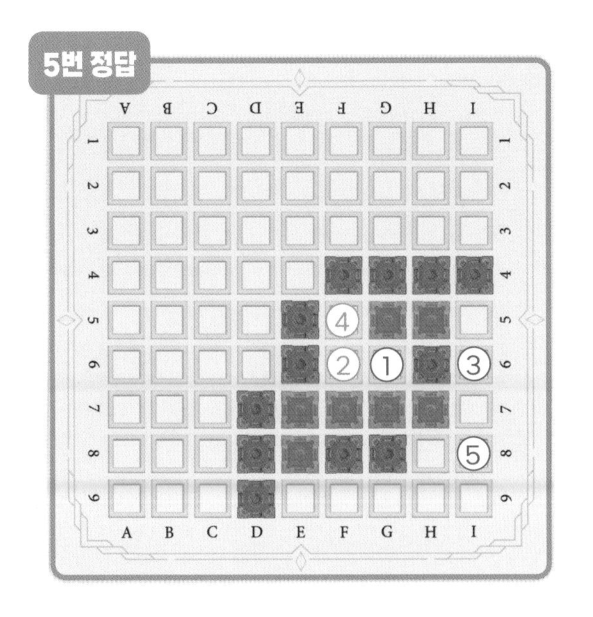

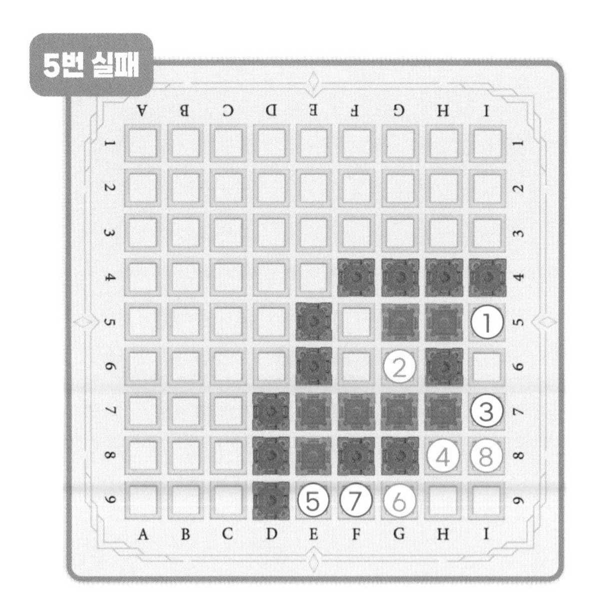

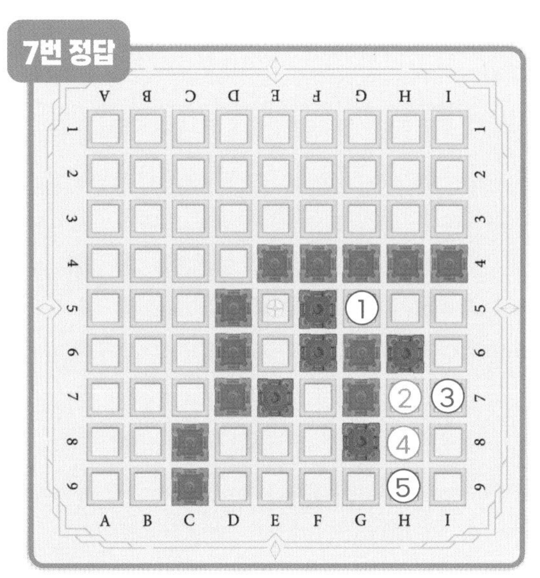

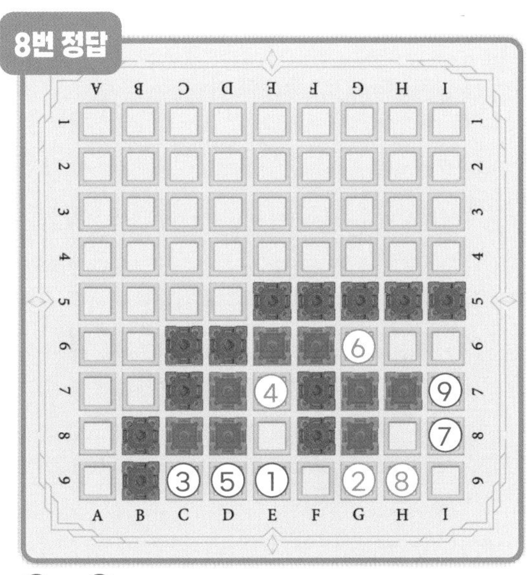

③ 과 ⑤ 의 자리가 바뀌어도 정답입니다.

주황색 성을 놓아 파란색 성이 파괴되도록 순서를 적어 보세요.

9

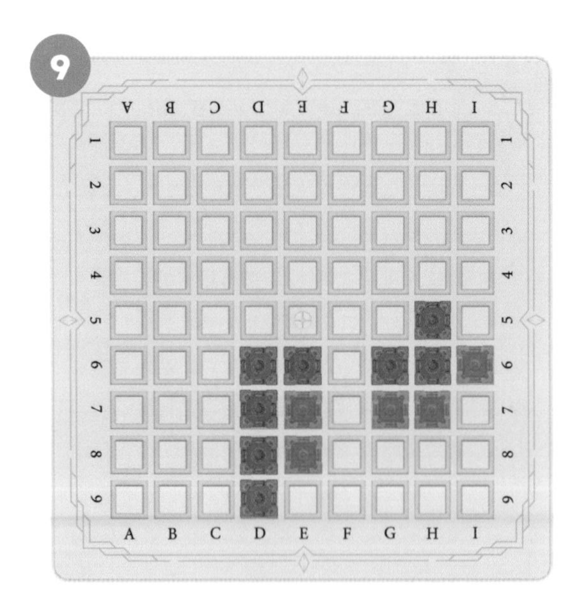

10

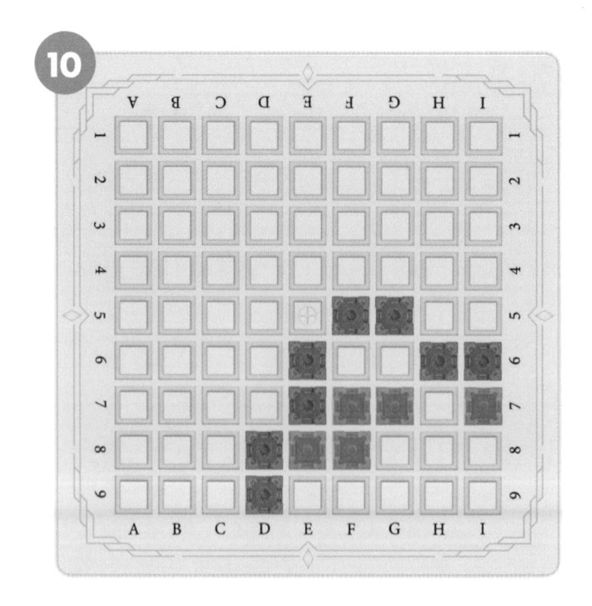

11

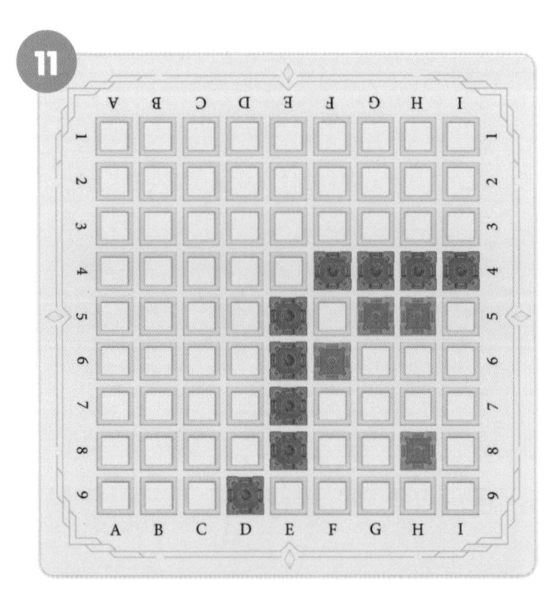

12

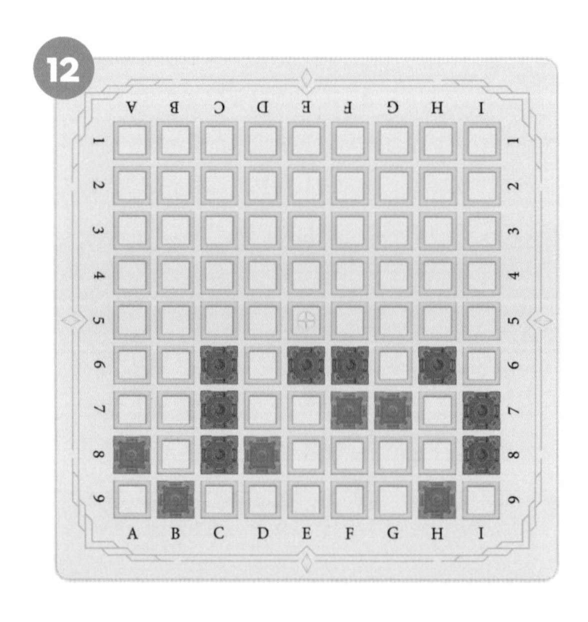

13

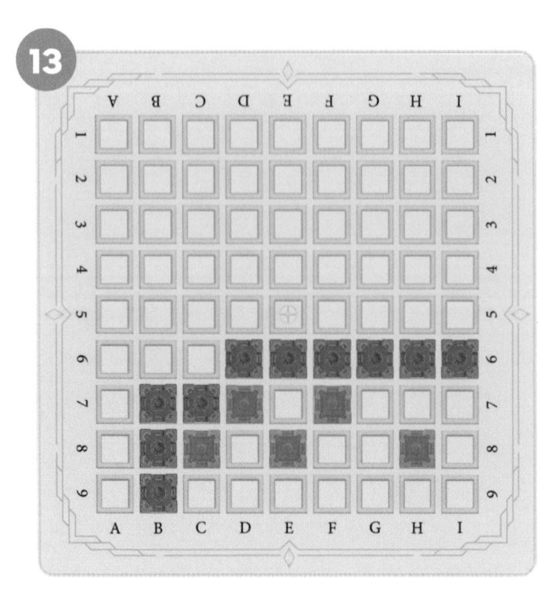

14

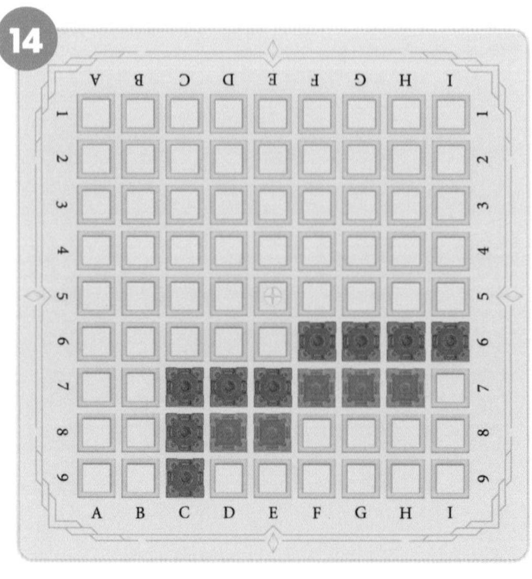

정답 ☞ 다음 쪽 참조

9번 정답

9번 실패

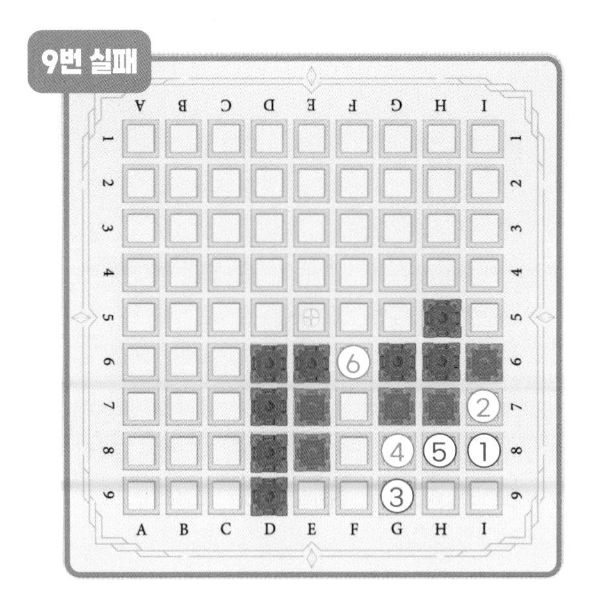

10번 정답

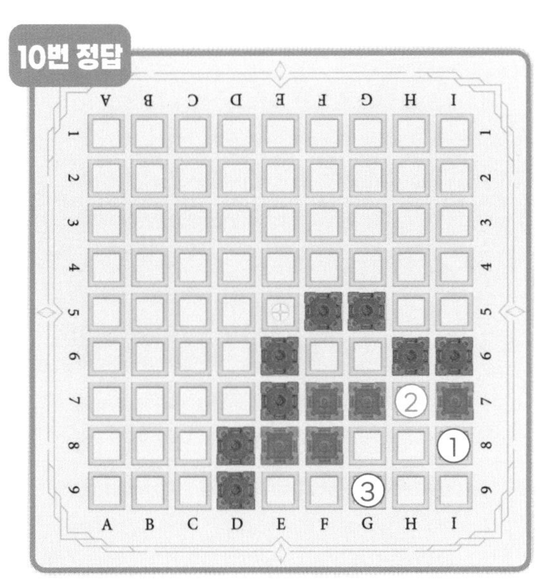

10번 실패 1

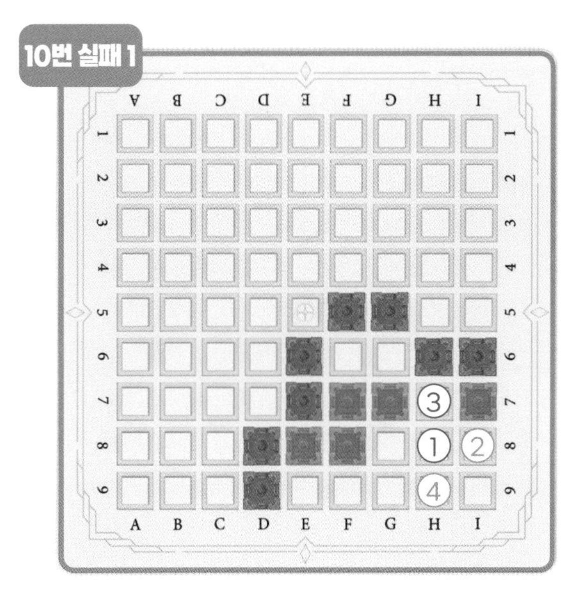

10번 실패 2

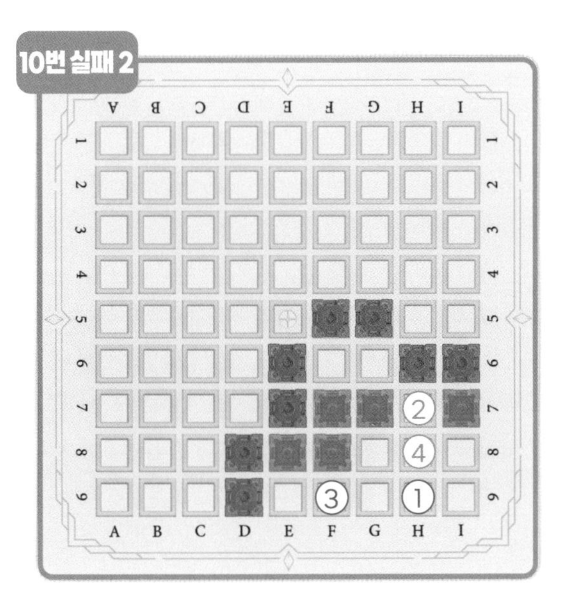

10번 참고

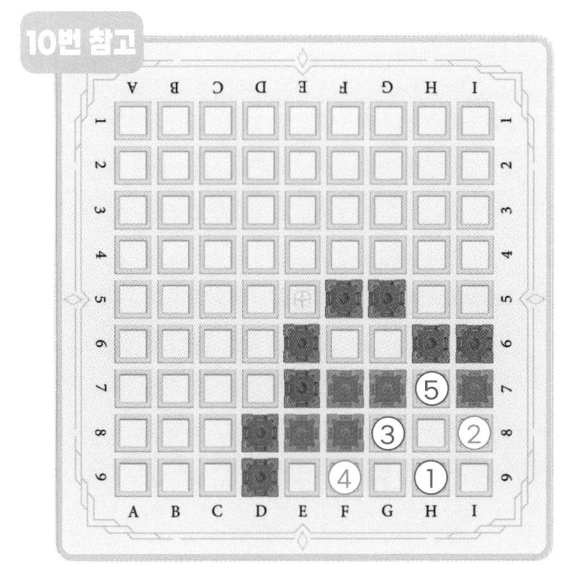

11번 정답

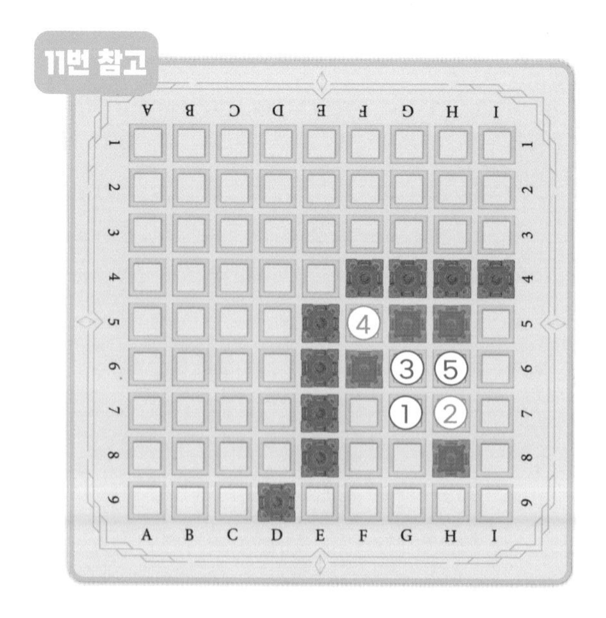
11번 참고

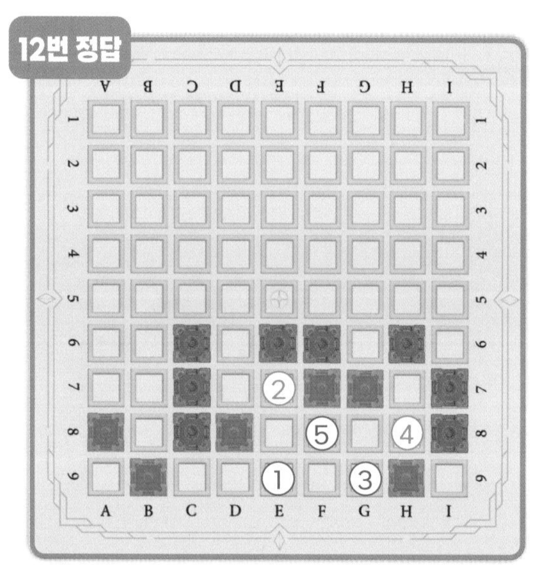
12번 정답

13번 정답

14번 정답

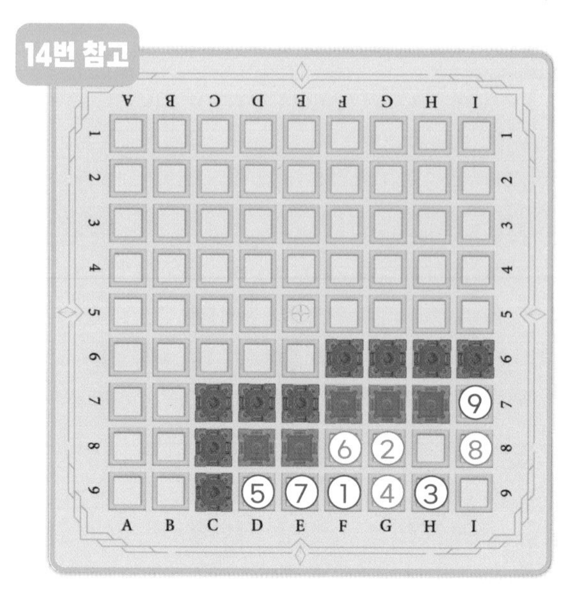
14번 참고

주황색 성을 놓아 파란색 성이 파괴되도록 순서를 적어 보세요.

15
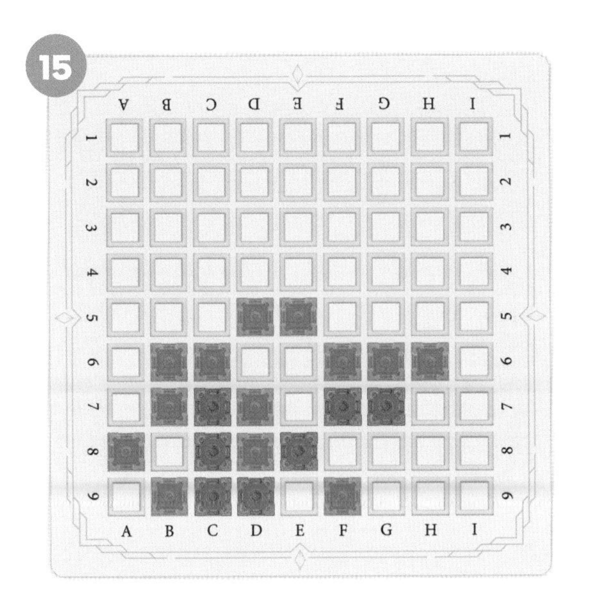

16
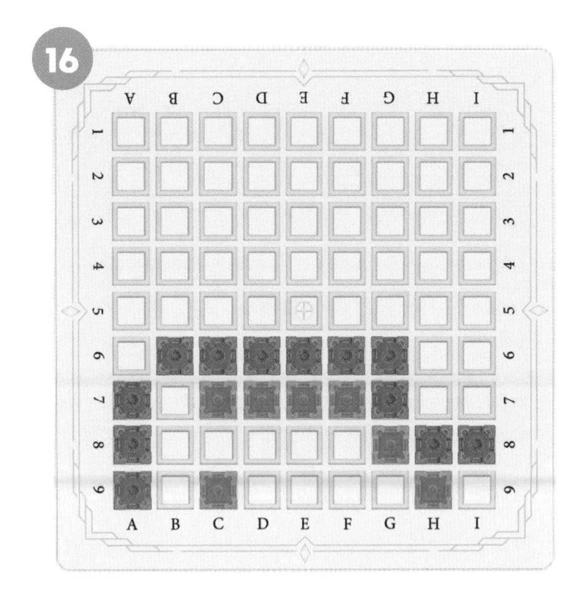

17
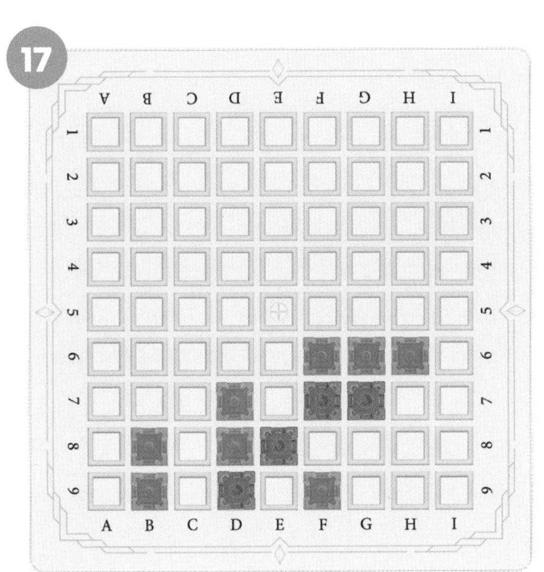

18
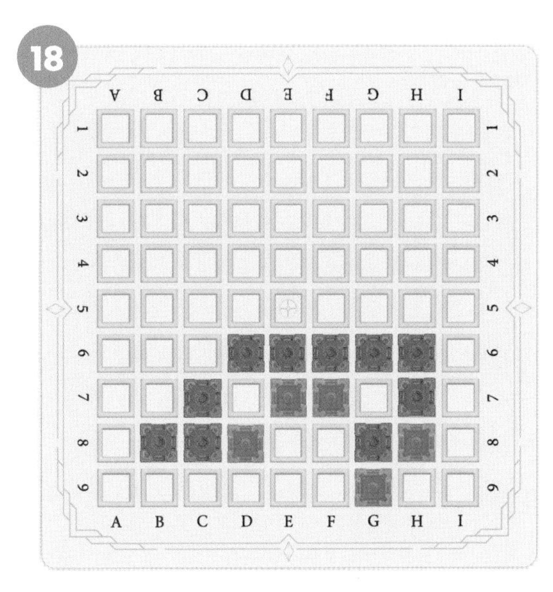

19
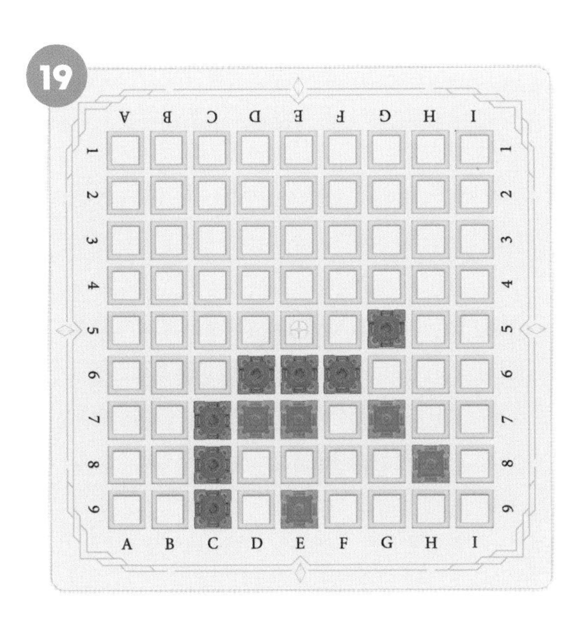

20
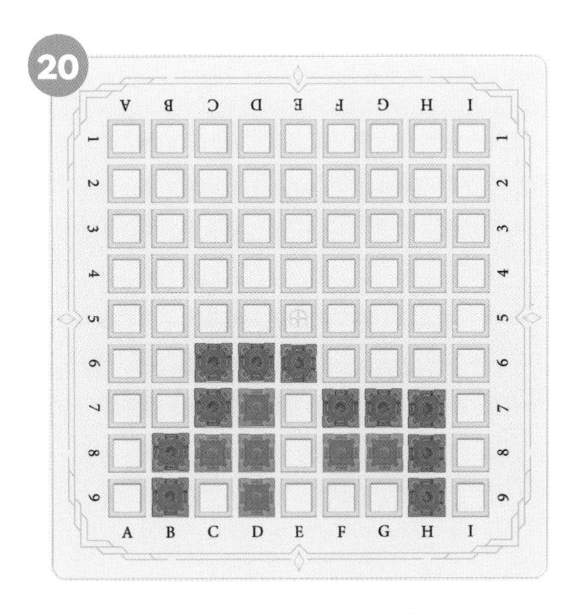

정답 ☞ 다음 쪽 참조

15번 정답

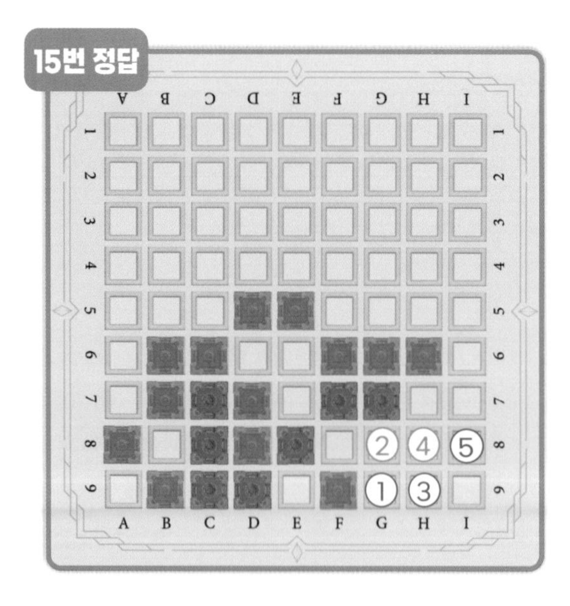

16번 정답

17번 정답

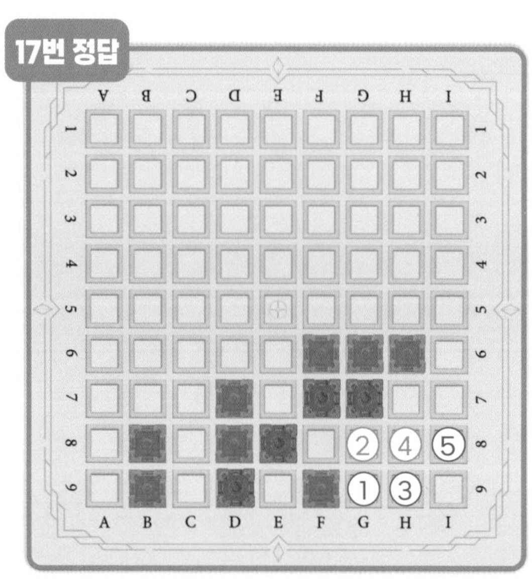

17번 실패

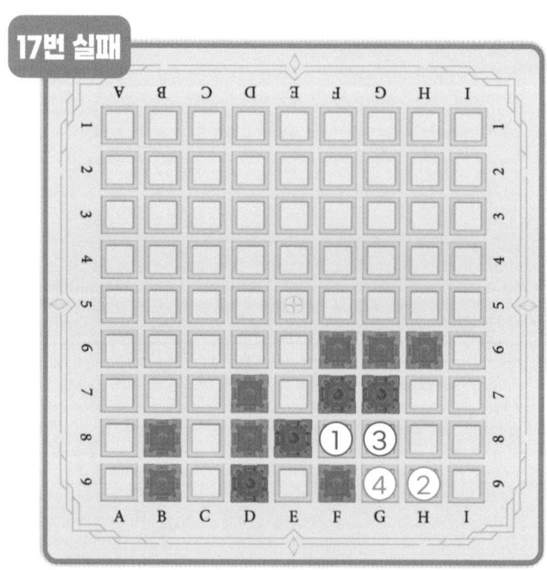

18번 정답

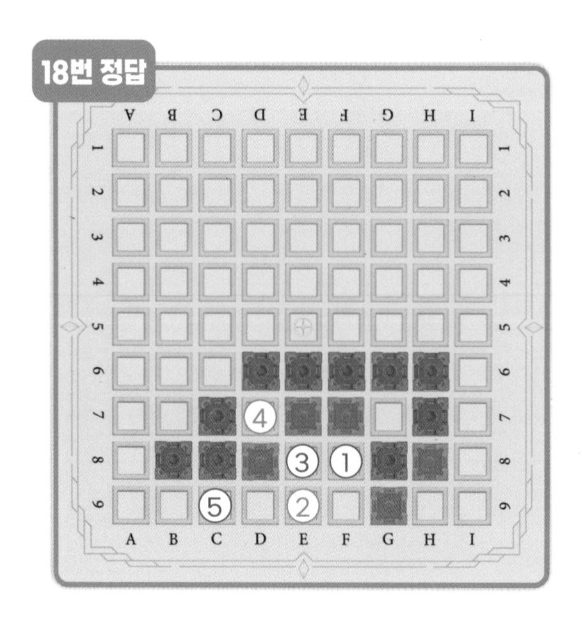

18번 실패

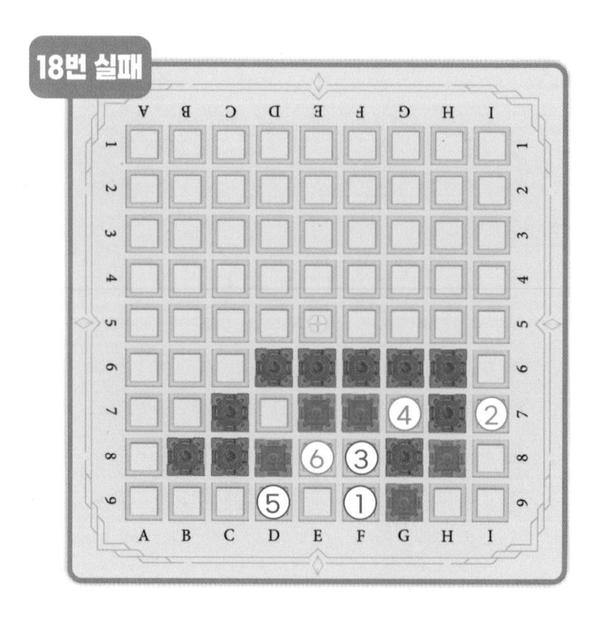

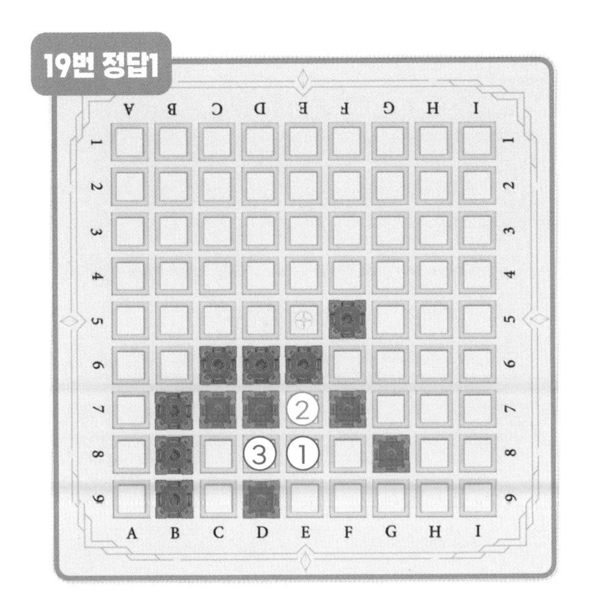
19번 정답1

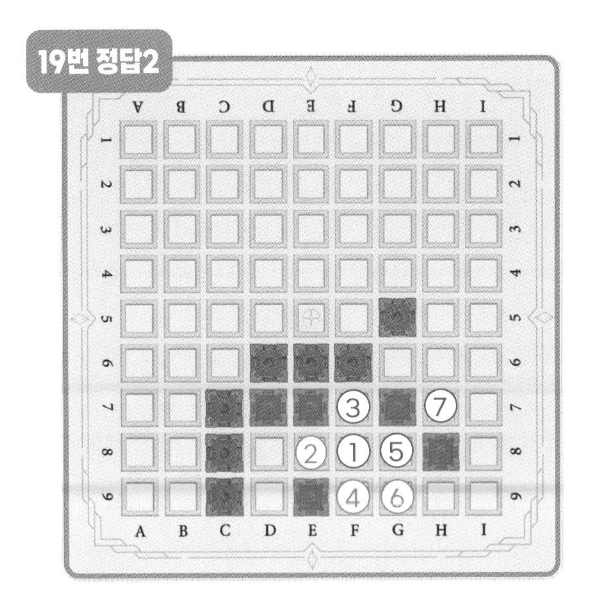
19번 정답2

20번 정답1

20번 정답2

주황색 성을 놓아 파란색 성이 파괴되도록 순서를 적어 보세요.

21
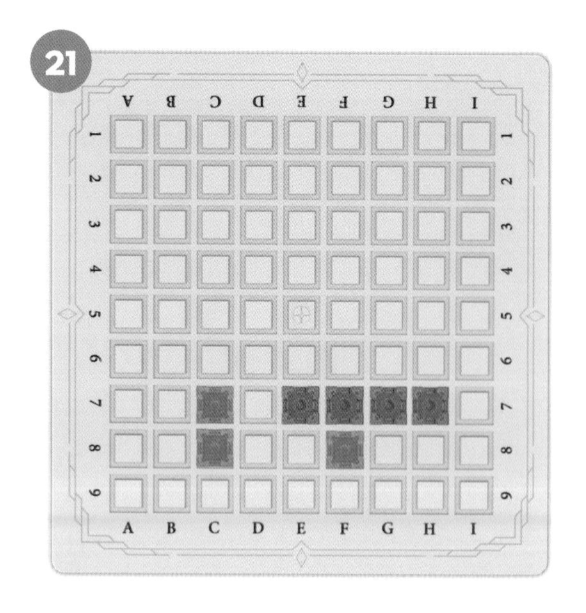

22
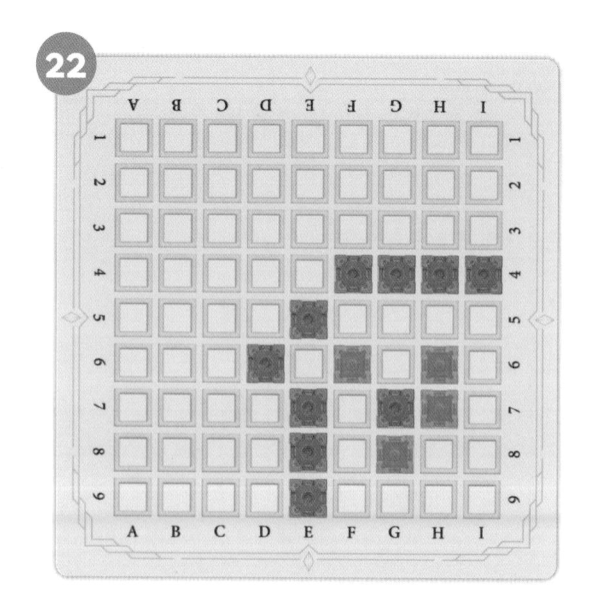

23
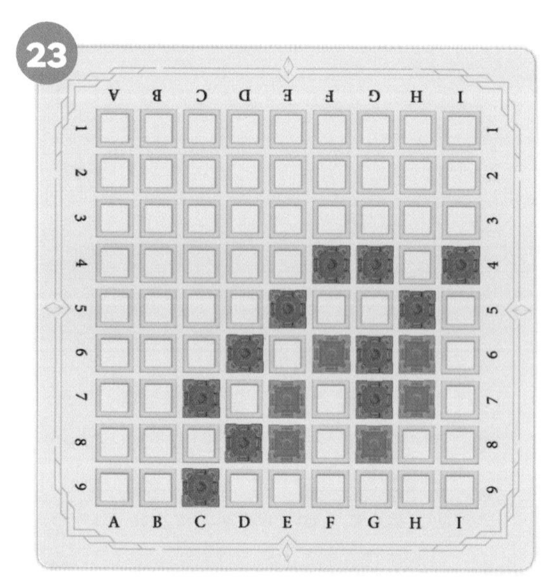

24
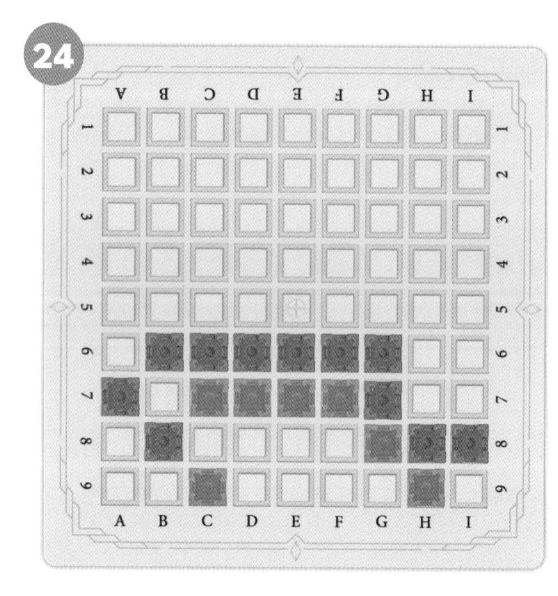

25
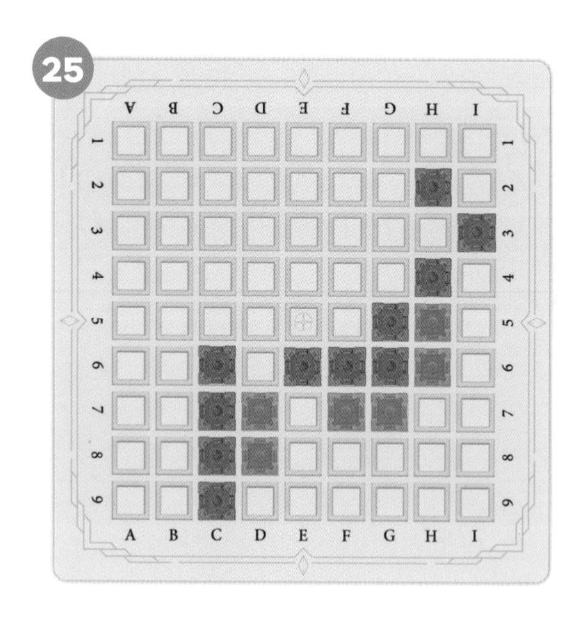

26
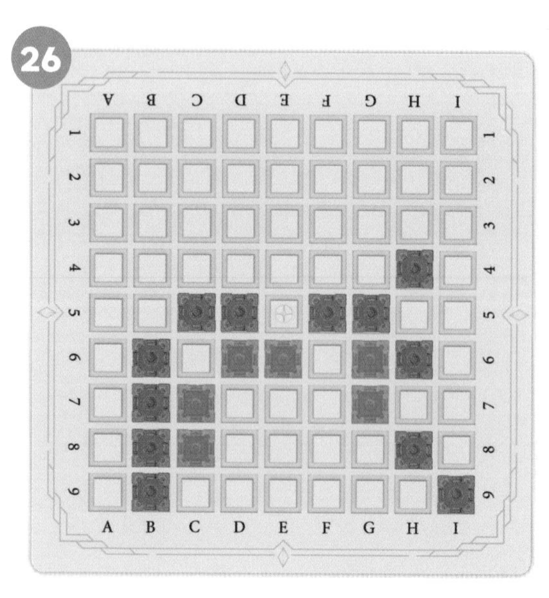

정답 다음 쪽 참조

21번 정답

22번 정답

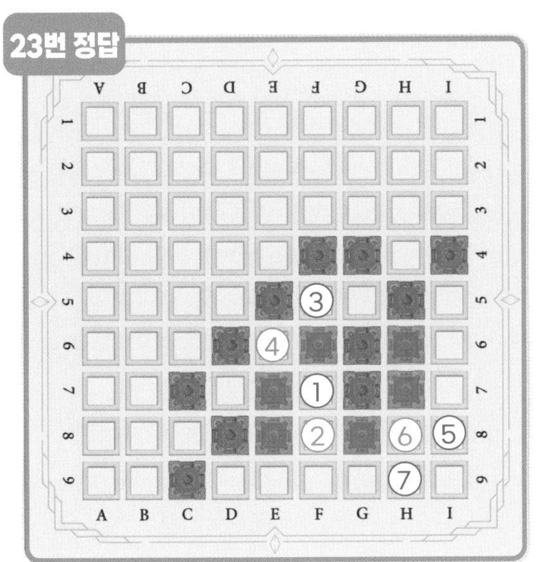
23번 정답

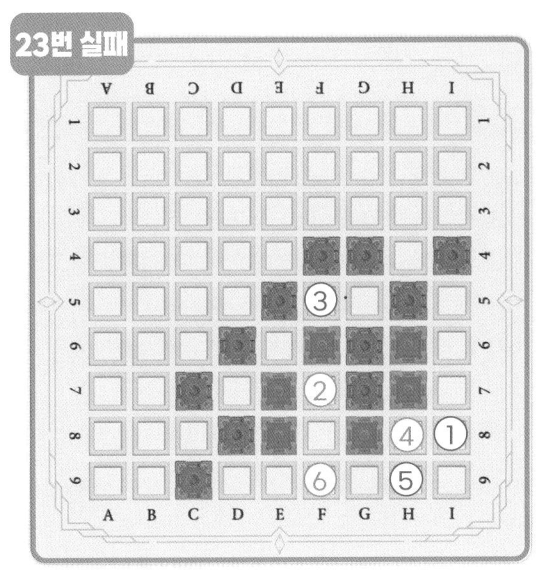
23번 실패

24번 정답

25번 정답

26번 정답

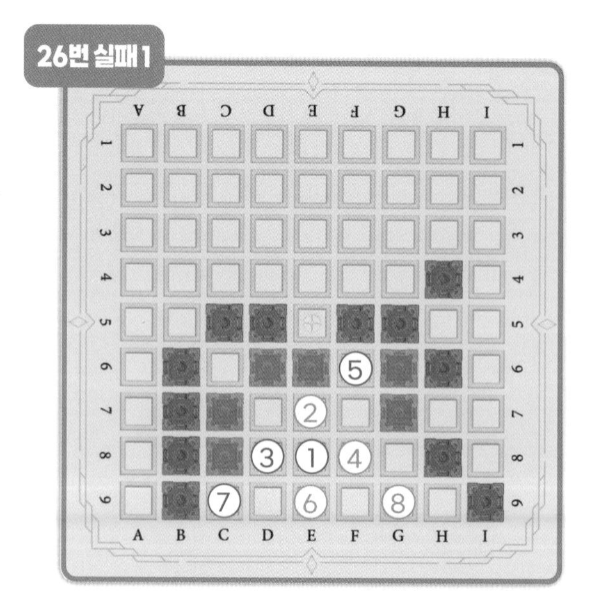
26번 실패1

26번 실패 2

주황색 성을 놓아 파란색 성이 파괴되도록 순서를 적어 보세요.

27

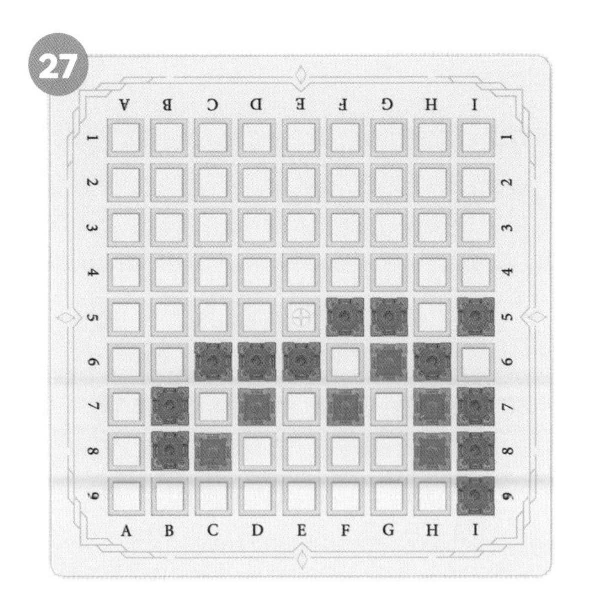

28

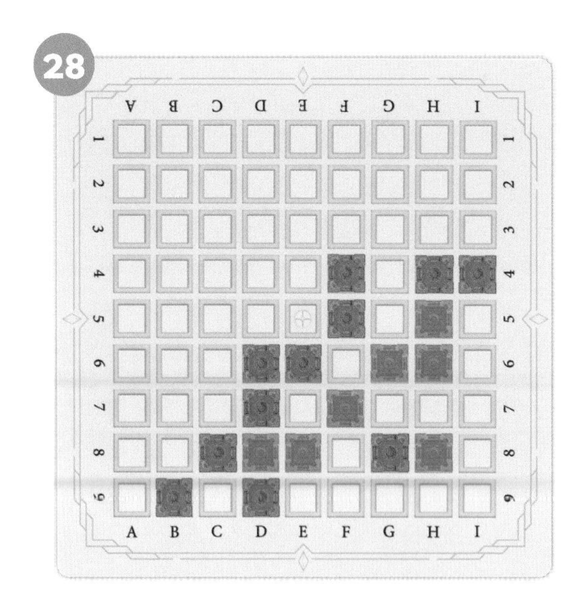

29

30

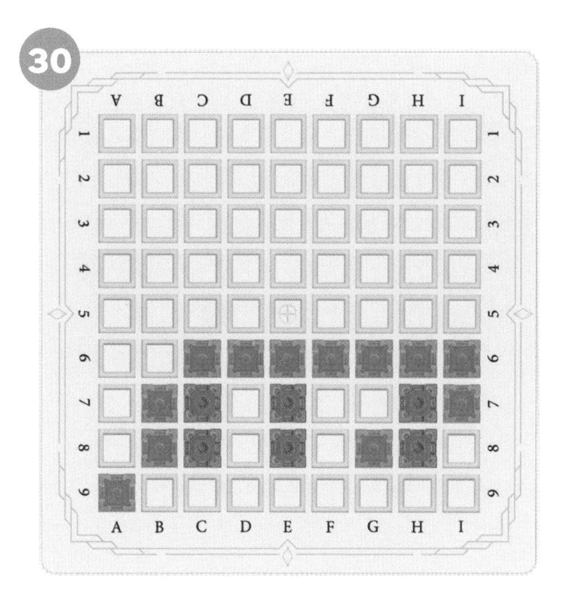

31

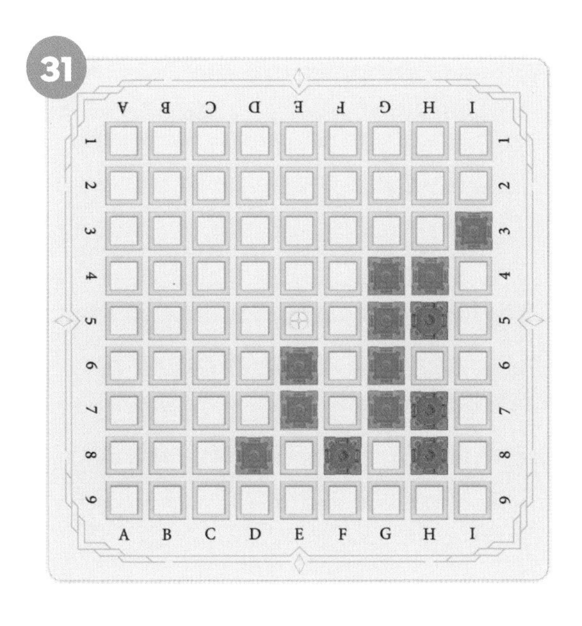

32

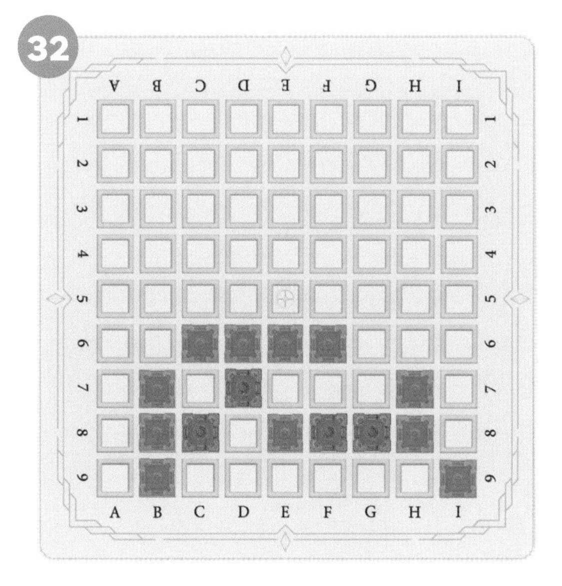

정답 ☞ 다음 쪽 참조

27번 정답

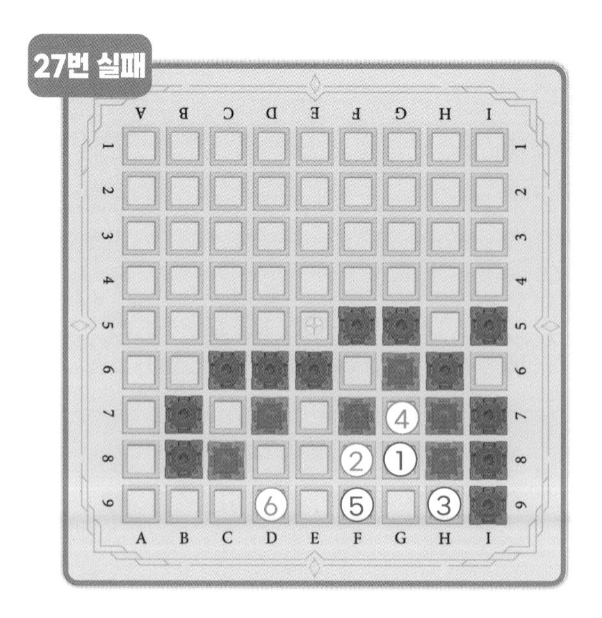
27번 실패

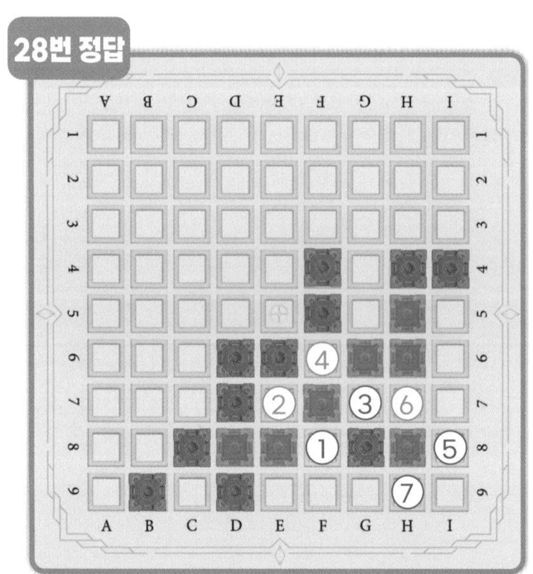
28번 정답

29번 정답

30번 정답

31번 정답

32번 정답

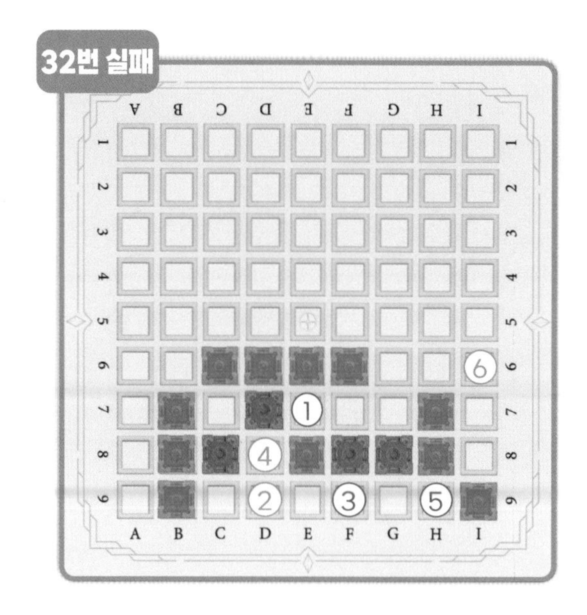
32번 실패

주황색 성을 놓아 성(주황색)이 파괴되지 않도록 해 보세요.

33

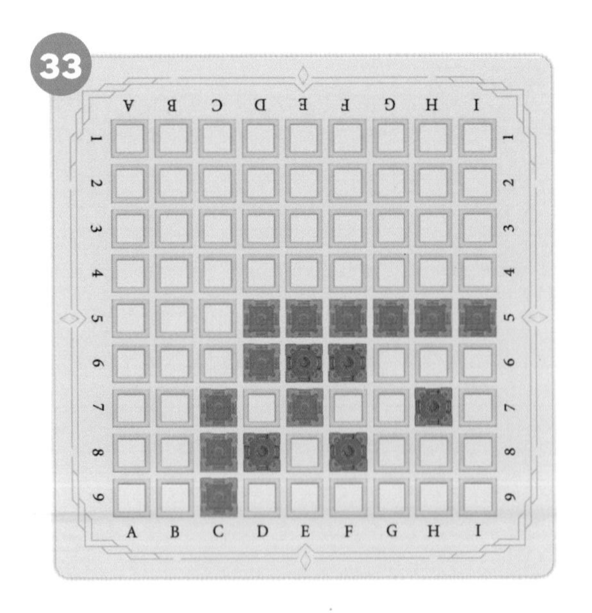

34

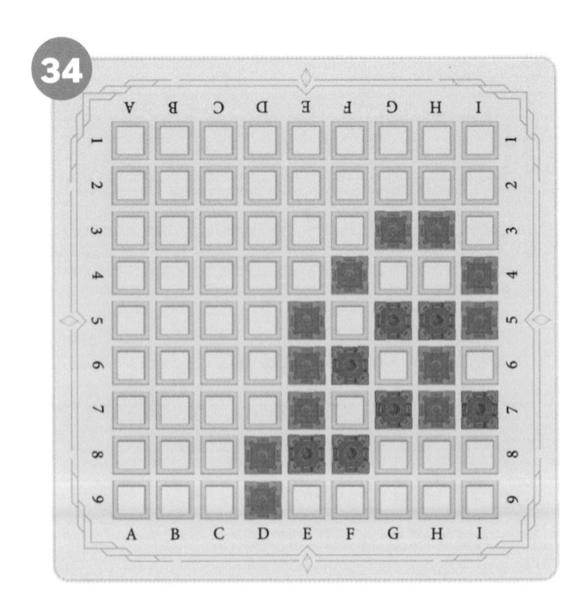

35

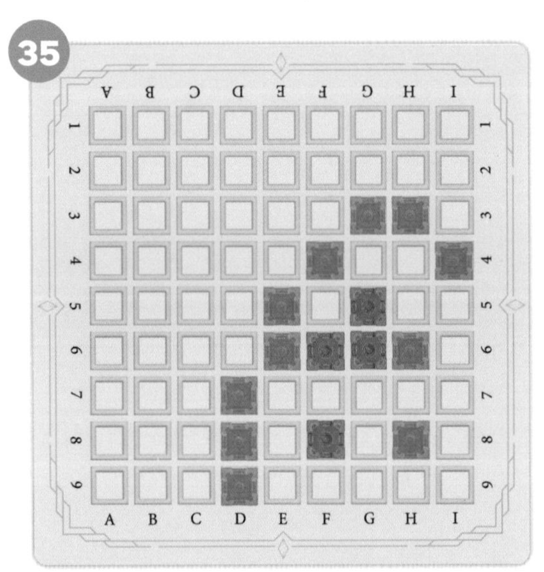

36

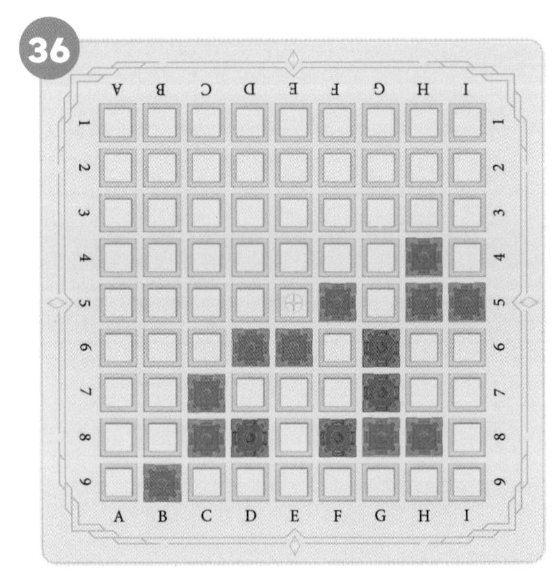

37

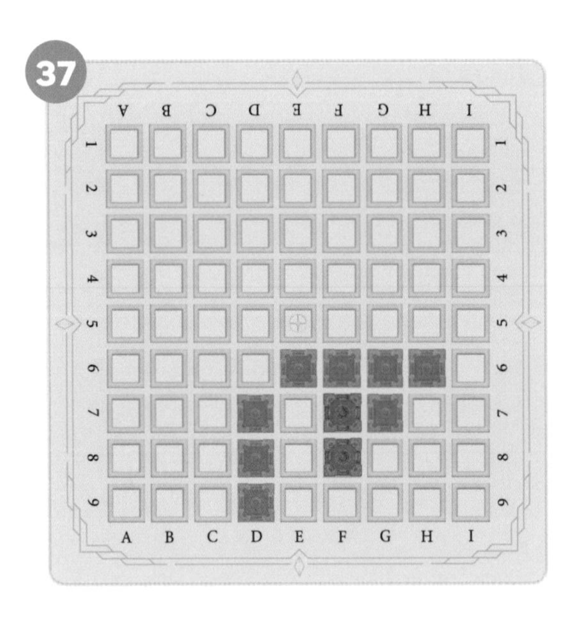

38

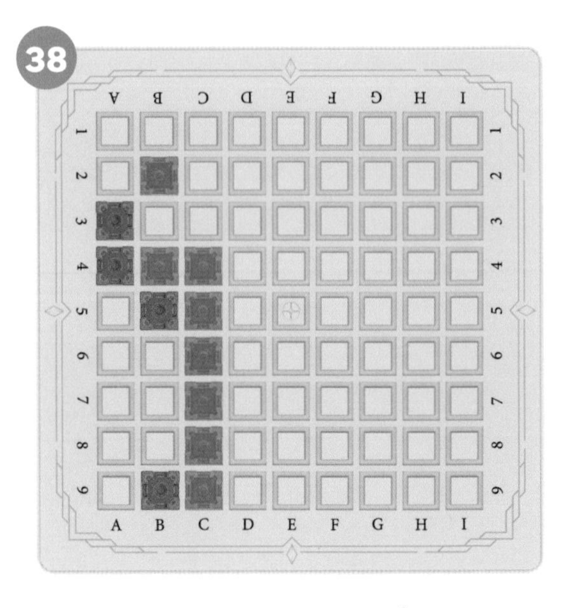

정답 ☞ 다음 쪽 참조

33번 정답

34번 정답

34번 실패1

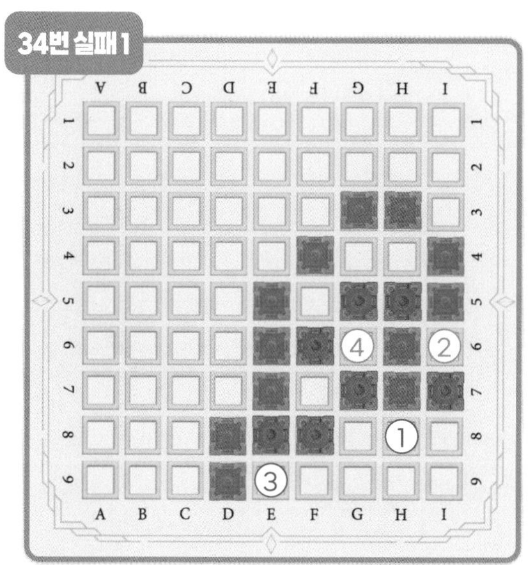

34번 실패2

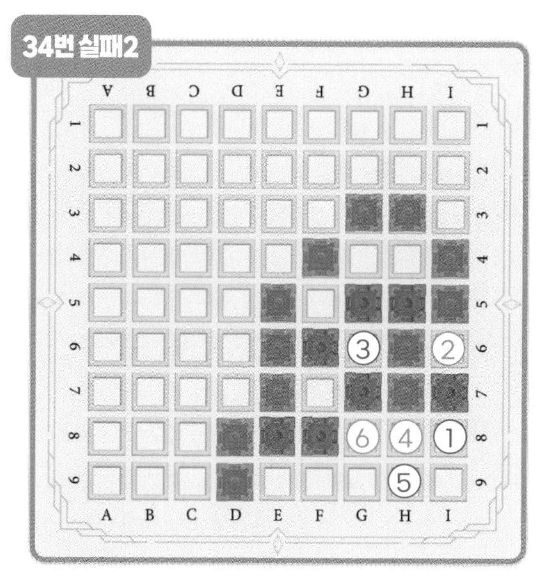

35번 정답

36번 정답

37번 정답

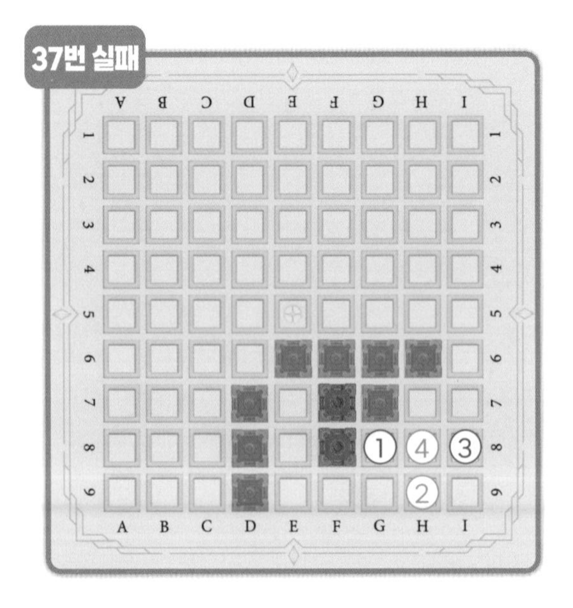
37번 실패

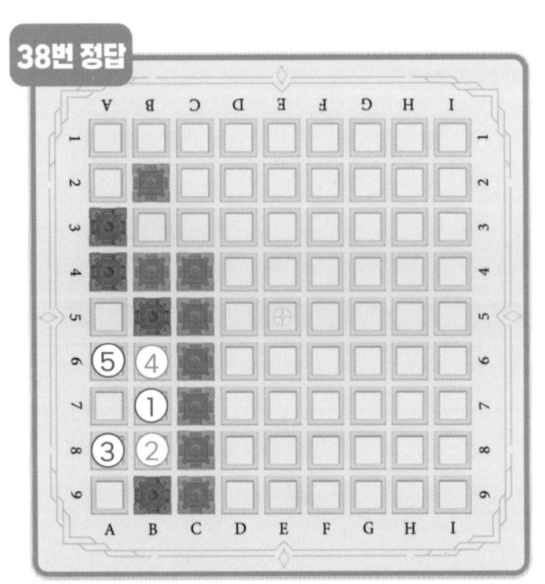
38번 정답

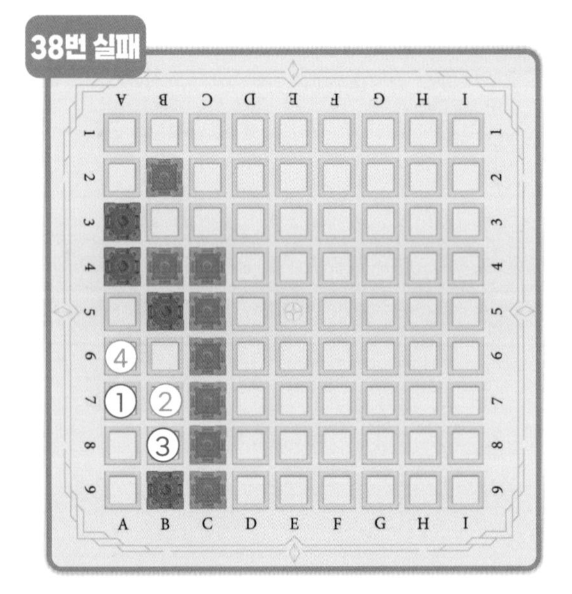
38번 실패

주황색 성을 놓아 성(주황색)이 파괴되지 않도록 해 보세요.

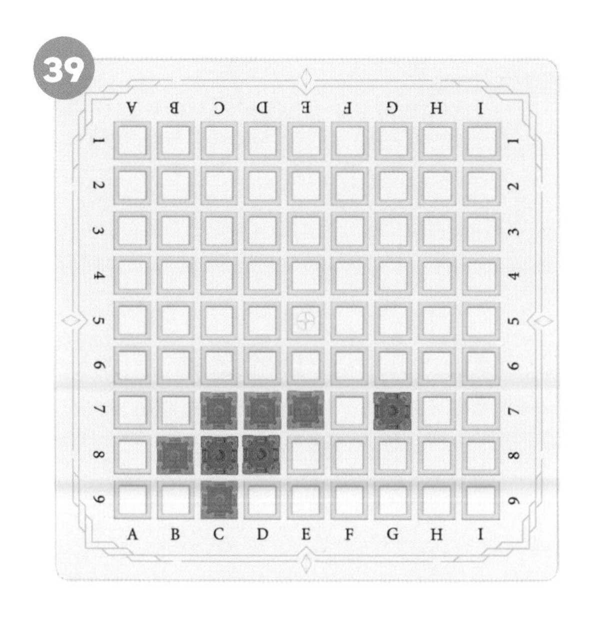

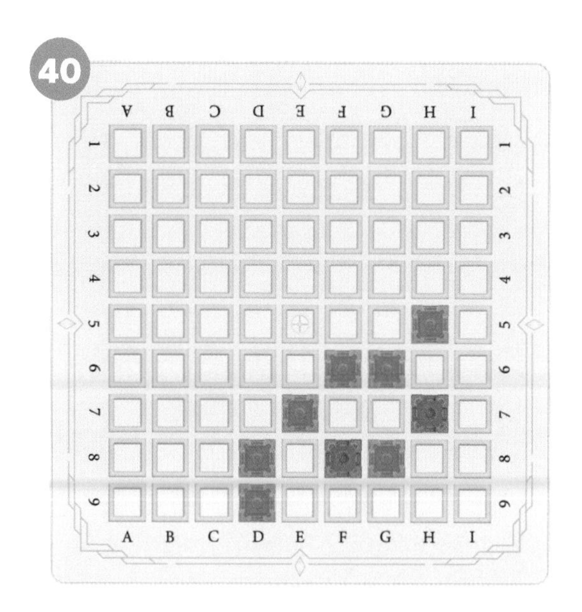

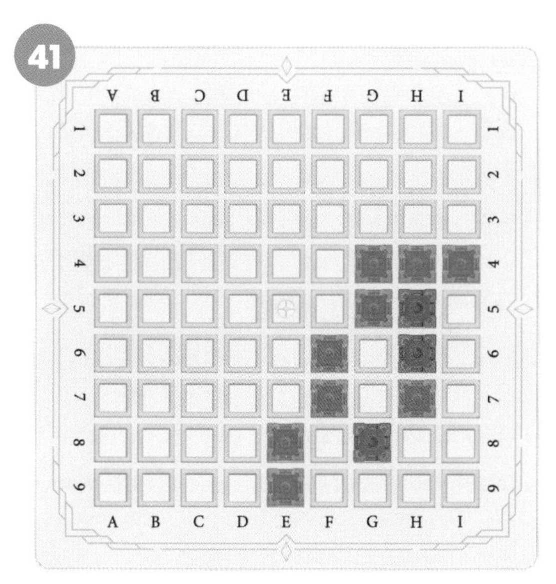

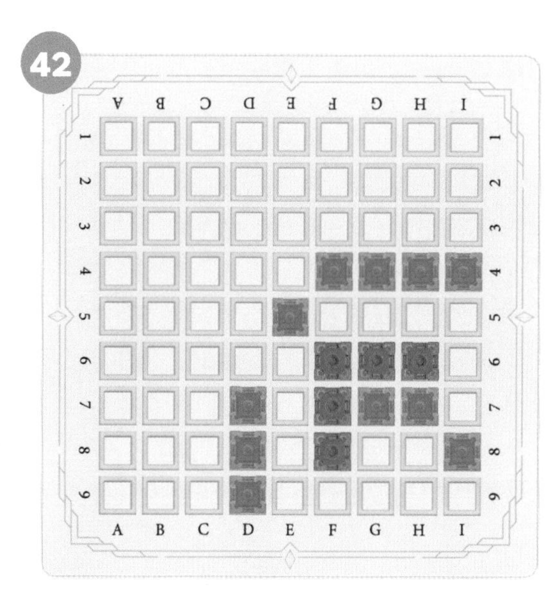

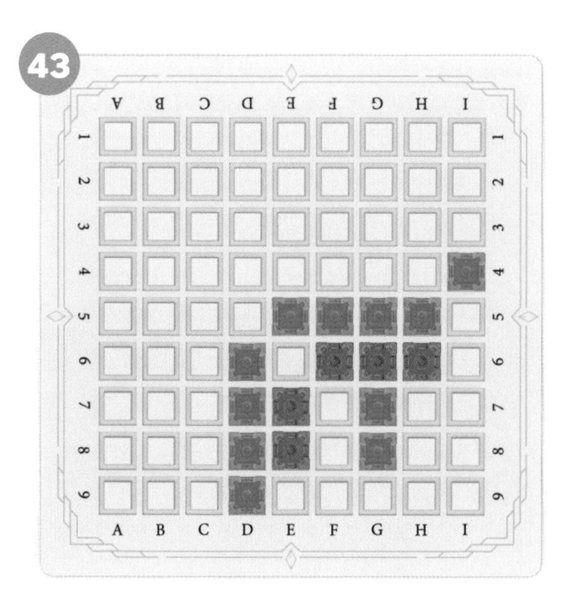

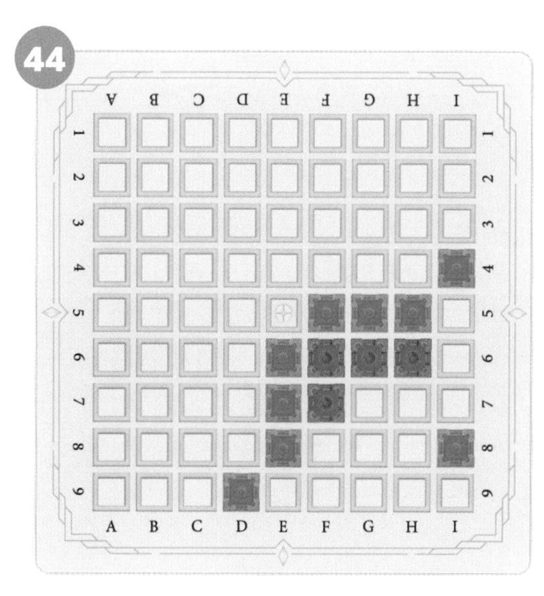

정답 ☞ 다음 쪽 참조

39번 정답

40번 정답

41번 정답

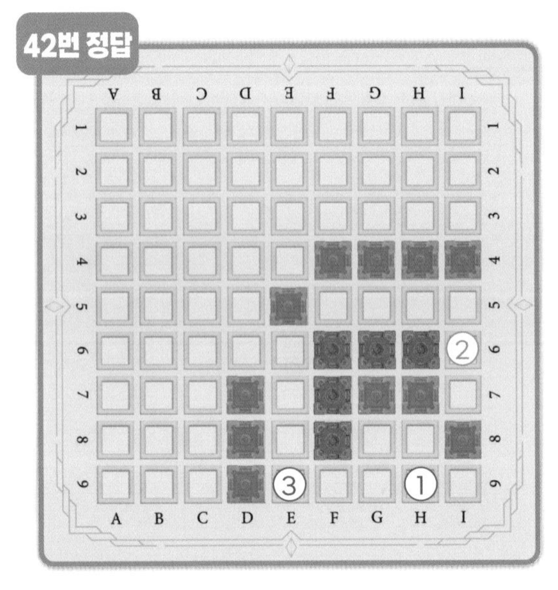
42번 정답

42번 정답

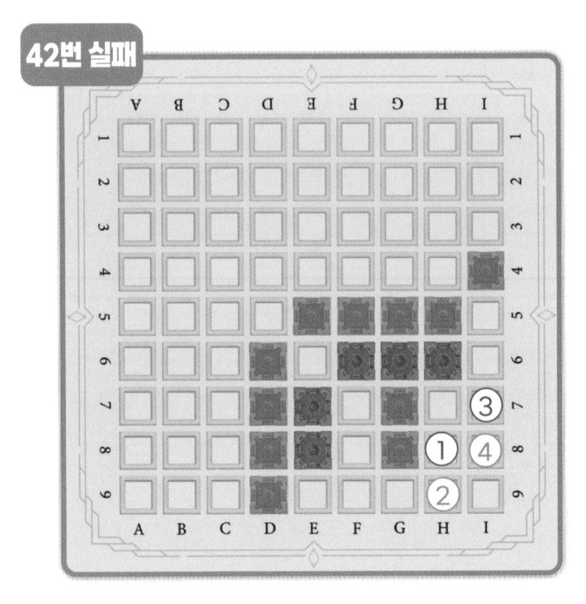
42번 실패

44번 정답

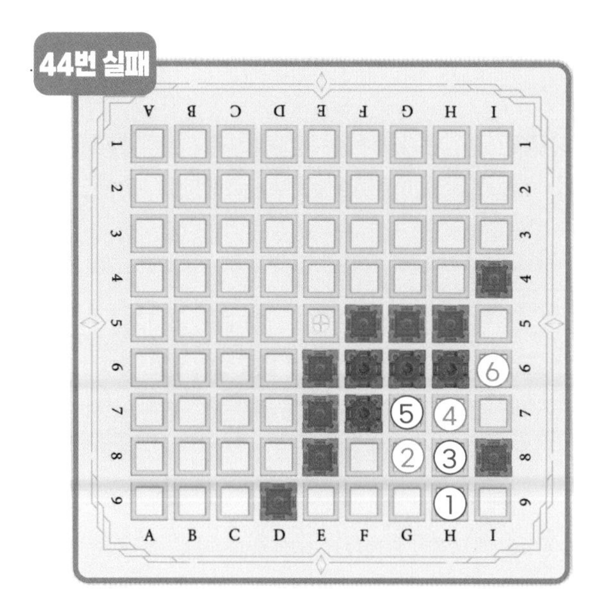
44번 실패

주황색 성을 놓아 성(주황색)이 파괴되지 않도록 해 보세요.

45

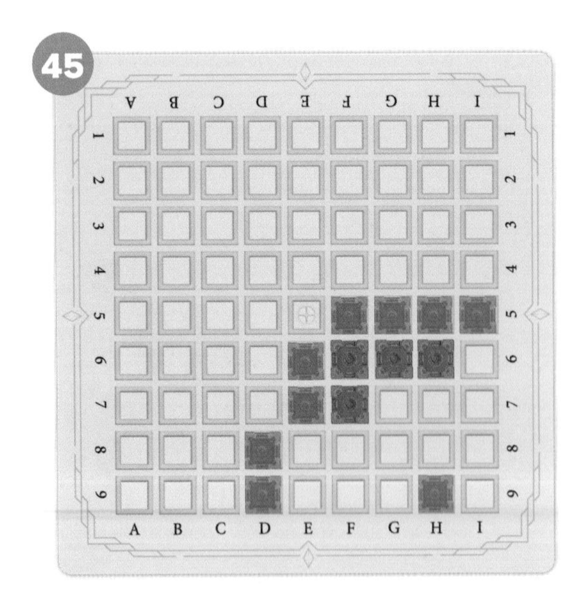

46

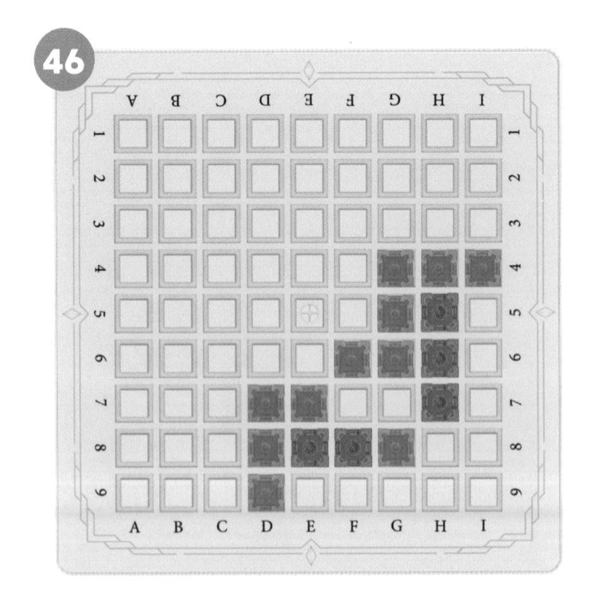

47

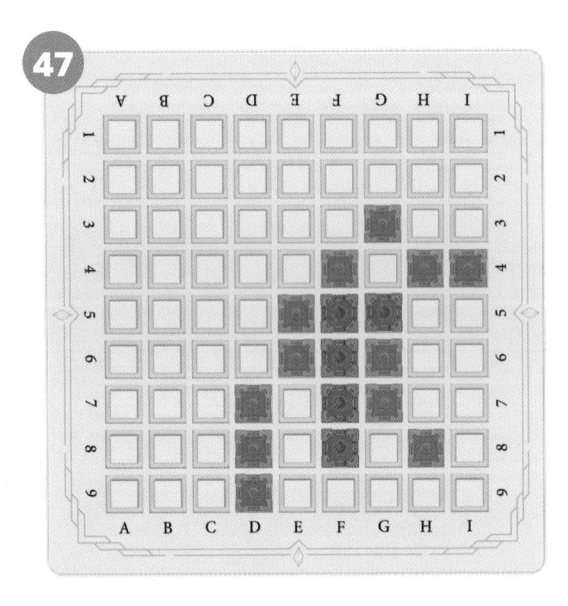

48

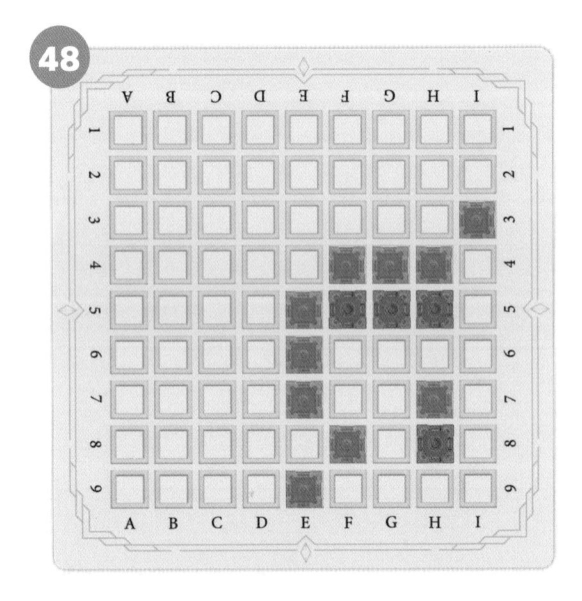

정답 ☞ 다음 쪽 참조

45번 정답

46번 정답

47번 정답

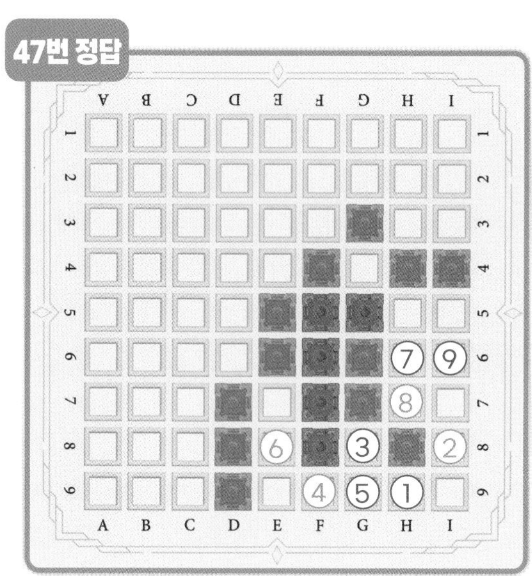

47번 참고도

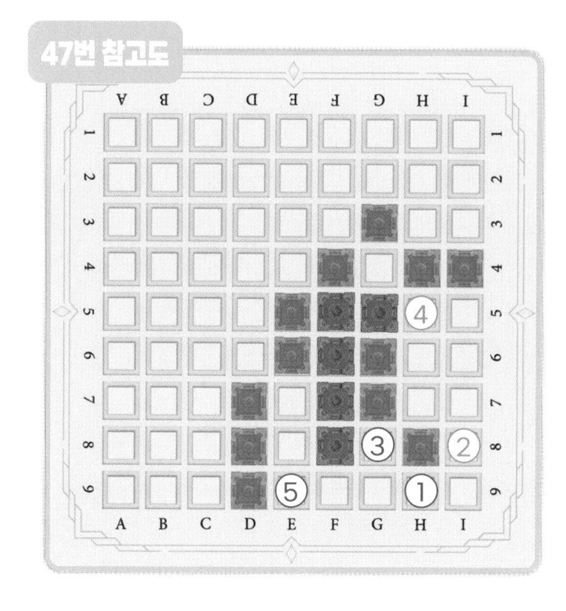

48번 정답1

48번 정답2

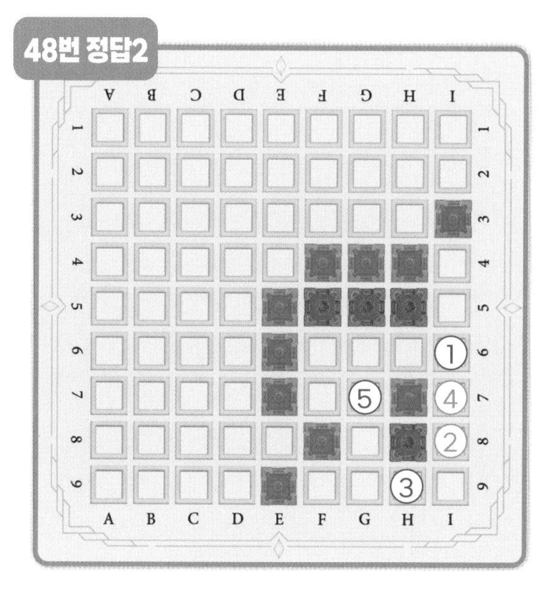

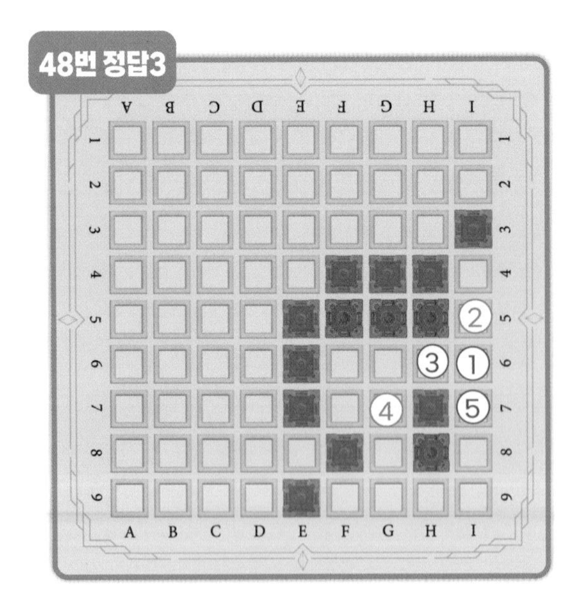
48번 정답3
A B C D E F G H I
1 2 3 4 5 6 7 8 9
2
1
3
5
4

GREAT KINGDOM

그레이트킹덤 생각 키우기

2025년 4월 30일 초판 1쇄

지은이 | 이세돌
펴낸이 | 김길오
편집 | 박혜진

펴낸 곳 | 코리아보드게임즈
주소 | 경기도 파주시 탄현면 요풍길 10
이메일 | edu@koreaboardgames.com
홈페이지 | www.koreaboardgames.com

ISBN 978-89-961628-7-2 63410

값 18,000원